世界前沿技术发展报告 2016

国务院发展研究中心国际技术经济研究所 编写

科学出版社
北京

内 容 简 介

本书详细介绍了2016年世界前沿技术的重大进展和发展动向，并对影响前沿技术发展的重大问题进行了深入分析。全书共包括八个分报告，分别介绍信息、生物、能源、新材料、智能制造、航天、航空、海洋技术领域的最新发展动态，包括重大技术进展及相关产业的发展、主要国家的战略举措等。

本书可供从事科技决策和管理的领导、工作人员以及从事前沿技术研究的学者和专家参考。

图书在版编目（CIP）数据

世界前沿技术发展报告.2016/国务院发展研究中心国际技术经济研究所编写.—北京：科学出版社，2017.6

ISBN 978-7-03-053063-9

Ⅰ.①世… Ⅱ.①国… Ⅲ.①科学技术-发展-研究报告-世界-2016
Ⅳ.①N11

中国版本图书馆CIP数据核字（2017）第125408号

责任编辑：魏如萍 / 责任校对：赵桂芬
责任印制：徐晓晨 / 封面设计：蓝正设计

科学出版社出版
北京东黄城根北街16号
邮政编码：100717
http://www.sciencep.com
北京东华虎彩印刷有限公司 印刷
科学出版社发行 各地新华书店经销

*

2017年6月第 一 版 开本：787×1092 1/16
2018年1月第二次印刷 印张：18
字数：427 000

定价：168.00元

（如有印装质量问题，我社负责调换）

《世界前沿技术发展报告 2016》编委会

《世界前沿技术发展报告 2016》编写组

组　长　郭玖晖

副组长　祝晓莲

报告执笔人

综　　述	孟　贵	董宏伟	陈　光		
信　　息	许　晔	陈英纳	陈　赟	王　浩	包　宏
生　　物	魏晓青	周永春	张立国	刘　刚	柯秀彬
	肖　尧				
能　　源	时璟丽	苏　铭	周　胜	白　泉	裴庆冰
新 材 料	韩雅芳	唐见茂	王秀梅	张　健	武　英
	张兴旺	范润华	刘　爽	潘复生	张加涛
智能制造	郝玉成	吴　桐	刘　曙	孔祥君	王沛东
	黄文洁	翟永正	赵文灿		
航　　天	徐　鹏	陈建光	侯　丹	李虹林	刘　博
航　　空	赵群力	姜曙光	邓中卫		
海　　洋	刘　岩	郑苗壮	朱　璇	裘婉飞	
编　　辑	王冠宇	包　宏	孙顶琪	丛冠良	肖　尧
	周亚丽				

目　　录

2016 年世界前沿技术发展报告综述

2016 年是自国际金融危机以来经济复苏最疲软脆弱的一年，全球经济增长缺乏新动能，未来发展的不确定性进一步增大。国际政治形势面临巨大挑战，保守主义、民族主义和恐怖主义成为全球政治格局最大变数，持续多年的全球化进程可能发生倒退。国际金融领域与科技创新深度结合，金融科技（FinTech）迅猛发展，为经济发展带来新机遇与新风险。2016 年，基因编辑技术、无人驾驶（汽车）和无人机、人工智能（artificial intelligence，AI）技术等重要科技领域纷纷突破，对政策及监管提出新挑战。在新的形势下，国家安全科技创新体系建设成为大国安全战略的重要发力点。作为世界第二大经济体，中国创新实力日益增强，在多个关键创新指标上进步显著，在全球科技竞争中已谋得一席之地。发达国家普遍着眼长远科技规划与发展，关注科技基础设施建设，部署前沿技术研发。改革成为亚洲国家科技事业的关键词，智慧城市发展逐步进入成熟期。

一、2016 年全球科技创新发展态势

（一）全球经济增长持续低迷，不确定性进一步增大

全球经济发展缺乏新动能，各界对增长持悲观预期。2016 年是自国际金融危机以来经济复苏最疲软脆弱的一年，全球经济增长持续疲软，大多数国家经济回暖乏力。《世界经济展望》预计 2016 年全球增长率将放缓至 3.1%，联合国《2016 年世界经济形势与展望》年中修订版预计，2016 年全球经济增速为 2.4%，比其半年前的预计下调了 0.5%。4 月 12 日，国际货币基金组织（International Monetary Fund，IMF）将 2016 年全球经济增长的预期从 3.4% 下调至 3.2%。全球经济继续呈现出低增长、低利率、低贸易和低均衡的态势。发达经济体总需求持续疲软继续拖累全球经济增长，主要发展中国家面临资本流动和汇率的压力，这些压力可能会随全球利率差异扩大而加剧。另外，大宗商品价格的进一步下降可能加剧非洲、独立国家联合体（简称独联体）、拉美和加勒比地区诸多依赖大宗商品出口的国家的债务负担。极端天气、政治动荡、贸易保护主义和大量资金外流影响很多国家的经济前景。中国的经济增速虽然已经显著放缓，但全球经济增长在很大程度上仍然要靠中国支撑。

全球政治形势面临新变数，全球化进程受到挑战。保守主义、民族主义和恐怖主义成为全球政治格局最大变数。在世界经济前景黯淡、风险随时降临的今天，保守主义、民族主义情绪普遍高涨，恐怖主义猖獗，恐怖袭击事件频出，欧洲大陆已取代美国和英国，成为国际恐怖袭击的重点目标和高发地区。6 月，英国公投以微弱优势赞成脱离欧盟。11 月，美国总统大选特朗普胜出，其奉行美国主义而非全球主义，主张把美国利益放在首位。3 月，比利时首都布鲁塞尔的机场发生连环爆炸；7 月，法国尼斯发生卡车冲撞人群的恶性事件，造成重大人员伤亡，给民众带来巨大心理冲击；12 月 19 日，德国首都柏林圣诞市场遭遇恐怖袭击，德国境内“反难民”的呼声再度高涨。2016 年经济与和平研究所（Institute for Economics and Peace，IEP）发布

全球恐怖主义指数报告称，在经济合作与发展组织（简称经合组织）①成员国中，2015年恐怖袭击死亡人数大幅增长，同比涨幅高达650%。在保守主义、民族主义和恐怖主义共同作用下，世界主要发达国家纷纷扎紧篱笆。特朗普上台后推行美国优先的政策，搞贸易保护主义，发达国家移民政策面临调整，已持续多年的全球化进程或将倒退。

全球科技竞争呈现新格局，中国创新实力日益增强。2008年金融危机之后，各国都在寻找经济发展的新动力。作为世界第二大经济体，中国通过增加创新支出、实施知识产权强国战略、创新驱动发展战略等措施，已在这场竞赛中谋得一席之地。与其他国家相比，中国近年来在多个关键指标上进步显著，包括研发总支出、本国人专利申请数量等。2016年1月，彭博社发布2016年全球创新指数，对诸多国家和地区的科技创新能力进行定量分析和排序，排名前五名的国家分别是韩国、德国、瑞典、日本和瑞士，中国排在第21位。5月，瑞士洛桑国际管理发展学院（International Institute for Management Development，IMD）发布《2016年世界竞争力年报》，列出世界经济体竞争力排名，中国香港位居首位，中国大陆位列第25位。8月，世界知识产权组织（World Intellectual Property Organization，WIPO）、美国康奈尔大学、英士国际商学院共同发布了《2016年全球创新指数报告》。中国位列世界最具创新力经济体第25位，较上年上升4位。10月，世界经济论坛发布的《2016-2017年全球竞争力报告》显示，中国在全球竞争力排行榜保持第28位，领跑金砖国家，保持最具竞争力的新兴市场地位（表1）。

表1 近年来中国（中国大陆）在世界创新排行榜中的表现

类型	2013年	2014年	2015年	2016年
彭博社全球创新指数	29	25	22	21
世界经济论坛《全球竞争力报告》	29	28	28	28
瑞士洛桑国际管理发展学院《世界竞争力年报》	21	23	22	25
世界知识产权组织、美国康奈尔大学、英士国际商学院《全球创新指数报告》	35	29	29	25

（二）科技与金融深度结合，新机遇与新风险并存

2016年是金融科技发展的元年。金融科技是指技术带来的金融创新。金融科技基于大数据、人工智能、云计算、区块链等一系列技术创新，全面应用于支付清算、

① 经济合作与发展组织，Organization for Economic Co-operation and Development，OECD。

借贷融资、财富管理、零售银行、保险、交易结算等金融领域，把互联网和移动通信等作为服务金融行业的技术手段，运用金融规律创造新的业务模式、应用、流程或产品，从而对金融市场、金融机构或金融服务的提供方式，乃至整体经济发展产生重大影响。未来，金融科技将在以下四个方面获得快速发展，即大数据和互联网征信、科技保险、区块链、人工智能和智能投顾。3月，金融稳定理事会（Financial Stability Board，FSB）在日本召开第16届全会，全球金融监管当局首次正式讨论了金融科技的系统性风险及监管问题，并发布了《金融科技的全景描述与分析框架报告》。目前已有部分国家或地区对金融科技进行了官方定义。例如，在中国台湾，金融科技业整体上被认定为“金融相关事业”，具体定义为利用网络科技，为金融机构提供支持性信息数据服务（如大数据、云技术、机器学习等），以及效率或安全性提升服务（如移动支付、自动化投资理财顾问、区块链、生物识别等）等创新金融服务的行业，但不包含硬件设备企业。

金融科技给未来经济发展带来新的机遇和风险。根据毕马威（KPMG）与风险投资数据公司CB Insights共同发布的《2016全球金融科技趋势报告》，预计2016年全球金融科技投资金额将达到300亿美元。花旗集团的研究报告显示，金融科技近5年来吸引的投资额累积达到497亿美元，从2010年的18亿美元增长至2015年的191亿美元，增长超过10倍。埃森哲（Accenture）最新的金融科技调查报告显示，2016年第一季度全球对金融科技的投资总额达53亿美元，同比增长47%。在欧洲和亚太地区，金融科技占整体股权投资的比例则翻了一倍，达到62%，而全球金融科技企业由2014年4月前的800多家猛增至现在的2 000多家。高盛预测，最终会有6 600亿美元的传统金融服务收入转移到金融科技领域的支付、众筹、理财和贷款中。金融科技发展的浪潮已经势不可挡。全球的金融科技从开始发展以来，都由科技业而非由金融业主导，这些金融科技新创公司，与其他共享经济的破坏式创新（如Uber、Airbnb）类似，与监管机关及监管规范之间，都存在着一种不安定甚至是紧张的关系。无论是大数据、市场融资和在线互动，还是区块链和比特币带动的货币创新，一切都在给传统市场带来革命性的转变。互联网和移动支付、网络融资、智能金融理财服务以及区块链技术等金融科技在技术和商业模式成熟程度、对现有金融体系的影响各有不同，对监管带来极大的挑战。例如，电子货币可能成为洗钱工具，金融科技从业者可能面临刑事责任。在金融科技发展已经几乎成为主流的今日，如何设计相关法规制度有效监管，又不妨害创新，创造与金融科技从业者良性互动的环境，将是金融科技发展面临的重要挑战。

发达国家高度重视金融科技发展及监管。2016年8月，美国商务部发布《2016顶尖金融科技市场报告》，总结全球金融科技市场现状并预测其发展趋势。该报告认为，技术的发展（包括社交网络、大数据分析和移动端访问技术）是刺激金融科技发展的主要原因，电子应用、市场融资模式和基于人的精准营销给金融科技带来了比传统金融平台更多的优势。该报告指出，根据调查，金融科技产品的使用率可能在未来12个月内成倍增长。过去几年中，全球涉及金融科技的活动大幅增加，但仍主要集中在美国。在金融科技市场中，支付服务占比为 17.6%，是所有金融科技产品中使用率最高的，其次是储蓄和投资服务，占比大约为 16.7%，保险服务和在线借贷的比例分别为 7.7% 和 5.6%。5 月，英国金融行为监管局（Financial Conduct Authority，FCA）推出鼓励金融服务市场创新的“监管沙盒”项目。6 月，澳大利亚和新加坡分别发布项目征求意见稿。预计未来将有更多的国家或地区推出类似安排。各国“监管沙盒”具有一些共同的特点：一是允许尽可能多的金融科技公司申请进入“监管沙盒”，以减少创新金融产品监管的不确定性风险；二是监管部门对申请者提交的创新产品或服务给予个性化的建议或指引，这对监管部门理解和评估金融科技创新提出了很高的能力要求；三是测试环境中将设置包括消费者保护等内容的一些基本监管要求。

中国有望成为全球金融科技创新中心。《2016 顶尖金融科技市场报告》认为，2017 年中国将成为支付产品和服务的最大出口市场，日本则会成为金融科技的最大出口商。未来在线支付（尤其是移动支付）将成为金融科技革命的前沿阵地。2016 年第一季度，北美地区金融科技投资达 18 亿美元，相较于 2015 年第四季度增长 80%。同期，欧洲地区金融科技投资仅有 3 亿美元，亚洲为 26 亿美元，主要集中在陆金所和京东金融两家公司，这两笔投资占全球金融科技投资的 39%、亚洲金融科技投资的 85%。2016 年 11 月，德勤会计师事务所在武汉发布了《2016 德勤高科技高成长中国 50 强报告》，有 6 家金融科技公司上榜，占全部上榜企业的 12%。12 月，星展银行、安永会计师事务所联合发布了《中国 FinTech 崛起——重塑金融服务业》的报告，详细阐述了中国金融科技行业爆发式发展的机遇、现状和发展趋势。报告认为，随着“平台效应”、技术创新、监管配合，以及传统金融机构与初创科技企业间的相互协作，中国金融服务业“脱媒”和“新常态”环境已基本成型。报告指出，在全球排名前 5 位的金融科技企业中，有 4 家为中国公司。中国拥有规模达 3 380 亿美元的全球最大创投资金。目前中国有高达 4 成的消费者会使用新电子支付方式，新加坡则只有 4%，中国消费者中 35% 会通过金融科技接触保险产品，而东南亚只有 1.2%。中国已在全球“FinTech 中心”争夺战中脱颖而出，超越伦敦、纽约、硅谷，成为金融科技创新应用的中心。未来 5 ～ 10 年，中国有机会成为全球金融科技的创新中心，甚至成为全球金融科技领域的标准制定者和领导者。

（三）部分重要科技领域突破，带来政策监管新挑战

2016 年，多项科技取得突破式进展，代表了当前世界科技的发展前沿和未来发展方向，反映了近年来世界科技发展的新特点和新趋势，给人类生活和社会带来重大影响。其中，尤以基因编辑、无人驾驶和人工智能最为显著，这三项科技突破不仅多次入选各类年度十大科技突破之列，更因其对人类生活潜在的巨大影响，而受到社会各界的密切关注。

1. 基因编辑技术带来伦理挑战

基因编辑技术逐渐成熟并走向商用。2016 年 11 月，GEN（Genetic Engineering & Biotechnology News，即基因工程与生物技术新闻）网站发表文章分析了近几年的

基因编辑市场。文章称，2014 年基因编辑工具、试剂、服务、模型和其他相关供应市场规模为 2.34 亿美元，2015 年这一市场规模为 3.83 亿美元，2016 年预计会达到 6.08 亿美元。基因编辑技术在许多领域具有商业应用价值，如开发人类疾病治疗方案、开发新品种的植物或动物、改善用于研究的动物模型等。基于基因编辑技术的疾病治疗方案的开发吸引了众多公司的目光，相关项目也获得了大量投资。2016 年 5 月，拜耳公司与 ERS Genomics 签订了专利许可协议。ERS Genomics 拥有从 CRISPR Therapeutics 先驱 Emmanuelle Charpentier 获得的 CRISPR/Cas9 基础的专利权。同月，英特利亚治疗（Intellia Therapeutics）IPO（initial public offerings，即首次公开募股）募得资金 1.08 亿美元。9 月，CRISPR Therapeutics 宣布进行 IPO，登陆纳斯达克市场，募集总金额达 5 600 万美元。随着新应用的发展以及相关项目的增加，基因编辑在未来 5 年预计将持续快速增长。

基因编辑技术在为基因研究和疾病治疗带来便利的同时，也带来了巨大的伦理道德和安全性争议。2016 年 2 月，伦敦 Francis Crick 研究中心的 Kathy Niakan 团队成功获得了英国人工受精与胚胎学管理局（Human Fertilisation and Embryology Authority，HFEA）科研监管许可。该团队将应用 CRISPR/Cas9 技术对健康的人类胚胎进行基因编辑。这是基因编辑领域的全球第一个国家级许可。2016 年 4 月，日本生命伦理专门调查委员会宣布，允许日本相关机构在基础研究中编辑人类受精卵的基因，但出于安全和伦理方面的考虑，不允许将该技术应用到临床和辅助生殖中。6 月，美国国立卫生研究院（National Institutes of Health，NIH）的咨询委员会批准了 Juno Therapeutics 公司的一项人体基因编辑临床试验。研究人员计划利用 CRISPR（clustered regularly interspaced short palindromic repeats，即规律间隔成簇短回文重复序列）技术编辑一名癌症患者的免疫细胞。这项试验目前还需要美国食品药品监督管理局（Food and Drug Administration，FDA）和伦理委员会的批准。10 月，中国四川大学华西医院卢铀教授带领的团队完成了世界首例基于 CRISPR/Cas9 基因编辑技术的人体临床试验。研究人员将经过 CRISPR/Cas9 技术改造的 T 细胞扩增培养后输回非小细胞肺癌（non-small cell lung cancer，NSCLC）患者体内且进展顺利。但基因编辑技术的潜在风险仍然让人们因为对未知的恐惧而犹豫不前，基因编辑技术可能带来的伦理问题及道德冲击也令人们忧心忡忡。政府和监管机构正围绕着生命科学行业努力建立有效实用的监管政策，这些不断产生的新政策可能改变人类基因编辑事业的未来。

2. 无人驾驶（机 / 车）技术带来监管挑战

2016 年成为无人驾驶汽车和无人机发展的重要转折年。3 月，通用汽车斥资 5.81 亿美元收购了无人驾驶技术创业公司 Cruise Automation。5 月，通用汽车宣布将与 Lyft 共同测试无人驾驶出租车。福特表示将在 2021 年部署自己的无人驾驶专车服务。8 月，Uber 与沃尔沃汽车公司宣布，双方合作投资 3 亿美元开发自动驾驶汽车，随后 Uber 宣布以 6.8 亿美元收购了刚刚成立 8 个月的无人驾驶卡车创业公司 Otto。10 月，高通公司提出以 390 亿美元收购全球最大汽车芯片开发商恩智浦半导体（NXP），准备进军无人驾驶汽车芯片市场。10 月，特斯拉宣布，其所有车型都将配备全自动驾驶所需的硬件，今后只需开发软件即可。11 月，英特尔表示将向无人驾驶汽车领域投资 2.5 亿美元，包括开发车用芯片和车用软件。2016 年，谷歌将无人驾驶汽车测试城市增加到 4 个，并将其无人驾驶汽车项目剥离为独立公司 Waymo。该公司的无人驾驶汽车 2016 年自动行驶了 100 多万英里①。

2016 年 5 月，美国联邦航空管理局（Federal Aviation Administration，FAA）公布了有关商业无人机和消费娱乐无人机的最新注册数据。截至 5 月 12 日，无人机注册用户数已突破 46 万。7 月，美国 Teal 公司宣称研发出时速 85 英里、世界最快的消费级无人机。无人机初创企业 Flirtey 与 7-Eleven 合作，在内华达州首次利用无人机送货。12 月，亚马逊宣布已于 7 日成功使用无人机在英完成首次送货。越来越多的企业正在探索使用无人机完成各种工作任务，消费市场无人机的销量迅速增长。白宫预计无人机产业在未来 10 年能为美国经济贡献 820 亿美元，并创造大约 10 万个新的工作岗位。

在无人驾驶新产业为新经济“插上翅膀”的同时，监管无人机及无人驾驶汽车的政策法规却一直落后于技术的快速发展。2016 年 2 月，FAA 开始起草新的无人机监管规则，新的监管规定将放宽部分无人机的飞行限制，允许部分无人机飞越人群和公共场所上空。3 月，日本参议院以多数赞成表决通过了小型无人机管制法。该法规禁止小型无人机在首相官邸、皇宫、核电站等重要设施上空不经许可飞行，同时有人驾驶的滑翔伞和悬挂式滑翔机等也被列入禁止范围。9 月，美国运输部发布一份对汽车无人驾驶系统安全性的评估指南，为今后在联邦层面制定无人驾驶汽车监管规则打下基础。这份安全评估指南既针对全自动无人驾驶汽车，也适用于汽车的自动驾驶模式，其内容涉及 15 个方面，包括车辆的感知和反应功能、车辆如何处理技术故障、用户隐私和伦理问题。

3 月，FAA 出台新规，对已经取得第 333 节豁免许可的 55 磅②以下无人机的限高从 200 英尺③提升至 400 英尺。4 月，FAA 批准了无人机公司 Industrial Skyworks 关于夜间操作无人机的申请，这是 FAA 首次同意商业无人机夜间操作。6 月，FAA 发布了针对无人机应用的管理规则最终版本。根据最新规定，无人机操作员将不再需要完整的驾驶执照，只要年满 16 岁、通过美国运输安全局（Transportation Security Administration，TSA）的审查及 FAA 的测验，就能取得拥有两年有效期的操作证书。之前，FAA 对无人机的监管一直处于较为严格的状态，但 2016 年以来，FAA 的态度有所转变，新规有助于让无人机的使用更趋普遍。

3. 人工智能对社会带来整体冲击

2016 年是人工智能技术飞速发展的一年。经过多年的积淀，人工智能研究已开始从互联网向更多产业领域迅速渗透。麦肯锡对涉及传统行业和互联网行业的 80 家

① 1 英里≈1 609.344 米。

② 1 磅≈0.453 6 千克。

③ 1 英尺≈0.304 8 米。

公司做了一项调查，90% 的受访者都认为，人工智能会从根本上改变自己的行业。1 月，苹果收购了人工智能创业公司 Emotient。3 月，谷歌人工智能系统 AlphaGo 击败了世界围棋冠军李世石。5 月，亚马逊在开源技术领域迈出了更大的步伐，宣布开放该公司的机器学习软件 DSSTNE 的源代码。9 月，谷歌发布语音技术 WaveNet，通过对获得的语音样本进行高达每秒 16 000 次的重新采样，WaveNet 可以产生更为拟真的语音，可以便捷模仿不同口音和语言，谷歌公司发布的开源深度学习系统 TensorFlow 已具有自动生成图片文字说明的功能，准确率达 93.9%。9 月，谷歌、Facebook、微软、亚马逊及 IBM 五大科技集团合作成立了非营利机构“人工智能造福人类和社会合作组织”（Partnership on Artificial Intelligence to Benefit People and Society），以解决社会如何利用智能机器好处的同时又保持风险可控的问题。11 月，Facebook 发布人工智能和机器学习发展战略。Facebook 在机器学习领域的愿景包括卫星通信、无人机以及互联世界，并希望将机器学习用于视频优化以及虚拟现实（virtual reality，VR）环境中的语音识别。12 月，微软为 Cortana 发布了全新的技能套件和设备软件开发工具包（software development kit，SDK），努力将这款数字智能助理带到物联网（Internet of things，IoT）领域以及远场语音支持领域。

人工智能的发展必须考虑伦理道德问题，其新进展的速度和方向受到政府和公众的高度关注。人工智能的发展给社会带来了许多好处，然而，跟大部分革命性的技术一样，人工智能对一些领域造成了威胁，引发了安全、伦理和法律问题，甚至对工作和经济都造成影响。2016 年 10 月，美国白宫发布《为人工智能的未来做好准备》和《美国国家人工智能研究与发展策略规划》，阐述了推动美国人工智能研究及发展的战略规划。报告提出三大指导方针：人工智能要做的是“放大”人类的能力，而不是取代人类；人工智能的应用需要符合伦理道理；必须让所有人都有平等开发人工智能系统的机会。两份报告也承认人工智能有可能朝着完全相反的方向发展，让大量中低技能工人丢掉饭碗。政府要做的并非要将新技术应用于不适当的领域，而是确保监管能够反映一整套基础价值观。否则的话，这项技术就可能让某些人或者某些群体处于不利局面。美国政府希望用提高透明度的方式解决人工智能的伦理问题。《美国国家人工智能研究与发展策略规划》指出，“研究人员必须完善系统设计，让系统采取的行动和决策透明，而且能够让人们理解，以便检查出可能存在的任何偏见，然后从中吸取教训”。现在，人工智能研究的透明度问题还没有任何标准可以遵循。谷歌和 Facebook 等公司都开放了源代码，有时还会公布他们使用的数据，但目前并没有这方面的监管措施。“人工智能造福人类和社会合作组织”的目标是探索解决透明度问题的最佳实践，但并未公布任何具体举措。妥善监管的开源数据集不仅允许每一个人了解算法接受怎样的训练，以学习和认识人类世界，同时还意味着任何人都可以利用这些数据，研发他们自己的人工智能系统。

思考人工智能的全面应用对社会整体运行的冲击与改变，确定立法和监管原则，为全面管理人工智能确立法理依据和管理边界，深入探讨人工智能有可能存在的缺陷是非常必要的。例如，人类是否有可能在某些领域滥用人工智能技术，如刑事司法、劳动雇佣等领域。在支持人工智能技术广泛搜集公众和个人信息时，又存在着数据所有权和应用范围的问题，如哪些组织和企业可以搜集个人信息？使用个人信息时，使用的机构应该承担什么样的义务？应通过严格清晰地界定数据拥有和使用责任，促使利用人工智能和大数据工具的人控制他们的决策行为，以符合法律及社会的基本准则。

（四）世界专利数量持续增长，科技创新进入活跃期

2016 年，美国专利及商标局（United States Patent and Trademark Office，USPTO）共授权专利 30.41 万件，创下单个年份最高专利授权数量纪录。世界知识产权组织 2015 年度的专利合作协定（Patent Cooperation Treaty，PCT）申请总量达到 21.8 万件，比上年度增长 1.7%，已经保持连续 5 年的增长态势。美国仍是最大的 PCT 申请国，2015 年共申请 PCT 专利 5.74 万件，但相比 2014 年减少了 6.7%。亚洲成为 PCT 专利增长最快区域，相比上年度增长了 9%，其中中国增长了 16.8%，韩国增长了 11.5%，日本增长了 4.4%。在中等收入国家中，泰国（94.1%）、秘鲁（47.1%）、土耳其（19.1%）和墨西哥（12.7%）的增速最为显著。从区域分布来看，来自亚洲的 PCT 专利比例最高，占到总量的 43.5%；北美次之，占到总量的 27.6%；欧洲第三，占到总量的 27%。2016 年 USPTO 授权的前 10 位国家或地区专利情况（除美国外）见表 2。

表 2　2016 年 USPTO 授权的前 10 位国家或地区专利情况（除美国外）

序号	国家或地区	2016 年	2015 年	变化
1	日本	52 471	54 485	↓
2	韩国	22 626	19 614	↑
3	德国	17 736	17 485	↑
4	中国台湾	12 944	12 315	↑
5	中国大陆	11 428	8 593	↑
6	法国	7 057	7 037	↑
7	英国	6 588	7 143	↓
8	加拿大	6 287	7 480	↓
9	瑞士	4 167	2 750	↑
10	荷兰	3 992	2 732	↑

资料来源：根据 USPTO 网站统计整理

跨国公司仍是专利申请的主力，在美国专利授权上，IBM 公司以 8 000 余项专利遥遥领先；在 PCT 专利申请方面，中国华为公司独占鳌头（表 3），华为、中兴两个领先公司的优势都极为明显（表 4）。从行业来看，计算机技术（16 385 件）、数字通信（16 047 件）、电子机械（14 612 件）、医疗（12 633 件）及交通（8 627 件）仍为主要领域；从各国具有的相对产业技术优势（relative specialization index）上看，在计算机技术领域具有相对优势的国家是中国（0.198）；在数字通信领域，具有相对优势的国家是瑞典（0.582）；在电子机械领域，具有相对优势的国家是奥地利（0.225）；在计量技术领域，具有相对优势的国家是新加坡（0.217）；在药物技术领域，具有相对优势的国家是印度（0.719）；在运输技术领域，具有相对优势的国家是法国（0.374）。

表 3 USPTO 专利授权数最多的 25 家公司

公司名	专利数量
IBM	8 088
三星电子	5 518
佳能	3 665
高通	2 897
谷歌	2 835
英特尔	2 784
LG 电子	2 428
微软	2 398
台积电	2 288
索尼	2 181
苹果	2 102
三星显示器	2 023
东芝	1 954
亚马逊	1 662
精工爱普生	1 647
通用电气	1 646
富士通	1 568
爱立信	1 552
福特	1 524
丰田	1 417
理光	1 412
格罗方德	1 407
松下	1 400
博世	1 207
华为	1 202

表 4 申请 PCT 专利最多的前 10 家公司

公司	PCT 专利申请数
华为	3 898
高通	2 442
中兴	2 155
三星电子	1 683
三菱电机	1 593
爱立信	1 481
LG 电子	1 457
索尼	1 381
飞利浦	1 378
惠普	1 310

企业创新的活跃与 R&D（研究与开发）投入密切相关。普华永道（PWC）发布的《2016 年全球创新 1000 强研究》指出，2016 年共有 130 家中国企业进入全球创新 1000 强榜单（2015 年为 123 家），总研发支出达到 468 亿美元，比 2015 年 394 亿美元的研发支出增长了 18.6%。在全球 1000 强企业中，中国企业的研发支出占比从 2015 年的 5.8% 上升到 2016 年的 6.9%。2016 年欧洲和日本的创新支出呈现下降趋势，而中国创新支出以 18.6% 的增长幅度领跑全球，高于北美地区 8% 的增幅。大众、三星、亚马逊、Alphabet 和英特尔跻身全球研发支出的前 5 位（表 5）。

表5 研发支出最多的前20家公司（单位：10^9美元）

公司	R&D 支出
大众（德国）	13.2
三星电子（韩国）	12.7
亚马逊（美国）	12.5
Alphabet（美国）	12.3
英特尔（美国）	12.1
微软（美国）	12.0
罗氏（瑞士）	10.0
诺华（瑞士）	9.5
强生（美国）	9.0
丰田（日本）	8.8
苹果（美国）	8.1
辉瑞（美国）	7.7
通用汽车（美国）	7.5
默克（美国）	6.7
福特（美国）	6.7
戴姆勒（德国）	6.6
思科（美国）	6.2
阿斯利康（英国）	6.0
百时美施贵宝（美国）	5.9
甲骨文（美国）	5.8

（五）国家安全科技创新体系初显，网络安全备受关注

2016年5月，美国国家科学技术委员会（National Science Technology Council，NSTC）发布《21世纪美国国家安全科技与创新战略》，该报告指出，科技与创新对维护美国的领导地位、支撑国家安全战略的实现发挥了至关重要的作用，科学技术领导力是国家安全的基石。报告提出构建"敏捷、强健、高效"的国家安全科技与创新体系的总目标，要求强化国家安全科技与创新体系中所有机构和部门的基础能力，包括吸纳多样化的人才，发展优质基础设施，建立现代化的管理体系，加强多部门的伙伴合作以及开展重大研究项目等，更好地满足国家安全利益拓展的需要。报告还分析了影响美国国家安全科技与创新体系的六大重点创新领域及技术发展趋势，明确提出要构建服务于21世纪美国国家安全的科技创新体系，高度肯定了科技对国家安全的作用。

网络安全已经成为国家安全的重要部分。2016年美国继续在网络空间领域加紧布局。2月，美国国防部（United States Department of Defense，DoD）更新《网络安全规程实施计划》，将采取加强身份验证、设备加固、减少攻击面、与网络防御服务商合作四项措施提升网络安全。美国国家科学技术委员会发布《网络安全研发战略规划》，提出了美国网络安全研发的近期、中期和长期目标，并从遏制、防护、检测、适应四个方面阐述了实施路径。美国总统奥巴马公布《网络安全国家行动计划》，将从提升网络基础设施水平、加强专业人才队伍建设、增进与企业的合作等五个方面入

手，全面提升美国整体网络安全水平。4 月，美国总统奥巴马宣布成立国家网络安全强化委员会。该委员会在未来 10 年内强化各私营部门的网络安全意识与保护举措，最终实现隐私保护、公众安全保障、经济与国家安全防御以及引导美国民众更好地控制自有数字化资产的目标。7 月，美国公布《联邦网络安全人才战略》，将此战略作为一项长期举措并视为完善建立、巩固和发展未来网络安全人才所需资源的第一步。7 月初，英国皇家学会发布《网络安全的进展与研究》报告，指出数字系统有可能为社会带来重大利益，但是也可能带来安全隐患，为此，各国都需要强大的网络安全。11 月，英国政府发布《国家网络安全战略》，提出在 2016 ～ 2021 年将投资约 19 亿英镑用于加强网络安全能力，并确定方位、阻止和发展三个关键的实施领域。同月，《中华人民共和国网络安全法》通过，彰显中国对网络空间安全治理的信心和决心。12 月，中国国家互联网信息办公室发布《国家网络空间安全战略》，阐明了中国关于网络空间发展和安全的重大立场和主张，明确了当前和今后一个时期国家网络空间安全工作的战略任务是坚定捍卫网络空间主权、坚决维护国家安全、保护关键信息基础设施、加强网络文化建设、打击网络恐怖和违法犯罪、完善网络治理体系、夯实网络安全基础、提升网络空间防护能力、强化网络空间国际合作九个方面。

（六）中国科技创新驱动发展，但仍面临基础研究短板

中国已连续多年保持世界第二大 SCI（Science Citation Index，即科学引文索引）论文国家（仅次于美国）。中国科研论文产出增长极快，在工程型领域尤为如此，但高被引论文（高影响力论文）发表量远远落后于美国。美国国家科学基金会（National Science Foundation，NSF）2016 年 1 月发布的《科学与工程指标》统计结果显示，中国产出的论文国际引用比例由 1996 年的 51.5% 下降至 2012 年的 38.6%。这意味着，中国学者发表的许多 SCI 期刊还是以国内引用为主。《中国基础研究国际竞争力蓝皮书 2015》也显示，中国学术成果较少受到科技强国的关注，知识交流大多发生在相同领域内部，跨领域的知识融会贯通相对闭塞，重要成果产出能力仍有较大的进步空间，在国际合作网络中大多数学科的中心地位有待提升。

2015 年 12 月，经合组织发布的《OECD 科学技术和工业记分牌 2015》报告显示，2013 年，中国基础研究投入占总研发投入 4%，而经合组织地区平均为 17%。中国大学和政府科研机构中有 43% 的研发经费用于试验发展活动，显然，中国更重视应用研究和试验发展，而对基础研究投入较低。

总之，2016 年，无论是世界知识产权组织发布的《2016 世界知识产权指标》、世界知识产权组织、美国康奈尔大学、英士国际商学院共同发布的《2016 年全球创新指数报告》，还是美国商会全球知识产权中心的《2015 年国际知识产权指数报告》、汤森路透的《2016 全球创新报告》，以及中国国家统计局的《中国创新指数研究报告 2015》、中国科学技术发展战略研究院发布的《国家创新指数报告 2015》等，均不同程度地肯定了中国在创新方面取得的巨大进步，说明中国创新环境持续优化，创新投入力度稳步加大，创新产出能力大幅提升，创新成效进一步增强。但是，我们也应

清醒地认识到，中国基础研究、整体的创新能力和研究水平与发达国家存在较大的差距，正处于从跟踪、积累到酝酿突破的阶段，要达到国际先进水平还需要一段时间，甚至可能是比较长的时间。

二、主要国家科技政策与战略动态

（一）多国颁布中长期科技规划

进入新世纪以来，各国对科技创新寄予厚望。五年以上的中长期科技规划成为各国发展科技事业的重要政策工具和战略手段。2016 年，多个国家出台了相关的中长期科技规划，为本国科技事业发展描绘蓝图。

2016 年 1 月，日本内阁发布了“第五期科学技术基本计划”（2016 ～ 2020 年），强调加强科技创新与社会需求结合、改革科技创新体系的指导思想，并提出了四大国家目标、四个创新核心支柱以及五大改革举措。该计划强调，要加强“超智能社会”服务平台基础技术研发，确保稳定的能源与能源利用方式，保障粮食的稳定性，实现世界上最先进的医疗技术，开拓海洋科学、航空航天方面国家战略性科学前沿等重点科技领域的研发。

1 月，新加坡公布了第六个五年期的“研究、创新与企业 2020 计划”（Research Innovation and Enterprise 2020，RIE2020），预计为该计划提供约 132 亿美元经费，较上一个五年期计划增长 18%。RIE2020 计划聚焦先进制造技术与工程、健康与生物医药科学与服务、服务经济与数字经济、城市的解决方案与可持续发展四大领域。RIE2020 计划还提出，要提升新加坡对中国、印度在先进制造领域的竞争力，重点资助方向包括航空航天、电子、化学、制药、海洋、机器人与增材制造等。

2 月，英国商业、创新与技能部（Department for Business，Innovation and Skills，BIS）发布的该部门 2015 ～ 2020 年的规划文件提出，未来 5 年科学与创新的工作目标是确保英国保持世界领先的科学研究地位，同时要改革英国的科研系统，提高科研投资的使用效率，将英国政府年度最低基本保障性科学预算额度由目前的 47 亿英镑逐步提高到 2021 年的 69 亿英镑，新增部分主要用于建设英国科研基础设施。文件还提出，未来 5 年的重点支持项目包括优先资助老年痴呆症研究基金，支持英国空间产业部门的就业和增长，鼓励对新医疗技术和服务进行大规模试验，继续支持大数据、太空、机器人、合成生物学、再生医学、农业科学、先进材料和可再生能源八大技术领域及战略产业的发展等。

3 月，德国发布《德国数字战略 2025》，确定迈向“数字德国”的 10 个行动领域，包括建设千兆宽带网络、支持创办企业、建设和完善数字市场发展的政策环境、推动基础设施领域智能网络应用、加强数据安全，发展“数据主权”、启动“中小企业数字化投资计划”，促进新商业模式的发展、启动“欧洲微电子研究与创新计划”，制订“工业 4.0 标准化”行动计划，建设现代制造业大国，资助数字技术的研发和创新、实现各个学习阶段的数字化教育，以及成立联邦数字局等举措。

6 月，法国宣布《第三期未来投资计划》（2017 ～ 2021 年），提出将投入 100 亿欧元实施第三期未来投资计划，使法国更好地应对未来的挑战。第三期未来投资计划提出三大优先发展重点及其具体目标：①支持高等教育与科研的进步；②促进科技成果转移转化；③促进企业的现代化发展，同时根据支持重点科研项目、促进创新环境发展、支持未来工业发展趋势等九个目标设立了相应的行动方案。第三期计划关注从上游的高等教育与科研到下游的企业创新整个过程，集中围绕法国经济与社会转型最重要的两个方向展开，即可持续发展（能源转型与未来城市）与数字化。

7 月，瑞典宣布启动五大战略协作项目，将数字化、生命科学、环境与气候技术作为瑞典向绿色经济转变的核心，并作为未来工作的出发点。五大战略协作项目为：①下一代高效运输。更智能的、高效利用资源的运输方式。②智慧城市。使用信息通信技术（information communications technology，ICT）改进城市服务的质量与效果，并增强服务的互动性，降废减耗，改善民众与管理者之间的联系。③循环生物经济。联合调动创新措施，确保生物经济比例增长，促进循环式解决方案，采用连贯方法管理食品供应、能源问题，并向循环式生物经济转型。④生命科学。医疗卫生、商业界与学术界等要开展协作，使用数字技术开发新型创新药物、护理方法和医学技术，增强瑞典高水平医药的国际竞争力，增进本国卫生水平。⑤工业物联网和新材料。加强高水平工业、信息技术与通信公司、服务性企业、处于数字化前沿的创新性增长公司等与各种研究机构之间的协作，实现政府的再工业化战略——“智能工业”。

8 月，韩国从对经济增长的贡献度、对提高国民生活质量的贡献度、战略的必要性、取得竞争优势的可能性四个角度进行分析和遴选，最终确定九大国家战略项目。其中，与发掘新增长动力相关的有五个，即人工智能、虚拟现实与增强现实（augmented reality，AR）、无人驾驶汽车、轻质材料、智慧城市；与提高国民生活质量相关的有四个，即精密医疗、碳资源化、粉尘雾霾、生物新药。韩国政府计划未来 10 年将投入 1.6 万亿韩元，并计划吸引民间投入 6 152 亿韩元，以推进九大项目的落实。

（二）改革成为亚洲科技的关键词

中国不断深化的科技体制改革已成为科技事业发展的重要动力之一，并为日、韩等亚洲国家所借鉴。可以预见，随着中国科技事业的不断发展，相关的改革经验也将具有越来越强的国际示范效应。

2016 年 5 月，韩国国家科学技术战略会议正式成立，由总统亲自担任主席，成员共 41 位，包括国务总理、各部委部长、19 位产学研各界专家等。该会议作为韩国政府的最高科技决策机构，将发挥国家科技政策指挥塔的作用，负责提出中长期科技发展愿景和解决科技界的结构性问题。新成立的国家科学技术战略会议第一次会议主要讨论确定了有关科技体制改革的两方面内容：一是研发投资改革方案。目前韩国政府研发预算的分配方式为各部委根据各自的需求自下而上形成，国家层面的战略性规划不足。企业研发投入占总研发经费的比重约为 70%，政府科技投入的 48.9% 也用于开发研究，与企业的投入存在重复。韩国政府未来将重新讨论各部委研发计划的效果，遴选能够引领未来全球市场、国家必要的战略领域并集中投资，在其余的领域则尽可能提高企业的创意性和自主性。二是研发体系改革方案。目前，在政府项目招标时针对各创新单元的差别化扶持政策不够。今后将重点推进由国立科研机构的前沿会聚交叉研究、大学的基础研究、企业基于用户需求的研发而组成的开放型研发合作体系。

5 月，日本发布了《科学技术创新综合战略 2016》，提出将大力推进实施科技创新政策，把日本建设成“世界上最适宜创新的国家”。该战略重点阐述了 2016～2017 年日本的重点科技创新项目及政策措施，包括加强研究资金改革。日本政府将推进基础性经费和竞争性经费的改革，特别是针对国立大学、公共科研机构一体化推进体制改革和政府研究资金的改革，以实现最优政策组合，提高大学和科研机构的运营效率。具体政策措施包括：对竞争性经费项目进行梳理，完善各部门竞争性经费的使用规定；促进大学外部经费的竞争；促进大学竞争环境的营造；促进研究仪器的共享；整体推进国立大学改革和研究经费制度改革；重新分配和评估国立大学与公共科研机构的运营交付金（相当于中国的事业费）；完善大学运营经费与竞争性经费的关系以及竞争性经费中间接经费的使用。

（三）重点关注科技基础设施建设

大型科技基础设施是突破科学前沿、解决经济社会发展和国家安全重大科技问题的物质技术基础。科技基础设施建设具有周期性的特点，在科技发展面临革命性突破的关键阶段，加强科技基础设施建设通常是抢占先机的重要举措。

2016 年 3 月，欧洲研究基础设施战略论坛（European Strategy Forum on Research Infrastructures，ESFRI）发布的《欧洲研究基础设施战略论坛路线图 2016》（简称《路线图 2016》），是对未来 10 年泛欧洲研究基础设施的建设和发展进行战略层面规划和部署的重大举措。《路线图 2016》中包括了 21 个未来 10 年重点支持建设的基础设施项目，即 ESFRI 项目，以及 29 个未来 10 年重点支持运行的基础设施，即 ESFRI 地标（ESFRI Landmarks)。《路线图 2016》的 21 个 ESFRI 项目中，包括 9 个来自 2008 年路线图更新和 6 个来自 2010 年路线图更新的项目，以及《路线图 2016》中新设计的 5 个项目和 1 个技术调整升级的项目。6 个新加入的项目分别是：①气溶胶、云、痕量气体研究基础设施网络（aerosols，clouds，and trace gases research infra structure network，ACTRIS）；②河海系统国际先进研究中心；③气候变化条件下基于粮食安全的多尺度植物表型与模拟基础设施；④欧洲太阳望远镜（European solar telescope，EST）；⑤立方千米中微子望远镜 2.0（KM3NeT 2.0）；⑥欧洲文化遗产中心（The European Research Infrastructure for Heritage Science，E-RIHS）。

3 月，法国高等教育与研究部发布《法国研究基础设施国家战略 2016》，从社会科学与人文、地球系统与环境科学、能源、生物学与健康、材料科学与工程、天文学与天体物理学、核物理与高能物理、数字科技与数学、信息科技九个领域，描述了法国现有和未来即将建设的研究基础设施的发展和运行计划。该战略首次详细介绍了这些设施的社会经济影响、国际合作、数据量、数据存储方式及其可获得性、建设和运行成本、人员当量等信息。

4 月，美国众议院通过《NSF 重大研究设施改革法案 2016》，目的是加强美国国家科学基金会对 1 亿美元以上重大研究设施的管理与监管。该法案要求加强对美国国家科学基金会重大研究设施成本、不可预见支出及管理费支出的审计，从组织管理层面指导美国国家科学基金会科学研究部控制重大研究设施预算，从技术操作层面指导美国国家科学基金会控制重大研究设施成本。5 月，美国众议院通过了《2017 财年 NSF 预算法案》，提出 2017 财年美国国家科学基金会总预算 74.17 亿美元，比 2016 财年减少 0.57 亿美元，其中重大研究设施与设备预算 8 700 万美元，比 2016 财年缩减 1.13 亿美元。可见，众议院对美国国家科学基金会重大研究设施与设备项目的建设和运行维护成本管理和监管不满，而美国国家科学基金会必须按照该法案要求尽快改善其重大研究设施项目监管，才能重拾国会、科学家与民众的支持。

4 月底，丹麦高等教育与科学部发布了“2015 研究基础设施路线图”。新路线图设定 2015 ～ 2020 年研究基础设施的目标和拟建设施，并再次确定研究基础设施不仅是单个场所的装置，还包括诸如测量站等网络式分布的台站或提供在线访问的虚拟数据中心。这些设施包括测量仪器、测试装置、实验装置、检测场、超级计算机、研究过程和产生新知识中用到的其他工具和资源等。该路线图指出，像丹麦这样的小国，更有必要建设最先进的研究基础设施，并从国家层面管理研究基础设施。此外，新路线图还提出优先建设 5 个领域的 22 个研究基础设施，每个设施的建设均由 1 所大学牵头，2 ～ 3 所大学协助，国内外其他产学研机构参与。

（四）世界主要经济体加大力度部署前沿技术研发

未来计算技术、抗癌登月计划、5G（第五代移动通信）研发和量子科技等前沿技术研发成为多个国家科技布局的共同选择，前沿科技的竞争态势日趋激烈。

未来计算技术被寄予厚望。4 月 19 日，欧盟委员会推出云计算行动计划，拟在 2016 ～ 2020 年资助 67 亿欧元重点打造“开放科学云”虚拟环境和欧盟数据基础设施。5 月，美国国家科学技术委员会网络与信息技术研发分委员会发布的“联邦大数据研发战略规划”提出了联邦大数据研发的七大战略，其中每条战略所列举的优先领域都强调将通过“网络与信息技术研发计划”（Networking and Information Technology Research and Development，NITRD）相关联邦资助机构的使命聚焦和研究投资来实现。7 月 26 日，美国白宫科学和技术政策办公室（White House Office of Science and Technology Policy，OSTP）发布《国家计算计划（NSCI）战略规划》，进一步明确了美国政府机构的具体责任，以推动高性能计算（high performance computing，HPC）研究、开发和部署并实现效益最大化。7 月 29 日，参与美国国家纳米计划（National Nanotechnology Initiative，NNI）的相关机构，包括美国国家科学基金会、能源部、国防部、美国国家标准与技术研究院以及美国情报机构，联合发布了《纳米技术引发的重大挑战：未来计算》白皮书，确认了纳米技术实现未来计算重大挑战的“大数据传感器”“用于科学发现的人工智能”“在线的机器学习”等 7 个技术优先领域，以及“材料”“器件和互联”“计算架构”等 7 个研究发展方向，并分别给出了 7 个研究发展方向的 5 年后、10 年后、15 年后要实现的目标。

抗癌登月计划引发普遍关注。1 月 12 日，美国总统奥巴马发表国情咨文，提出启动“癌症登月计划”，拟设立白宫“癌症登月计划”特别小组，负责领导该计划的全面实施。2 月 1 日，美国白宫宣布，两年内将投入 10 亿美元，启动该计划。6 月 22 日，法国政府发布了《法国基因组医学计划 2025》，以应对诊断与治疗领域的公共卫生挑战，发展基因组（genome）医学相关的医药产业，确保法国在该领域的优势作用。该计划由法国总理领导的部际内阁战略委员会（Inter-Ministerial Strategic Committee）进行监督，前 5 年计划投资 6.7 亿欧元。7 月 11 日，美国国家癌症研究所、英国癌症研究中心、英国威康信托基金会桑格研究所，以及荷兰 Hubrecht 类器官技术基金会（Foundation Hubrecht Organoid Technology）联合发起人类癌症模型开发计划（The Human Cancer Models Initiative，HCMI），计划 3 年内建立 1 000 个癌症模型，这一数量是全球现有癌症模型数量的两倍。

5G 研发国际竞争激烈。2016 年，国际移动通信标准组织 3GPP（3rd Generation Partnership Project，即第三代合作伙伴计划）正式启动 5G 系统设计。7 月 15 日，美国联邦政府宣布将投资 4 亿美元启动“先进无线研究计划”，重点开展 5G 无线技术研究，以保持美国在无线技术领域的领先地位。这是美国首次在联邦政府层面推动无线技术研发，将有助于整合各方资源和能力以加速 5G 技术的研发与应用。同时，包括英国电信、德国电信、意大利电信、沃达丰在内的 17 家欧洲电信运营商在 7 月上旬发布了“5G 宣言”，承诺将于 2020 年前在欧洲每个国家的至少一座城市推出 5G 网络。9 月，欧盟委员会正式公布了 5G 行动计划（5G for Europe：An Action Plan），这意味着欧盟进入 5G 试验和部署规划阶段。

量子科技发展前景广阔。3 月，欧盟委员会发布《量子宣言（草案）》，呼吁欧盟成员国及欧盟委员会发起资助额达 10 亿欧元的量子技术旗舰计划。此前欧盟已对量子技术提供了长达 20 年的长期支持，总投资额度目前已达 5.5 亿欧元。欧盟量子技术旗舰计划的目标是，将建立极具竞争性的欧洲量子产业，充分利用量子技术进展，更好地解决能源、健康、安全和环境等领域的重大挑战，确保欧洲在量子研究方面的科学领导力和卓越性，以及在未来全球产业蓝图中的领导地位。7 月，美国国家科学技术委员会发布了《推进量子信息科学：国家的挑战与机遇》报告，指出量子计算能有效推动化学、材料科学和粒子物理的发展，未来可能最终会颠覆众多科学领域。美国政府随即在官网发文，督促学术界、工业界和政府相关部门尽快就量子信息科学议题进行交流，以保证量子信息研发的关键需求得到满足。8 月 16 日，中国在酒泉卫星发射中心用“长征二号”丁运载火箭成功将世界首颗量子科学实验卫星“墨子号”发射升空，使中国在世界上首次实现卫星和地面之间的量子通信，构建天地一体化的量子保密通信与科学实验体系。

（五）深入推进智慧城市规划建设

智慧城市概念提出已近 10 年，各国的相关举措逐步落地并先后进入成果成熟期。随着智慧城市规划及建设经验的进一步丰富，智慧城市建设将可能进入飞跃式发展的新阶段。

2016 年 2 月，美国总统科技顾问委员会发布《城市技术与未来》报告，提出政府与私营部门应通力合作，重点开发与应用信息通信、清洁能源、新型交通、新的供水系统、建筑创新、立体种植农业、清洁制造业等新技术提高智慧城市的发展水平。报告强调城市化水平的提升给美国带来展示其创新实力、增加出口、改善人民生活水平的巨大机遇，抓住这一机遇需要联邦政府与州政府、地方政府以及私营部门等通力合作，开发与应用信息通信清洁能源、新型交通、新的供水系统、建筑创新、低水少土农业、小规模清洁制造业等新技术来提高城市的服务水平，使得生活在城市的人们感受到生活的便捷、环境的舒适。

4 月，世界经济论坛发布《2016 激励未来城市与城市服务报告》（*Inspiring Future Cities & Urban Services*）。报告强调，新兴技术正在改变城市服务提供方式和商业模式，并提出了十个步骤的行动计划，以引导城市转型。报告指出，城市发展面临诸如气候变化、社会隔离和经济发展等挑战，但囿于预算只能利用有限的资源去处理这些问题；因此，在新的科技革命和城市转型过程中，城市管理者可以把新兴技术与新商业模式积极融入城市公共服务中，为城市转型提供新思路。不过报告也指出，技术并不是解决城市问题的根本，为了从整体上解决这些问题，城市需要在现有规划、治理和监管方式等方面进行改革。

4 月，英国政府科学办公室讨论了城市科学的未来研究重点领域，指出利用科学研究方法来了解城市如何运作，形成城市科学，对未来的城市发展是至关重要的。英国政府科学办公室提出，英国城市科学的未来研究重点领域应包括以下七个主要方面：①城市的相互依赖和融合；②未来的城市生活；③城市经济（经济绩效与成功要素）；④城市资源的新陈代谢（可持续发展的未来）；⑤城市形态（如何创造更好的城市）；⑥城市基础设施（长时间智能运行）；⑦城市治理。

6 月，日本发布了未来城市的战略构想及进展报告。日本智慧城市建设选定横滨、丰田、京阪奈、福冈、九州等试点城市。各试点城市的建设规划各有特点。以九州为例，九州主要参加机构是新日本制铁、日本 IBM、富士电机等，目标是开展电力、燃气、水、废弃物、交通设施等协作。由于日本企业积极参加智慧城市建设，整合了电力、热能、交通设施、水和废弃物领域等，形成了协作效应。九州作为智慧城市建立了利用太阳能和燃料电池直流发电的住宅区，同时把工厂在生产过程中产生的氢气和废弃热量收集起来作为能源再利用，实现了示范区内能源的自给自足。九州智慧城市示范区设立了生态城、亚洲低碳中心、无碳街区，并建立了机器人护理特区，用机器人等信息通信技术应对老龄化社会的护理课题。

三、重要前沿技术领域的研究进展

（一）信息技术

2016年，信息技术继续推动全球各领域的科技创新，尤其是大数据、物联网、人工智能、量子通信和5G等新兴技术的创新成就，正引领和改变着整个社会的创新格局。信息通信技术的社会应用程度和影响力正在不断提升。基于数字技术及其所催生的新型商业模式的创新，充分表明创新不再仅仅局限于技术范畴，信息技术的应用创新同样可以创造更大的影响力。

1. 重要趋势

（1）人工智能成为科技领域最受关注的焦点，主要国家全面推进人工智能布局。人工智能作为智能化时代的关键使能技术，将成为新一轮产业革命的引擎，必将深刻影响全球的产业竞争格局。美国发布的两份重要报告——《为人工智能的未来做好准备》和《美国国家人工智能研究与发展策略规划》，明确提出要优先开展基础性和长远性的人工智能研究。欧盟2013年开始启动为期10年的人脑计划。该计划分3个重要阶段组织实施，投资近12亿欧元，目前已有百余所欧洲院校和研究中心参与。日本在2016年1月发布的"第五期科学技术基本计划"（2016～2020年），明确提出要把日本建成"世界上最适宜创新的国家"和"超智能社会"。

（2）量子技术成为发展重点。量子技术被称为下一个科技拐点，得到世界主要经济体高度重视。美国政府支持量子信息科学的研发投入每年约为2亿美元，主要通过国防部、能源部、情报先进研究计划局、国家标准与技术研究院和国家科学基金会等机构规划实施。2016年4月，欧盟宣布为在第二次量子革命中占据领先地位，将向量子技术旗舰计划投资10亿欧元。

（3）各主要国家从战略层面高度重视网络安全。当前，全球面临的网络安全威胁日益严峻。2016年2月，美国白宫发布《网络空间安全国家行动计划》（Cybersecurity National Action Plan，CNAP），将加强网络空间安全态势感知和防护、保护隐私、维护公共安全、保障经济安全和国家安全。2016年7月，欧盟通过首个网络安全监管条例《欧盟网络与信息系统安全指令》，旨在加强欧盟各成员国之间在网络与信息安全方面的合作，促使银行、能源机构、交通部门、医疗机构、数字内容运营商和网上商城等网络服务运营商肩负起加强网络安全、上报网络攻击的责任。英国、法国、德国等国家均已建立或正在成立网络部队。

（4）物联网建设不断加强，应用逐渐成熟。物联网正在从小范围局部性应用向大范围的规模化应用转变，从垂直应用和闭环应用向跨界融合应用和开环应用转变。2016年，美国物联网投入为2 320亿美元。美国物联网主要集中在制造和交通等高度仪表化行业。2016年2月，日本提出"能源革新战略"，为创建利用物联网新技术来调控电力供需、提高能源效率的机制。2016年7月，荷兰电信公司KPN宣布其物联网正式上线，可覆盖整个国家并在未来用于连接数百万台设备。

（5）5G 成为主要国家及地区政府和企业在信息领域竞争的重点。世界各主要国家和地区都在争相开发 5G 网络，全球 5G 研发的产业化进程也在逐步加快。2016 年 7 月，美国正式为 5G 分配频谱，并宣布将于 2020 年实现商用。这使美国成为世界上首个确定 5G 应用，并为其开放大量高频频谱的国家。2016 年 11 月，欧盟委员会无线频谱政策组（Radio Spectrum Policy Group，RSPG）发布了欧洲 5G 频谱战略，确定了 5G 初期部署的频谱，其中涉及多个频段规划，以促进 5G 系统 2020 年在欧洲的大规模商用。

2. 重大进展

（1）人工智能 AlphaGo 战胜人类围棋世界冠军棋手。2016 年 3 月，谷歌人工智能 AlphaGo 在与韩国棋手李世石的围棋比赛中以 4 胜 1 负的成绩获得胜利。这是人工智能第一次在与世界顶尖围棋手的较量中取得胜利，是人工智能发展史上重要的里程碑，代表人工智能已经能在诸如围棋等高度复杂的项目中发挥出超过人类的作用。

（2）中国“神威·太湖之光”超级计算机勇夺全球超级计算机冠军。2016 年 11 月，最新一期的全球超级计算机 500 强（TOP 500）榜单在美国盐湖城公布，中国“神威·太湖之光”以较大的运算速度优势轻松蝉联冠军。加上此前“天河二号”的六连冠，中国已连续四年占据全球超级计算机排行榜的最高席位。

（3）美国打破物理极限研发出 1 纳米晶体管。2016 年 10 月，美国劳伦斯伯克利国家实验室宣布已打破物理极限，将现有最精尖的晶体管制程从 14 纳米缩减到了 1 纳米，这将使处理器的性能和功耗都能获得巨大进步。晶体管的制程大小一直是计算技术进步的硬指标，晶体管越小，同样体积的芯片上就能集成更多。劳伦斯伯克利国家实验室的 1 纳米晶体管由碳纳米管和二硫化钼（MoS_2）制作而成，二硫化钼将担起原本半导体的职责，而碳纳米管则负责控制逻辑门中电子的流向。这一研究具有非常重要的指导意义，新材料的发现未来将大大提升电脑的计算能力。

（4）全球首颗量子通信卫星成功发射。2016 年 8 月 16 日 1 时 40 分，中国在酒泉卫星发射中心用“长征二号”丁运载火箭成功将世界首颗量子科学实验卫星“墨子号”发射升空。这将使中国在世界上首次实现卫星和地面之间的量子通信，构建天地一体化的量子保密通信与科学实验体系。从理论上讲量子通信可确保身份认证、传输加密以及数字签名等无条件的安全，可从根本上、永久性解决信息安全问题。

（5）美国正式交出互联网域名管理权。2016 年 10 月 1 日，美国商务部下属机构国家电信和信息局将互联网域名管理权交给位于加利福尼亚州的“互联网名称与数字地址分配机构”（The Internet Corporation for Assigned Names and Numbers，ICANN）。至此，美国政府理论上不再拥有该领域的主导权，这标志着互联网迈出走向全球共治的重要一步。

（二）生物技术

2016 年，全球生命科学与生物技术研究进入创新活跃期，基础与应用研究进一步深入，干细胞与再生医学、合成生物学、微生物组学（microbiome）、脑与神经科学等重点领域取得系列突破。同时，生命科学与信息、材料、工程等学科的深度融合，催生了群体性重大技术变革并带动了新产业新业态。世界主要经济体继续加大体系布局与研发投入力度，生物技术产业规模继续壮大，对经济社会发展的支撑性作用更加凸显。

1. 重要趋势

（1）欧美国家确立生物经济战略地位，推动生物经济发展。生物技术在医疗、农业、工业、能源等产业展现出巨大的潜力，正引发新的产业革命。预计到 2020 年，生物经济规模将超过以信息技术为基础的信息经济，成为世界上最强大的经济力量。欧美国家高度重视生物经济巨大潜在效益和广阔前景，纷纷制定生物经济发展战略。美国生物质能研发委员会发布《联邦生物经济活动报告》，提出到 2030 年实现“数十亿吨生物质生物经济愿景”。欧洲生物基产业联盟发布的欧洲生物经济第一份宏观研究报告《数字化欧洲生物经济》指出，欧洲生物经济总规模已达到 2.1 万亿欧元。德国举办第一届全球生物经济峰会，提出需高度重视生物经济全球议程。

（2）生物技术安全和伦理问题引起重视。生物技术已深度融合和广泛渗透到人类社会的各个方面。与此同时，以合成生物、基因编辑、干细胞等为代表的新兴技术的开发应用也因其不确定性、监管缺失、资源开放、适用群体等问题引起了潜在的生物安全风险和伦理道德争议。美国已将“基因编辑”列入“大规模杀伤性与扩散性武器”威胁清单，认为该技术的误用滥用会引起严重的社会、经济问题。美国国防高级研究计划局（Defense Advanced Research Project Agency，DARPA）启动“安全基因”（Safe Genes）项目，以解决基因编辑技术的关键安全漏洞，限制或逆转经编辑后基因遗传结构的扩散。日本厚生劳动省制定了干细胞临床应用安全标准，为干细胞医疗构建监管框架。英国成为首个批准线粒体置换疗法临床应用的国家，未来“三亲婴儿”技术的应用将有法可依。

（3）脑机接口在医疗康复和军事作战方面的影响日益凸显。在医疗领域，脑机接口技术可帮助残障人士完成语言沟通、假肢控制以及神经系统重建等，在提高其社会适应性和自理能力中具有极高应用前景。匹兹堡大学研究人员使丧失触觉的脊髓损伤患者通过神经接口系统直接在大脑中体验触觉。荷兰乌特勒支大学医学院的研究小组利用新型脑机接口使一名肌萎缩侧索硬化（amyotrophic lateral sclerosis，ALS）患者使用自己的思想与外界交流。在军事领域，脑机接口背后的脑控、控脑等核心技术将有可能催生出脑控武器、脑控机器人、动物间谍等，推动军事作战规则的变革。DARPA 启动“神经工程系统设计”（nerual engineering system design，NESD）项目，旨在开发新型脑机接口，实现大脑指定区域中任意 100 万个神经元间清晰且独立的通信。DARPA 资助亚利桑那州立大学开发出脑机控制系统，可使每名操作人员通过佩戴有多个脑机接口的头盔同时控制四架无人机。此外，日本和欧洲各国也在积极开发可用于军事领域的脑机接口。

2. 重大进展

（1）基因编辑技术研发和应用加速推进。2016 年度基因编辑技术取得大量新的、突破性的进展。其中，以 CRISPR/Cas9“关闭开关”、同时编辑多个基因、任意编辑非分裂细胞、“改写”单个核苷酸、靶向 RNA（核糖核酸）等为代表的研究均取得积极进展。同时，基因编辑技术在疾病诊断治疗领域展现出极大的应用前景。中国四川大学华西医院卢铀教授开展了基因编辑 T 细胞治疗转移性非小细胞肺癌患者临床试验。美国斯坦福大学研究团队在人体干细胞中修复了造成镰状细胞贫血病的基因。美国萨克研究所研究人员通过对细胞进行部分重编程，让患早衰症小鼠的寿命延长 30%。瑞典斯德哥尔摩卡罗林斯卡研究所生物学家雷德里克·兰纳实施了健康人类胚胎基因编辑。

（2）3D 生物打印医疗应用迅速发展。3D 生物打印技术在药物测试、器官移植、组织再生等领域具有极大的应用潜力。2016 年 4 月，美国西北大学科学家制造出 3D 打印的小鼠卵巢，并使实验小鼠成功受孕。8 月，美国普林斯顿大学研究人员开发出 3D 打印神经系统芯片用于神经系统疾病临床研究，韩国理工大学开发出 3D 打印骨科植入物，美国 Organovo 公司开发出 3D 打印人类肾脏组织，法国 Carmat 公司推出 3D 打印心脏产品。10 月，荷兰代尔夫特大学研究人员开发出新型 3D 打印智能骨骼植入物。12 月，中国四川蓝光英诺生物科技股份有限公司 3D 生物打印血管成功植入恒河猴体内，实现血管再生。

（3）干细胞技术转化应用效益显著。2016 年 4 月，日本理化研究所研究人员利用实验鼠的诱导多能干细胞（induced pluripotent stem cells，iPS cells）再生出完整的皮肤系统，澳大利亚新南威尔士大学研究人员干细胞修复疗法动物实验获得成功。7 月，美国斯坦福大学医学院研究人员实现人类胚胎干细胞在 5 ～ 9 天迅速发育成 12 种纯细胞群。10 月，日本九州大学研究人员将小鼠皮肤细胞诱导为多能干细胞，并使其分化为具有生育能力的小鼠卵细胞，与小鼠精子结合，繁殖出健康的下一代小鼠。11 月，新奥大谷大学的研究人员利用患者的成人干细胞将其患病心脏进行再生。

（4）寨卡（Zika）病毒科技攻关取得重要突破。2016 年 2 月，世界卫生组织将与寨卡病毒相关的新生儿小头症病例和其他神经系统病变升级为“国际关注的突发公共卫生事件”，全球多个团队加紧开展针对寨卡病毒的研究。4 月，美国普渡大学的研究团队首次确定了寨卡病毒的结构。8 月，美国科学家成功在多个细胞系内复制了寨卡病毒，针对寨卡病毒的疫苗 VRC319 在国立卫生研究院研制成功，进入 I 期临床试验，美国沃尔特·里德陆军研究所启动了另一项灭活寨卡疫苗临床试验。11 月，美国圣路易斯华盛顿大学和范德比特大学研究人员发现一种抗体“ZIKV-117”，有望防治寨卡病毒造成的新生儿小头症。12 月，中国科学院微生物研究所研究人员开发出高效、特异性人源寨卡病毒抗体，并在小鼠模型上成功验证其具有治疗病毒感染的能力。

（三）能源技术

2016 年世界主要经济体仍处于调整期，能源需求有增无减，伊朗核问题与中东乱局持续对国际石油市场影响深刻，新一届美国总统的能源政策将冲击全球能源市场，《巴黎协定》正式生效标志着全球气候治理进入新阶段，多重因素导致国际能源形势日趋复杂，未来能源发展充满不确定性。

1. 重要趋势

（1）《巴黎协定》生效使全球气候变化合作进入“后京都”时代，推进全球能源绿色低碳转型进程。2016 年 11 月，《巴黎协定》正式生效，刷新了国际协议最快生效记录，使 2020 年后全球应对气候变化行动有法可依。协定提出全球应加快向绿色低碳转型，大力发展清洁低碳能源，可再生能源、核能、智能电网技术、高级输电系统以及化石能源碳排放回收利用等低碳能源技术及相关产业将迎来重大发展机遇。例如，欧盟在签署《巴黎协定》时承诺，2030 年前减少二氧化碳排放 40%。为兑现这一承诺，欧盟在 2016 年底公布了新的能源发展报告，更新了能源政策，确定了阶段性节能减排目标和实施措施，但国际观察家普遍认为，协定约定的减排目标实施前景有待观察。

（2）国际能源形势和能源地缘政治复杂化。2016 年 1 月 16 日，伊朗核问题全面协议正式执行，伊朗重新进入国际金融市场，其石油出口限制被解除，石油产量的快速恢复使得石油输出国组织（Organization of Petroleum Exporting Countries，OPEC）的限产目标难以有效达成。尽管协议全面执行，但伊朗与美国之间仍存在诸多分歧，尤其是特朗普政府的政策尚不确定，伊朗核问题走向仍是未来影响国际石油市场的核心问题之一。此外，叙利亚冲突、极端组织“伊斯兰国”发展、沙特阿拉伯政治动向、巴以问题等均可能对地区政治经济局势产生突发性冲击，进而影响国际石油市场。特朗普成为新一届美国总统，根据其竞选纲领和之前对油气行业做出过的表述，预计将为美国国内油气生产、需求以及国际石油市场带来较大变化。

（3）世界核电竞争加剧。2016 年全球核电市场有小幅度增长，新增 10 台机组首次并网发电，其中中国 5 台，美国、俄罗斯、印度、韩国和巴基斯坦各 1 台；1 台机组永久关闭，新开工 2 台机组。截至 2016 年 11 月，全球共有 450 台在运核电机组，总装机容量为 3.92 亿千瓦。多家国际能源机构预期，尽管核电发展当前面临诸多挑战，但未来仍将呈现增长态势。各大核电技术公司目前主推第三代核电技术，在加强各自本土核电建设的同时，在国际核电市场的竞争激烈。印度等新兴核电市场通过与多个核电巨头合作，以期获得性价比更高的核电技术，并致力实现相关技术本土化。

（4）可再生能源成本持续下降，在部分地区已成为具有经济竞争力的能源技术。根据国际能源署（International Energy Agency，IEA）、国际可再生能源署（International Renewable Energy Agency，IRENA）等多家国际机构的分析统计，2010 ～ 2015 年，风电平准化成本降低了约 1/3，光伏的平准化成本下降 70% 以上，光热发电的平准化成本降低了约 40%。根据《彭博新能源财经》对中国、印度、巴西等 58 个发展中国家的调查统计，截至 2016 年第三季度，光伏发电投资水平为 1.65 美元 / 瓦，风电投资水平为 1.66 美元 / 瓦。光伏发电投资成本在 5 年前还高出风电 2 倍，2016 年首次略低于风电。如果考虑全生命周期的发电成本，由于风电设备利用率一般高于光伏，所以风电的度电成本依然低于光伏，如美国风电的平准化成本区间为 3.2 ～ 6.2 美分 / 千瓦时，而光伏发电的平准化成本区间为 4.9 ～ 6.1 美分 / 千瓦时。可再生能源经济性进步显著，在部分地区已经成为成本有效、具有经济竞争力的能源技术。

2. 重大进展

（1）一些新的碳捕集、封存 / 利用技术（carbon capture and storage/carbon capture，utilization and storage，CCS/CCUS）涌现。2016 年英印度公司 CCSL（Carbon Clean Solutions Limited）声明开发出革命性的碳捕捉技术，可以捕捉燃煤电厂的碳排放，其开发的新溶剂，可以使碳捕捉成本降低 66%，从每吨 60 ～ 90 美元降至 30 美元左右。2016 年，中国同济大学研究构建了一种崭新的光电催化选择性还原 CO_2 仿生界面体系，可高效、选择性地将 CO_2 转化成甲酸，使人们向低能耗、资源化地利用 CO_2 迈出了重要一步。

（2）重型联合循环燃气轮机效率创造世界纪录。2016 年 1 月，西门子交付一座装配有西门子 H 级燃气轮机的联合循环电厂，该电厂的 Fortuna 机组最大出力达 603.8 兆瓦，创造了同类单轴配置的联合循环发电机组的新纪录，净发电效率达到 61.5% 左右。

（3）作为可控核聚变关键环节的高压等离子体技术取得进展。2016 年 10 月，美国麻省理工学院在阿尔卡特（Alcator）C-Mod 托卡马克聚变反应堆实验中创造出新的世界纪录，等离子体压强首次超过了两个大气压，达 2.05 个大气压，其中等离子体发生 300 万亿次 / 秒的聚变反应。新纪录在该装置以往成绩的基础上提高了 15%，对应的温度达到 3 500 万℃，约是太阳核心温度的两倍。

（4）光伏电池效率不断刷新。2016 年 1 月，德国哈默尔恩太阳能研究所（Institut für Solarenergieforschung Hameln，ISFH）刷新了工业硅钝化发射极背面接触电池（passivated emitter and rear cell，PERC）组件的效率纪录，达到 20.2%。美国国家可再生能源实验室（National Renewable Energy Laboratory，NREL）与瑞士电子学与微电子科技中心（Swiss Center for Electronics and Microtechnology，CSEM）联合使用双结Ⅲ-Ⅴ/Si 光伏电池，非聚光电池转化效率达 29.8%。6 月，德国巴登符腾堡太阳能和氢能源研究中心（The Center for Solar Energy and Hydrogen Research Baden-Württemberg，ZSW）研制出转换效率为 22.6% 的铜铟镓硒（CIGS）薄膜光伏电池。11 月，德国哈默尔恩太阳能研究所与汉诺威-莱布尼茨大学的电子材料及器件研究所合作将钝化接触硅光伏电池转换效率提升到 25%。新型电池方面，11 月，美国加利福尼亚大学伯克利分校与劳伦斯伯克利国家实验室采用新的设计，实现了钙钛矿光伏电池 18.4% ～ 21.7% 的平均稳态效率，以及 26% 的峰值效率。

（四）新材料技术

2016 年，新材料技术不断突破，其中纳米材料、生物 3D 打印材料、第三代半导体材料、新型显示材料、新型光伏材料和新能源材料的发展成果较为突出。新材料的基础和先导作用进一步凸显，新材料技术与其他领域的交叉融合继续深化，新材料产品的全生命周期更受重视，新材料产业的集约化、集群化趋势更加明显。

1. 重要趋势

（1）新材料的功能属性不断增强，新材料与各学科领域的交叉融合不断拓展深入。全球经济一体化使新材料产业的发展逐渐呈现出集约化、多元化和效益化的特点。纵向看，上下游产业链日益完善，生产中间环节不断减少，产品生命周期将进一步缩短。横向来看，多学科交叉和多部门联合的趋势将进一步增强，新的产业联盟将继续不断出现，2017 年新材料产品的商业化应用进程将继续加快，技术和产品将更加多极化。

（2）新材料的低成本化、高效率化、低环境负荷成为研发重点。2016 年，世界各主要国家都在加大努力重构新材料发展的生态体系，未来与可持续发展直接相关的新材料的开发和应用将继续推进，如新能源、节能环保、生物医用材料等。同时，新材料从生产到使用的全生命周期的设计与评价、资源利用和保护、低能耗、低成本、少污染或无污染、回收再利用等问题将被更加重视。

（3）中国新材料行业发展进入快车道。随着“中国制造 2025”中将新材料提升为国家战略以及新材料“十三五”规划的启动，新材料行业将成为引领产业转型升级重要指引，一些规划中重点侧重的行业将在其中长期受益。

2. 重大进展

（1）纳米材料继续强势发展。纳米电子产品方面，美国斯坦福大学研究采用碳纳米管晶体管，实现了存储器和处理器的三维叠合，极大地降低了数据传输时间，提高了计算机芯片的处理速度，使基于碳纳米管 3D 芯片的新一代计算机运行速度有望超过目前芯片的 1 000 倍。美国劳伦斯伯克利国家实验室利用碳纳米管和二硫化钼开发出了目前全球最小的晶体管，其晶体管栅极只有 1 纳米，表明电子零部件体积尚有较大可缩减空间，摩尔定律或能够得以延续。北京大学实现了成品率 100% 的碳纳米管晶体管批量制备，制备出包含 140 个晶体管的碳纳米管四位全加器电路和两位乘法器电路，是目前世界上集成度最高、复杂性最强的碳纳米管集成电路。石墨烯方面，中国科学院上海硅酸盐研究所使用氮掺杂有序介孔的石墨烯作为电极材料制作出高性能超级电容器，具有超级电化学储能特性，可用做电动车的“超强电池”。英国埃克塞特大学使用氯化铁夹心石墨烯材料研制出柔性显示屏，未来可替代氧化铟锡（ITO）材料作为柔性透明导电膜，用于大尺寸柔性电子设备的制作。纳米催化剂方面，美国橡树岭国家实验室能源部开发出一种可将二氧化碳直接转化为乙醇的碳/铜纳米材料，其转化效率约为 63%，可用于治理温室效应。摩擦纳米发动机方面，中国科学院北京纳米能源与系统研究所和清华大学开展合作，将摩擦纳米发电机与有机薄膜晶体管结合，制造出具有 71.6% 透光度的柔性透明摩擦电子学晶体管。

（2）生物 3D 打印材料不断突破。2016 年，新型生物医用 3D 打印材料不断突破，其发展前景广阔。法国 Carmat 公司推出 3D 打印的永久性人工心脏产品，使植入者无须服用免疫抑制药物。捷克布尔诺科技大学制造出 3D 打印的全功能肺模型。中国四川大学华西医学院利用干细胞生物墨汁材料进行 3D 打印制作出血管，并将其植入恒河猴体内，实现了腹主动脉血管再生。美国西北大学使用高弹性生物陶瓷材料 3D

打印出人工骨骼，可用于脊椎和牙齿的个性化重建。美国医疗器械公司 K2M 研制出可作为植入假体的 3D 打印钛脊柱。美国 Aprecia Pharmaceuticals 公司利用 3D 打印技术生产出首款可治疗癫痫的药片“Spritam”。

（3）第三代半导体材料和新型显示材料进入黄金发展期。在半导体材料方面，美国加利福尼亚大学圣塔芭芭拉分校（University of California Santa Barbara，UCSB）利用金属氧化物化学气相沉积（metal oxide chemical vapor deposition，MOCVD）在蓝宝石衬底上外延制备出 N 极性面 GaN 基高频大功率高电子迁移率晶体管（high electron mobility transistor，HEMT），成为可兼顾高功率密度和高频特性的新一代器件。在自组装量子点（quantum dot，QD）材料方面，GaAs、InP、Si 和 GaN 衬底的各种自组装量子点材料已实现生长及控制，量子点材料的光谱覆盖了从可见光（400 纳米）到红外线（2 微米）的光谱范围。在显示材料方面，有机发光二极管（organic light-emitting diode，OLED）成为下一代显示技术发展主流。LG 将投建第五代 OLED 照明生产线。三星则表示将重组显示技术产业，将投资重点转向 OLED。

（4）新型光伏材料和新能源材料成为研究热点。美国加利福尼亚大学伯克利分校将小型钙钛矿薄膜太阳能电池的光电转换效率峰值提高到 26%。上海交通大学韩立院教授团队将 36 平方厘米的钙钛矿太阳能电池光电转换效率提升至 12%。上海交通大学张永明教授研发出使用寿命超 6 000 小时的质子交换膜燃料电池发动机，其设计被新一代奔驰燃料电池车采纳。美国洛斯阿拉莫斯国家实验室高等太阳能光物理中心研制出可向普通玻璃喷涂的量子点薄膜涂层，可将普通玻璃变成低成本光伏发电板，大幅降低了太阳能电池成本。韩国三星新型充电电池可使续航里程达到 600 千米。美国佛罗里达大学纳米科学技术中心研制出一种可弯曲超级电容器，为手机充电几秒钟后即可维持一周以上的电量。

（五）智能制造技术

2016 年，以信息技术与制造业加速融合为主要特征的智能制造成为全球制造业的主要趋势，智能制造在全球范围内呈平稳快速发展态势，由战略规划阶段进入战略实施阶段。世界各主要经济体纷纷聚焦智能制造，制定制造业中长期发展战略，力图抢占先进制造业发展制高点。智能制造技术创新应用加速从多点创新突破向系统集成应用迈进，跨国、跨行业的技术和资源整合趋势愈加明显。

1. 重要趋势

（1）人工智能技术逐步走向实用化。近几年人工智能技术取得了突飞猛进的发展，高级机器学习催生了一系列的智能实现，包括物理设备（机器人、自动驾驶汽车、消费电子产品等）以及应用程序和服务（如虚拟个人助理、智能顾问等）。这些设备、程序和服务将以新一类智能应用程序和智能物件的形式呈现，并为各种各样的网格设备及现有软件和服务解决方案提供嵌入式智能。英特尔准备将人工智能开发为“人人都能使用”（available for all）的服务。谷歌、百度、微软、IBM 等其他开发商也正在研究人工智能自动驾驶车辆、机器人和无人机等产品。国际数据公司

（International Data Corporation，IDC）预测，人工智能硬件收入将在未来 5 年内以超过 60％的复合年增长率（compound annual growth rate，CAGR）增长。波士顿咨询公司估计，到 2025 年，自动驾驶车辆的市场价值可能达到 420 亿美元。

（2）云制造开始受到制造企业及相关行业的重视。云制造是先进信息技术、先进制造技术以及新兴物联网技术等交叉融合的产品，是“制造即服务”理念的体现。2016 年，制造业的各路领军企业开始将云计算和工业大数据等引入制造环节，相继推出相关商业化产品。信息及通信行业的设备与软件供应商着手解决云计算的连接和安全性问题，这使得云制造在制造业中得以广泛推广。例如，2016 年 4 月，西门子面向市场推出“MindSphere——西门子工业云平台”，工业企业可利用该平台对工厂进行数字化改造，实现诸如预防性维护、能源数据管理以及工厂资源优化等工作。

（3）医疗机器人的市场潜力巨大。伴随全球机器人特别是服务机器人产业的发展、人口老龄化问题的加剧以及精准医疗概念的兴起，医用机器人引起了世界主要经济体越来越多的关注。当前，医用机器人正成为资本追逐的热点，越来越多的医疗设备企业、机器人开发机构，甚至互联网巨头纷纷涌入掘金。随着医用机器人技术越来越先进、使用越来越广泛，其作用将被人们进一步认知，未来将会有更多的资本进入这一领域。据统计，2015 ～ 2016 年全球发生了 9 起医用机器人领域重大投融资事件。2017 年，医用机器人领域的投资规模将继续扩大，医用机器人市场将进一步爆发。

2. 重大进展

（1）制造业巨头积极布局物联网，与工业机器人企业加速融合。2016 年 7 月，华为与通用电气（General Electric，GE）公司联合宣布双方建立战略合作伙伴关系，共同加速工业物联网创新应用开发，并支持工业客户的数字化转型。9 月，SAP 宣布在未来五年内将投资 20 亿欧元，帮助企业和政府机构利用不断增加的传感器、智能设备和大数据，实现基于物联网的转型。9 月，芯片巨头高通与荷兰恩智浦半导体洽谈并购，力图在各自传统业务外获得新的增长点。中国家电企业美的成功收购德国机器人公司库卡（KUKA），成为近年来中国公司最大规模的海外收购交易之一。10 月，上海电气与意大利汽车制造商菲亚特-克莱斯勒接洽，准备收购其旗下柯马（COMAU）机器人业务。

（2）特种机器人发展迅速。2 月，美国波士顿动力公司开发出一款与人类平衡方式极其类似的升级版人形机器人 Atlas，可用于执行搜索和拯救任务。5 月，俄罗斯先进技术研究基金会研制出一款可准确模仿人类活动的军用机器人，未来可在战场上取代人类战士进行活动。5 月，美国国家航空航天局（National Aeronautics and Space Administration，NASA）和美国东北大学、麻省理工学院联合研制出一款可双腿直立行走的“瓦尔基里号”太空机器人，可用于执行未来人类不能完成的太空探索任务。5 月，美国麻省理工学院、英国谢菲尔德大学联合研制出一种可装入胶囊的小型折叠机器人，它靠外部磁场驱动，可在胃壁上爬行并进行医学治疗。

（3）3D 打印新技术层出不穷，3D 打印产品不断更新换代。3 月，中国哈尔滨工业大学利用 3D 打印技术制备出世界上最轻的材料——超轻石墨烯气凝胶，密度低至

0.5 千克 / 米^3，可应用于多功能材料、柔性电子器件和超级电容器等领域。6 月，中国北京大学第三医院顺利完成世界首个金属 3D 打印人造脊椎植入项目，3D 打印人工椎体技术逐渐走向成熟。8 月，美国 Optomec 公司利用气溶胶喷射技术实现了在微米尺度上带嵌入电子元件的 3D 聚合物和复合结构的打印，有效地降低了电子通信产品和生物医疗产品的尺寸和成本。德国斯图加特大学利用 3D 打印技术制作出了目前世界上最小的透镜，直径约为 125 微米，该透镜未来可用于制作微型相机，用于医疗成像、秘密监控、机器人等领域。

（六）航天技术

2016 年，在世界经济发展增速放缓情况下，主要国家和地区仍加强航天发展战略谋划，美国新任总统特朗普明确提出“确保美国在全球太空领域的领导地位”，俄罗斯在《2016 ～ 2025 年联邦航天计划》草案中宣布未来 10 年将向航天领域投入 213 亿美元，欧盟委员会在《欧洲航天战略》中提出多项航天发展目标。航天领域发展热点轮动并相互促进，“互联网 + 航天”的产业模式逐渐形成。此外，SpaceX（太空探索技术公司）“猎鹰 -9”火箭第一级回收使用技术取得关键性突破，美国“地球同步轨道空间态势感知计划”（geosynchronous space situational awareness program，GSSAP）卫星星座初步构成，欧洲“伽利略”全球卫星导航系统投入初始运行，“朱诺”探测器成功进入木星轨道，首个小行星取样探测器也预期 2019 年抵达目标小行星“贝努”。

1. 重要趋势

（1）小卫星技术快速发展推动“轨道革命”。近年来，微小卫星在数量上呈急剧增加的发展势头，2014 ～ 2016 年全球微小卫星入轨数量占全年入轨卫星的比例均超过 60%。据预测，全球对微纳卫星（CubeSats）的市场需求将保持逐年增长趋势，且需求总量在 2030 年前将达到 3 000 颗。在商业航天领域，初创航天企业已将发展微小卫星作为打破传统航天企业垄断的重要手段。2016 年 10 月，美国政府出台“推动小卫星革命”倡议，希望加强政府部门与商业企业在实用化小卫星领域的合作，促进航天工业的创新发展。此外，SpaceX 也向美国联邦通信委员会提交申请，计划发射 4 425 颗通信小卫星构建空间互联网。小卫星技术的快速发展将在航天领域掀起一场“轨道革命”。

（2）航天领域发展热点轮动并相互促进。当前，涉及空间、卫星应用和深空探测等太空活动相关的航天技术呈现出热点不断、轮番发展、相互支撑、相互促进的态势，推动人类太空活动的范围不断扩展、规模不断扩大。空间激光通信、空间互联网、分离模块卫星、立方体卫星等技术逐步成熟，推动“互联网 + 航天”产业模式形成。空间自主机器人、柔性太空舱等技术的探索应用，为扩大深空探测活动增添新的技术途径。

（3）航天数据建设合作日益增多。目前，美国已与 11 个国家（英国、韩国、法国、加拿大、意大利、日本、以色列、澳大利亚、德国、西班牙、阿拉伯联合酋长国）以及两个国际组织（欧洲航天局和欧洲气象卫星应用组织）签署空间态势感知共享协议，建立空间态势感知数据分享联盟。此外，美军还与50家卫星发射服务商、运营商等签署合作协议，将其获得的空间目标数据与卫星运营商通过遥测、跟踪获得的卫星确切轨道数据进行对比，提高空间目标监视能力。

2. 重大进展

（1）可重复使用运载技术取得关键性进展。美国蓝源公司和SpaceX在可重复使用运载火箭技术方面取得了多项重要进展。2016年4月，SpaceX首次实现“猎鹰-9”火箭第一级海上浮动平台垂直回收，之后该箭第一级又三次完成海上平台垂直回收，开创大型运载火箭关键部件回收的新模式，迈出运载火箭重复使用技术发展的关键一步。美国蓝源公司先后四次利用回收后的火箭助推器成功发射了“新谢泼德”亚轨道飞行器并垂直回收，实现真正意义上的同一枚液体火箭助推器的重复使用。9月，美国空军公布两套采用“佩刀”发动机的水平起降两级入轨空天飞行器的概念方案，并将基于该型发动机的飞行器作为发展重复使用航天器的重要技术路线。此外，美国统一发射联盟（United Launch Alliance，ULA）公布新型“火神”大型运载火箭的设计方案，提出回收使用第一级主发动机。俄罗斯宣布开展采用水平返回式可重复运载火箭的研制，并计划将其第一级“贝加尔”首先应用于“安加拉”运载火箭。

（2）持续推动空间态势感知能力建设。随着空间环境态势向“拥挤、竞争、对抗”持续发展，空间态势感知作为支持空间活动开展的一项基础能力，其建设日益受到关注。7月，DARPA融合多源数据的“轨道展望”项目，已完成对7个空间态势感知数据提供者实时数据集成，整合全球100多个传感器，组建全球最大的空间态势网络，为美军空间态势感知能力带来了革命性变化。8月，美国空军第三、四颗GSSAP卫星发射升空，将与首批入轨的两颗GSSAP卫星组成星座，共同对地球同步轨道（geosynchronous orbit，GEO）目标执行巡视侦察任务，进一步提升美军高轨空间态势感知能力。

（3）积极开展火星探索等深空探测计划。2016年，美国政府重申载人航天深空探索目标：在21世纪30年代实现载人探索火星。为实现这一目标，NASA继续推进火星探测器、“航天发射系统”运载火箭和“猎户座”载人飞船等项目的研制与实施工作。SpaceX还提出将于2025年登陆火星，并计划实施“星际运输系统”（interplanetary transport system，ITS）计划。3月，欧洲航天局联合俄罗斯联邦航天局发布“火星外空生物2016”(ExoMars 2016)探测计划。4月，世界首个充气式太空舱——“毕格罗充气式太空舱”（Bigelow extensible activity module，BEAM）搭载SpaceX公司的“龙”货运飞船发射升空，对未来降低太空站成本、在地外星球建造基地等均具有极为重要的意义。7月，美国“朱诺”木星探测器历时近5年的飞行，成功进入木星轨道，成为继“伽利略”之后第二个环绕木星的探测器。9月，NASA发射小行星取样探测器，预期2019年抵达目标小行星“贝努”，探测采样后，将于2023年携样品返回地球。10月，“火星外空生物2016”探测器抵达火星，其分离的“痕量气体轨道器”（trace gas orbiter，TGO）成功进入环绕火星的工作轨道。

（七）航空技术

2016 年，世界航空技术研究与新产品研制均取得了重要进展。民用飞机方面，波音 737MAX 首飞成功，空客 A320neo 和庞巴迪公司的 CS300 交付运营。军用飞机方面，美国 F-35A 形成初始作战能力，日本“心神”隐身战斗机技术验证机首飞成功，英国和法国共同开发“未来空战系统”（future combat air system，FCAS）等。此外，无人机自主技术、自适应发动机、高速直升机等航空技术也取得新进展。

1. 重要趋势

（1）无人机将是航空技术发展的热点。随着信息技术和人工智能技术发展，无人机已成为航空技术发展热点。目前，国外正在研究多种无人机，主要包括“神经元”、“雷神”、FCAS、“战术侦察节点”（tactically exploited reconnaissance，TERN）、“小精灵”（Gremlins）项目等。此外，美国还启动无人加油机 MQ-25、无人侦察机 TR-X、无人运输机“空中可重构嵌入式系统”（aerial reconfigurable embedded system，ARES）等无人机的研究。未来，无人机的种类和功能将更加丰富，完成任务的能力也将更强。

（2）民用客机的竞争将更加激烈。目前，世界干线客机主要由波音公司和空客公司垄断，支线飞机主要由巴西和加拿大主导。为发展航空工业，越来越多的国家参加到民机领域的竞争。在支线客机领域，中国的 ARJ-21、俄罗斯的 SSJ-100 支线飞机已开始交付使用，日本的 MRJ 支线飞机也计划于 2018 年投入使用。在干线客机领域，加拿大的 CS100 和 CS300 已于 2016 年交付，中国的 C919 和俄罗斯的 MC-21 将在 2017 年首飞。若进展顺利，这些干线飞机都将与空客 A320 和波音 737 展开激烈竞争。

（3）直升机将向高速化方向发展。美国陆军“联合多任务直升机”（joint multi-role，JMR）项目将进入关键阶段。参加竞争的机型是波音公司和西科斯基公司联合研制的 SB>1 直升机与贝尔公司研制的 V-280 直升机。SB>1 方案采用了共轴双旋翼复合推进的布局方式，V-280 则采取了倾转旋翼的布局方式。SB>1 的设计巡航速度为 460 千米 / 小时，V-280 的巡航速度为 520 千米 / 小时，均比现有直升机的巡航速度大幅提高。欧洲空客直升机公司在研的“低环境影响高速高效旋翼机”（low-impact fast and efficient rotorcraft，LifeRCraft）采用复合推进气动布局，设计巡航速度 410 千米 / 小时。同时，俄罗斯直升机公司也在开展“先进商用直升机”高速旋翼机研发项目。随着直升机的速度越来越快，其战场生存能力、反恐、反潜以及搜救价值将大幅提高。

2. 重大进展

（1）F-35A 形成初始作战能力。2016 年 8 月 2 日，美国空军宣布第一批 15 架 F-35A 战斗机形成初始作战能力，这是继 F-35B 之后，第二种具备实战能力的 F-35 机型。预计其第三种机型——美国海军的 F-35C 将在 2018 年实现初始作战能力。F-35

采用隐身、推力矢量、有源相控阵雷达、综合化航空电子系统、光电分布式孔径系统、综合电子战系统、自主保障等先进技术，不仅能执行制空任务，且具有强大的对地 / 对海作战能力。2016 年，美军已接收各型 F-35 飞机 150 余架，以色列、日本采购的 F-35A 先后完成首飞。随着该机大批量装备美军及其盟军部队，空战将进入全隐身时代。

（2）自适应发动机进入综合技术验证阶段。6 月，美国空军宣布授予通用电气和普惠公司各 10 亿美元的“自适应发动机转化项目”（adaptive engine transition program，AETP）合同，旨在研制、生产和测试自适应发动机工程验证机。自适应发动机通过改变发动机某些部件的几何形状、尺寸或位置以改变其涵道比、总压比等循环参数，从而在各种飞行条件和工作状态下保持良好的性能，同时大幅降低耗油率以提高飞机的航程和留空时间。该项目的关键技术包括自适应风扇、高压比压气机、可调涡轮导向器、面积可调涵道导向器、多变量控制系统、陶瓷基复合材料（ceramic matrix composites，CMC）、热障涂层技术和先进制造技术等。项目周期为 2016 ～ 2021 年，目标是完成推力为 200 千牛级的自适应发动机样机的制造、总装和试车。目前，美军自适应发动机的发展进度已大幅领先第六代机的发展速度，充分反映了其“动力先行”的发展思路。

（3）英、法两国共同开发 FCAS。3 月，英、法两国决定联合投资 21 亿美元以开展 FCAS 的全尺寸研发项目。按计划，该系统将于 2030 ～ 2040 年装备部队。2016 年 6 月，空客公司公布了 FCAS 的概念方案。根据该方案，FCAS 至少包括三种平台，即有人战斗机平台、大型无人作战飞机、小型分布式无人机。英国前任首相办公室认为，FCAS 将成为欧洲未来最先进的战斗机。此外，其有人 / 无人飞机协同作战的设计思想对未来战斗机的发展也将产生重要影响。12 月，英、法政府就 FCAS 项目过渡阶段工作签署了协议，计划于 2017 年底完成全尺寸验证机的研发。

（八）海洋技术

2016 年，世界主要经济体增长乏力，新兴市场和发展中国家总体增速下滑。海洋科技和创新受到空前重视，主要国家纷纷采取措施抢占海洋科技和海洋产业革命的制高点。欧美等海洋科技强国相继公布新的“海洋发展战略”和“海洋科技发展规划”，力图通过各种计划和合作项目，持久保持海洋前沿技术领域领导和领先地位。主要国家通过引领海洋大科学、大计划、大项目研究，不仅加大海洋开发原始创新技术的研发，更注重以创新技术对海洋开发的控制，抢占海洋科技、海洋经济发展的先机。

1. 重要趋势

（1）全球主要海洋国家（地区）强调海洋科技的重要作用。2016 年 4 月，经合组织发布《2030 年海洋经济展望》报告，指出海洋技术的创新将对海洋经济产生重要影响。11 月，欧盟委员会通过《国际海洋治理：我们海洋的未来议程》全球海洋治理联合声明，强调海洋科学的研究及国际的合作对应对海洋保护和促进海洋经济发展的重要作用。12月，美国国家海洋委员会发布《国家第一个海洋计划》，对海洋科技进行了整体规划。上述文件都对海洋科技进行了整体布局，强调海洋科技对应对与海洋相关的环境挑战、促进海洋产业发展等方面的重要作用。

（2）深海无人设备作业能力不断增强。2016年，美国波音公司推出“回声航行者”无人潜艇，可在没有支持舰船的帮助下持续运行几个月。美国斯坦福大学研制出人形机器人“海洋一号”（Ocean One），使用人工智能和触觉反馈系统，配备感知压力、扭力和航向等的多个传感器，以及全视角摄像头、多普勒计程仪等。德国佛罗恩霍夫研究所研制出一款无缆水下机器人，充电一次可自动运行20小时，并可下潜至6 000米深的海水中，且设备重量变轻。加拿大研制了可进行深海探测的高功能潜水装EXOSUIT，可传输声音、影像及相关数据，最大工作水深300米，使用时长达50小时。随着新材料、自动化与信息等技术的不断发展以及主要国家对深海环境探测的不断深入，深海无人设备作业能力的不断增强已成为必然趋势。

（3）主要国家提高极地海洋研究的战略地位。2016年，国际北极科学委员会（International Arctic Science Committee，IASC）发布《北极综合研究——未来路线图》（Integrating Arctic Research—A Roadmap for the Future），欧盟发布《欧盟北极政策建议》，美国发布《北极研究计划（2017～2021）》，英国自然环境研究理事会（Natural Environment Research Council，NERC）发布《2016～2020年战略实施计划》，澳大利亚南极局发布《南极战略及20年行动计划》。欧盟、美国、英国和澳大利亚等国家和地区纷纷制订了极地海洋的战略规划和科研计划，以海洋科技及其装备水平抢占极地研发、能源资源开发的先机。极地海洋的战略地位迅速提高。

2. 重大进展

（1）海洋观测网络不断推进。2016年1月，包括美国、英国和澳大利亚等在内的18个国家的27位科学家发布了《全球ARGO海洋观测15年》，并建立了由3 000个卫星跟踪的自动探测浮标组成的ARGO（Array for Real-time Geostrophic Oceanography，即地球海洋学实时观测阵）海洋观测网，在海洋、渔业、气象、交通等领域的基础研究和业务化应用中获得众多创新性成果。随着剖面浮标技术的不断改进和完善，国际ARGO计划正在从全球无冰覆盖的大洋向着两极季节性冰区、深海、边缘海和西边界流海域以及生物地球化学等领域拓展，并将最终建成一个至少由4 000个ARGO剖面浮标组成的覆盖水域更深厚、涉及领域更宽广、观测时域更长远的ARGO全球海洋观测网。

（2）国际大洋发现计划持续推进。2016年9月，国际大洋发现计划（International Ocean Discovery Plan，IODP）在西太平洋印度尼西亚海域实施钻探，研究晚第四纪以来西太平洋暖池对千年尺度气候变化的作用与响应，以及上新世-更新世西太平洋暖池在轨道尺度上的变化及其与季风活动的关系、印度尼西亚穿越流的变化，中新世中期以来西太平洋暖池表层水、中层水温度以及水体化学的长期演化。2016年12月，IODP在马里亚纳弧前钻探蛇纹岩泥火山，研究活动俯冲带中地球化学、生物和构造过程，同时计划在三个站位安装钻孔重返系统等，用于航次后安装设备进行长期观测。

（3）“Jason-3”卫星在海洋监测领域实现重要突破。1 月，美国 Space X 公司成功发射了由美国、法国合作研发的“Jason-3”海洋监测卫星。“Jason-3”海洋监测卫星可收集海洋变化数据，密切关注全球变暖和海平面上升对近至海岸 1 000 米处的风速和气流的影响，通过监测全球海平面高度、热带气旋的变化来预测飓风强度。“Jason-3”卫星在海洋监测领域的突破包括：增强了海洋地形的测量，结合海洋气象学，启用三维海洋数值预报，开拓海洋业务的发展；提高了每月海洋气候预测，如热浪或持续的强降雨预报和季节预报；加强了海平面变化监测，监测全球海平面变化及海洋表面形貌随气候的变化，以了解海洋的热量、水和其后期铜的碳存储与再分配；改善了测高仪观测，测高仪对海洋表面风速测量是对区域数值天气预报模式一种新的、非常高的分辨率（1 ～ 2 千米）的验证，以改善短期预测的高影响天气。

（4）全球第一口全电力式深海探井问世。11 月，法国道达尔公司打造出世界上第一口全电力式深海探井。该全电力式深海探井位于荷兰北海地区的 K5-F 油气田，相较于电动液压式深海探井，其无须顶层的液压基础设施、脐带管中的液压管路、海底液压分配系统、采油树和分支管上的液压管路，从而省去了打造这些设备或设施的切割、弯曲、焊接、装配、冲洗和测试等工作，大大降低系统的成本（较传统深海探井成本下降 50% ～ 65%）。除成本降低外，该探井系统更加安全环保，其配备的深海电子采油树利用电子信号对深海生产系统进行控制，无须传统深海采油树中的液压油，避免了开式液压控制系统液压油泄漏带来的海洋污染等问题。

世界前沿技术发展报告 2016

2016年世界信息技术发展报告

2016年，信息技术及产业对全球经济影响力持续增强，继续引领全球经济的创新发展。信息技术加速学科间的交叉融合，促进新兴学科不断涌现，前沿领域进一步延伸。以先进计算技术、网络与通信技术、信息安全技术、虚拟现实与数字媒体技术、微电子与光电子技术为重点的技术创新及其产品应用，正在对全球科技研发和产业布局产生深远影响。

一、世界信息技术及产业发展重要动向

2016年，世界信息技术及产业始终以数字化、网络化和智能化作为创新发展引擎，推动世界向智能互联社会演进。在大数据、云计算和物联网发展的同时，量子技术、虚拟现实和人工智能等新兴技术的创新成果正在不断涌现，网络安全更加引起世界各国的高度关注。IDC全球黑皮书数据显示，2016年全球IT支出增速增长了2%，软硬件及服务总IT支出达2.3万亿美元，加上电信服务，信息通信技术总支出达到3.8万亿美元。

（一）信息技术全球影响力持续增强

1. 2016年信息技术及产业加速推进全球创新

2016年，世界经济论坛发布《2016年全球信息技术报告：数字经济时代推进创新》，以“网络就绪指数”（networked readiness index）为依据，对139个经济体的信息通信技术发展状况进行了全面评估并排出名次。“网络就绪指数”，是由该论坛推出的一套指标体系，用于对全球主要经济体利用信息通信技术推动经济发展及竞争力的成效，进行打分和排名，从而对各经济体的信息科技水平进行评估。

报告显示，信息通信技术的社会应用程度和影响力正在不断提升。2016年度“网络就绪指数”排名显示，全球信息技术领先国家的构成保持稳定，新加坡连续两年位居首位，其后依次为芬兰、瑞典、挪威、美国、荷兰、瑞士、英国、卢森堡和日本，中国排名比2015年上升3位，列第59位。

2. 2016年全球正在向信息社会转型

2016年，国际电信联盟发布数据的显示，全球互联互通正在迅速普及。虽然信息通信技术服务价格一降再降，但全球仍有39亿人无法享受互联网提供的大量资源。

发达国家和发展中国家的网络普及率差别较大，发达国家互联网普及率高达81%，发展中国家则为40%，最不发达国家则低至15%。2016年，互联网的创新成果与经济社会各领域的深度融合，已经形成了更为广泛的以互联网为基础设施和创新要素的经济社会发展新形态。

3. 对中国的影响和启示

中国信息技术正在从引进、消化和吸收，向创新驱动引领发展方向转变。中国新一代信息技术围绕着大数据、物联网、人工智能和网络安全等领域不断创新，并正在

向社会各领域不断渗透和融合。随着《"十三五"国家科技创新规划》的正式发布，中国信息技术及产业创新也获得了更大的发展动力。当前，应重视发挥中国信息技术在超级计算机、量子通信和移动互联网等方面的既有优势，在核心技术和原创技术方面加强攻关，持续提高中国信息技术及产业的核心竞争力。

（二）量子技术成为发展重点

1. 美国从国家层面部署量子技术

2016 年 9 月，美国国家科学技术委员会发布题为《发展量子信息科学：国家的挑战与机遇》的报告。该报告总结了量子信息科学在多个领域的进展和未来发展潜力，指出美国研发进程中的障碍，讨论了未来的发展路径。

目前美国联邦政府支持量子信息科学的研发投入每年约为 2 亿美元，主要通过国防部、能源部、DARPA、国家标准与技术研究院和国家科学基金会等机构支持实施。该报告对美国发展量子信息科学提出三点建议：一是设立稳定、长期的核心研究计划；二是进行短期、目标明确的战略性研发；三是持续对整个学科领域进行技术扫描，评价政府资助研发的成果，并在出现新的技术突破时及时修改计划。

2. 欧盟设立量子技术旗舰计划

2016 年 4 月，欧盟宣布将向量子技术旗舰计划投资 10 亿欧元，资金额度接近于欧盟此前的"石墨烯"旗舰计划和"人类大脑"旗舰计划。该计划将于 2018 年启动，通过欧盟研究与创新计划进行投资，目的是发展量子计算，使欧洲在第二次量子革命中占据领先地位，给欧洲的科学、工业和社会带来变革性的进步，以增强欧洲在数字经济方面的竞争力。

3. 对中国的影响和启示

当前，世界科技大国纷纷加大对量子技术的研发部署。"十三五"期间，中国也将量子通信确定为未来五年国家的重点战略项目。中国在量子技术研发方面已经具备较好的基础，如中国科学技术大学在量子技术研发方面处于国际领先地位，已成功研制出百毫秒级高效量子存储器，为远距离量子中继系统的构建奠定了坚实基础。中国还成功发射了全球首颗量子通信卫星"墨子号"。此外，中国科学院、上海交通大学和清华大学等科研院所，在量子技术研发方面也取得了较好成绩。随着量子通信技术在公众通信网的现网测试和小范围应用，预计未来 3 ~ 5 年，中国量子通信市场规模有望达到 100 亿元以上。因此，中国应在现有较好发展基础之上，继续加强关键环节攻关，早日实现量子技术的规模化应用。

（三）人工智能成为关注焦点

1. 美国发布人工智能发展规划

2016 年 10 月，美国总统办公室发布了两份重要报告：一是《为人工智能的未来做好准备》，报告阐述了在发展人工智能技术方面政府的职责，奥巴马政府呼吁应优先考虑开展基础、长期的人工智能研究，并制定发展自动和半自动武器的政策，同时指出，应重视政策与人类共同的价值观、国家安全利益以及国内外义务的一致性；二是《美国国家人工智能研究与发展策略规划》，报告包含长期投资人工智能研发领域、开发人机协作的有效方法、理解和应对人工智能带来的伦理问题、确保人工智能驱动系统的安全、为人工智能培训和测试开发共享公共数据集与环境、建立评估人工智能技术的标准和基准、深入了解国家人工智能研发人才需求七大战略。

2. 欧盟加强人脑计划和智能工厂

欧盟人脑计划已有欧洲百余所院校和研究中心参与，项目自 2013 年开始为期 10 年，欧盟委员会和参与国将提供近 12 亿欧元经费。欧盟人脑计划分为 3 个重要阶段：2013 年 10 月至 2016 年 3 月是“快速启动”阶段；2016 年 4 月至 2020 年 8 月是“运作阶段”；2020 年 9 月至 2023 年 9 月是“稳定阶段”。

在智能工厂方面，欧盟于 2016 年 4 月发布“数字化工业”战略，将打造区域性的数字创新中心，确保所有公司尤其是中小型企业能够实现数字工厂的转变，实现向“工业 4.0”的转变。为此，欧盟将通过欧盟核心研究计划——“地平线 2020”（Horizon 2020）投资 10 亿欧元，欧盟成员国和工业部门也预计投资 30 亿欧元。

3. 日本欲打造“超智能社会”

2016 年 1 月，日本发布的“第五期科学技术基本计划”（2016 ～ 2020 年）提出，未来 10 年通过政府、学术界、产业界和国民等相关各方的共同努力，大力推进和实施科技创新政策，把日本建成“世界上最适宜创新的国家”和“超智能社会”。日本为确保研发投资规模，计划未来 5 年投入占 GDP 总额 4% 以上的研发支出，其中政府将投入占 GDP 总额 1% 的研发支出。

4. 对中国的影响和启示

人工智能作为智能化时代的关键使能技术，将成为新一轮产业革命的引擎，必将深刻影响全球的产业竞争格局。中国人工智能发展已具备良好基础，在声音合成与识别方面，中国取得了一系列国际领先的成果并突破特定应用场景下的实用化门槛；在人脸识别方面，中国目前的识别准确率优于国外，处于世界领先水平；国产消费级无人机已经占领了全球 70% 的市场份额；在电商大数据分析与应用领域已经走到了世界前列。但中国在人工智能领域的整体发展水平与发达国家相比仍存在差距，尤其在基础元器件、基础工艺、制造技术、基础平台与数据开放共享等方面差距较大。中国应抓住新一轮科技革命和产业变革的历史机遇，大力发展人工智能技术与产业，构建自主的人工智能技术和产业体系。

（四）虚拟现实创新成果不断涌现

1. 虚拟现实开发平台竞争激烈

2016 年 5 月，谷歌公司推出虚拟现实开发平台 Daydream，用于基于安卓系统的虚拟现实头戴设备、控制器和智能机的开发。该平台的合作伙伴包括三星、HTC、华为和小米等设备厂商，Netflix、Hulu 和 YouTube 等视频内容厂商，以及 EA 和 NetEase 等游戏开发商。

2016 年 6 月，微软宣布向第三方开放增强现实软件 Windows Holographic，允许内容开发商与硬件制造商通过微软的开发工具开发增强现实产品。HTC、英特尔、高通、宏碁、戴尔、惠普以及联想将整合 Windows Holographic 平台开发各自产品，而微软将借此扩大旗下增强现实产品 HoloLens 的产业生态。

2016 年 9 月，高通公司宣布推出首款虚拟现实参考平台 Qualcomm 骁龙 VR820。该平台基于骁龙虚拟现实 SDK 打造，能为 OEM（original equipment manufacturer，即原始设备制造商）和开发者提供面向虚拟现实内容和应用优化的关键技术。骁龙 VR820 满足了便携式虚拟现实一体机的处理和性能需求。

2. 虚拟现实风险投资联盟成立

2016 年 6 月，HTC 公司联合红杉资本、经纬创投等 28 家全球顶级风险投资公司成立虚拟现实风险投资联盟。该联盟未来将斥资上百亿美元，专注全球虚拟现实行业的创业和创新，加速打造健康、可持续发展的虚拟现实生态圈。

3. 虚拟现实专利申请量增长

据统计，近 3 年来全球虚拟现实专利新申请量，已经超过了过去 20 年专利申请量的总和。其中美国专利申请量高居榜首，占比 51%，韩国、日本和中国分别占到 29%、11% 和 6%。

4. 对中国的影响和启示

虚拟现实是当前信息技术及应用发展的新方向。中国企业在虚拟现实产业化方面一直走在前列，如阿里巴巴于 2016 年 3 月宣布成立虚拟现实实验室，并启动“Buy+”计划，推动虚拟现实内容培育和硬件孵化。此外，在工业和信息化部电子信息司指导下，由中国电子信息产业发展研究院、HTC 公司和歌尔股份有限公司等联合发起的虚拟现实产业联盟于 2016 年 9 月在北京成立，目前加入成员单位超过 160 家。该联盟的成立可以促进中国虚拟现实技术研发、产品制造、标准制定、应用推广以及其他关键共性问题的解决，推动中国虚拟现实产业健康发展。但是，中国应清醒认识到当前虚拟现实在技术、标准、内容、硬件等方面存在的明显不足，认识到大规模产业化应用尚需时日，紧紧抓住当前虚拟现实发展的战略机遇，重点从技术、应用及标准 3 个层面力争取得突破发展。

（五）网络安全受到各国重视

1. 美国政府高度重视网络安全

2016 年 2 月，美国白宫发布《网络空间安全国家行动计划》，提出了网络安全发展的短期行动计划和长期战略目标，强调将加强网络空间安全态势感知和防护、保护隐私、维护公共安全以及保障经济安全和国家安全。在 2017 年财政年度预算中，奥巴马提议拿出 190 亿美元用于加强网络安全，这比 2016 年高出 1/3。

2. 欧盟注重构建网络安全法规

2016 年 7 月，欧盟正式通过了首个网络安全监管条例《欧盟网络与信息系统安全指令》，以加强欧盟各成员国之间在网络与信息安全方面的合作。该指令规定银行、能源机构、交通部门、医疗机构、数字内容运营商和网上商城等网络服务运营商，都应肩负起加强网络安全、上报网络攻击情况的责任，并要求欧盟各个成员国在网络安全领域加强合作。

2016 年，欧盟委员会启动了一项公共部门与私营企业之间的网络安全合作项目，计划在 2020 年之前投入 18 亿欧元（约合 20 亿美元）。欧盟还承诺未来将提供 4.5 亿欧元（约合 5.02 亿美元），帮助私营企业实施网络安全方面的创新。

3. 对中国的影响和启示

2016 年中国网络安全形式相当严峻。根据中国国家互联网应急中心的态势报告，中国网络安全指数总体为“良趋中”。看似良好的网络环境却总是不断频繁地出现各种安全威胁。该应急中心 2016 年数据显示，中国平均每个月感染网络病毒的终端数接近 260 万个，被篡改网站数量 5 000 多个，信息系统安全漏洞 1 000 多个。当前，中国不断出台各种网络安全政策，足见网络安全的重要性已经达到前所未有的高度。中国应注重提升网络安全保护能力和技术水平，密切关注全球网络安全新技术，加强国内外网络安全领域的交流，重视推动中国重点行业网络安全技术的应用。

（六）物联网建设不断加强

1. 美国加大对物联网应用力度

2016 年，美国物联网投入为 2 320 亿美元。美国物联网主要集中在制造业和交通运输等高度仪表化行业，而在医疗保健和消费等其他领域，物联网计划也正被应用于生活质量的改善。在制造业和交通运输领域，2016 年美国对物联网的投资支出分别达到 355 亿美元和 249 亿美元。

2016 年，谷歌母公司 Alphabet 宣布，将在美国现有一座或多座城市中建造“智能城市”。在这些城市中，谷歌将为无人驾驶汽车、数据传感器、联网汽车以及公共 Wi-Fi（wireless-fidelity，即无线保真）等建立基础设施。

2. 欧盟合作开发智慧城市

2016 年 9 月，瑞士伯尔尼应用科技大学获得欧盟资助项目，将与欧洲及日本合作开发基于云计算的城市开放数据平台。这个平台可以为各种用户提供与物联网结合的、开放的政府数据。该项目旨在为城市提供基于云的城市数据基础设施，建设智慧城市。

3. 日本强化发展物联网

2016 年 2 月，日本提出“能源革新战略”，以创建利用物联网新技术来调控电力供需、提高能源效率的机制。该战略旨在引导所有行业共同采取节能措施，在减少温室气体排放的同时，有效利用物联网振兴能源产业。

2016 年 4 月，日立制作所宣布将在美国设立物联网相关基础技术研发中心，并将在 3 年内投入约 1 000 亿日元研发经费，推进与大数据等 IT 相关的技术开发，向客户企业销售设备和提供服务。

4. 其他国家大力发展物联网

2016 年 7 月，荷兰电信公司 KPN 宣布其物联网正式上线，可覆盖整个国家并在未来用于连接数百万台设备。KPN 公司已经在荷兰数百个移动通信塔上安装了 LoRa 网关和天线，创建了全新的专属于物联网设备的公共网络。其首批工程于 2015 年 11 月在鹿特丹和海牙完成部署，并已为消费者提供服务。

2016 年 7 月，韩国 SK 电信公司宣布，已完成了基于 LoRa 技术的低功耗广域网（wide area network，WAN）的部署，使 LoRa 广域网覆盖了全国 99% 的人口。该公司计划在 2017 年底实现 400 万台以上设备连接到其物联网上，并将进一步开发创新的物联网服务，支持中小企业的物联网应用。

5. 对中国的影响和启示

中国物联网在政府推动下，积极建设智慧城市，开拓市场应用，物联网发展正处在新的快速增长阶段，并正逐步成为世界物联网产品加工的重要基地。中国物联网研究发展中心预计，到 2020 年中国物联网产业规模将达到 2 万亿元，未来 5 年复合增速将达 22%。但是，当前中国也存在物联网产业链结构还不完善、传感器等上游产品仍然有 70% 依赖进口等问题。随着物联网产业的逐步成熟，中国应注重完善产业链结构，扩大产业应用规模，继续推进中国物联网向智能化方向发展。

（七）第五代移动通信即将商用

1. 美国正式为 5G 分配频谱

2016 年 7 月，美国正式为 5G 分配频谱，并宣布将于 2020 年实现商用。美国联邦通信委员会（Federal Communications Commission，FCC）一致同意，向移动、灵活和固定使用的无线宽带开放近 11 吉赫兹（3.85 吉赫兹授权频谱 27.50 吉～ 28.35 吉赫兹、37.0 吉～ 38.6 吉赫兹、38.6 吉～ 40.0 吉赫兹，以及 7 吉赫兹免授权频谱 64 吉～ 71 吉赫兹）高频段频谱资源用于 5G 部署，这使得美国成为世界上首个确定 5G 应用，并为其开放大量高频频谱的国家。

2. 欧盟发布 5G 频谱战略

2016 年 11 月，欧盟委员会无线频谱政策组发布了欧洲 5G 频谱战略，确定了 5G 初期部署的频谱，其中涉及多个频段规划，以促进 5G 系统 2020 年在欧洲的大规模商用。

频谱战略包括：3 400 兆～ 3 800 兆赫兹频段，是 2020 年前欧洲 5G 部署的主要频段，连续 400 兆赫兹的带宽有利于欧盟在全球 5G 部署中占得先机；1 吉赫兹以下频段，特别是 700 兆赫兹将用于 5G 广覆盖；24 吉赫兹以上频段是欧洲 5G 潜在频段，欧盟委员会无线频谱政策组将根据各频段上现有业务和清频难度，为 24 吉赫兹以上频段制定时间表等。

3. 国际组织发布 5G 标准化路线图

2016 年 6 月，移动通信标准化团体 3GPP 宣布，“3GPP 技术规范组”（3GPP Technical Specifications Groups，TSG#72）已就 5G 标准的首个版本——Release 15 的详细工作计划达成一致，明确 Release 15 的 5G 相关规范将于 2018 年 6 月确定。在 3GPP TSG RAN（residential access network，即居民接入网）方面，关于 Release 15 的 5G 新无线电技术（new radio，NR）调查范围，该技术规范组一致同意对独立

（stand-alone，只使用 5G）和非独立［同时使用 LTE（long term evolution，即长期演进）环境和 NR］两种架构提供支持。

4. 对中国的影响和启示

当前，世界各国都在争相开发 5G 网络，全球 5G 研发的产业化进程也在逐步加快，5G 标准和产业的国际竞争也日益加剧。中国 5G 技术实验频率已明确采用 3.5 吉赫兹频段，5G 频率的全面规划也正在进行。2016 年 11 月 17 日，国际无线标准化机构 3GPP 的 RAN1（无线物理层）第 87 次会议宣布，中国华为公司提交的 PolarCode（极化码）方案，成功入选为 5G 国际标准，为中国参与全球 5G 竞争抢占了先机。因此，中国应加快在 5G 研发和产业化等领域的全面部署，力争赢取中国 5G 发展的主动权。

二、先进计算技术

2016 年，先进计算技术领域成果显著，中国“神威·太湖之光”超级计算机获得世界超级计算机冠军，人工智能程序 AlphaGo 战胜前围棋世界冠军。

（一）计算机系统结构

1. 英特尔发布第七代酷睿处理器

2016 年 8 月，英特尔发布面向 PC（personal computer，即个人计算机）的第七代酷睿处理器产品线，其制造工艺为 14 纳米，微架构为“Skylake”。第七代酷睿处理器增加了可通过硬件提高编码和解码速度的 4K 视频编解码器，新支持“4K HEVC 10-bit”编解码器的解码和编码，以及“VP9 10-bit”编解码器的解码。

2. 中国超级计算机“神威·太湖之光”获 TOP 500 世界第一

2016 年 11 月，最新全球超级计算机 500 强公布，中国“神威·太湖之光”以绝对优势轻松蝉联冠军。“神威·太湖之光”由中国国家并行计算机工程技术研究中心研制，可达每秒 9.3 亿亿次的浮点运算速度，重要的是其包括处理器在内的所有核心部件全部为国产。

“神威·太湖之光”采用了中国自行研发的申威 SW26010 260C 1.45 吉赫兹处理器，每个处理器 260 个核心，总共 10 649 600 个核心，内存 1 280 太字节（$1TB=2^{40}$字节），操作系统是基于 Linux 的 RaiseOS 2.0.5，性能 93 千万亿次 / 秒（petaflop/s）。Top 10 里面中国有 2 台，日本有 2 台，瑞士 1 台，其余 5 台都是美国的。Top 500 里面，中国和美国都有 171 台，之后是德国的 31 台，日本的 27 台，法国 20 台，英国 13 台。462 台超级计算机使用了英特尔的处理器，22 台超级计算机使用了 IBM Power 处理器，使用 AMD 处理器的只有 7 台。惠普制造的超级计算机最多，共 140 台，其次是联想的 92 台，克雷的 56 台，曙光的 47 台，IBM 的 37 台。

3. 日本超级计算机“京”获得 Graph 500 世界第一

2016 年 7 月，由日本、西班牙等组成的国际共同研究小组宣布，在对大数据处理尤为重要的大规模图表分析相关超级计算机国际性能排名 Graph 500 中，日本超级计算机“京”获得第一名。这是该超级计算机连续第三次在该榜单中名列榜首。此次测试使用“京”所拥有的 88 128 个节点中的 82 944 个节点，用 0.45 秒时间成功解开了由大约 1 万亿个根节点及 16 万亿个分支节点组成的大规模图表广度优先搜索问题，基准测试得分为 38 621 GTEPS（10 亿次遍历边缘 / 秒）。

4. 中国科学技术大学超冷原子光晶格量子计算研究取得重要进展

2016 年 8 月，中国科学技术大学在国际上首次实现对光晶格中超冷原子自旋比特纠缠态的操控和探测，向基于超冷原子的可扩展量子计算和量子模拟迈出了重要一步。国际权威学术期刊《自然•物理学》以研究长文的形式报道了这项重要研究成果。

中国科学技术大研究团队与德国海德堡大学合作，自 2010 年开始对基于光晶格可拓展量子信息处理研究展开联合攻关，实现了对超晶格中左右格点及两种原子自旋等自由度的高保真度量子调控，并开发了光学分辨约为 1 微米的超冷原子显微镜，对这层晶格中的原子进行高分辨原位成像。通过以上关键实验技术的突破，研究团队首次在光晶格中并行制备并测控了约 600 对超冷原子比特纠缠对，迈出了面向可升级量子计算的重要一步。

5. 美国试制出千核超省电处理器

2016 年 6 月，美国加利福尼亚大学戴维斯分校宣布，该校试制出了拥有 1 000 个 CPU（central processing unit，即中央处理器）内核的微处理器 KiloCore。KiloCore 由 6.21 亿个晶体管构成，每秒钟最多可执行 17.8 万亿条命令。该处理器采用 IBM 的 32 纳米 CMOS（complementary metal oxide semiconductor，即互补金属氧化物半导体）工艺生产，最高时钟频率为 1.78 吉赫兹。该处理器的特点是各 CPU 内核可分别以自己的时钟频率运行，而且能够并行执行不同的程序。研究人员称，“使用 5 号电池就可驱动，运行效率比现有笔记本电脑用微处理器高出 100 倍以上”。

6. 中国研发出全球首个神经网络处理器

2016 年 3 月，中国科学院计算技术研究所发布全球首个神经网络处理器科研成果，命名为“寒武纪”。“寒武纪”芯片执行的是一种与通用计算完全不同的指令集——电脑语“DianNaoYu”。其直接面对大规模神经元和突触的处理，一条指令即可完成一组神经元的处理。模拟实验表明，“寒武纪”相对于传统执行 x86 指令集的芯片，有两个数量级的性能提升。从目前看，“寒武纪”芯片更像是一款针对智能认知等应用的专用芯片，主要集中在人脸识别、声音识别等人工智能方面。该项成果未来应用将瞄准企业、科研院所等高性能服务器、高效能终端芯片、机器人芯片三大领域。

（二）软件工程与系统软件

1. 美国麻省理工学院研发出能提升网页加载速度的新系统

2016 年 3 月，美国麻省理工学院计算机科学与人工智能实验室和哈佛大学的研究人员研发出可减少网页加载时间的系统，使加载速度最快可提升 34%。这种被称为“北极星”的系统，其框架可以确定网页页面对象如何重叠下载，使得整个页面需要较少时间来加载。“北极星”系统可以自动跟踪所有对象之间的相互作用，并为它们编号。

2. 美国CEVA公司发布深度学习用软件

2016年7月，美国CEVA公司发布了用于将已完成学习的神经网络安装到该公司数字信号处理内核中的软件框架“CEVA Deep Neural Network”的第二款产品CDNN2。安装了已完成学习的神经网络的CEVA-XM4主要用于图像识别，可应用于ADAS（advanced driver assistant system，即先进驾驶辅助系统）、无人机及各种监控设备等嵌入设备。CDNN2是基于已被很多客户采用的第二代产品CDNN而开发的。CDNN和CDNN2将深度学习用框架输出的浮点运算的加权神经网络转换成定点运算的加权神经网络，并利用实时处理库将定点运算的加权神经网络置换成CEVA-XM4用安装数据。CDNN2除支持Caffe外，还支持谷歌的TensorFlow。

3. 苹果公司发布最新Mac操作系统macOS Sierra

2016年9月，苹果发布全新的macOS Sierra操作系统。macOS Sierra与iOS、watchOS、tvOS并称苹果四大操作系统。macOS Sierra为用户带来了Mac版的Siri，方便使用者通过语音查找文件、搜寻信息，并可支持网页版支付。

4. IBM公司发布全新大数据分析软件定义基础架构解决方案

2016年6月，IBM宣布为其软件定义基础架构解决方案Spectrum Computing新增认知特性，进一步扩大产品组合的能力范围，将帮助企业客户提升计算资源管理能力，加速企业客户分析结果及数据洞察的获取。软件定义基础架构是指通过软件来管理、调配和运行数据中心，涵盖计算、存储和网络三大部分。借助Spectrum Computing的全新智能资源与工作负载管理软件，IBM将使企业能够更为轻松地挖掘数据价值，提升性能密集型大数据分析工作负载和机器学习的速度。

5. 高通发布虚拟现实APP软件开发工具包

2016年3月，高通公司发布最新SoC系统单芯片处理器的虚拟现实APP软件开发工具包（“Snapdragon VR SDK”）。该开发工具包能利用陀螺仪传感器或加速度传感器等行动装置常用的内建装置工具取得各种相关情报，再借由统合在“Snapdragon 820”芯片处理器上的数字信号处理器机能“Hexagon”来预测头部的位置与方向，带给用户最舒适便利的虚拟现实体验。“Snapdragon VR SDK”另一优势在于能通过3D影像的高速变换处理与异步时间扭曲功能等机制将延迟缩短50%，并具备在虚拟现实空间将文字或选单通过Overlay影像堆栈显示的功能等。

6. 韩国发布操作系统TmaxOS

2016年4月，韩国软件公司TmaxSoft发布操作系统TmaxOS，意在挑战甲骨文、微软等国际软件巨头。公司称，该操作系统关键的优点是更好的开放性和更好的稳定性。TmaxOS支持谷歌Andorid、苹果iOS、微软Windows程序和系统，使用户可以用更低的价格轻松体验。TmaxSoft的目标是在2020年之前获得2万亿韩元（约18亿美元）的营收，占全球10%的市场份额。

（三）数据与信息处理

1. 人工智能程序 AlphaGo 战胜前围棋世界冠军

2016 年 3 月 15 日，由谷歌旗下 Deepmind 公司研发的人工智能程序 AlphaGo 以 5 局 4 胜的成绩战胜了世界排名第四的李世石，打破了人工智能抗衡顶级围棋选手的空白。这一突破性事件也成为人工智能发展的里程碑。社会各界借此开始讨论和思考人工智能技术的发展和应用，进而也将大幅加速其发展预期。

2. 无人驾驶出租车在新加坡通过测试

2016 年 3 月，美国一家从麻省理工学院分离出来的创业公司 nuTonomy 开发的无人驾驶出租车，在新加坡通过了首次测试。该测试用车可成功跨越各种道路上的障碍。该公司还将继续在新加坡的商业区测试这种汽车，并计划未来几年推出数千辆无人驾驶出租车。

3. 谷歌无人驾驶可被认定为司机

2016 年 4 月，美国车辆安全监管机构表示，由人工智能系统驾驶的谷歌无人驾驶车，将被认为符合联邦法律，即谷歌无人驾驶系统正式被认定为司机，这将是道路车辆自动化上迈出的重要一大步。

4. 日本完成城市无人机送货首测

2016 年 4 月，日本政府联合无人机制造商 Autonomous Control System Laboratory 和日本电子商务巨头乐天等多家企业，共同对无人机送货展开了测试。日本政府希望能在 2020 年东京夏季奥运会期间，将这种服务投向主流市场。

5. 澳大利亚邮政完成无人机送货实地测试

2016 年 4 月，澳大利亚邮政已经成功在实地测试中，使用无人机完成了小型包裹的配送任务，为尝试使用无人机向用户家中配送包裹扫清了道路。澳大利亚邮政表示，无人机可以用于配送网购包裹以及药品等对时间较为敏感的物品。

6. 谷歌利用人工智能使数据中心冷却用电减少 40%

2016 年 7 月，谷歌宣布通过采用该公司人工智能研究部门“Google DeepMind”的机器学习技术，成功使数据中心的服务器等设备的冷却用电减少了 40%。按照数据中心的节能指标“PUE”（power usage effectiveness，即电源使用效率）计算，节能幅度相当于 15%。

谷歌推广开发深度学习与强化学习相结合的“Deep Reinforcement Learning”（深度强化学习）技术，根据数据中心设备的运转状态和天气等，可优化冷却设备的设定，使冷却设备的功耗达到最小。谷歌通过使用神经网络来学习节能模式，从而明确冷却设备的“运营方案”。

7. 丰田展示用大数据实现安全驾驶

2016 年 6 月，丰田在“日本智能社区展”（Smart Community Japan 2016）上，展出了根据前摄像头拍摄的图像以及用户的制动操作、方向盘操舵角等驾驶数据，为安全驾驶提供支持的智能化系统。该系统的部分功能已经为丰田租车提供服务，目前已有数百辆车在实际运行。

该系统在“行人识别”和“车辆识别”两项功能中运用了图像处理技术。此外，还能收集制动操作及方向盘操舵角等驾驶员的驾驶数据，系统能检测出紧急制动等危险操作，用声音等方式向驾驶员发出警告。

8. 苹果的ResearchKit可以使用基因检查数据

2016年3月，美国苹果公司宣布，在针对医疗领域临床研究的开发套件ResearchKit中增加了新功能，即在临床研究中用iOS APP收集用户的基因数据。这些基因数据将用于寻找产后抑郁症、哮喘、循环器官疾病原因的研究项目等。苹果公司在ResearchKit中安装了美国23andMe公司设计的模块，后者主要从事基因检查服务。

9. 日本采用深度学习技术实现对剧烈变化时序数据的分类

2016年2月，日本富士通公司在美国圣塔克拉拉举办的技术展上，展示了其对变动剧烈的时序数据实施高精度分析的深度学习技术。利用该技术，在制造现场的设备异常检测及故障预测、医疗领域的诊断及治疗辅助等领域，可实现基于人工智能的高水平分析。

富士通公司的这项技术运用混沌理论和拓扑学知识，可对变动剧烈的时序数据进行高精度的自动分类。该技术与已有方法相比，精度可提高25%，达到约85%。此外，在根据脑波的时序数据实施状态推断的分类时，精度比已有方法可提高20%，达到约77%。

（四）新型计算机

1. 谷歌通用量子计算机开发取得重要突破

2016年6月，谷歌公司宣布其在开发通用量子计算机方面已经取得重要突破。过去30年，研究人员一直试图开发能解决任何计算问题的通用量子计算机。目前，来自美国加利福尼亚州和西班牙的一支团队开发了一款原型设备，能解决物理和化学领域的多种问题，未来还有可能应用至更广泛的领域。

谷歌的原型产品结合了两种量子计算技术：一种技术使用针对特定问题、有着特殊排列的量子位去设计计算机数字电路，这类似于传统微处理器中的定制数字电路；另一种技术称作“绝热量子计算”（adiabatic quantum computation，AQC），计算机将特定问题编码为一组量子位，并逐步调整这些量子位之间的互动，以“塑造”共同的量子态，从而得出解决方案。在研究中，谷歌研发团队已采用了9个固态量子位，未来还有望研发出超过40个量子位的计算设备。

2. 美国研发出全球首台可编程量子计算机

2016年8月，《自然》（*Nature*）封面杂志文章公布了一项量子计算机重大进展：一种小型可编程重新配置的量子计算机问世。这是美国马里兰大学量子信息和计算机科学联合研究所研究人员的研究成果。他们制造了一台由5比特的量子信息（量子比特）组成的新型量子计算机，能执行一系列不同的量子算法，其中一些算法可利用量子效应，一步完成一项数学计算，而传统计算机需要数次运算才能完成这一计算。

这项研究建立在几十年来捕捉并控制离子的工作基础上，目前，世界上的其他量子计算结构都无法实现这样的灵活性。根据论文作者的报告，这一系统可以约 98% 的准确率执行基本运算，这将有望被放大为规模更大的量子计算机。

3. 新型超级生物计算机模型问世

2016 年 3 月，加拿大麦吉尔大学科学家在《美国国家科学院院刊》上发表论文称，他们研制出了一个超级生物计算机模型，能够利用与大型超级电子计算机同样的并行运算方式快速、准确地处理信息，但整体尺寸却小得多，能耗也更低，因为它是依靠所有活细胞内都存在的蛋白质来运行的。这个超级生物计算机模型的电路看起来有点像从空中俯瞰一个繁忙有序的城市道路交通图——1.5 厘米大小的芯片就是“城市”，但在蚀刻好的“道路”上运行的并非传统微芯片中电流驱动的电子，而是蛋白质短串（研究人员称之为“生物代理”）。它们被 ATP（adenosine triphosphate，即三磷酸腺苷）驱动着，以可控的方式运行。

这种生物驱动的超级计算机完全不像传统超级电子计算机那样散热，因此无须降温处理，不仅更节能，可持续性也更强。虽然目前的模型已经能够通过并行计算有效处理复杂的经典数学问题，但研究人员也认识到，距离开发出全尺寸的功能性超级生物计算机还有很长的路要走。

4. 日本利用频率分光器研制新结构量子计算机

2016 年 4 月，日本大阪大学与东京大学、日本信息通信研究机构（National Institute of Information and Communications Technology，NICT）宣布成功观测到了不同光频（不同波长）的两个光子的 Hong-Ou-Mandel（HOM）干涉。这项发现为量子计算机进行光频复用量子演算创造了可能性，有望使计算量和通信容量等信息处理能力实现飞跃。相关研究成果已发表在学术期刊《自然·光子学》（*Nature Photonics*）上。

研究人员开发出利用光子频率差异的分光器“频域 HOM 干涉仪”。通过使用这种分光器，沿同样的路径，同时入射两个不同频率的光子时，输出的会是频率相同的两个光子，明确表现出了量子力学领域的干涉性。该研究为利用频率替换空间的新型光频复用量子演算开辟了道路。

5. IBM 量子计算机开始提供云服务

2016 年 5 月，IBM 发布了一项免费的量子计算云服务，让所有人都可以使用其 5 量子位量子计算机。这台量子计算机由 IBM 位于纽约市约克敦海茨实验室的研究员研发，用户在接入互联网的前提下，只需要利用一个简单的软件接口就可以访问该量子计算机。这个新服务或将为用户提供日常的计算服务，表明量子计算技术研发已经取得显著的进展。

三、网络与通信技术

2016 年，5G 战略取得重要进展，中国 5G 标准成功入选国际标准，互联网无人机首航获得成功，中国成功发射世界首颗量子科学实验卫星“墨子号”。

（一）光通信技术

1. 英国独立网络合作协会发布《构建千兆英国》报告

2016 年 9 月，英国独立网络合作协会发布《构建千兆英国》报告。该报告提议英国制定更高的宽带发展目标，其中包括 2026 年 FTTH（fiber to the home，即光纤直接到家庭）覆盖 80% 的英国人口，2030 年实现全民覆盖等 6 项建议，并希望政府能够采取一系列措施促进大规模光纤的部署，以确保英国的数字竞争力。

2. 日本和德国开发出面向新一代光网络的波长统一转换技术

2016 年 9 月，日本富士通研究所与德国 Fraunhofer Heinrich Hertz 研究所宣布，开发出了对波分复用（wavelength division multiplexing，WDM）的光信号统一进行波长转换的新技术，实现在波分复用光网络的光通信中继节点上使用。该技术在进行光波长转换的同时，还可控制偏波状态，实现了一次性统一波长的转换。

研究人员利用此次的新技术研制出电路并进行了验证试验，成功对 1 太比特 / 秒（Tbps）以上的偏振复用的光信号统一进行了波长转换。通过采用此次的技术，一台波长转换装置即可对大容量光信号进行波长转换，可降低耗电量。此外，由于转换前后的波长没有限制，因此更容易改变网络的构成。

3. Facebook 开发出自由空间光通信技术

2016 年 7 月，Facebook 旗下 Connectivity 实验室宣布开发出了一种新技术，能在未来某一天实现基于光的无线通信。该技术远远优于基于射频或微波的通信技术，能为偏远地区提供快速光无线网络服务奠定基础。

基于光的无线通信技术，也叫做自由空间光通信技术，为光纤和蜂窝塔很难到达的偏远地区通过有效的方式提供互联网服务。通过激光在大气中传输信息能提供极高的带宽和数据容量，但是主要的挑战之一是如何精准地将携带数据的小型激光束指向较远处的微型光探测器。Facebook 的研究人员利用荧光材料代替传统的光学器件进行光线采集并将其集中到一个小型光探测器中。他们将这种能从任意方向采集光线的拥有 126 平方厘米表面面积的集光器与现有通信技术相结合，实现了高达 2 吉比特 / 秒的数据传输速率。

4. 荷兰初创公司推出基于 InP 光子集成的 100 吉字节光模块

2016 年 4 月，基于荷兰爱丁霍温科技大学技术转移的初创公司 EFFECT 光子，成功开发出基于 InP 材料的支持 20 ～ 80 千米传输的集成光模块。该集成芯片整合了有源和无源器件，包括可调谐激光器、阵列波导光栅（arrayed waveguide grating，AWG）、高速探测器、高速调制器、光电二极管（photo diode，PD）和分路器和通道监视器等，可以支持 CFP、CFP2 甚至更小的封装。

5. 华为研发出 320 太比特 / 秒全光交换波分复用光互联产品

2016 年 2 月，中国华为公司宣布已研发出 320 太比特 / 秒全光交换波分复用光互联产品。该产品的交换容量是传统 OTN（optical transport network，即光传送网）交叉互联设备的 12 倍到 16 倍，功耗只有原来产品的千分之一。这一规模的光交叉连接设备将在超大型数据中心互联应用中发挥作用。全光设计可降低安装，运营和维护的成本。

（二）无线网络组网与通信

1. 中国 5G 标准成功入选国际标准

2016 年 11 月 17 日，国际无线标准化机构 3GPP 的 RAN1 第 87 次会议在美国拉斯维加斯召开，就 5G 短码方案进行讨论。5G 短码编码方案共分数据信道编码和控制信道编码。最终华为的 PolarCode 方案，从美国主推的 LDPC（low density parity check code，即低密度奇偶校验码）、法国主推的 Turbo 2.0 两大竞争对手中胜出，成为 5G 控制信道 eMBB（enhance mobile broadband，即增强移动宽带）场景编码方案，而 LDPC 成为数据信道的上行和下行短码方案。

在通信行业，标准之争是最高话语权的争夺。一旦标准确立，将对全球通信产业产生巨大影响。按照业界预计，5G 标准将在 2018 年开始形成，2020 年 5G 将开始全球范围内商用。在此之前，围绕 5G 的一些场景应用、实现方式都会陆续达成共识，为接下来出台标准做准备。

2.Wi-Fi 联盟推出 LTE-U 测试计划

2016 年 9 月，Wi-Fi 联盟发布其 LTE-U 和 Wi-Fi 共存测试计划。测试的目的是展示如何使两种技术——Wi-Fi（有线宽带提供商主要采取的提供无线连接的方式）和 LTE-U（蜂窝运营商希望使用免许可频谱部署 LTE）来共享免许可频谱。LTE-U 使用免许可频谱为蜂窝数据通信增加可用网络流量，实现在 Wi-Fi 频段上部署 LTE 技术。

3. 爱立信宣布首个 5G 路由器将问世

2016 年 3 月，爱立信公司宣布与思科、英特尔合作开发并测试首个 5G 路由器产品。该解决方案将思科、爱立信和英特尔的优势技术结合，可提供每秒千兆比特的速率。爱立信和思科于 2015 年 11 月宣布在创建未来网络上展开战略合作，爱立信的强项是移动和无线领域，思科则以数据中心和网络播放器为主，二者合作可形成优势互补。

4. 墨西哥实现光无线 Li-Fi 连接技术市场化

2016 年 1 月，墨西哥采用一种叫做 Ledcom 的服务，在全球首先实现 Li-Fi（light-fidelity，即光保真）连接技术的商业化。Ledcom 由位于墨西哥科洛尼亚的 SiSoft 公司研发，可实现音频和视频的传输，其速率达到 15 兆字节 / 秒。

5. 美国正式为 5G 网络分配频谱，将于 2020 年实现商用

2016 年 7 月，美国联邦通信委员会一致同意，向移动、灵活和固定使用的无线宽带开放近 11 吉赫兹的高频频谱。处于 5G 研发领先位置的 Verizon 和 AT&T 均表示将在 2017 年测试 5G 技术，并将于 2020 年实现商用。新的 5G 网络速度有望达到 4G 网速的 10 倍至 100 倍。

6. 诺基亚完成 5G 测试：速率是 4G 网络的 6 倍

2016 年 7 月，诺基亚公司与加拿大运营商 Bell Canada 合作，首次完成加拿大 5G 网络技术的测试。测试中使用了 73 吉赫兹范围内频谱，数据传输速率为加拿大现

有4G网络的6倍。外界分析加拿大有可能将在5年内启动5G网络的全面部署。诺基亚已成为加拿大移动运营商的重要合作伙伴，并与加拿大 Wind Mobile 签订了5年期的合作协议，成为其独家 LTE 设备供应商。

7. 美国研究无线通信中的“无线电低语”技术

2016年8月，美国加利福尼亚大学圣迭戈分校的研究团队，在参与美国 DARPA 的 HERMES（hyper-wideband enabled radio frequency messaging，即超宽频带可用射频通信）项目中宣称可实现“无线电低语”技术。该技术几乎不需要功率，但却可以挖掘频谱中未使用的功率，使信号在到达目的地的同时，能够抵抗任何干扰。研究人员在 IEEE 期刊《光波技术》中发表了相关的论文，描述了该技术是如何最大限度利用频谱同时提供抗干扰的。该项技术可同时利用未受许可的 Wi-Fi 波段和许可频率的大部分波段。

8. Li-Fi 可见光通信在爱沙尼亚投入测试

2016年1月，爱沙尼亚 Velmenni 公司用一个可以传输 Li-Fi 信号的灯泡在工作环境中（包括办公室和工厂车间）实现了1吉比特/秒的传输速度，如果在实验室理想条件下，Li-Fi 的传输速度最高可达224吉比特/秒。

Li-Fi 的概念是由英国爱丁堡大学哈罗德·哈斯教授在2011年提出的，它以各种可见光源作为信号发射源，通过控制器控制灯光的通断，来控制光源和终端接收器之间的通信。与当前最常用的 Wi-Fi 技术相比，Li-Fi 具有高速率、宽频谱的优势。由于 Wi-Fi 会占用无线频谱的波段，因此采用 Li-Fi 技术将在民航飞机、核电站和医疗等领域具有更加明显的优势。

（三）下一代互联网

1. Facebook 互联网无人机首航成功

2016年7月，Facebook 宣布，其研发的互联网无人机 Aquila 已经在亚利桑那州的一个军用机场成功首航，此次飞行持续了96分钟。Aquila 由太阳能面板供电，理论上单次飞行可持续3个月时间，速度达到每小时120千米。Facebook 希望能使用高空无人机为偏远地区提供互联网服务，但目前 Aquila 提供的网络仍需在地面设置天线，Facebook 想进入新的互联网区域，依然需要当地政府的允许。

2. 欧洲开发出首个全新的可调平衡网络

2016年2月，欧洲纳米电子研究中心（Interuniversity Microelectronics Center，IMEC）和布鲁塞尔自由大学（Vrije Universiteit Brussel，VUB）的研究团队采用0.18微米部分耗尽射频绝缘体上硅互补金属氧化物半导体（RF SOI CMOS），开发出一种频分双工（frequency division duplexing，FDD）平衡网络，能够在0.7吉～1.0吉赫兹所有 LTE 频段范围内实现双频阻抗调谐。研究人员称，他们的双频率平衡网络是首个 FDD 平衡网络，能够在两个频率上同时使片上可调阻抗剖面与天线阻抗剖面保持平衡。FDD 可实现天线的双工工作，为高性能、低功耗和低成本的移动通信解决方案的发展铺平道路。

3. 中国超前布局"IPv6 百城千镇升级工程"

2016 年 6 月，国家下一代互联网产业技术创新战略联盟发布了支撑全面部署下一代互联网的行动计划——"IPv6 百城千镇升级工程"，提出到 2017 年底，将建设 6 个国家级下一代互联网创新服务平台，建设若干个下一代互联网创新服务平台，实现 100 个城市、100 个园区（高新技术开发区 / 经济技术开发区）、100 个行业、300 个互联网小镇升级到下一代互联网；到 2018 年，要全面实现中国向下一代互联网演进升级的目标。在资金支持上，联盟将联合社会资本采用 PPP（public-private partnership，即公私合营模式）的合作模式投入 100 亿元，其中投资 80 亿元支持建设 50 个城市和 50 个园区的下一代互联网创新服务平台，并对首批 30 个城市和 30 个园区再提供 20 亿元扶持。

（四）量子通信

1. 中国成功发射世界首颗量子科学实验卫星"墨子号"

2016 年 8 月 16 日 1 时 40 分，中国在酒泉卫星发射中心用"长征二号"丁运载火箭成功将世界首颗量子科学实验卫星发射升空，标志着中国空间科学研究又迈出重要一步。量子卫星是中国科学院空间科学先导专项首批科学实验卫星之一，其主要科学目标是借助卫星平台，进行星地高速量子密钥分发实验，并在此基础上进行广域量子密钥网络实验，以期在空间量子通信实用化方面取得重大突破。

2. 俄罗斯将研制完成首个量子互联网络

2016 年 8 月，俄罗斯首个多节点量子网络项目在鞑靼斯坦启动，该项目由 KNRTU-KAI 量子中心和圣彼得堡国立信息技术机械与光学大学学者在"Tattelecom"通信网络的基础上进行研制。据称，该项目为试验项目，主要任务是进行"实地试验"，即进行技术试验，在现有的通信基础设施中安装一体化量子信道装置，以及实施量子网络定标等。在鞑靼斯坦进行的试验项目，是在俄罗斯学者的原创研制的基础上开展的。目前多节点网络已在喀山实施，下一步将在鞑靼斯坦建设量子互联网络。

3. 中国量子指纹识别首次突破经典通信极限

2016 年 6 月，中国科学技术大学研究人员与美国麻省理工学院合作，在 20 千米的光纤线路中实现了量子指纹识别，在国际上首次突破了经典通信的极限。该成果发表在国际物理学权威学术期刊《物理评论快报》上。

量子指纹识别理论早在 2001 年就被研究人员提出，但受限于各种技术条件，国际上以往的实验都未能突破经典方法的极限。此次实验实现了传输信息量比经典极限降低 84％的量子指纹识别，这是世界上首次突破经典极限的量子指纹识别，也是首次在实验中观测到量子信道容量相比经典信道的优越性。

4. 韩国 SK 电信推出量子密码通信网络

2016 年 3 月，由 SK 电信牵头的联盟（包括韩国国家安全战略研究所、电子通信研究院、首尔大学、韩国科学技术院等）完成了长达 256 千米的、连接国家级 5 个不同检测网络的全国量子密码通信网部署，测试网点覆盖韩国 5 个不同的地区。SK 电信自 2011 年开始研发量子密码系统，该系统使用量子物理加密算法取代目前的数学加密算法，使通信更安全。

四、信息安全

2016 年，各国高度重视网络安全问题并纷纷推出本国的网络安全战略，网络安全成为世界各国关注的焦点，量子密码学研究取得新突破。

（一）网络与通信安全

1. 美国“黑掉五角大楼”计划初见成效

2016 年 6 月，美国国防部发起“黑掉五角大楼”（Hack the Pentagon）计划，旨在测试美国防部系统的安全性。1 400 名“白帽子”参与该计划，并发现超过 100 个安全漏洞，超出美国政府的预期。这个项目由美国国防部防御部数字化服务部主导，该部门成立于 2015 年 11 月，由工程师和专家组成，旨在“提高国防部技术灵活性并解决最复杂的 IT 问题”。美国防部称，正在扩大“黑掉五角大楼”计划，未来更多的国防部系统和网络将会接受“白帽子”的考验。

2. 英国国防部新建网络安全中心

2016 年 4 月，英国国防部计划投资超过 4 000 万英镑打造网络安全运行中心。该网络安全中心将致力于提高网络防御能力，保护英国国防部的网络安全，使其持续安全地运行。2015 年 11 月，英国财政大臣称将在 5 年内投资 19 亿英镑用于保护英国免受网络攻击并提升其在网络空间的能力，新的网络安全中心是该计划一个重要组成部分。英国政府表示，新的网络安全中心将致力于应对网络安全挑战，保障英国国防部和其他政府部门、盟友以及企业间的协同工作。

3. 欧洲提出隐私增强技术成熟度评估方法

2016 年 4 月，欧洲网络与信息安全局（European Network and Information Security Agency，ENISA）发布了一个关于评估隐私增强技术成熟度（如质量和技术准备）的报告，提出了隐私增强技术成熟度的评估方法。报告构建了一个收集专家意见和可衡量指标作为二维评定量表证据的方法，并通过对两名测试员的分析调研测试了提出的尺度和方法。该技术可用于数据保护部门、互联网隐私工程网络组织、数据控制者、数据处理者，以及 IT 产品的开发人员、研究人员、教育工作者和他们的资助机构、标准化机构和决策者。

4. 谷歌子公司发布防止恶意软件入侵工具

2016 年 2 月，谷歌子公司 VirusTotal 发布了一种分析固件的新工具，能帮助用户抵制恶意软件入侵计算机固件。固件是计算机启动时，连接硬件和操作系统的低层代码，通过攻击固件，加入的恶意代码便无法从计算机中删除。VirusTotal 是一个免费分析文件和 Url 地址的在线服务网站，能帮助用户找出恶意内容。新增的固件分析工具旨在详细描述固件映像，检测其是合法的还是恶意的。它能扫描固件和 BIOS （basic input output system，即基本输入输出系统）文件，检查其中是否有恶意代码，用多种方法检查固件是否安全。

5. DARPA 利用社交媒体和大数据探索社会不稳定原因

2016 年 3 月，美国 DARPA 宣布将利用全球连接性和大数据技术，解决人类无法与别人相处的问题。该研究将寻求建立一种能力和验证新工具，将数千万不同的在线志愿者连接起来，以探索社会不稳定原因。DARPA 此项目的另外一个目标是将社会科学研究，包括社会学、经济学、政治学、心理学与计算机和数据科学、物理学、生物学及数学结合起来。

6. 欧洲网络与信息安全局推出新增强型网站

2016 年 4 月，欧洲网络与信息安全局推出改进了功能和内容的增强型网站。这一全新设计的网站，是为了提高该机构和相关出版物的用户体验。网站一些新的功能包括：有更多交互式和现代化的布局，改进的导航和内容组织，凭借搜索功能引导访客访问，等等。欧洲网络与信息安全局的工作涉及 16 个主题，即包括云、大数据、关键基础设施和服务、CSIRT（computer security incident response team，即计算机安全应急响应小组）网络、社区和培训网络安全教育、数据保护、事故报告、物联网和智能基础设施、国家网络安全战略、标准和认证、威胁和风险管理、信托服务等。

7. 霍尼韦尔为客户提供帕洛阿尔托网络安全平台

2016 年 2 月，霍尼韦尔工业网络安全业务部门宣布为其工业客户提供帕洛阿尔托网络公司的下一代安全平台，使客户能够更好地保护其过程控制网络（process control network，PCN）和操作技术（operational technology，OT）环境免受网络攻击破坏，更好地保护资产并最大化生产运行时间和安全。该安全平台可提供更好的过程网络流量监控和威胁防范措施。

8. 北约将拨款 7 000 万余欧元更新网络防御系统

2016 年 9 月，北约宣布将对其网络防御系统进行现代化更新，并为此拨款超过 7 000 万欧元。该决议是在比利时蒙斯举行的北约年度网络安全问题会议上提出的，参加会议的有包括北约网络防御中心和北约通信与信息局领导在内的北约官员，以及专门的工业企业代表。会议上还讨论了更新和基础性提升网络性能的问题。该组织的基础设施每年都要遭到数以百万计的网络攻击，每月也都能记录到高达 200 次严重的网络入侵。

9. 麻省理工学院新人工智能系统可侦察 85% 的网络攻击

2016 年 4 月，麻省理工学院的计算机科学及人工智能实验室与机器学习新创公司 PatternEx 开发出人工智能系统 AI2（AI Square），通过机器学习可辨识 85% 的网络攻击，大大节省了技术人员的工作量。但开发者强调，AI2 并不能完全取代人类的工作。AI2 每日分析数以千万行的日志档案，找出可疑行为供技术人员检查是否属于入侵。AI2 还可辨别网络攻击的典型迹象，包括急升的登入尝试次数，或者突然有大量装置指向同一 IP（Internet protocol，即互联网协议）地址。

（二）密码技术

1. 英国量子密码学研究取得新突破

2016 年 5 月，英国剑桥大学和东芝欧洲研究分会的研究人员找到了一种加速方法，可以使用量子密码学进行数据的安全传输。如果得到验证，这种量子计算机的一次性加密方法或将是被证明唯一可靠的加密方法。它的工作原理是首先创建一个由完全随机的二进制序列组成的数字密钥，然后通过向这个随机的二进制密钥添加信息位进行加密，再将加密后的密钥安全地发送到接收机。

2. 中国科学家攻破 GGH 密码方案

2016 年 3 月，中国西安电子科技大学研究人员对 GGH 映射本身以及基于 GGH 映射的各类高级密码应用，进行了颠覆性的否定。这个被攻破的 GGH，原本是一个有望成为国际密码学研究新技术的密码映射方案。经密码学专家严格评审，这一研究成果——《GGH 映射的密码分析》已被 2016 年欧洲密码年会正式接受。

3. 谷歌为 Web 浏览器配备“后量子密码”

2016 年 7 月，谷歌公司宣布将在 Web 浏览器 Chrome 的实验版上配备“后量子密码”技术。当今主流的“公钥密码”有可能被“量子门方式”的量子计算机破解，而“后量子密码”即使量子计算机也无法破解。谷歌此次的目的在于提高用户、研究人员及 IT 行业对“后量子密码”的关注度。此次谷歌在 Chrome 上安装的“后量子密码”与量子密码无关，是利用软件实现的。

Web 浏览器的 TLS（transport layer security，即安全传输层协议）/SSL（secure sockets layer，即安全套接层）加密功能等使用的公钥密码，是利用两个大质数的乘积作为加密密码。心怀恶意的第三方要想解密，需要对这个乘积进行因数分解还原出两个质数。现在的计算机对大和数进行因数分解需要非常长的时间，几乎不可能实现，因此，现在的公钥密码被认为是安全的。但是，如果在谷歌、IBM、英特尔、微软等正在开发的“量子门方式”的量子计算机中使用“秀尔算法”（Shor 算法），大和数的因数分解就有可能在合理的时间内实现。因此，一旦“量子门方式”量子计算机实现，现在的公钥密码就会被破解。

4. 微软 Edge 浏览器将使用生物识别密码

2016 年 3 月，微软召开了 Build 2016 开发者大会，公开了一项 Edge 浏览器的超强技术——Windows Hello 生物识别登录技术。该技术采用个人身份特征的生物识别技术，使用户不再担心密码太简单容易被盗号、密码太复杂而记不住等问题。

Windows Hello 包括面部识别、虹膜扫描、指纹认证三种加密验证方式。由于这三种生物特征在每个人身上都具有唯一性，因此安全性大大提升。相对于输入密码，生物识别更加便捷，只需要对着摄像头，或者摸一下识别器就可以完成认证。Windows Hello 不仅可以用于网页登录，还能用于移动支付。

5. 美国开发出“脑纹”识别技术：最安全的下一代密码

2016 年 9 月，美国纽约宾汉姆顿大学科研人员宣布研究出新一代加密认证方式——“脑纹”技术，可根据大脑活动来识别身份。人脑产生的特定脑电波波形，被称为“脑纹”，不同个体在观看特定图片时，大脑会产生有针对性的脑电波反应，这种反应是独一无二的，每个人都不尽相同。记录这些个人特有的脑电波信号，可以构建“脑纹”比对数据库。当需要进行身份认证时，只要再次浏览特定图片，就可以通过采集的“脑纹”信息与数据库进行比对，快速得出待识别个体的身份信息，准确率高达 100%。

与现有的生物识别技术相比，“脑纹”识别具有可撤销、可重新定义等优势，安全性相对较高。由于识别信息来源于大脑产生的实时脑电波信号，降低了非法窃取的可能性，进一步提升了“脑纹”伪造的技术难度。即使发生“脑纹”信息泄露事件，也可以通过更换识别内容快速重建比对数据库。

五、虚拟现实与数字媒体技术

2016 年，虚拟现实技术领域研发成果不断涌现，读脑软件系统可实时解码大脑信息，利用虚拟现实技术已经可以实现在虚拟环境下观察现实世界。

（一）虚拟现实技术

1. 日本研发出可触摸的全息投影

2016 年 1 月，日本的一支研发团队发明了一款名叫 HaptoClone 的神奇装置，可让使用者触摸到其所生成的全息图像。这套系统拥有两个工作区，并以光学和触觉的方式进行“叠加”。人们可以在一个工作区中看到另一个工作区的物体图像，当伸手去触摸这个图像时，机器内部的超声波便会呈现出触感。研究者表示，HaptoClone 可以“实现多种不同的电触觉体验”，但它也存在一定的局限性，如由于超声波所提供的触感太弱，目前还无法复制握手的感觉。

2. 美国研发出读脑软件系统，可实时解码大脑信息

2016 年 2 月，美国科学家设计出一套计算机软件系统，可与大脑植入电极连接在一起，实时解码人类大脑思考的内容。统计结果显示，软件识别图像的精确率高达 95%。研究人员称，该软件系统有助于实现与瘫痪患者的沟通交流。

3. 美国实现直接用脑电信号控制无人机群的新技术

2016 年 7 月，美国亚利桑那州立大学宣称能够让人通过思考不同的任务来控制多架无人机。为实现这一目标，操作员需要带上一顶有着 128 个电极、可记录脑电活动的帽子，向计算机输出指令，并通过蓝牙向无人机传递信息。

研究人员称，2015 年他们曾经对人类指挥员的大脑信号进行记录，搭建了人与无人机群之间的控制接口。在对大脑信号进行分析之后，发现了能够用来控制无人机群集体行为和信息的脑区。通过利用无创方法记录这些区域的电子活动，并对信号进行解码，实现了对无人机群进行各种控制。人类指挥员只需要想着无人机群应当处在哪种理想状态，就能以实时方式控制无人机群的运动和信息。

4. 美国研发出世界首个全软体机器人

2016年9月，美国哈佛大学展示了章鱼形状的完全柔性机器人Octobot。该机器人全身都由软软的柔性材料构成，不需要外接动力，自己就能运动起来。Octobot的制作成本非常低廉，全部材料加起来还不到3美元。

Octobot可以做到真正的完全柔软。它没有任何刚性材料，也不需要外接电源，运动只是依靠一个简单的化学反应：过氧化氢分解。过氧化氢遇到铂催化剂，分解产生水和氧气。随着氧气增多，柔性控制器内压强加大，就会打开一些微阀门，关上另一些微阀门，在这个过程中，章鱼机器人的4条腕足充满氧气，在这些氧气的驱动下，章鱼的腕足就会变形运动。当微流体系统切换时，章鱼的另外4条腕足则会进行同样的变形运动，两者交替，机器人就动起来了。

5. 谷歌虚拟现实头戴式显示器新专利可在虚拟环境观察现实世界

2016年9月，谷歌虚拟现实头戴式显示器新专利公布，可在虚拟环境观察现实世界。谷歌发布的这款虚拟现实眼镜设备，名叫Daydream View。该设备需搭配一部兼容手机，运行基于安卓系统的Daydream软件平台，可以通过配置来执行一个虚拟现实应用，并为虚拟现实头戴式显示器提供内容。该专利中的虚拟现实头戴式显示器与大部分插卡式的移动虚拟现实设备不同，用户可以边使用虚拟现实设备边玩手机。

6. 中国诞生首款虚拟现实浏览器

2016年9月，百度公司推出中国首款虚拟现实浏览器——安卓版1.0，让国内用户第一时间体验虚拟现实浏览器。百度虚拟现实浏览器有四个亮点：一是立足浏览器，引入海量内容，用户不仅可以在虚拟现实环境下浏览访问直播、视频、图片、资讯等虚拟现实网站，还可在虚拟现实、3D、iMax等多种观看模式下自由切换；二是首页内容运营精细化，汇集当前最新虚拟现实资源，用户只需花几分钟就可快速浏览掌握当前虚拟现实最精彩的部分；三是飞向太空主题，打造沉浸式体验；四是中央控制台和快捷键的荧幕操控，实现了真正的个人影院。

7. 谷歌推出虚拟现实相机应用使看照片如身临其境

2016年4月，谷歌推出iOS版虚拟现实相机应用，使看照片如同身临其境。在智能手机上，用户只需下载该应用并戴上Cardboard虚拟现实设备，点开好友分享的360度全景照片连接，就能在沉浸感极强的世界中感受身临其境之美了。此外，Cardboard相机还可以在拍照的同时录制声音，并结合图像一起展现，增加用户的临场感。

8. 韩国三星公司发布新款Gear虚拟现实

2016年8月，韩国三星发布了新一代Gear虚拟现实头戴式显示器，视场角增大、重量更轻。该新款Gear虚拟现实精致的设计，使其更符合人体工程学以及佩戴舒适度更佳。新款三星Gear虚拟现实头盔仍由三星与Oculus公司合作推出，运行Oculus系统，能兼容Note 7等多款三星手机。

9. 微软发布无须触摸的新概念触屏

2016年5月，微软发布了一款实验性的触摸屏。其在手机前端和四边使用大量的感应器，可感应到使用者手指悬停在屏幕上方时的动作。这样用户就可以在不触碰屏幕的情况下完成操作。该技术或将使多点触控成为现实。

（二）可穿戴技术

1. 俄罗斯研制可通过头骨传递声音的成套通信设备

2016 年 4 月，俄罗斯联合仪器制造公司宣称为“未来战士”军服研制出新型通信系统，该系统可使声音不通过耳朵或传统的麦克风传递，而是通过头部骨骼传递，即通过“骨骼耳机”传递声音。当士兵说话或接收命令时，可以同时既通过无线电通信设备接收命令，又能听到战场上其他所有声音。联合仪器制造公司称，该通信设备是完全基于本国技术和软件研制的，重量较轻，便于士兵穿戴，并可以自如拆卸，不影响士兵头盔构造，而且还不受噪声干扰，能够高质量接收并传播信号。

2. 英国计划用先进可穿戴感知系统装备军队

2016 年 9 月，英国防务科技实验所展示了一个整合多项传感器的可穿戴系统，帮助士兵在状况复杂的城区冲突地带，能够更快速、清晰地掌握战场整体环境。该系统预计 2020 年后可装备军队。这套系统包括激光、视觉导航等传感器以及小型高清摄像头，各子系统能轻松装配在士兵的头盔、手臂以及枪械上，从而为他们提供战场导航并自动侦测外部威胁。该系统还能让士兵随时分享战场信息，大大提高战场感知能力。此外，即便士兵无法用肉眼观察到敌军，该系统配备的声学感应器与摄像头，也能自动识别敌军武器从哪个方位发射，且这些信息都可以进行即时分享。

3. 美国研发出令皮肤成为智能手表的触摸屏

2016 年 5 月，美国卡内基•梅隆大学未来介面小组（Future Interfaces Group）实验室的研究人员宣布成功研发了一种 SkinTrack 系统，用户可以随时随地将自己的皮肤变为智能手表的触摸显示屏。为实现这个目标，用户需要在另外一只手的手指上戴上能发射信号的戒指，同时将传感手环连接到智能手表。当戴上戒指的手指触控皮肤时，其就会发出一个高频信号。此时传感器会计算其与戴戒指手指之间的距离。SkinTrack 系统不仅能使用户轻松控制智能手表中的各类应用，同时还提供连续追踪的功能，以及基于手势的控制功能，甚至允许用户在文件中签名等。

4. 麻省理工学院研发出“防摔倒”智能鞋子

2016 年 4 月，美国麻省理工学院研究人员最新研发出一款能够“防摔倒”的智能鞋子，其设计灵感来源于太空服。这款太空智能鞋子，使鞋子能够“看到”障碍物，并提供触觉反馈，提供给用户。这双鞋子包含三个触觉马达，分别位于脚趾、脚后跟和前脚掌，当它们监测到前方有障碍物的时候，就会振动提醒用户。鞋子振动分为三种强度，即高强度、中强度和低强度。用户根据振动强度来以不同的高度跨过障碍物。如果不能跨过，鞋子会发出提醒，引导用户绕过障碍物。这款鞋子并不只面向宇航员，对地球上的视觉受损用户或者有运动障碍者同样适用。

5. 美国研制相互可触摸到虚拟世界的虚拟现实手套

2016 年 8 月，美国 Dexta Robotics 的科技公司研制出下一代虚拟现实输入设备，一款虚拟现实手套 Exoskeleton Glove。戴上它，用户不仅能够同虚拟现实世界交互，还能够触摸虚拟现实，拥有类真实的触感。该虚拟现实手套可以通过指尖感知到虚拟物品的尺寸、形状和软硬度。该手套安装了 Dexmo 公司设计的软件，该软件能够提供经过计算的可变的力量反馈，使手套将力作用于用户指尖，让用户能够感觉虚拟物体，仿佛触摸真实物体。通过可变的力量反馈，该手套能够提供非常精细、准确的触感。

（三）三维显示及应用

1. 三星公司推出机器视觉平台

2016年9月，韩国三星先进技术研究院（Samsung Advanced Institute of Technology，SAIT）推出机器视觉平台“动态视觉传感器”（dynamic vision sensor，DVS），其中采用了 IBM 用来模拟大脑的 TrueNorth 处理器。该平台可使镜头更新率达到 2 000 帧 / 秒，只耗电 300 毫瓦，优点是可用于自驾车安全系统，也可用于细致手势识别的 3D 绘图。该平台采用 28 纳米制程，拥有 54 亿颗电晶体，可驱动 4 096 颗核心，其作用如同大脑神经元。这种仿神经形态运算（neuromorphic computing）设计也与传统芯片不同，可在低耗电情况下处理大量数据。

2. 苹果自动立体显示屏专利可实现裸眼 3D

2016年7月，苹果公司研发出一种为 iPhone 和其他设备设计的自动立体显示屏，可实现无须特殊眼镜的裸眼 3D 效果。这项专利描述了一种具备第二子像素阵列和镜头结构的像素阵列，可在不同的角度发光。该显示屏的核心部件是波束控制器，可将光线的发射角度朝向观看者。想要判断光线的朝向，设备需要使用摄像头和加速度计，可满足移动设备的应用需求。

3. 欧洲航天局公布目前最精确的银河系三维地图

2016年9月，欧洲航天局公布了一幅借助“盖亚”空间探测器测绘完成的银河系三维地图，显示出 11.4 亿颗恒星的位置和亮度。这是迄今人类绘制的最精确银河系地图。

“盖亚”探测器于 2013 年 12 月升空，次年 7 月正式投入科学观测。该项目计划利用 5 年时间，通过探测器搭载的 10 亿像素阵列相机，对银河系超过 10 亿颗恒星（约占银河系恒星总数的 1%）进行高精准度“扫描”。此次公布的星系图仅仅基于“盖亚”探测器在最初 14 个月观测工作中积累的数据。欧洲航天局希望“盖亚”项目能够帮助解答有关银河系起源和演化的问题，并帮助发现新的小行星、太阳系外行星系统和褐矮星。

4. 苹果获三维图像导航专利

2016年8月，苹果公司通过了一项名为“基于视觉的惯性导航”（visual-based inertial navigation）的专利。美国专利局官网提供的公开资料显示，该专利允许设备解析从摄像机和传感器获得的数据，并将这些数据同内置陀螺仪和加速器数据整合后，将自身位置精确地定位在三维空间中。

当前的增强现实技术可将不同数据融合显示，能与电子商务、商品广告和 O2O

（online to offline，即线上到线下）结合。增强现实硬件对手机有替代性，应用场景广泛。据推算，2020 年增强现实市场收入规模有望达到 1 200 亿美元，将高于增强现实市场 300 亿美元的收入规模。若苹果加入这一阵营，增强现实产业有望提前爆发。

（四）视频处理与传输

1. 中国首条六代低温多晶硅高端手机屏投产

2016 年 3 月，TCL 集团宣布其旗下的华星光电第六代低温多晶硅（low temperature poly-silicon，LTPS）液晶显示器面板线开始试产。此条生产线是国内首条第六代 LTPS 液晶显示器面板生产线，标志着 TCL 成功攻克了核心技术，初步具备高端小尺寸显示屏生产能力，打破了国外企业在高端小尺寸显示屏市场上的垄断地位，必将大大提升 TCL 的竞争力。

2. 诺基亚公司光纤新技术每秒传输 1 太字节

2016 年 9 月，诺基亚贝尔实验室、德国 T-Labs 和慕尼黑工业大学共同推出新的数据传输技术，再次刷新了世界纪录。如果拿谷歌光纤来当参照物，谷歌光纤速度可达每秒 1 吉字节，下载一部电影只需不到两分钟的时间，但诺基亚这项技术的传输速度可达每秒 1 太字节，是谷歌光纤速度的 1 000 倍，下载一部高清电影或剧集只需几秒钟。

这项技术在理论上已将光纤的物理潜力发挥到极限，几乎要突破香农极限。其主要奥秘在于利用了正交振幅调制（quadrature amplitude modulation，QAM）格式，可在固定通道中实现更高的传输容量，能够提高光纤的弹性和性能，从而加速数据传输。

3. 诺基亚携手 Docomo 通过 5G 实现 8K 视频传输

2016 年 5 月，诺基亚与日本 NTT Docomo 联合发布了全球首次通过 5G 系统实现的 8K 视频实时传输。超高分辨率的 8K 视频的传输，是通过 Docomo 和诺基亚联合开发的试验系统以及由 NTT 媒体智能实验室开发的 H.265/HEVC 编码技术实现的。该系统采用波束跟踪技术传输 70 吉赫兹极高频率的毫米波信号，将 48 吉比特 / 秒的 8K 视频通过编码器压缩成 145 兆比特 / 秒到 85 兆比特 / 秒的信号，成功实现了无延时视频传输。

4. 美国推出多屏视频传输高级安全芯片

2016 年 1 月，美国晶晨半导体（Amlogic）和 Verimatrix 共同宣布，晶晨半导体的四核 M8 系列芯片 S805 和 S812 已通过 Verimatrix 高级安全（advanced security）认证。晶晨半导体是业界领先的无晶圆半导体系统设计公司，主要是为高端消费品提供整体芯片解决方案。Verimatrix 是专业为全球提供跨网多屏数字电视安全服务及增值服务的公司。

晶晨半导体的芯片为智能电视、智能机顶盒及其他多媒体设备，提供了简单易行的视频安全传输解决方案。通过 Verimatrix ViewRight® security 认证，晶晨半导体的 SoC 系列为全球的数字电视运营商提供了数字机顶盒方面的更多选择，可最大限度地降低成本。

5. 英国推出4K视频标准

2016年3月，英国公共广播公司发起的一家公益性机构——数字生产伙伴（Digital Production Partnership，DPP），正在制定新的4K超高清电视节目播放标准，这将有助于4K电视节目的内容传输。新的标准规定了节目传输的要求，如如何规范视频编码以确保在传输4K视频时保持清晰的画面。英国广播公司BBC表示将会推进相关的工作。英国第二大无线电视运营商ITV也表示，会按照新的视频规范要求传输4K电视信号。

六、微电子与光电子技术

2016年，在微电子技术领域，美国研制出量子计算芯片，AMD公司推出了Zen架构芯片挑战英特尔公司。在光电子技术领域，中国研制出磁悬浮和光驱动转盘的激光器，德国研制出可与CMOS芯片集成的纳米级光探测器。

（一）微电子

1. 英国科学家发明5D数据存储技术

2016年2月，英国南安普顿大学科研人员发明出能记录和检索五维（5D）数据的存储介质，其容量达360太字节，能在1 000℃下保持热稳定性，可在室温下保存138亿年。该项技术可以用于大型档案组织、国家档案馆、博物馆和图书馆的信息保存，开启了永恒数据存档的新时代。

2. 美国成功研发出量子传感器和成像技术

2016年5月，美国加利福尼亚大学圣塔芭芭拉分校量子传感和成像研究组历时两年开发出一种全新的传感器技术，可实现用一个原子来捕捉纳米材料的高分辨率图像，其具有纳米尺度的空间分辨率和精致的敏感性。

3. 美国麻省理工学院研制出量子计算芯片

2016年8月，美国麻省理工学院的研究人员宣布研制出一种原型芯片，能够更好地控制量子位，即利用离子作为量子位。研究人员已经解决了如何控制离子，即在电极下面铺上一层玻璃和氮化硅波导网络，电极下面的洞就是波导中的衍射光栅，向上照射光，光就会进入空洞，击中离子。该研究有望向衍射光栅添加光调制器，这将使控制每个离子量子位吸收多少光成为可能，从而对其编程更加容易。

4. 以色列发明像纸一样薄的电池

2016年1月，以色列纸质电池公司宣布发明出像纸一样薄的电池Power Paper。该产品具有软、薄、环保、可折叠、安全无毒等特点，已经开始量产。该公司的Power Paper本质上是一种原电池，且是一次性充电的碳锌干电池，它的创新思路是整合其他技术，跨界将原来并不起眼的产品以另一种方式呈现出来。Power Paper除了具有“混搭”式的创新，更有着成熟技术作为基础，有很强的实际操作可行性，目前已在物联网芯片等方面得到应用。

5. 中国在国际上首次实现百毫秒级高效量子存储器

2016 年 6 月，中国科学技术大学在国际上首次实现了百毫秒级高效量子存储器，为远距离量子中继系统的构建奠定了坚实基础。该实验的重要意义在于，第一次将存储寿命及读出效率提升到能够满足远距离量子中继的实际需求。据估算，该成果结合多模存储、高效通信波段接口等技术，原理上可支持通过量子中继实现 500 千米以上的量子纠缠分发。

量子中继可以解决光子信号在光纤内指数衰减的重大难题，是未来实现超远距离量子通信的重要途径之一。近年来，量子存储的实验研究进展很快，众多物理体系的存储指标均在不断进步，但目前，还没有一个体系能够在存储时间和效率方面同时满足量子中继需求。该成果发展了三维光晶格限制原子运动等多项关键实验技术，使原子运动导致的退相干得到大幅抑制，并成功实现存储寿命达 0.22 秒、读出效率达 76% 的高性能量子存储器。

6. 中国研发出首例单分子电子开关器件

2016 年 6 月，中国北京大学科学家利用二芳烯分子为功能中心、石墨烯为电极，实现了可逆单分子光电子开关器件的构建，并申请了发明专利。利用单个分子构建电子器件，有望突破目前半导体器件微小化发展中的瓶颈。

科研人员通过理论模拟预测和分子工程设计，在二芳烯功能中心和石墨烯电极之间进一步引入关键性的亚甲基基团，研究表明，新体系实现了分子和电极之间优化的界面耦合作用，突破性地构建了一类全可逆的光诱导和电场诱导的双模式单分子光电子器件。石墨烯电极和二芳烯分子稳定的碳骨架以及牢固的分子 / 电极间共价键链接方式，使这些单分子开关器件具有空前的开关精度、稳定性和可重现性，在未来高度集成的信息处理器、分子计算机和精准分子诊断技术等方面具有巨大的应用前景。

7. AMD 公司推出 Zen 架构芯片挑战英特尔公司

2016 年 8 月，AMD 推出 Zen 处理器芯片，这是近十年来最有市场竞争力的系列芯片，将实现在降低功耗的同时提高处理速度，该架构将挑战英特尔公司的产品。

基于 Zen 架构的芯片采用的是 14 纳米的 FinFET 制造工艺，分为 8 核（16 线程）的 Summit Ridge 台式机处理器芯片和 32 核（64 线程）的 Naples 服务器处理器芯片。目前 Zen 架构的“突破性性能”可以匹敌英特尔速度最快的 10 纳米 Broadwell-E 处理器。在性能测试中，基于 Zen 架构的芯片性能可与 Broadwell 并驾齐驱。该系列芯片将应用于新型超薄笔记本电脑、高端游戏电脑以及数据中心服务器。

8. 美国研究发现相变存储器比硅基随机存储器速度快 1 000 倍

2016 年 9 月，美国斯坦福大学研究发现，相变存储器可比硅基随机存储器速度高 1 000 倍。目前的硅芯片存储数据通常需要十亿分之一秒的时间存储数据，而相变存储器研究表明，利用新型半导体材料能够永久存储数据，使某些操作比目前的存储器要快 1 000 倍。新方法更具能量效率，且占用更少的空间。

目前的硅存储器芯片分为两种类型：一种是易失性存储器，如计算机随机存储器，在关闭电源后会丢失数据；另一种是非易失性存储器，如闪存存储器，在关闭电源后仍然可以存储信息。相变材料以结构保存电子态，一旦材料的原子被翻转构成1或0，材料就会存储数据，直到另一次能量冲击引起新的相变。这种保存数据的能力，使相变存储器具有非易失性，相变材料能够在1皮秒的激发下从0状态过渡到1状态。这种新兴技术存储数据的速度比硅基随机存储器要快很多倍，非常适合完成需要存储器和处理器共同计算的任务。

9. 日本研发出高效生产单晶硅的新方法

2016年8月，日本科学技术振兴机构（Japan Science and Technology Agency，JST）宣布开发出使用生产效率高的铸造生长炉来制造单晶硅的新方法，即通过采用使用铸造生长炉制造的单晶硅，可实现与利用直拉单晶制造法（CZ法）制造的单晶太阳能电池水平相当的高效率和高成品率。基于该方法制造的单晶硅锭的太阳能电池的转换效率可达到19.14%。

目前多晶硅生产存在两方面问题：一是形成优良的多晶结构时，结晶品质会变差，转换效率比单晶硅低1.0%～1.5%；二是存在残留变形，结晶品质的不均匀性较大，成品率低。此次开发的非接触坩埚（noncontact crucible，NOC）法使用用于制造多晶硅锭的铸造生长炉，并在熔液内独创性地设置了低温区域，可在不接触坩埚壁的情况下使单晶生长（用来形成低温区域的独创经验并未公开）。

10. 美国研发出1纳米晶体管

2016年10月，美国劳伦斯伯克利国家实验室宣布，将现有最精尖的晶体管制程从14纳米缩减到了1纳米，这在集成电路领域已经打破了目前的物理极限，将使处理器的性能和功耗都得到突破性的进步。

多年以来，技术的发展都在遵循摩尔定律，即当价格不变时，集成电路上可容纳的元器件的数目，每隔18～24个月便会增加1倍，性能也将提升1倍。换言之，每1美元所能买到的电脑性能，将每隔18～24个月翻1倍以上。目前主流芯片制程为14纳米，而美国劳伦斯伯克利国家实验室的1纳米晶体管由碳纳米管和二硫化钼制作而成，二硫化钼将担起原本半导体的职责，而碳纳米管则负责控制逻辑门中电子的流向。目前这一研究还停留在初级阶段，毕竟在14纳米的制程下，一个模具上就有超过10亿个晶体管，而要将晶体管缩小到1纳米，大规模量产的困难也十分巨大。

（二）光电子

1. 美国研究发现借助涡流形激光可大幅提高信息传输量

2016年8月，美国科学家宣布发现了一种螺旋涡流形激光，能将信息编码成卷，因而能比传统激光更快速地传输更多信息，这一研究有望引发计算领域的变革。该研究使用轨道角动量这一光操作技术让激光采用螺旋模式分布，中央有一个涡旋。尽管这一螺旋涡流形激光对于现有电脑来说太大而无法工作，但科学家们能将其缩小到与计算机芯片兼容。由于激光束沿螺旋模式行进，能将信息编码成不同的涡流，因此它能携带的信息量是线性移动的传统激光的10倍以上。

2. 中国研制出磁悬浮和光驱动转盘激光器

2016 年 1 月，中国科学院院上海光学精密机械研究所成功研制出磁悬浮、光驱动旋转的盘片固体激光器，这标志着一种新型激光技术的诞生。研究人员将转盘激光器技术和磁悬浮光驱动旋转技术结合，提出了磁悬浮、光驱动旋转激光器的概念。该方案通过反磁性材料，将激光增益介质盘片悬浮在磁场中。激光增益介质吸收入射泵浦光的部分功率，剩余（未吸收）泵浦光则到达反磁性材料表面，提供旋转所需能量。

该研究有效抑制了激光晶体中废热的影响，可获得高亮度的激光输出。专家表示，随着对悬浮体（包括激光增益介质和反磁性材料）的进一步优化，磁悬浮、光驱动旋转的盘片激光器或有望在高功率激光器和平面波导激光器两方面取得新突破。

3. 法国开发出高效激光倍频模块

2016 年 2 月，法国 AlphANOV 公司和 Muquans 公司联合开发了一种新的倍频激光器模块，该紧凑模块能在可见光谱范围内高效产生几瓦的光功率，输出光束质量很好且具有高光学稳定性。该模块在 765 纳米和 805 纳米范围内实现了超过 5 瓦的光功率，并具有 70% 以上的转换效率（其他波长也可用），可用于量子技术装置、遥感雷达和生物光子学应用。

4. 德国研制出可与 CMOS 芯片集成的纳米级光探测器

2016 年 8 月，德国卡尔斯鲁厄理工学院宣布研制出可与 CMOS 芯片集成的纳米级光探测器。该等离子内部光电发射探测器能够被用于高速数据通信，支持每秒大于 1 太比特的数据传输速率。这是当前世界上最小的光探测器，可被大量集成到光半导体中用于光数据传送。在实验中，研究人员实现了每秒 40 吉比特的数据传输量，相当于 1 秒传送 1 部 DVD 视频数据。研究人员指出，等离子内部光电发射探测器不仅对未来的光数据收发器系统是必要的，同样也是无线数据通信的关键器件，利用该方法可以在太赫兹频段生成电磁信号。

5. 美国研制出首个可用于可见光传输的全集成微芯片接收机

2016 年 9 月，由美国国家科学基金会成立的照明系统研究与应用中心（Lighting Enabled Systems & Applications，LESA）成功研制了一个全集成的微芯片接收机。该接收机是全球首个具有高速率、零误差、可长距离传输特性的可见光传输链路，实现了频谱范围无限制的高质量无线服务，开拓了高速无线通信系统中可见光谱的应用前景。该全集成微芯片接收机具有低成本和结构紧凑等优点。

6. 美国研发出单片集成激光雷达传感器

2016 年 8 月，美国麻省理工学院光子微系统研究团队研制出体积小于 10 美分硬币的微型单片集成激光雷达传感器。此次研制的单片集成激光雷达传感器，是在 300 毫米硅光子晶圆基础上进行的开发。硅光子技术是一种在半导体材料横截面中埋入硅基光波导的芯片技术，硅基光波导的作用有点类似光纤，只是被集成到片上光子电路中。硅光子集成类似于将分立的电子器件，如铜线和电阻，集成到带有铜线和纳米级晶体管的微芯片中。对比现有市场上的雷达设备，该激光雷达系统不仅尺寸更小、更轻，而且更加便宜，未来有望在自动驾驶汽车、无人机和机器人等领域具有广阔应用前景。

7. 德国研制出史上最小光电探测器

2016年8月，德国卡尔斯鲁厄理工学院宣布研制出了一种约100平方微米大小的紧凑型光电探测器。新开发的光电探测器被命名为等离子内光电发射探测器（plasmonic internal photoemission detector，PIPED），体积比传统的光电探测器小数百倍。在试验中，研究人员测得PIPED最大传输速率可达4太比特/秒，可在几分之一秒内快速传输DVD内存储的所有内容，是迄今为止达到该传输速率的最小光电探测器。该紧凑型光电探测器因体积小的特点，可以和电子元件共同集成到同一CMOS芯片上，将新型的等离子元件应用于计算机的高速信息传输，且不会对数据传输产生任何不良影响。

8. 美国研发出开关时间达300飞秒的新型光学晶体管

2016年8月，美国普渡大学宣布研发出开关时间达300飞秒的新型光学晶体管。该晶体管工作频率达4太赫兹，比硅晶体管快1 000倍，有望实现比传统技术快10倍的超快全光通信。据悉，该晶体管采用了AZO（掺铝氧化锌薄膜，又称氧化锌铝）材料的全光技术，可实现光的数据传输和数据调制。研究人员采用深层缺陷和超高载流子浓度方法制造AZO薄膜，实现了电子激发和电子–空穴复合时间小于1皮秒，足够用于光学晶体管，完全超越了硅材料。

9. 美国研制出首个中红外波段硅基量子级联激光器

2016年4月，美国加利福尼亚大学圣塔芭芭拉分校与美国海军实验室和美国威斯康星大学合作研制出世界首个硅基量子级联激光器，该项技术的突破将开辟新的应用领域。单片集成的激光源和放大器在Ⅳ族材料为基础的光电子系统中依然是业界研究的难题，研究人员采用InP或GaAs等Ⅲ-Ⅴ族材料研制出二极管激光器，通过直接将Ⅲ-Ⅴ族材料层键合到硅晶圆的上部实现与硅的集成。该成果可用于制造更多中红外波长的硅光电器件，也可制造全集成中红外器件，如光谱分析仪和气体传感器等，以满足传感和探测应用需求。

10. 英国实现在硅芯片上外延生长形成激光源

2016年3月，英国卡迪夫大学（Cardiff University）等的研究人员成功在硅上，以异质外延生长方式，形成了由Ⅲ-Ⅴ族化合物构成的量子点型半导体激光器，并实现了非常低的电流密度和长寿命。量子点采用直径约为20纳米、厚度约为7纳米的InAs和GaAs。此次在硅上形成的量子点型半导体激光器的发光波长为1 310纳米，阈值电流密度只有62.5安/厘米^2，室温下的发光功率为105毫瓦，最高工作温度为120℃。根据3 100小时连续发光试验结果，推测的发光寿命为100 158小时。该成果对在硅芯片上形成光电路的硅光子普及，又向前迈进了一步。

11. 中国激光电子加速技术取得突破性进展

2016年9月，中国科学院上海光学精密机械研究所在超强、超短激光驱动尾波场加速产生高亮度高品质电子束研究中，取得突破性进展。研究人员提出级联尾波场加速新方案，突破了激光尾波场加速中能散度难以压缩等重大技术瓶颈，实验获得了高亮度高品质（200 ～ 600 兆电子伏特、能散 0.4% ～ 1.2%、流强 1 ～ 8 千安、发散角～ 0.2 rms[1] mrad[2]）的高能电子束。电子束六维相空间亮度达到 $10^{15\text{-}16\text{安/米}^2}$/0.1%，远高于目前国际上报道的同类研究结果，在国际上首次接近了最先进的直线加速器上所能获得的电子束亮度。

12. 英特尔硅光电子 100 吉比特 / 秒光学收发器投入商用

2016 年 8 月，英特尔公司宣布，首个英特尔硅光电子 100 吉比特 / 秒光学收发器已投入商用。这一进展将使微软 Azure 等领先的云服务提供商能够利用光的力量，在使用光信号的光缆上，从几千千米以外的地方以 100 吉比特 / 秒的速度传输大量信息。

硅光电子融合了 20 世纪两项最重要的发明——硅集成电路和半导体激光器。通过这一整合，光被集成到英特尔芯片平台上，在硅的尺寸和技术功能上充分利用光纤连接的带宽和距离优势。英特尔预计，到 2020 年，将会有 500 亿个网络连接，全球各地的云数据中心对连接的需求也在飞速增长。英特尔硅光电子技术，将为全球数据中心带来应用革命。

13. 美国研制出全球首枚光子神经形态芯片

2016 年 11 月，美国普林斯顿大学的研究人员宣布研制出全球首枚光子神经形态芯片，并证明其能以超快速度计算。该芯片有望开启一个全新的光子计算产业。

光子计算是计算科学领域的“明日之星”，与电子相比，光子拥有更多带宽，能快速处理更多数据。但光子数据处理系统制造成本较高，因此一直未被广泛采用。该项目研究人员研制出的光子神经网络的核心是一种光学设备，其中的每个节点拥有神经元一样的相应特征。这些节点采用微型圆形波导的形式，被蚀刻进一个光可在其中循环的硅基座内。当光被输入，接着会调节在阈值处工作的激光器的输出，在此区域内，入射光的微小变化都会对该激光的输出产生巨大影响。

---

① rms，即均方根。

② mrad，即毫弧度。

2016 年世界生物技术发展报告

2016 年，全球生命科学与生物技术领域创新要素日趋活跃，创新链条更加完善，创新空间进一步拓展，创新发展速度明显加快，创新能力显著增强。基础研究、应用研究、技术开发和产业化的边界日趋模糊，技术创新、商业模式和金融资本深度融合，生物技术产业持续壮大。生物技术创新及其引领的生物产业与生物经济加速推动新一轮科技革命和产业革命到来，在揭示生命规律、推动医学革命、推动绿色革命、改造传统工业、改善生态环境、加速学科交叉等多方面全面推动经济发展和社会进步。

一、世界生物技术及产业发展重要动向

纵观全球发展态势，欧美在现代生物技术研究与产业化领域仍居全球主导地位，无论是基础研究水平、投资力度，还是产业规模和市场份额，均占据绝对优势。

（一）全球生物产业市场规模稳健增长

1. 全球生物产业研发投入大幅增长

2016 年 6 月，国际著名会计师事务所安永公司发布了其第 30 份生物技术产业年报《跨越边界，回到现实：2016 年生物技术产业报告》。该报告指出，过去几年生物产业经历了爆炸式的增长，2015 年市场规模增加了 13%，增长趋势有所放缓，略低于 2014 年 18% 的年增长率。尽管如此，2015 年生物产业市场销售额仍达 1 327 亿美元。此外，2015 年，生物技术领域研究与开发 投入达 401 亿美元，较 2014 年增长 16%，并购交易额达 1 022 亿美元，增长了 120%，达到近 10 年之最。研发支出的增速快于产业收入的增速，反映出市场对生物技术持续投入的强烈愿望。

2. 生物经济成为美欧经济的重要组成部分

2016 年 6 月，美国生物技术创新组织发布系列研究报告《生物科学创新在增加就业和改进生活质量方面的价值 2016》。该报告显示，过去 4 年中，美国生物科学产业就业岗位增长近 10%，与其他各高技术产业领域相比占据重要地位。另外，美国生物质能研发委员会发布《联邦生物经济活动报告》，提出到 2030 年的“数十亿吨生物质生物经济愿景”。3 月，欧洲生物基产业联盟发布了欧洲生物经济的第一份宏观研究报告《数字化欧洲生物经济》。该报告显示，欧洲生物经济总规模达到 2.1 万亿欧元，生物经济雇佣了 1 830 万名员工，其中生物质生产领域占到 58%。生物经济已经是欧洲经济的重要组成部分，也是帮助欧洲经济向可持续发展和循环发展过渡的关键因素。

3. 相关国家积极布局生命科学与生物技术

美国国会批准了《21 世纪治愈法案》（21st Century Cures Act），未来 10 年为美国提供 48 亿美元实施一系列研究创新项目，其中包括脑研究项目、癌症研究项目以及精准医疗项目。美国国家细胞制造协会发布《面向 2025 年的大规模、低成本、可复制、高质量的细胞制造技术路线图》，系统设计了大规模制造细胞治疗产品的路径。美国国家卫生基金会资助了细胞构建中心（Center for Cellular Construction）建设项目，目标是将植物或动物细胞转化为可生产新型药物、燃料乃至生物计算机的生物工厂。欧盟积极拓展生物学发展空间，先后发布了《欧洲天体生物学科学路线图》和《海洋生物技术战略研究及创新路线图》。英国商务、创新和技能部发布《生物经济的生物设计——合成生物学战略计划 2016》报告，旨在加速合成生物学的商业化，目标是 2030 年前促进英国合成生物学市场规模扩大至 100 亿英镑。法国政府发布了《法国基因组医学计划 2025》，该计划前 5 年投资 6.7 亿欧元发展基因组医学相关的医药产业。韩国将生物技术研发列为重要的优先战略，政府建立了专门的综合性委员会强化生物技术管理，其科学部启动了总投资 800 亿韩元的生物技术创新计划和 3 400 亿韩元的大脑科学发展战略计划。

4. 对中国的影响和启示

当前，全球生物技术发展迅猛，已成为高技术产业发展的核心动力之一，生物经济已成为世界经济的重要组成部分，也是中国经济可持续发展的关键领域。中国在相关领域技术突破的基础上应更加重视战略性判断，准确把握生物科技发展带来的新机遇与新挑战，高度重视生物技术在保障全民健康、改善人民生活质量、推动国家经济发展、提升国家综合竞争能力等方面的重大战略价值和潜力，着眼国民健康水平提高和国家经济增长，健全研发及商业化基础设施，在精准医学、生物大数据、生物能源、生物制造和新兴生物交叉技术领域加大体系化布局力度。

（二）美国形成体系化癌症科技发展框架

1. 多项癌症攻关计划并行发展

美国政府宣布启动“癌症登月计划”，从癌症疫苗、免疫疗法、癌细胞单细胞水平分析、高灵敏度癌症早期检测、治疗儿童癌症的新方法和加强数据共享 6 个主攻方向切入，旨在用 5 ～ 10 年的时间，显著降低部分癌症的发病率和死亡率。生物技术行业亿万大亨陈颂雄正式发起“癌症登月计划 2020”项目，旨在研发对抗癌症的疫苗免疫疗法。此外，IBM 公司同哈佛大学-麻省理工学院博德研究所（Broad Institute）发起了一项为期 5 年、投资 5 000 万美元的新癌症基因组计划。全球癌症研究领域顶尖科学家启动了“人类癌症研究模型”大型国际合作计划，美国国家癌症研究所参与了该计划。

2. 抗击癌症取得重要进展

一年来，通过实施一系列计划，美国加强了制药公司、大型癌症研究中心和基金会等各方面的合作，加强了上市公司和新创公司的药物临床试验合作，同时开展了多个药物试验。2016 年 6 月，“癌症登月计划”启用首个大型开放数据库，以更好地分享癌症相关数据，推动开发高效疗法。9 月，美国国家癌症研究所发布了“癌症登月计划”目标科学路线图。10 月，美国 20 家著名学术机构、药物诊断开发商正式启动联合项目——液体活检数据库（Blood Profiling Atlas），以推动该技术在早期癌症检测和诊断中的应用和发展。按照美国政府“癌症登月计划”安排，2017 财年将投入 7.55 亿美元，支持美国国立卫生研究院和 FDA 开展癌症研究新项目。美国国防部和退伍军人事务部（United States Department of Veterans Affairs，VA）将增加投资，建立特定癌症卓越中心并开展大型纵向研究。

3. 对中国的影响和启示

目前，全球每年肿瘤新发病例1 400万例，死亡820万人，预计到2020年，每年可造成1 000万人死亡。2015年，中国癌症新发病例约430万例，死亡280万人，造成经济损失超过1 000亿元。与西方国家相比，中国癌症在病种、死亡率、患者总体预后等方面均有不同特点。目前除美国外，还有一些国家和专业机构在不同阶段提出癌症攻关的不同计划或战略，终极目标都是希望能够降低发病率、提高生存率，这些计划或战略可为中国癌症防控和科技攻关提供有益借鉴。中国政府和社会机构应共同努力，结合中国实际，积极借鉴他国先进做法和成熟技术成果，规避其发展风险，多学科交叉合作，高效推进国家癌症防控总体目标实现。

（三）美日重视微生物组研究

1. 美国发布“国家微生物组计划”

2016年5月13日，美国白宫科学和技术政策办公室携部分联邦机构及私营基金管理机构宣布启动“国家微生物组计划”（National Microbiome Initiative，NMI），旨在通过对不同生态系统的微生物组开展比较研究，加深对微生物组的认识，推动微生物组研究成果在健康保健、食品生产及环境恢复等领域的应用。总体上，“国家微生物组计划”有三大目标，即支持跨学科研究，开发检测、分析微生物组的工具，培训更多的微生物组研究人员。在经费方面，美国联邦政府各机构在2016财年和2017财年共投入1.21亿美元支持该项目，来自社会各界的相关机构也宣布向微生物组研究投入总计4亿美元的经费。

2. 日本提出人类微生物组研究战略建议

日本科学技术振兴机构研发战略研究中心提出了针对人类微生物组的战略建议，旨在基于人类上皮组织的微生物组概念，深入研究微生物组与宿主交互关系，并采取多元化举措，推进新型医疗保健与医药技术的开发，加深对生命与疾病的理解。该战略建议从微生物组相关基础技术研究到疾病疗法开发进行了全面的规划，并提出四个优先研发主题，即建立微生物组操作、培养与分析的核心技术，相关信息的收集和分析，生命科学、健康与疾病科学的研究，保健与医药技术的发展。

3. 对中国的影响和启示

微生物组能保持生态系统的健康功能，影响人类健康、气候变化、粮食安全，还与人类的慢性疾病相关，在农业生产力、生物燃料的生产以及食品加工等领域也发挥重要作用，有望引发新一轮产业变革。搞清楚微生物组的功能和作用，有望为人类健康、农业和环境等领域全局性问题的解决提供全新视角与技术解决方案，具有不可估量的经济社会效益。美日等国政府一直在微生物组领域进行投资，近几年支持力度进一步增加。目前，国际范围内对于微生物组的研究技术还处于初级阶段，中国应充分看到微生物组在各个领域的重要作用，及早制订中国的“微生物组计划”，促进微生物组研究进一步深入。

（四）防控寨卡病毒取得阶段性成果

1. 寨卡病毒科技攻关取得重要突破

2016 年 2 月，世界卫生组织将与寨卡病毒相关的新生儿小头症病例和其他神经系统病变升级为“国际关注的突发公共卫生事件”，呼吁世界各地政府和非营利组织加强行动和资金投入。4 月，美国国际开发署（United States Agency for International Development，USAID）启动“对抗寨卡病毒和未来挑战”项目，支持世界各地的突破性创新，以解决寨卡病毒暴发的问题。同月，美国普渡大学的研究团队首次确定了寨卡病毒的结构。8 月，美国国立卫生研究院、得克萨斯大学以及美国 FDA 的研究团队成功地在多个细胞系内复制了寨卡病毒，并创建出病毒模型，用于寨卡疫苗的开发和测试。9 月，美国过敏和传染病研究所研究人员开发出一款 DNA（脱氧核糖核苷酸）寨卡疫苗，在猕猴寨卡疾病模型试验中取得成功，进入人体临床试验阶段。11 月，美国沃尔特•里德陆军研究所启动了另一项灭活寨卡疫苗临床试验，验证该疫苗的安全性和引发人体免疫反应的能力。同月，美国圣路易斯华盛顿大学和范德比特大学研究人员发现一种抗体“ZIKV-117”，有望防治寨卡病毒造成的新生儿小头症。12 月，中国科学院微生物研究所研究人员开发出高效、特异性人源寨卡病毒抗体，并在小鼠模型上成功验证其具有治疗病毒感染的能力。

2. 寨卡病毒将成持续性公共卫生问题

2016 年 11 月，世界卫生组织宣布寨卡病毒及其引发的神经系统疾病不再构成“国际关注的突发公共卫生事件”，但仍是一个显著持续的公共卫生问题，世界卫生组织将以长期应对机制来对抗这种病毒。世界卫生组织负责人称，解除寨卡疫情紧急状态并非轻视寨卡疫情，而是将其作为一项长期工作。同时世界卫生组织负责人强调，寨卡病毒将持续传播，对于埃及伊蚊流行的国家来说，寨卡病毒仍然是一个很大的威胁。世界卫生组织将建立一个专项负责寨卡病毒研究的技术委员会，不断推进寨卡病毒的研究、寨卡疫苗的研制及其他一些项目。

3. 对中国的影响和启示

2016 年 12 月 30 日，世界卫生组织发布公告称，截至 2016 年末，美洲共报告超 50 万例寨卡病毒感染病例，全球已有 75 个国家和地区报告蚊媒造成寨卡病毒传播的证据，13 个国家和地区发现病毒在人与人之间传播的证据，29 个国家和地区出现了小头症病例。寨卡病毒已成为全球公共卫生的长期挑战，在国际交流极度频繁的今天，中国不能对这种病毒掉以轻心。一方面，应充分发挥中国近年来抗击传染病实践中形成的防控机制优势，同时认真分析美国应对寨卡病毒的反应机制，加以借鉴吸收，严防寨卡病毒在中国引起疾病暴发。另一方面，积极关注美国和国际寨卡病毒防控的技术手段和先进成果，同时加强中国传染病防控应急科研机制和能力建设，做到有备无患。

（五）抗生素耐药性成为严重的公共卫生威胁

1. 抗生素耐药性引起国际社会关注

2016 年 5 月，英国 Jim O' Neill 爵士主持并发布《微生物抗菌素耐药性回顾报告》（*Review on Antimicrobial Resistance*），提出了全球应急行动的建议，确认了该领域有前景的项目，呼吁针对抗生素耐药性新工具开发建立“全球抗生素创新基金”。9 月，第 71 届联合国大会在纽约召开高级别峰会，讨论了抗生素耐药性威胁，号召全球领导人共同做出承诺，重视并解决医疗及农业领域的抗生素耐药问题，同时呼吁世界卫生组织等组织一起建立抗生素全球管理系统，呼吁世界银行等组织提供金融支持对抗抗生素耐药性问题。与会国家承诺分别开展国家行动计划，同加快疫苗开发、提高卫生标准。9 月，二十国集团（G20）杭州峰会将抗生素耐药问题列为深远影响世界经济的五大因素之一，呼吁世界卫生组织、联合国粮食及农业组织、世界动物卫生组织、经合组织于 2017 年提交联合报告，就应对这一问题及其经济影响提出政策选项。

2. 美英开展抗生素耐药性科技攻关

2016 年 7 月，美国健康与人类服务部（United States Department of Health and Human Services，HHS）联合英国维康信托基金等多家机构，共同发起一项全球最大规模的临床抗菌研究公私合作计划 CARB-X，前 5 年的研究基金超过 3.5 亿美元。作为美国抗击细菌抗生素耐药性国家行动计划（National Action Plan for Combating Antibiotic-Resistant Bacteria，CARB）优先启动计划，CARB-X 计划旨在推动至少 20 个高质量抗菌产品进入临床试验。另外，全球主要生物制药企业联合发布《应对抗菌素耐药性的行业发展路线图》，宣布致力于减少抗生素耐药性，资助研发高质量抗生素和疫苗。英国伦敦帝国理工学院和诺丁汉大学研究人员提出对抗耐药菌的新思路，即使用噬肉菌“吃掉”耐药细菌，提示面对日益严峻的细菌耐药性威胁，不仅应重视新型抗生素的开发，也可以从细菌间相互作用的角度进行研究。

3. 对中国的影响和启示

近年来，细菌感染引发的耐药细菌性疾病不断发生，抗生素耐药性现象频繁出现。据《全球抗菌素耐药回顾》预计，如果当前细菌耐药性问题继续恶化，那么到 2050 年抗生素耐药性每年会引发 1 000 万人死亡及全球 100 万亿美元 GDP 损失。抗生素耐药性也是中国长期面临的主要的公共卫生威胁之一，对公共健康和经济发展的威胁不容小觑。中国应尽快完善相关法规标准建设，加大管理力度和研发创新，合理布局研发新型疫苗和抗生素，并加强抗生素合理使用的科普教育，积极科学地应对细菌耐药性问题。

（六）转基因作物技术在争议中发展

1. 全球转基因作物种植面积继续扩大

根据国际农业生物技术应用服务组织（International Service for the Acquisition of Agri-biotech Applications，ISAAA）发布的《2015 年全球生物技术 / 转基因作物商业

化发展态势报告》，全球转基因作物不仅覆盖了主要粮食和经济作物，而且种植面积和国家数量持续增加。1996～2015年，全球转基因作物种植国家从6个上升到28个，其中，20个是发展中国家，排名前5位的依次为美国、巴西、阿根廷、印度、加拿大。1996～2014年，种植面积从170万公顷增加到约1.82亿公顷，2015年略有下降，约为1.80亿公顷，较1996年增加了100倍。2015年发展中国家的种植面积高于发达国家。目前，全球转基因植物种类近30种，包括了大豆、玉米、棉花、油菜、土豆、水稻和小麦等主要粮食和经济作物。

2. 学界表明转基因态度

2016年5月，美国国家科学院、国家工程院和国家医学院发布咨询研究报告《基因工程作物：经验和前景》。报告指出，转基因和传统育种新技术不断发展，两种作物改良方法之间的差异越来越不明显。检测转基因作物对健康或环境的细微或长期影响方面困难重重，但尚未有切实证据表明当前商业化基因工程作物和传统育种作物对人类健康造成的风险存在差异，也未找到因转基因作物造成环境问题的决定性证据。报告建议，调控作物新品种的过程应该关注作物的特性，而不是培育过程本身。6月，由诺贝尔生理学或医学奖得主理查德·J. 罗伯茨（Richard J. Roberts）和菲利普·A. 夏普（Phillip A. Sharp）发起，百余位诺贝尔奖得主发布联名公开信，强烈要求绿色和平组织不再反对转基因技术。

3. 孟山都使用CRISPR/Cas9技术进行基因育种

2016年9月，博德研究所与孟山都达成协议，授权孟山都使用其CRISPR/Cas9基因编辑技术相关专利进行农作物育种，并允许孟山都率先将这一技术用于农业商业化。同时，博德研究所禁止孟山都将该技术用于“基因驱动”研究及培育不能繁育后代的种子，以防止生态破坏或暴利垄断。

4. 对中国的影响和启示

中国是世界最大粮食消费国，土地资源并不丰富，中国国情决定了用传统方法满足粮食需求难以可持续发展，必须通过现代生物高技术支撑农业发展。随着技术的不断发展，传统育种、转基因与基因编辑等新技术之间的界限将越来越模糊，前沿技术竞争也日趋激烈。中国应把握生命科学纵深发展、生物新技术广泛应用和融合创新的新趋势，加大先进育种技术，特别是基因编辑技术的研究开发，加快农业育种向高效精准育种升级转化。

二、基因组学

2016年，全球基因组学研究和基因组测序相关产业保持高速发展。随着基因组测序技术不断进步，测序成本进一步降低，单物种基因组测序进一步普及，侧重于多物种或者特殊生境的微生物组学研究正式踏上历史舞台。与此同时，以基因组测序为核心的精准医疗产业正式写入中国国家战略，获得了大量社会投资，成为医药产业的热点领域。

（一）多国宣布启动大型基因组学计划

基因组是指一个细胞或者生物体所携带的一套完整的单倍体序列，包括全套基因和间隔序列。对基因组的研究与探索，旨在阐明基因对个体生长发育、神经活动、信息传递等作用机理，帮助人们更好地理解基因结构与功能的关系，最终为解决疾病发生、病理过程、疾病诊疗以及一系列生命科学问题提供共同的科学基础。

2016年5月，美国白宫科学和技术政策办公室与联邦机构、私营基金管理机构等共同宣布启动“国家微生物组计划”。该计划旨在推进微生物组研究及相关技术创新，推动微生物组学基础研究向环境治理、粮食生产、营养与医学研究等更广泛领域的实际应用。美国能源部、NASA、国立卫生研究院、国家科学基金会、农业部都公布了相应的研究方向。美国政府和相关企业、研究机构将在未来几年累计投入5.21亿美元推动该项目的进行。

2016年5月，澳大利亚政府发布了“零儿童癌症计划”(Zero Childhood Cancer Initiative)。该计划旨在利用基因组技术和细胞疗法为无法治愈的儿童癌症患者提供个性化治疗方案。2016年已有12名儿童接受了这种基于基因组学和细胞疗法的治疗。预计在未来两年中将有120名癌症患儿参加这一临床试验，并拟于2020年在全国范围内普及。

2016年8月，法国政府宣布投资6.7亿美元启动“法国基因组医学计划2025”(France Genomic Medicine 2025)。该计划旨在提高法国的医疗诊断和疾病预防能力，将在全国范围内建立12个基因测序平台和2个国家数据中心。该项目的第一阶段将集中突破癌症、糖尿病和罕见病三大领域，并计划在未来10年内成为基因组医疗领域的领先者。

2016年3月，中国科学技术部发布了“精准医学研究”重点专项项目申报指南。6月，国家卫生和计划生育委员会（简称国家卫计委）发布了包含61个项目的“精准医学研究”拟立项项目清单，积极支持开展基于基因组学的“精准医学研究”。

据统计，2016年，有资料可查的国际微生物组研究项目有13项与人类健康相关，其中8项正在实施，5项已经完成。美国、加拿大、爱尔兰和法国是这些项目的主要参与国家，其中至少有2项由美国独立开展，最早的一项人类微生物组计划（The Human Microbiome Project，HMP）也是美国开展的。中国积极参与了人类肠道宏基因组计划和国际微生物组联盟计划这2项。

（二）基因组测序技术取得进展

1. 美国科学家首次实现太空DNA测序

2016年8月30日，NASA宣布，其宇航员凯特•鲁宾斯使用MinION测序仪在国际太空站内成功完成了微重力条件下的DNA测序，这标志着人类已迎来“能对太空活体生物进行基因测序”的全新时代。项目组比较了太空检测与地面团队成员的测序结果，发现太空和地球上的两种测序结果能完美匹配。该项目负责人表示，下一步该项目组将把整个测序过程搬至太空，直接在太空完成取样和测序整个过程，以期识别出未知的外星生命。

2. 基因组测序技术、装置不断发展完善

2016 年 2 月，英国伯明翰大学发明了一种用于埃博拉病毒基因组测序的监测装置。该装置可插入笔记本电脑的 USB（universal serial bus，即通用串行总线）接口，并可被装入行李箱运输到现场使用，在收集样本后 24 小时内就可以得出结果。该装置的出现改变了基因组测序只能在配备大型设备的实验室里才能完成的现状。

2016 年 7 月，英国诺丁汉大学研究人员发布了一种新型 DNA 测序技术“Read Until”。该技术可以实时地、有选择性地测定 DNA 序列片段，大大减少了测定关键 DNA 序列所需的时间，使 DNA 测序高效便捷。

2016 年 10 月，美国加利福尼亚大学戴维斯分校和 Pacific Biosciences 公司研究人员共同开发了“FALCON-unzip”算法。该算法能够将长读取测序数据装配成高度准确、连续和正确定相的二倍体基因组。该工具的出现改进了以往短读取数据利用价值不高和长读取数据难以解读的困难，将进一步提升基因测序数据的临床转化应用效果。相关研究成果发表于英国《自然·方法学》期刊。

3. DNA 存储技术取得重大突破

DNA 是一种优良的存储介质，其数据密度比传统存储设备高多个数量级。理论上，1 克的 DNA 能存储近 10 亿太字节的数据。由于 DNA 具有良好的健壮性，其数据的完好储存时间可长达数千年，能够充分满足人类社会与日俱增的数据存储需求。

2016 年 4 月，微软宣布从 Twist Bioscinece 生物技术公司采购 1 000 万个 DNA 分子，探索以 DNA 为介质的数据存储技术。7 月，微软和华盛顿大学的研究人员利用这项技术完成了约 200 兆字节数据的储存，刷新了此前 22 兆字节的纪录。但目前该技术成本过高，操作复杂，有待生物技术进一步发展加以解决。

（三）基因组相关的精准医疗产业迅猛发展

1. 科技巨头强化精准医疗领域布局

2016 年 2 月，IBM 宣布以 26 亿美元收购医疗数据与分析服务提供商 Truven Health Analytics。这是 IBM 近 1 年来进行的第 4 起与医疗数据相关的重大交易。IBM 表示，包括此次收购在内，公司已投入超过 40 亿美元，用于收购和加强其医疗护理能力。

2016 年 8 月，谷歌宣布将与斯坦福大学开展临床基因组测序服务。谷歌将提供基于云平台的信息架构，同斯坦福大学共同分析测序所得的各类医疗健康数据，以促进基因大数据应用到患者即时个性化治疗的进程。

2016 年 9 月，谷歌 DeepMind Health 启动一项新的医疗项目：利用深度学习算法和机器学习来减少头颈部癌症治疗方案的制定时间。DeepMind Health 已与英国国家医疗服务系统（National Health Service，NHS）取得合作，将共同分析来自英国伦敦大学学院医学院的 700 名前癌症患者的相关数据。

2016年10月，IBM与西门子医疗（Siemens Healthineers）就患者健康管理（patients health management，PHM）解决方案合作签署了“五年全球战略合作计划”。该计划旨在借助IBM Watson（沃森）帮助医疗机构、医生实现更精准的疾病诊断，并为慢性病及癌症等患者提供有价值的医疗服务。

2016年11月，IT巨头英特尔公司与博德研究所签订了一份为期5年、总价值达2 500万美元的合作协议。该协议致力于在未来5年内整合现有私人、公众以及云平台上的基因组数据以加速生命科学领域研究。按照协议，双方将进行三方面的合作：一是英特尔将为博德研究所现有的基因组分析工具GATK量身定做合适的硬件设施；二是英特尔将帮助博德研究所优化现有的软件工具，增强数据处理能力；三是双方将开展深度合作，为生物医药公司、学术机构以及医疗保险等打造一个基因组数据共享平台。

2016年11月，IBM投资5 000万美元同博德研究所发起了一项为期5年的癌症基因组计划。该计划主要致力于抗药肿瘤研究，利用IBM Watson强大的计算和机器学习能力寻找肿瘤细胞的耐药机理，以研发新一代抗癌药物和疗法。

2. 多国打造大数据平台推动精准医疗研究

2016年8月，英国华威大学及相关研究人员开发出目前世界最大的微生物基因组平台“CLIMB”。该平台将为学术领域和临床领域的微生物科研人员提供免费的云计算、存储、共享以及分析服务，促进世界范围内的科学协作，提高微生物领域的研究效率和质量。

2016年8月，深圳华大基因研究院与山东省青岛市签署合作框架协议，在青岛市西海岸新区启动国家海洋基因库建设。该基因库将在十年内完成对全球重要海洋物种资源的收集和整理，并全部进行数字化，服务于对我国乃至全球海洋生物资源的保护、开发与利用。双方将重点打造海洋基因、生命科学、科技精准扶贫以及创新创业四个平台，提高海洋生物产业、生命健康产业领域的研究和创新能力。

2016年9月，我国首个国家基因库正式投入运行。该基因库是继美国国家生物技术信息中心（National Center for Biotechnology Information，NCBI）、欧洲生物信息研究所（European Bioinformatics Institute，EBI）、日本DNA数据库（DNA Data of Japan，DDBJ）之后的第四大基因库，也是全球最大的综合性基因库。国家基因库涵盖罕见病、癌症、肠道菌群、农业、物种多样性等13个高质量的数据库。该基因库的建立将大大促进全球生命科学领域的进步，在疾病诊断和治疗、农业新资源的开发和利用、物种和生态多样性保护等基因相关产业的发展中也将起到重要的推动作用。

2016年10月，为响应美国提出的“癌症登月计划”战略，芝加哥大学推出美国国家癌症研究所基因组数据共享通用型（genomic data commons，GDC）平台。该平台收集了4.1吉字节的癌症基因组数据，将为来自政府、学术界、制药和诊断公司的各界机构提供关于液体活检和初步血液分析的数据支持。

2016年12月，美国哥伦比亚大学研究人员开发出一套可以快速比对、筛选相关癌症基因，并搜索和给出个性化治疗建议的精准医疗系统iCAGES。相比同类分析工具，iCAGES 是一套“一站式”综合服务平台，其提供的信息更加全面准确且用户交互界面更加简洁友好，整个诊断分析过程只需要 30 分钟。

（四）疾病基因组学新进展

1. 美国研究人员发现 CD33 基因表达量的改变导致阿尔茨海默症

2016 年 1 月，美国加利福尼亚大学研究人员发现，与同人类亲缘关系最近的黑猩猩相比，CD33 基因在人类体内表达量的上调，导致了阿尔茨海默病的产生。该研究成果使科学家可以利用基因诊断的手段，更加准确地预测阿尔茨海默病的发病概率，同时也有助于针对这项疾病开发基因治疗的方法。相关研究成果发表于《美国科学院院刊》。

2. 中国将系统性红斑狼疮诊断提升到基因水平

2016 年 2 月，中国中南大学研究人员研发出一种特异性强、敏感性高的系统性红斑狼疮新型诊断标志物，在国际上首次将对该疾病的诊断提升到基因水平。这项研究成果显著提高了系统性红斑狼疮诊断的可靠性和准确度，并已申请中国和国际发明专利，未来有望应用于临床诊断。

3. 日本研究人员发现遗传性渐冻症致病基因

2016 年 4 月，日本庆应大学研究人员发现人体内 FUS 基因编码合成的蛋白质异常堆积，是导致遗传性肌萎缩侧索硬化症发病的原因。该成果有助于研究人员进一步探究遗传性渐冻症的发病原因，同时也有助于开发针对该病的治疗药物。

4. 中国研究人员发现影响人类骨质疏松的新基因

2016 年 11 月，第四军医大学研究人员首次发现了影响人类骨质疏松发生的新基因“ATP6V1H”。骨质疏松症是常见慢性疾病，被称为“沉默的杀手”。中国至少有 6 944 万人患有骨质疏松症，2.1 亿人骨量低于正常标准。该成果将很有可能成为未来药物治疗骨质疏松症的新靶点，为缓解或治愈骨质疏松症带来新希望。

（五）微生物基因组学新进展

1. 美国研究人员重新编码大肠杆菌基因组

2016 年 8 月，哈佛大学合成生物学家乔治•丘奇（George Church）成功改变了大肠杆菌细胞内 3.8% 的碱基对，使之具有不同的功能。研究人员用能产生相同蛋白质的同义密码子替代了原来大肠杆菌 64 个遗传密码子中的 7 个，合成了 55 个基因片段（每段由 5 万个碱基对组成），重新编码了大肠杆菌的基因组。经测试证明，大肠杆菌基本基因 91% 的功能被保留，并具有一定的适应性。研究人员表示，该成果证明从根本上重新设计细菌是可行的。

2. 美国科学家揭示 125 000 个病毒基因组

2016 年 8 月，美国能源部联合基因组研究院（Department of Energy Joint Genome Institute，DOE JGI）研究人员利用来自世界各地采集的组装宏基因组数据集，揭示出 125 000 个部分及完整的病毒基因组。这是迄今为止最大、最多样的数据集，将人类已知的病毒基因数量提高了16倍，为研究人员提供了丰富而独特的病毒序列信息资源。

3. 中国研究人员在细菌耐药基因组学研究方面获进展

2016年9月，中国科学院微生物研究所研究人员对23 000余个已知细菌基因组、980万个已公布人体肠道细菌基因、测序获得的30万个养殖动物肠道细菌基因中的高风险等级可移动性耐药基因进行了全面分析。研究发现，可移动性耐药基因主要存在于4个细菌门中的790个细菌种之中，细菌个体间耐药基因的转移由细菌种属进化关系所主导，又同时受制于生态屏障。这一规律同样适用于耐药基因在人体和动物肠道细菌群体水平上的转移。

4. 美国研究人员首次发现噬菌体携带动物DNA

2016年11月，美国范德堡大学研究人员首次在“WO噬菌体”内发现黑寡妇蜘蛛毒液基因以及其他动物的DNA，这说明该噬菌体可以“偷窃”其他生物基因组中的DNA并据为己有。研究人员表示，在病毒体内发现类似动物DNA的结果令人震惊，但病毒将如何对这些DNA片段进行使用还有待进一步研究。

5. 美国研究人员鉴别出毒性菌株的新型遗传突变

2016年11月，美国劳伦斯利弗莫尔国家实验室（Lawrence Livermore National Laboratory，LLNL）研究人员在一种名为土拉热杆菌的菌株中鉴别出了新型基因突变，这种突变能使之对常用抗生素环丙沙星产生耐药性。土拉热杆菌属于A类管制病原体，是生物恐怖袭击中最常使用的制剂。该成果为开发土拉热杆菌耐药性的检测方法提供了新思路，有助于提高生物安全风险防范工作的主动性。

（六）植物基因组学新进展

1. 美国研究人员绘制出胡萝卜基因组序列草图

2016年5月，美国威斯康星大学麦迪逊分校研究人员完成了对30余种胡萝卜样品的测序，绘制出了胡萝卜基因组序列草图。这一研究阐明了胡萝卜的起源和演化过程，对改善胡萝卜和其他农作物的营养价值提供了可能。

2. 中国科学家破解白菜和甘蓝类蔬菜驯化的秘密

2016年8月，中国农业科学院蔬菜花卉研究所王晓武科研团队对白菜和甘蓝类蔬菜进行了基因组重测序，构建了白菜和甘蓝类蔬菜的群体基因组变异图谱，揭示了驯化与古多倍化形成的亚基因组的关系。相关研究结果发表于英国《自然•遗传学》期刊。

3. 日本研究人员完成中药材甘草基因组测序

2016年10月，日本理化学研究所、千叶大学、高知大学和大阪大学组成的研究团队完成对中药材甘草的全基因组测序，成功取得其94.5%的基因信息。目前日本90%的医生使用中药来治疗疾病，使用量逐年增加。该研究对甘草分子育种栽培、改进中药材功效，以及深入研究产生药效成分所必需的有用遗传基因具有重要意义。

4. 中国研究人员破解桃子基因组数据

2016年11月，中国科学院遗传与发育生物学研究所研究人员采集了129个桃子品种的基因组测序数据，报告了与桃子相关的12种性状的基因区域。该成果在农艺应用及阐释桃子的早期驯化秘密等方面具有重要意义，为桃子育种提供了宝贵的基因数据。相关研究成果发表于英国《自然·通讯》期刊。

5. 中国研究人员揭示水稻抗性淀粉合成分子机理

2016年11月，中国科学院遗传与发育生物学研究所和浙江大学研究人员通过对高抗性淀粉突变体的研究，分离鉴定了一个新的抗性淀粉基因SSIIIa。抗性淀粉可有效预防肥胖症、肠道疾病和控制糖尿病。该研究为高抗性淀粉水稻育种提供了重要的遗传资源与新途径，对提高稻米营养品质与医疗保健作用具有重要意义。相关研究成果发表于《美国科学院院刊》。

（七）动物基因组学新进展

1. 德国研究人员发现关闭一种基因可延长小鼠寿命

2016年4月，德国莱布尼茨老龄研究所研究人员用小鼠实验发现，在关闭老年实验鼠的Per2基因后，实验鼠的造血干细胞可以更长久地维持其功能，血液中免疫细胞的数量得以保持稳定。关闭Per2基因的老年实验鼠免疫力依然较强，不易受到感染而患病，其平均寿命延长了15%。

2. 日本研究人员培育出转基因“绿光猴”

2016年4月，日本研究人员培育出一种接受紫外线照射时身体会发出绿光的长尾猕猴。研究人员希望通过对猴子的转基因研究来寻找治疗人类疾病的新方法。例如，假若能将编码荧光蛋白的基因和一些疾病的致病基因一起嵌入猴子的受精卵，可能有助于发现人类某些疾病的发病机制，进而开发新疗法。

3. 中国研究人员完成对树鼩的免疫基因解析

2016年9月，中国科学院昆明动物研究所与深圳华大基因研究院合作，完成了对树鼩免疫基因组的解析。该研究全面分析了树鼩的遗传特性以及用于人类疾病动物模型的遗传基础，对认识哺乳动物天然免疫基因的功能进化、创建树鼩病毒感染模型等具有重要意义。

（八）人类基因组学新进展

1. 美国研究人员再次从人类基因组中“擒获”病毒DNA

2016年3月，美国密歇根大学研究人员在人类基因组中发现了19个特殊DNA片段。这些特殊的片段来自古老的病毒，这些病毒在成千上万年前感染了我们的祖先，并从此“潜伏”在人类的DNA中。该成果加深了科学家对人类内源性逆转录病毒（human endogenous retrovirus，HERV）的理解。

2. 中德科学家成功绘制出人类DNA中“暗物质”信息

2016年10月，西安交通大学、德国萨尔兰大学研究人员通过开发新的计算机算法和分析处理流程，分析记录了250个健康家庭的基因组中的所有变异类型，发现了以前从未观测到的大量复杂型变异，即基因组中的“暗物质”。该成果提供了一套较为完整的基因组变异集合，相关数据已保存至国际数据库中供科学家研究，有助于研究人员更加深入地了解人类疾病。相关研究成果发表于英国《自然·通讯》期刊。

3. 韩国研究人员绘制出最连续的人类基因图谱

2016年10月，韩国首尔国立大学和Macrogen公司研究人员综合运用PacBio单分子测序技术、Bionano单分子光学图谱等方法，填补了大量传统测序中存在的基因序列缺口，成功绘制出迄今最连续的人类基因组图谱。该成果发现了大量亚洲人和韩国人特有突变，填补了亚洲人的基因组信息方面的不足，为面向亚洲人开发精准药物提供了高质量的基因测序数据。相关研究成果发表于英国《自然》期刊。

4. 美国开展5万人基因组实验揭示基因与疾病的关联性

2016年12月，美国再生元制药公司与格伊辛格卫生系统共同开展了5万人规模的“基因测序+临床电子病历”实验，发现了420多万个罕见基因变异，确定了大量潜在新的药物靶点。这是首次大规模将外显子数据与电子病历信息结合起来分析基因变异与疾病之间的关系。该实验证明了基因组学对精准医疗的巨大的潜在价值，将基因测序与临床数据结合的研究方法或助力医疗领域实现新的突破。

三、基因编辑

基因编辑技术是通过人为操作引起特定基因的插入、缺失或替换等，对基因组进行精确修饰和定向编辑的一种技术。目前最为常用的基因编辑方法包括ZFN（zinc finger nuclease，即锌指核酸酶）、TALEN（transcription activator-like effector nuclease，即转录激活因子样效应物核酸酶）和CRISPR技术。

CRISPR技术诞生于2012年，是继ZFN、TALEN技术后出现的第三代基因组定点编辑技术，已成为世界各大研究机构和大学，甚至生物技术爱好者（BioDIY）普遍采用的基因编辑工具。与前两代技术相比，CRISPR具有成本低、操作简便、快捷高效等特点，在基因编辑领域具有开创性意义。CRISPR系统已应用到不同种属、不同细胞和活体生物中对特定基因进行改造，在工业微生物改造、农业育种、基因治疗等方面得到了广泛应用。CRISPR技术结合现有农作物育种、干细胞医疗等技术必将快速推动基础生物学理论、农作物育种、疾病模型构建、基因治疗等研究的快速发展。

（一）基因编辑市场规模持续壮大

1. 2016年基因编辑市场规模再创新高

2016年11月，GEN网站发文分析2016年度基因编辑市场规模。数据显示，2016年基因编辑工具、试剂、服务、模型和其他相关供应市场规模将达6.08亿美元，约为2014年的2.6倍。随着新应用的发展以及相关项目的增加，这一市场在未来5年预计将持续增长。其中，基因编辑在开发疾病治疗方案和农业中应用的增加将成为该市场增长的重要推动力之一。

2. 各大企业纷纷布局基因编辑市场

2016 年 5 月，德国药企拜耳与 ERS Genomics 公司签订专利许可协议。ERS Genomics 拥有从 CRISPR 先驱 Emmanuelle Charpentier 获得的 CRISPR/Cas9 专利权，拜耳将引入 CRISPR/Cas9 技术用于药品及农产品开发。

2016 年 8 月，德国药企拜耳公司与基因编辑公司 CRISPR Therapeutics 合资成立 Casebia Therapeutics，共同研发可应用于临床治疗的 CRISPR/Cas9 基因编辑技术。这次合作将把拜耳在蛋白质工程、人类疾病知识及市场化方面的经验和 CRISPR Therapeutics 公司的知识产权及前沿专业知识相结合，共同推动 CRISPR/Cas9 的临床应用及产业化发展。此外，拜耳还将投资 3 亿美元，与 CRISPR Therapeutics 合作开发用于血液疾病、失明和先天性心脏病的新药。

2016 年 9 月，博德研究所与孟山都达成协议，授权孟山都使用博德研究所 CRISPR/Cas9 基因编辑技术相关专利进行农作物育种研究，并允许孟山都率先将这一技术用于农业商业化。相比传统基因修饰技术（GMOS），利用 CRISPR 进行育种不仅更加精准高效，还能巧妙地规避转基因技术的争议与监管。CRISPR 将成为未来孟山都公司主要育种技术。

3. 基因编辑公司纷纷上市

2016 年 1 月，由张锋和杜德娜（Jennifer Doudna）创办仅两年的爱迪塔斯医药（Editas Medicine）公司递交了在纳斯达克挂牌上市申请，IPO 募资 9 440 万美元，成为基因编辑领域首家 IPO 公司。

2016 年 5 月，由杜德娜创办于 2014 的 Intellia Therapeutics 公司在纳斯达克挂牌上市，IPO 募得资金 1.08 亿美元，获诺华、Atlas Venture 等公司支持。

2016 年 9 月，由卡彭蒂耶创办的 CRISPR Therapeutics 公司在纳斯达克挂牌上市，IPO 募得资金 5 600 万美元。在此次 IPO 中，拜耳购买了 250 万股股票（共计 3 500 万美元）。除拜耳外，该公司还获得新基（Celgene）、葛兰素史克（GSK）以及福泰（Vertex）等巨头的支持。

（二）基因编辑技术发展迅速，应用研究取得突破

1. 基因编辑技术不断发展完善

2016 年 1 月，美国麻省总医院（Massachusetts General Hospital，MGH）研究人员构建出一种基因编辑技术 CRISPR 的关联核酸酶 Cas9 的变异体。通过减少 Cas9 酶与靶 DNA 的非特异性互作，可将脱靶效应降低至即使采用最敏感的方法也无法检测到的水平。脱靶效应是 CRISPR 技术应用的一个重要限制，该成果提高了 CRISPR/Cas9 基因编辑技术的准确度与安全性，使其在实现临床应用的道路上向前迈进了一大步。相关研究成果发表于英国《自然》期刊。

2016 年 4 月，哈尔滨工业大学研究人员首次揭示了 CRISPR/Cpf1 基因编辑系统识别 crRNA 以及剪切 pre-crRNA 机制。该成果对认识细菌如何通过 CRISPR 系统抵抗病毒入侵的分子机理具有十分重要的科学意义，而且为成功改造该系统，使之成为

特异的、高效的全新基因编辑系统提供了结构基础。同时，该成果有助于进一步提高CRISPR/Cpf1的精确度和效率，对其走向临床应用具有重要意义。相关研究成果发表于英国《自然》期刊。

2016年6月，博德研究所、麻省理工学院、美国国立卫生研究院等机构研究人员开发出一种靶向RNA而非DNA的新型CRISPR基因编辑系统“C2c2”。以DNA为目标的基因编辑可以永久改变细胞基因组，而靶向RNA的方法则允许研究人员对细胞基因组进行临时改变，并在以后对其进行调整。研究人员表示，该方法相比现有的小干扰RNA（siRNA）技术具有更大的特异性，具有更广泛应用的潜力。相关研究成果发表于美国《科学》（*Science*）期刊。

2016年7月，美国耶鲁大学严钦博士研究团队开发出CRISPR“工具箱”，可同时编辑基因组中的多个基因，并将意外效应减到最少。据介绍，该团队采用改良载体表达多个sgRNAs导向序列，每个导向序列指向一个基因，实现了多基因打靶特性。该成果大大提高了基因编辑工作的效率和简易性，使CRISPR技术得到进一步完善。

2016年8月，加利福尼亚大学伯克利分校研究人员在大多数类型的人体细胞中，通过导入一种非同源性短片段DNA使CRISPR/Cas9切割靶基因和使靶基因失去功能的效率提高5倍。该方法使研究人员能够更加容易地构建和研究基因敲除细胞系，并使沉默突变基因成为一种可行的疾病疗法。相关研究成果发表于英国《自然·通讯》期刊。

2016年9月，南开大学研究人员开发出结构引导的DNA编辑新工具SGN（structure-guide nuclease，即结构引导的内切酶）。SGN能够识别靶向序列与向导DNA形成的特定结构，通过FEN1内切酶进行切割。该工具不同于TALEN、CRISPR等通过序列识别进行切割，不受靶序列限制，可精确切割任何DNA序列。

2016年10月，加利福尼亚大学伯克利分校研究人员发现，CRISPR蛋白“C2c2”具有两种不同的RNA切割活性，这两种活性能够互相协作来进行强大的RNA检测和降解功能。该发现是对CRISPR基因编辑“工具箱”的进一步扩充与完善。相关研究成果发表于英国《自然》期刊。

2016年11月，北京大学、哈佛大学、宁波大学、博德研究所研究人员开发出一种高通量的基因组删除技术：基于一个慢病毒配对引导RNA（pgRNA）文库，来筛选功能性的长编码RNAs（lncRNAs）。研究人员此次开发的新策略，能够使用配对gRNAs（pgRNAs）产生大片段缺失，并使科学家识别癌细胞中的功能性长链非编码RNAs。该成果对研究哺乳动物非编码基因功能具有重要意义。相关研究成果发表于英国《自然·生物技术》期刊。

2016年12月，英国剑桥大学和威康信托基金会桑格研究院研究人员基于CRISPR基因编辑技术，开发出一种更高效、可控的基因组编辑平台“sOPTiKO”。研究结果表明，该平台能够对机体发育的每一种细胞和每一个发育阶段发挥基因编辑作用，同时能够一次沉默多个基因活性，大大提高了基因编辑效率和实验效果。该成果将有力推动发育生物学、组织再生以及癌症领域的研究。相关研究成果发表于英国

《发展》期刊。

2. 基因编辑技术广泛应用于农作物育种

2016 年 8 月，中国科学院遗传与发育生物学研究所在植物中率先建立了基于 CRISPR/Cas9 瞬时表达的基因组编辑体系。通过这种技术获得的突变能稳定遗传，纯合突变体表现出相应的预期表型。由于整个基因组编辑过程中不涉及外源 DNA，这一技术体系的建立对保障生物安全、发展植物基因组编辑育种技术具有重要意义。相关研究成果发表于英国《自然·通讯》期刊。

2016 年 9 月，中国科学院微生物研究所研究人员利用 RNAi（RNA 干扰）基因沉默技术在陆地棉中培育出对黄萎病抗性较高的棉花新品系。该技术首次证明了植物-真菌跨界小 RNA 诱导病原靶基因沉默的抗病新途径，为利用基因调控技术进行抗黄萎病棉花育种提供了理论支撑。相关研究成果发表于英国《自然·植物》期刊。

2016 年 10 月，中国水稻研究所、扬州大学研究人员利用 CRISPR/Cas9 开展数量性状基因（quantitative trait loci，QTL）编辑研究，发现 QTL 编辑可导致单株有效大分蘖的变化，而单株有效大分蘖的变化直接决定了单株产量的变化。目前研究团队正开展 QTL 编辑对群体产量影响的进一步研究。

2016 年 12 月，美国冷泉港实验室（The Cold Spring Harbor Laboratory，CSHL）研究人员利用 CRISPR 基因编辑技术，成功使番茄的开花和成熟时间提前了两周，并且拓展了番茄的种植范围。研究人员表示，该成果证明 CRISPR 具有快速提高农作物性状的强大能力，该技术同样可用于玉米、大豆、小麦等主要农作物的育种过程。相关研究成果发表于英国《自然·遗传学》期刊。

3. 动物基因编辑取得系列进展

2016 年 1 月，杜克大学研究人员利用 CRISPR/Cas9 基因编辑工具，修复了杜氏肌营养不良症小鼠中与肌肉功能相关基因的突变外显子，成功恢复了该小鼠模型的部分肌肉功能。该成果是研究人员首次利用 CARISPR/Cas9 基因编辑技术治疗成年哺乳动物的基因疾病，标志着这种治疗方法也有潜力应用于患杜氏肌营养不良症的人类患者。

2016 年 3 月，中国科学院广州生物医药与健康研究院研究人员利用 CRISPR 和 TALEN 基因编辑技术对猪胰岛素基因进行了无痕定点修饰，使猪胰岛素基因编码生产人胰岛素，建立了完全分泌人胰岛素的基因编辑猪。该成果是首次在大动物中实现无痕的基因组定点修饰。

2016 年 7 月，日本实验动物中央研究所、庆应义塾大学研究小组利用 ZFN 和 TALEN 基因编辑技术改造了侏狨的受精卵，使新生侏狨出现先天性免疫缺陷。侏狨是一种灵长类动物，在生理特征等方面非常接近人类。此项研究验证了基因编辑技术对灵长类动物基因的改造作用，并有助于研究人类免疫缺陷疾病以及自闭症、糖尿病等与特定基因相关的人类疾病。相关研究成果发表于美国《细胞·干细胞》期刊。

2016 年 10 月，卡内基·梅隆大学和耶鲁大学研究人员开发出一种新型基因编辑系统，成功治愈了活体小鼠的遗传性血液疾病。该系统基于当前最先进的肽核酸（PNA）分子，与美国 FDA 批准的一种纳米粒子组成一个新系统，将 PNA 连同捐赠

DNA一起递送到活小鼠体内，以修复故障基因。该系统改进了CRISPR系统难以在活体动物内应用和易造成较严重的脱靶效应等，或将成为β-地中海贫血以及镰状细胞病等血液疾病的有效治疗方法。相关成果发表于英国《自然·通讯》期刊。

4. 基因编辑在疾病治疗领域取得一系列重要突破

2016年3月，美国天普大学医学院研究人员开发出一种特定的CRISPR/Cas9基因编辑系统，成功消除被HIV（human immunodeficiency virus，即人类免疫缺陷病毒）感染的人类T细胞中的HIV-1 DNA。同时，研究人员证实该技术可以抑制病毒的复制，显著降低患者细胞内的病毒载量并使细胞免于再次感染。该技术是CRISPR/Cas9基因编辑技术治疗艾滋病的标志性进展。相关研究成果发表于英国《科学报告》期刊。

2016年8月，杜克大学研究人员成功利用CRISPR/Cas9基因编辑技术，将实验小鼠的成纤维细胞直接转变为神经元细胞。该技术避开了导入外源基因生成诱导多能干细胞的环节，利用CRISPR/Cas9基因编辑技术实现小鼠胚胎成纤维细胞到神经元细胞的直接转化，且转化更加完全和持久。该技术将可能被用来构建神经疾病模型、发现新的治疗方法和开发个人化疗法，具有重要意义。相关研究成果发表于美国《细胞·干细胞》期刊。

2016年10月，剑桥大学研究人员对CRISPR基因编辑技术进行改进研究，并利用其鉴定出200余个基因可能作为抗急性髓性白血病（acute myelogenous leukemia，AML）的潜在靶标。研究人员重点对其中的KAT2A基因进行研究，发现通过基因编辑技术和药物技术抑制KAT2A的表达，能够抑制AML细胞的生长和促进AML细胞的死亡，且对正常的血细胞没有影响。该成果为治疗AML鉴定出大量的潜在基因靶标，或将对未来开发AML新疗法提供新的思路和希望。

2016年10月，加利福尼亚大学圣弗朗西斯科分校、格莱斯顿研究所（Gladstone Institutes）研究人员以CRISPR变体为基础，开发了一个可以自动化、高通量、并行编辑T细胞的基因编辑平台。研究人员利用该平台对45个相关基因进行了146种不同类型的基因编辑处理，筛选出能够增强T淋巴细胞防御HIV病毒入侵的基因突变。该成果或将为开发HIV新型疗法提供帮助，并更广泛地应用于其他传染病的研究和治疗，具有巨大的应用前景。相关成果发表于美国《细胞·报告》期刊。

2016年9月，德国德累斯顿工业大学（Dresden University of Technology）研究人员发现，利用CRISPR/Cas9基因编辑工具可以快速诊断驱动癌症发生的基因突变，并通过编辑作用使突变失活。研究人员对50万个癌症突变进行分析，发现超过80%的突变都可以被CRISPR/Cas9系统进行切割修饰。该成果为揭示导致各种癌症发生的突变组合提供了新方法，或将为开发个性化癌症疗法提供重要帮助。相关研究成果发表于美国《国立癌症研究所杂志》。

5. 基因编辑技术走向人体临床试验

2016年2月，英国人工授精与胚胎学管理局正式批准弗朗西斯·克里研究所开展人类胚胎基因编辑实验。研究人员将使用CRISPR/Cas9基因编辑技术，关掉只生长了一天的人类胚胎的1～4个基因，然后观测其在一周以内对胚胎发育的影响。这项研究有望揭开受精卵发育成健康胚胎背后的基因之谜。

2016 年 6 月，美国国立卫生研究院“重组 DNA 咨询委员会”批准了首个利用 CRISPR 基因编辑治疗癌症的人体临床试验。这项试验还需美国 FDA 放行才能开始实施。如果最终获得批准，研究人员将招募 18 名现有治疗方法已不起作用的黑色素瘤、多发性骨髓瘤以及肉瘤患者开展临床试验。此次审查通过让这种目前备受关注的生物医学技术在美国距临床试验仅差美国 FDA 批准一步之遥。

2016 年 9 月，瑞典斯德哥尔摩卡罗林斯卡研究所生物学家雷德里克·兰纳（Fredrik Lanner）使用 CRISPR/Cas9 进行人类胚胎基因编辑实验，对胚胎 DNA 做出了精准改变。研究人员希望通过该实验了解更多基因在胚胎发育过程中的作用，尤其是确定导致不孕不育症的基因。值得一提的是，此次瑞典研究人员使用的是可以正常发育的人类胚胎，该试验引起了强烈的安全与伦理争议。

2016 年 10 月，四川大学华西医院卢铀教授带领的团队完成了世界首例基于 CRISPR/Cas9 基因编辑技术的人体临床试验。研究人员将经过 CRISPR 技术改造的 T 细胞扩增培养后输回非小细胞肺癌患者体内且进展顺利。该团队计划对患者进行第二次注射。美国宾夕法尼亚大学免疫学专家表示，CRISPR 很有可能加速全世界竞相开展基因编辑疗法的人类临床试验，中美之间关于 CRISPR 的对垒，也许会触发“生物竞赛”。另据悉，北京大学的研究小组计划于 2017 年在北京启动 3 项临床试验，利用 CRISPR 治疗膀胱癌、前列腺癌和肾细胞癌，但该临床试验计划尚未得到批准和资助。

（三）基因编辑的安全和伦理问题引发关注

基因编辑技术在诸多领域获得广泛应用，但其带来的安全和伦理问题也引发了世界范围的关注。

1. 生物安全问题

基因编辑技术目前还存在着一定的脱靶效应，在使用过程中可能会造成不可挽回的危险，如赋予植物新的抗性造成生物入侵，消灭有害蚊虫、细菌导致食物链失衡，以及人体细胞脱靶切割引发癌症等。

2016 年 9 月，DARPA 启动“安全基因”项目，对基因编辑技术可能引发的生物安全潜在威胁提出技术层面解决方案。该项目旨在解决基因编辑技术的关键安全漏洞，限制或逆转经编辑后基因遗传结构的扩散。

美国农业部已表示，一些基因编辑的玉米、土豆和大豆不受到现行法规的监管。瑞典农业部也做出明确解释，利用 CRISPR 技术编辑而得到的某些植物不属于欧洲对转基因的定义范畴。

2. 道德伦理争议

2016 年 2 月，英国人工授精与胚胎学管理局首次批准了弗朗西斯·克里克研究所“在人类胚胎上使用基因编辑技术”的实验。这是人类胚胎基因组编辑首次得到国家监管机构的支持。

2016 年 4 月，日本生命伦理专门调查委员会宣布允许日本相关机构在基础研究中使用基因编辑技术对人类受精卵进行基因编辑，但出于安全和伦理方面的考虑，日本方面不允许将该技术应用到临床和辅助生殖中。

3. 基因编辑技术不规范使用或滥用问题引人担忧

2016 年 2 月，美国发布的《美国情报界全球威胁评估报告》将基因编辑技术列入“大规模杀伤性与扩散性武器”威胁清单。作为一种基因操作工具，CRISPR 既可造福人类，也可被用于制造生物武器。美国情报界将 CRISPR 视为一种对国家安全的威胁，认为“这种有双向用途的技术分布广泛，成本较低，发展迅速，任何蓄意或无意的误用，都可能会引发国家安全问题或严重的经济问题”。

四、合成生物学

随着合成生物学理念和技术的不断发展，合成生物学应用不断取得突破。合成生物学家通过系统化和工程化设计底盘生物或生物系统，通过模块化和定向化构建代谢通路或基因回路，在生物制造、疾病治疗等领域取得了突破性进展。相关技术不断取得突破，为合成生物学产业注入了新的活力，并引起了世界主要经济体对合成生物学产业的高度关注。2016 年，发达国家继续布局未来合成生物学技术和产业，加大投资力度，并驱动更多的投资涌入该领域。预计到 2020 年，全球合成生物学市场将达到 387 亿美元。

（一）合成生物学的发展已引起世界主要经济体高度重视

1. 美国

2016 年 4 月，美国陆军部发布《2016-2045 年新兴科技趋势》（Emerging Science and Technology Trends：2016-2045）报告，将合成生物学列为 24 个值得关注的新兴科技之一。该报告从社会、政治、经济、环境和防御 5 个方面分析了合成生物科技未来的影响，提出随着对遗传学认知的不断深入，人类已可以通过搭建新的 DNA 序列创造出新的生物。我们正站在一场生物革命的突破口，生命将会成为信息，如同电脑程序的代码一样，可以被改写。在未来的 30 年，合成生物科技将制造出可以检测毒素、将工业废物转为生物燃料、通过共栖给人类寄主提供药物的生物。报告也指出，合成生物学技术的误用和滥用可能引发对生态环境的破坏以及生化武器的威胁等。

2016 年 10 月，美国国家科学基金会宣布未来 5 年将出资 2 500 万美元，资助加利福尼亚大学伯克利分校、斯坦福大学等研究机构建设细胞构建中心。该中心将利用 IBM 公司的 Waston 人工智能平台和其他工具，将植物或动物细胞转化成能够生产新型药物、燃料乃至生物计算机的生物工厂。该中心的建立或将带动并引领一系列与细胞技术相关的医疗和医药产业变革。

2. 英国

2016 年 3 月，英国合成生物学领导理事会（Synthetic Biology Leadership Council，SBLC）发布了《英国合成生物学战略计划 2016》（Synthetic Biology Strategic Plan

2016)，提出到 2030 年实现 100 亿英镑的合成生物学市场价值，并通过开发未来的应用在全球市场实现潜在的更大的价值，使英国能够保持强大的社会和经济影响力。为实现这一目标，SBLC 提出 5 条建议及具体行动计划。该计划是 2012 年发布的《合成生物学路线图》延续版，进一步明确了英国合成生物学的研发重点和发展方向，并建立了有利于合成生物学技术产业化的完整的监管和治理体系。

3. 日本

2016 年 4 月，日本内阁府与科学技术振兴机构联合发布《日本颠覆性技术创新计划》(Impulsing Paradigm Change through Disruptive Technologies Program，ImPACT)，将利用合成生物学技术制造高强度高分子材料、实现新型生物制造的人工细胞反应堆、搜索具有颠覆性性能的稀有细胞等合成生物学相关技术列为重点突破方向。

ImPACT 是一个综合性科技创新计划，主要促进高风险、高冲击性的研发活动，构建可持续发展的创新系统。该计划对日本经济社会具有巨大影响力，将为产业生产、经济增长和社会发展带来根本性转变。ImPACT 将诸多合成生物学技术列为研发重点，充分表明了日本对合成生物学的重视程度，以及合成生物学将给日本经济社会发展带来的巨大潜在影响。

4. 中国

2016 年 7 月，国务院发布《"十三五"国家科技创新规划》，将合成生物学列为农业生物制造领域的重点技术、前沿共性生物技术领域的关键技术以及引领产业变革的关键性技术。2016 年 8 月，中国科学院发布了《"十三五"发展规划纲要》，将生物合成作为有望实现跨越创新的 60 个重大突破之一，提出围绕绿色低碳可持续发展的需求，基于合成生物学和系统生物学等手段，重点发展酶催化体系及细胞催化体系，实现重大化工产品的生物合成、发酵产品技术提升以及重污染行业的绿色清洁生产，推动生物基材料行业发展。发展单细胞高通量筛选等技术平台建设，在生物制造领域实现一批关键技术体系和代表产品的突破，推动产业竞争力提升。将合成生物学和先进生物制造明确列为塑造未来新优势的 80 个重点培育方向之一。

（二）合成生物学的研究进展

1. "人类基因组编写计划"正式启动

2016 年 6 月，哈佛大学著名合成生物学家乔治·丘奇与系统遗传学家杰夫·博伊科（Jef Boeke）等 25 人，联名在《科学》期刊宣布正式启动"人类基因组编写计划"(Human Genome Project-Write，HGP-Write)，认为构建"基因组规模工程的技术及其伦理框架"已迫在眉睫。历时 13 年完成的人类基因组计划重点在于测序，目的是使人们能够"阅读"基因组。HGP-Write 重点在于重新"编写"人类的基因组，旨在用 10 年时间合成完整的人类基因组并应用于细胞系中。这意味着科学家将利用完全合成的基因组代替细胞系中原有的天然基因组。该计划的近期目标是合成 1% 的人类基因组。该计划的实施势必将推动底盘细胞的深入研究。

2. 最简生命体 syn 3.0 成功问世

2016 年 3 月，美国生物学家克雷格•文特尔（Craig Venter）团队设计并制造出了最简单的人工生命体（syn 3.0）。研究人员对基因组进行随机删除，确定了“多余基因”（nonessential genes）、“必需基因”（essential genes）和“半必需基因”（quasi-essential genes），并通过全基因组设计和完全化学合成，对原含有 901 个基因的 syn 1.0 进行了最大限度的精简。该成果是人类理解生物学的里程碑事件，或有助于揭晓 30 亿年前原始海洋中生命的进化之谜，并且被认为是人类进入“定制”有机体的标志性事件。目前 syn 3.0 已成为商品化通用平台，研究人员可通过公司网站进行购买，用于探索生命的核心功能和探索全基因组的结构。

3. 重新设计大肠杆菌遗传密码获得成功

2016 年 8 月，哈佛大学的合成生物学家乔治•丘奇成功改变了大肠杆菌细胞内 3.8% 的碱基对，使之具有不同的功能。研究人员用能产生相同蛋白质的同义密码子替代了原来大肠杆菌 64 个遗传密码子中的 7 个，合成了 55 个基因片段（每段由 5 万个碱基对组成），重新编码了大肠杆菌的基因组。经测试证明，大肠杆菌基本基因 91% 的功能被保留，并具有一定的适应性。该成果证明了从根本上重新设计细菌是可行的。目前，研究团队正努力把他们重新编码的大肠杆菌片段拼起来，成为一套连续的基因组，然后测试这个重新构建的生物能否有生命。

4. 德国科学家合成了一条高效完整的生物固碳通路

2016 年 11 月，德国科学家托拜厄斯（Tobias J. Erb）团队设计了一条完整的生物学固碳反应循环通路。该通路比自然界最常用固碳通路效率高数倍，可能为人们对抗温室效应带来新的解决方案。研究团队下一步打算将其转入能够进行光合作用的细胞或组织内，利用光合作用产生的三磷酸腺苷来驱动这个过程。如果生物固碳能够大规模推广，或将对控制温室气体带来的全球气候变化问题提供重要帮助。

5. 美国科学家设计了一个可以选择性合成蛋白药物的基因回路

2016 年 8 月，麻省理工学院卢冠达（Timothy K. Lu）团队在工程酵母菌里导入了可以生产两种药物的表达系统，使其可以选择性地合成患者需要的蛋白类药物。当在工程酵母菌生长的环境中释放雌二醇时，由雌二醇控制的生物电路就会接通，工程酵母就会大量合成重组人生长激素。如果把环境中的雌二醇去掉，由雌二醇控制的生物电路就会关闭，重组人生长激素的合成立即停止。当在微型生物反应器周围加入甲醇时，由甲醇控制的生物电路就会接通，工程酵母就会大量合成干扰素。该系统有些类似计算机工作的原理，即给工程酵母一个指令，它们接受指令之后，就会完成一系列进程（合成药物）。当指令被清除，进程结束。该研究的最终目标是使一个工程菌株可以合成多种药物。该研究成果将可用于战地药物的就地生产，助力于个体化治疗以及改善偏远落后地区的药物供给不足的问题。

6. 美国科学家在酵母中构建复杂的植物代谢途径合成了抗癌药物那可丁

2016 年 8 月，斯坦福大学 D. Smolke 的研究团队在罂粟基因组中找出了与那可丁合成代谢相关酶的基因簇序列，通过将其克隆并导入酵母中，成功合成了那可丁和一些有价值的中间产物。D. Smolke 等在酵母细胞中构建了 14 步的生物合成代谢途径，共表达了 16 种来自植物中的酶类，可将简单的生物碱四氢维洛林转变成最终产物那可丁，实现了在微生物中成功构建出复杂的植物代谢过程。此外，该研究团队构建的其他类型的工程酵母菌还产生出了以前难以合成的中间产物和一些特殊的衍生物，促进了原小檗碱等相关药物的发现。

7. 美国科学家利用子囊菌酵母构建出合成生物燃料的“微生物工厂”

2016 年 6 月，麻省理工学院的研究人员 Gregory Stephanopoulos 等运用子囊菌酵母脂肪生成途径和重新编程酰基辅酶 A（acyl-CoA）和酰基载体蛋白（acyl-ACP）的代谢途径，构建出高效率生产柴油、汽油类燃料和油脂化学品的“微生物工厂”。研究人员将酰基辅酶 A 和酰基载体蛋白代谢相关酶靶标定位于细胞质、过氧化物酶体和内质网中，使之生产脂肪酸乙酯和特定链长的脂肪烷烃类。并通过构建一个杂合的脂肪酸合成酶代谢途径，将游离的脂肪酸转变成为特定链长的中间体，进而转化成燃料油类分子。

8. 韩国科学家首次将合成生物学应用到无机合成领域

2016 年 10 月，韩国高丽大学研究人员将 DNA 分子应用在无机化学领域，首次利用 DNA 调控了金纳米颗粒在溶液中的定向生长，创新出了“设计 + 合成”（designing and synthesizing）一步到位的三维金属纳米材料的制备方法。研究人员通过控制反应体系，利用 DNA 控制金原子沿着特定的方向结晶生长，通过控制 DNA 分子的数量和形态，合成出具有不同形貌和结构的五种金纳米颗粒。例如，特定数量的直线形 DNA 调控合成出具有特定分枝数量的星状纳米颗粒；不同的分支结构产生不同的光学吸收性能，在光谱中显示为不同的特征曲线；将不同的生物抗体结合到纳米颗粒表面之后，可以捕获人体血液中对应的致病抗原，进而实现实时、多功能的医学光谱诊断。

9. 中瑞科学家通过合成基因回路实现了对肝脏损伤的实时监测和修复

2016 年 6 月，瑞士和中国科学家通过合成一条以血清胆汁酸（serum bile acid，SBA）为生物标记，以 G 蛋白耦联受体 TGR5 为传感元件，以肝细胞生长因子（hepatocyte growth factor，HGF）为终产物的基因回路，在修复肝脏损伤方面迈进了一步。受损的肝脏由于缺乏回收胆汁酸的能力导致空腹血液中 SBA 的浓度也很高，因而 SBA 可以作为肝脏疾病的灵敏指示剂。体外实验证明，这一基因回路不仅可以监测到肝脏损伤，而且还可以立即释放蛋白药物进行修复。

10. 瑞典科学家重新调整了紊乱的促甲状腺激素反馈环，实现了甲状腺激素的动态平衡

2016 年 10 月，瑞典科学家通过设计基因回路实现了对紊乱的促甲状腺激素反馈环的重新调整。毒性弥散型甲状腺肿是一种自身免疫性病，是自身抗体异常地结合到促甲状腺激素受体蛋白（thyroid-stimulating hormone receptor，TSHR）上从而导致甲状腺激素的高水平释放。研究人员设计的装置中含有一个重要的应答甲状腺激素的受体蛋白（thyroid-sensing receptor，TSR），由它充当基因开关，在缺乏甲状腺激素时，

TSR 结合辅阻遏物通过使组氨酸去乙酰化从而抑制下游基因表达。当存在甲状腺激素时，TSR 结合辅激活物通过使组氨酸乙酰化从而激活下游基因促甲状腺激素受体拮抗物（thyroid-stimulating hormone receptor antagonist，TSH_{Antag}）的表达，以消除甲状腺激素的异常释放。这条即插即用的通路导入高表达甲状腺激素的小鼠体内，不仅能实时监测体内甲状腺激素的含量，而且通过调节 TSH_{Antag} 的表达恢复了下丘脑—垂体—甲状腺轴的负反馈。

五、医药生物技术

2016 年，大型制药公司继续加大投入，全球在研阶段药物达到 13 000 余种，癌症、神经系统疾病和感染治疗成为主要领域。生物技术药物表现抢眼，获美国 FDA 批准的生物技术药物约占本年度获批药物总数的三成。2015 ～ 2016 年，全球医药生物技术产业的市场表现极佳，上市公司的市值和收入均有明显增长，显示出持续稳步增长的良好势头。此外，多项医用生物技术研究取得突破性进展，为后续临床应用和市场推广打下了良好基础。

（一）全球制药产业持续稳步增长

全球医药产业继 2013 年回暖之后，2014 年、2015 年持续稳步增长。多项新产品的优异表现驱动市场规模持续增长，研发投入增速连续两年超过收入增长水平，并购交易异常活跃，上市公司市值连续两年突破 1 万亿美元大关，生物医药产业整体呈现良性发展态势。

1. 全球制药产业的主要业绩稳步增长

（1）全球制药市场份额增幅近 7%。据 Statista 数据显示，全球制药产业经过 2013 年（9 936 亿美元）的回暖和 2014 年（10 613 亿美元）的大幅增长后，在 2015 年进入巩固期，总收入达 10 720 亿美元（图 1），较 2014 年市场略有增长（1.01%），创下自 2001 年以来的历史新高。2015 年，美国市场销售额依然位居第一，超过 4 000 亿美元；欧洲市场收入超过 2 000 亿美元。全球主要市场收入来自中国、俄罗斯、巴西、印度等新兴市场。与 2011 年相比，发展中国家地区市场增幅明显高于发达国家地区，其中以中南亚、印度次大陆和拉丁美洲居前三，增幅均超过了 13%；第二梯队是非洲、独联体国家和中东地区，增幅为 10% 左右；日本、大洋洲、欧洲、北美等发达国家地区增幅最低，保持在 3% 以内（图 2）。根据 IgeaHub 数据，收入前 10 位的强生、罗氏、辉瑞、诺华等（表 1）大型制药公司总收入为 3 853.36 亿美元，超过全球制药行业收入的 30%。

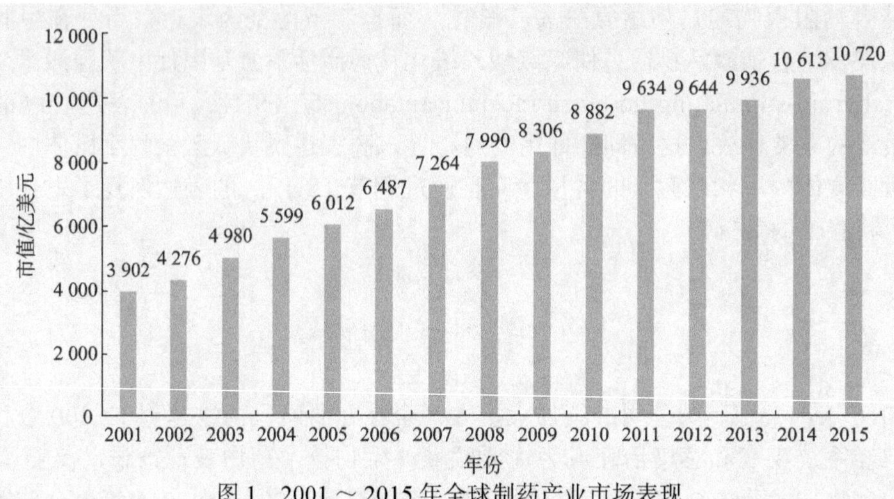

图 1 2001 ～ 2015 年全球制药产业市场表现

资料来源：http://www.statista.com

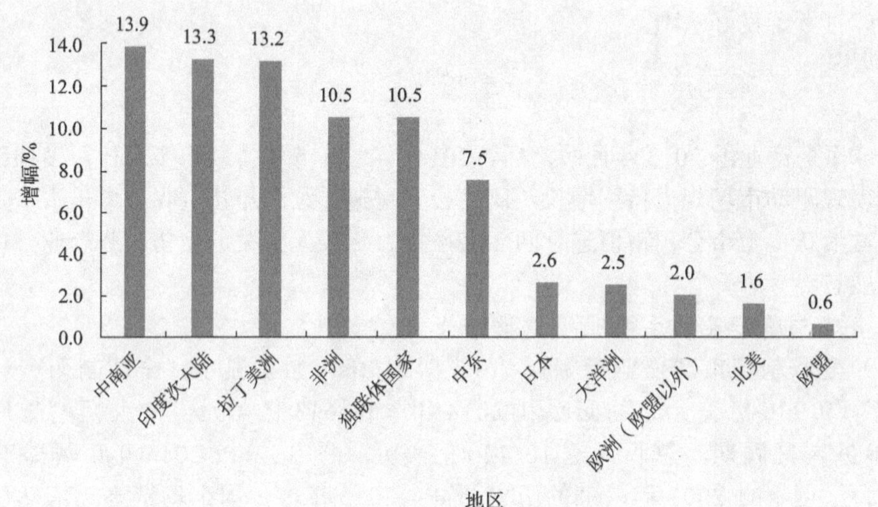

图 2 2011 ～ 2016 年全球各地区制药市场增长情况

资料来源：http://www.statista.com

表 1 2015 年度全球收入前 10 位的制药企业（单位：亿美元）

序号	制药公司	2015 年度收入
1	强生（Johnson & Johnson）	700.74
2	罗氏（Hoffmann-La Roche）	501.11
3	辉瑞（Pfizer）	488.51
4	诺华（Novartis）	494.14
5	拜耳（Bayer）	514.07[1)]
6	默克（Merck）	394.98
7	葛兰素史克（GlaxoSmithKline）	365.66
8	赛诺菲（Sanofi）	345.42

续表

序号	制药公司	2015 年度收入
9	吉利德科学（Gilead Sciences）	326.39
10	阿斯利康（AstraZeneca）	236.41

1）拜耳公司 2015 年收入虽然高于罗氏、辉瑞和诺华，但其药品部门仅贡献了 152.52 亿美元

资料来源：http://www.igeahub.com

（2）研发投入持续稳定增长。《制药经理人》杂志 2016 年度统计数据显示，2015 年制药行业继续保持了持续稳定的研发投入，合计研发投入高达 1 111.89 亿美元。2015 年全球 50 强企业大部分研发费用占销售额比重较高，大部分在 15% 以上，诺华与罗氏研发投入都有所下降，但仍以 84.65 亿美元、84.52 亿美元稳居前两名。辉瑞研发投入继续回升，以 76.78 亿美元排名第三；罗氏、强生、阿斯利康、礼来、百时美施贵宝、勃林格殷格翰等药企的研发投入占销售额比重均超过 20%（表 2）。Regeneron 公司研发费用占比最高，其研发投入 16.2 亿美元，占比高达 60%。该公司因其黄斑变性治疗药物阿柏西普迅速成长为全球最大的生物科技公司之一。从仿制药企业来看，研发投入呈现上升势头。著名的仿制药企业梯瓦研发投入占比为 8.98%，迈兰为 7.01%，太阳药业为 6.6%，呈逐年增长态势。日本制药企业的研发投入普遍较高，如武田、第一三共、大冢、卫材、田边三菱均在 20% 以上。研发投入增速最快的是艾尔建，达到 156%，主要是艾尔建与阿特维斯合并的缘故。

表 2　2015 年全球制药企业研发投入前 20

排名	公司	2015 年处方药销售额 / 亿美元	2015 年研发费用 / 亿美元	研发费用占比 /%	研发费用增长率 /%
1	诺华	424.67	84.65	19.93	-8.99
2	罗氏	387.33	84.52	21.82	-1.88
3	辉瑞	431.12	76.78	17.18	7.35
4	强生	298.64	68.21	22.84	13.10
5	默沙东	352.44	66.13	18.76	1.24
6	赛诺菲	348.96	56.38	16.16	-9.06
7	阿斯利康	232.64	56.03	24.08	13.40
8	葛兰素史克	270.51	47.31	17.49	-2.77
9	礼来	157.92	44.78	28.36	2.25
10	百时美施贵宝	144.80	40.37	27.88	3.17
11	安进	209.44	39.17	18.70	-5.02
12	艾伯维	227.24	36.17	15.92	11.22
13	吉利德科学	321.51	30.18	9.30	10.27
14	勃林格殷格翰	123.48	28.01	22.69	-11.08
15	艾尔建	184.03	27.8	15.11	156.07
16	武田	125.65	27.76	22.09	-12.67
17	拜耳	155.58	25.88	16.64	3.70
18	新基	90.69	22.95	25.31	24.20
19	诺和诺德	160.54	20.24	12.61	-17.46
20	百健艾迪	91.89	20.12	21.90	6.31

资料来源：制药经理人

（3）净收入大增。根据 Statista 数据，2015 年全球制药企业利润额表现最为优异的是吉利德科学，其以 150.8 亿美元的净收入，紧随老牌制药企业强生（159.4 亿

美元）之后，其他净收入居前 10 的制药企均未突破 100 亿美元大关，依次为：罗氏 89.8 亿美元，安进 75.9 亿美元，诺华 68.0 亿美元，辉瑞 61.8 亿美元，艾伯维 60.8 亿美元，默克 54.9 亿美元，诺和诺德 53.7 亿美元，赛诺菲 44.7 亿美元。

（4）市值继续保持 1 万亿美元大关。积极的绩效指标，加之多个备受瞩目的成功产品与新药审批的强劲增长态势，助力该行业总市值在 2014 年突破 1 万亿美元（10 613 亿美元）大关后，在 2015 年继续保持这一显著成绩，达到 10 720 亿美元。

2. 全球生物医药产业并购情况

（1）2015 年全球医药产业并购活跃。并购交易频繁是生物医药产业的一大特点。国际购并联盟（International Mergers and Acquisitions Partnership，IMAP）报告显示，相比于 2014 年，2015 年生物医药产业并购交易数从 438 起增加到 494 起，而并购交易额则从 2 260 亿美元激增到 4 150 亿美元。这主要归功于辉瑞以 1 600 亿美元对艾尔建的并购，创造了制药产业史上最大并购案①。2015 年超过 100 亿美元的并购案例数量为 6 例，比 2014 年多 1 例；前 10 位并购交易额总值约 3 039 亿美元（表 3），约占 2015 年度总值的 73%，约为 2014 年总值的 1.5 倍。

表 3　2015 年度十五大并购案

序号	并购方	被收购方	交易额/亿美元	宣布时间
1	辉瑞	艾尔建	1 600	2015 年 11 月
2	梯瓦	艾尔建（仿制药业务）	405	2015 年 7 月
3	艾伯维	Pharmacyclics	208	2015 年 5 月
4	辉瑞	赫升瑞	160	2015 年 9 月
5	瓦兰特	Salix	160	2015 年 4 月
6	Danaher	Pall	136	2015 年 8 月
7	勃林格殷格翰	梅里亚（赛诺菲旗下动物保健业务）	124	2015 年第四季度
8	亚力松	Synageva	88.6	2015 年 6 月
9	Endo International	Par Pharmaceutical	81.4	2015 年 9 月
10	Celgene	Receptos	76.26	2015 年 8 月
11	夏尔	Dyax	65	2016 年第一季度
12	夏尔	NPS	52	2015 年 2 月
13	梯瓦	Auspex	35	2015 年 5 月
14	阿斯利康	ZS 制药	27	2015 年 12 月
15	Hikma	Roxane Labs（勃林格殷格翰美国仿制药业务）	26.5	2015 年 7 月

资料来源：http://www.genengnews.com/the-list/top-15-ma-deals-of-2015/77900597

（2）生物技术公司成为大型制药公司并购热点。大型制药公司希望通过收购生物技术公司资产来强化其新药研发管线，将潜在“重磅炸弹”药物纳入囊中，这使 2016 年上半年对生物技术公司的并购较 2015 年同期增长了 5%。全球罕见病药物领袖夏尔（Shire）即以 320 亿美元收购了专注于癌症药物的百特（Baxalta）。预计 2022 年全球抗肿瘤药物市场将较 2015 年（890 亿美元）扩大至两倍以上（达 1 119 亿美元）。基于对该市场的看好，专注于抗肿瘤药物的生物技术公司成为并购的重点

① 由于美国财政部对“负税倒置”的严厉打击，该并购案最终没有达成。

目标。艾伯维（AbbVie）以 98 亿美元并购了 StemCentrx 及其旗下的 Rova-T，强化其肿瘤药物研发实力；辉瑞与艾尔建“分手”后又拟收购 Medivation，后者的抗肿瘤药物 Xtandi 已被美国 FDA 批准，预计将在 2020 年达到 13 亿美元销售额。皮肤病等其他治疗领域也是制药公司并购的重点目标。皮肤病治疗市场预计将在 2022 年扩大到 2015 年（120 亿美元）的两倍。受此驱动，迈兰（Mylan）以 72 亿美元收购瑞典的 Meda 公司，而辉瑞也以 52 亿美元收购预计在 2017 年向市场推出抗湿疹药物 Criaborole 的 Anacor 公司。此外，非处方药依然是并购的重要组成部分，如英国的 Hikma 公司以 28 亿美元收购了勃林格殷格翰的美国仿制药单元 Roxane 实验室，全球非处方药领导者梯瓦以 23 亿美元收购 Rimsa 实验室。

（二）全球十大畅销药物中生物技术药物占 8 个

根据 Satista 网站统计，2015 年，全球最畅销的二十大药物中，约半壁江山被生物制品药物（9 种）占据（表 4），除安进公司的 Neulasta 之外销售额都超过了 50 亿美元，销售总额达到前 20 个畅销药销售额总和的 47.8%。

表 4　2015 年全球畅销药物 TOP 20

序号	药品	适应证	药品类型	制造商	年销售额 / 亿美元
1	Harvoni，雷迪帕韦	慢性丙肝基因型 1 感染	化学药	吉利德科学	181.4
2	Humira，阿达木单抗	类风湿性关节炎、强直性脊柱炎	生物药	艾伯维、日本卫材制药	149.5
3	Lantus，甘精胰岛素	糖尿病	生物药	赛诺菲	114.6
4	Enbrel，伊那西普	类风湿性关节炎、强直性脊柱炎	生物药	安进、辉瑞、武田制药	94.7
5	Crestor，舒伐他汀	高脂血症、高胆固醇血症	化学药	百时美施贵宝、大冢制药	86.1
6	Remicade，英夫利西单抗	类风湿性关节炎、克罗恩病、强直性脊柱炎	生物药	强生、默克、田边三菱制药	82.0
7	Seretide，沙美特罗	用于哮喘、喘息性支气管炎和可逆性气道阻塞	化学药	葛兰素史克	80.0
8	Sovaldi，索非部韦	丙型肝炎	化学药	吉利德科学	65.8
9	rituximab，利妥昔单抗	转移性直肠癌	生物药	罗氏	63.0
10	Avastin，阿瓦斯汀	抑制肿瘤血管生成	生物药	罗氏	61.8
11	Lyrica，普瑞巴林	纤维肌痛综合征	化学药	辉瑞	60.4
12	Abilify，阿立哌唑	精神分裂	化学药	大冢制药	58.0
13	Novorapid，门冬胰岛素	糖尿病	生物药	诺和诺德	56.1
14	Herceptin，赫塞汀	转移性乳腺癌、转移性胃癌	生物药	罗氏	56.0
15	Januvia，磷酸西他列汀	糖尿病	化学药	默沙东	54.4
16	Spiriva，噻托溴铵	慢性阻塞性肺气肿	化学药	勃林格殷格翰	53.6
17	Xarelto，利伐沙班	静脉栓塞	化学药	拜尔	51.4
18	Nexium，埃索美拉唑	胃酸过多	化学药	阿斯利康	50.7
19	Copaxone，格拉默	多发性硬化症	化学药	梯瓦	50.5
20	Neulasta，聚乙二醇非格司亭	促进化疗患者的白细胞生成	生物药	安进	47.4

资料来源：http：//www.satista.com

（三）新药获批数量有所回落，而生物技术药物获批数量创近年新高

1. 2015 年美国 FDA 批准的新药

（1）2015 年，美国 FDA 药物评审中心（The Center for Drug Evaluation and Research，CDER）共审批通过 45 个新药，包括新分子实体 33 个，新生物制品许可 12 个。其数量为 1998 年以来最多，较 2014 年（41 个）数量上增加了 9%，比过去 5 年的平均水平（36.4 个）增加了 24%，新药申请（new drug application，NDA）和生物制品许可申请（biologics license application，BLA）的整体首次行动获批率为 95%，优先审评 NDA/BLA 申请的首次行动获批率为 93%，标准 NDA/BLA 的首次行动获批率为 100%（图 3）。

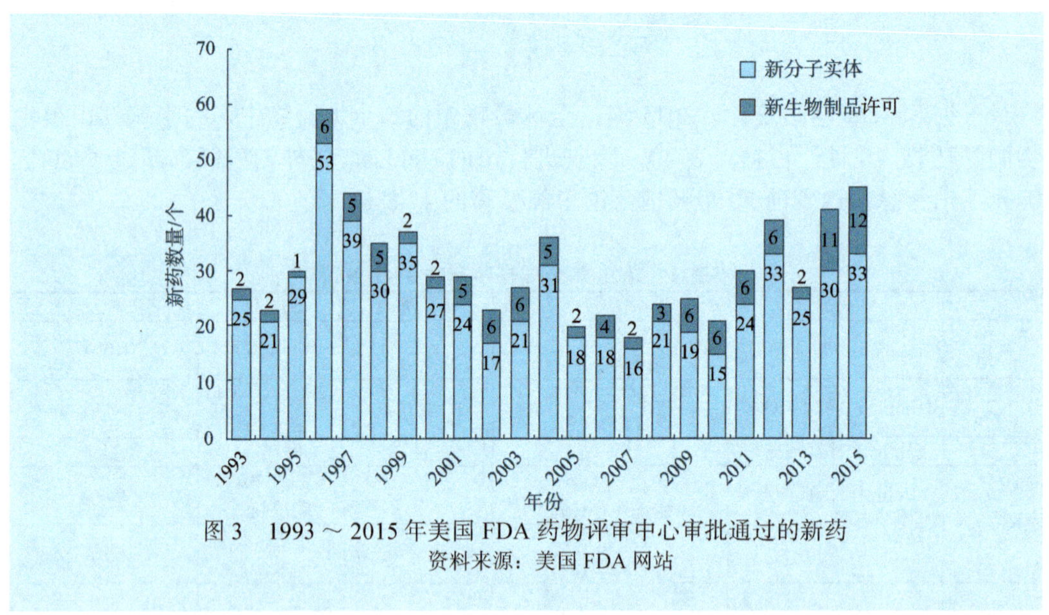

图 3　1993 ～ 2015 年美国 FDA 药物评审中心审批通过的新药
资料来源：美国 FDA 网站

2015 年 FDA 批准的新药，从治疗疾病领域来看，主要集中在高度未满足需求的领域，如抗肿瘤、抗感染、心血管等。其中，肿瘤疾病领域产生最多（14 个，占 31%），在过去 4 年中已 3 次超过 30%。2015 年 FDA 批准的多个抗肿瘤药物均用于孤儿病适应证，其中多发性骨髓瘤治疗药即有 4 个。据统计，在全球新药研发投入中，至少有 40% ～ 45% 的投入抗肿瘤药物研发。心血管系统重磅新药将强势回归。2015 年批准的心血管系统药物共有 6 个，包括诺华的 Entresto、安进 Repatha、赛诺菲的 Praluent、Actelion 公司的 Uptravi。其中，预计 Entresto 2016 年的销售额不是很高，仅为 8.4 亿美元，但 2020 年销售额将达到 47.59 亿美元，增速较快。这预示着在后他汀时代沉寂的心血管新药研发已经复苏。其次为内分泌及代谢疾病的药物（6 个）、血液系统药物（4 个）、精神系统药物（3 个）、抗病毒药物（2 个）及抗感染药物（2 个）（图 4）。

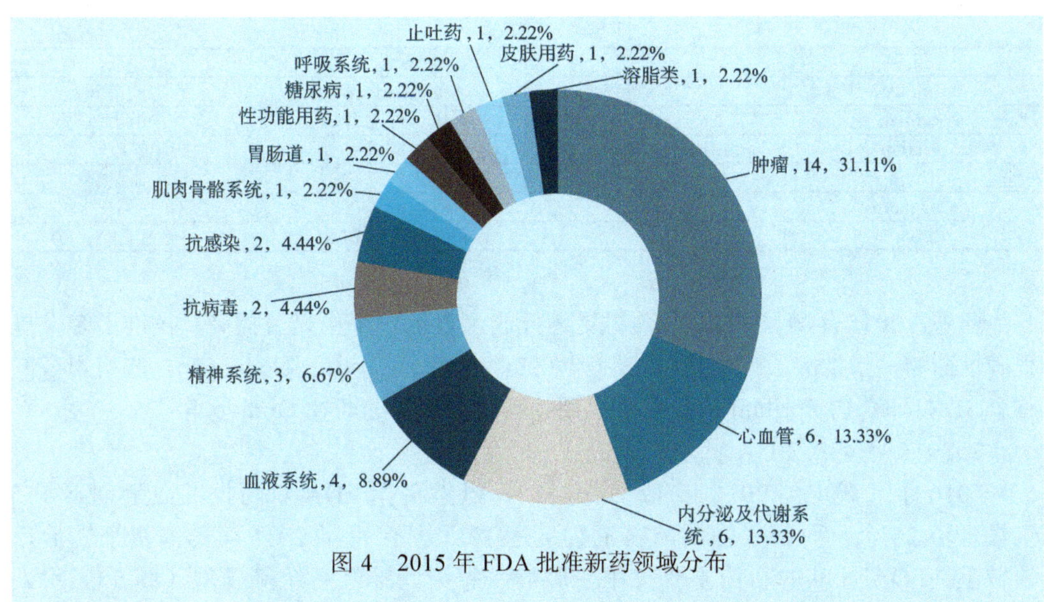

图 4　2015 年 FDA 批准新药领域分布

从审批类型上看，45 个新药中有 17 个被授予孤儿药资格，共有 21 个药物获得优先审评资格，8 个药物获得突破性药物资格，4 个药物获得加速批准。突破性疗法通道是 2012 年 9 月美国 FDA 首创的一种新药审评方式，2013 年首次使用该审评方式加快药物审批。2015 年获批的突破性药物包括治疗转移性乳腺癌的 Ibrance、治疗囊性纤维化的 Orkambi、治疗低磷酸酯酶症的 Strensiq、非小细胞肺癌的 Tagrisso 等（表 5）。

表 5　2015 年 FDA 批准的突破性药物

新药名称	适应证	公司	获批时间
Ibrance	转移性乳腺癌	辉瑞	2015 年 2 月 3 日
Orkambi	囊性纤维化	Vertex 制药	2015 年 7 月 2 日
Strensiq	低磷酸酯酶症	Alexion	2015 年 10 月 23 日
Tagrisso	非小细胞肺癌	阿斯利康	2015 年 11 月 13 日
Darzalex	多发性骨髓瘤	强生（杨森）	2015 年 11 月 6 日
Empliciti	多发性骨髓瘤	百时美施贵宝 / 艾伯维	2015 年 11 月 30 日
Kanauma	溶酶体酸酯酶缺乏	Alexion	2015 年 12 月 8 日
Alecensa	非小细胞肺癌	基因泰克	2015 年 12 月 11 日

（2）2015 年美国生物制品评审中心（The Center for Biologics Evaluation and Research，CBER）共批准了 13 个生物技术药物或生物制品（表 6）。

表 6　2015 年部分 FDA-CBER 批准新生物制品

药品	公司	属性	适应证
Exsero	葛兰素史克	组脑膜炎球菌疫苗	组脑膜炎奈瑟菌免疫接种
Anthrasil	坎吉	炭疽免疫球蛋白	炭疽吸入
Quadracel	赛诺菲	百白破疫苗	百白破免疫接种

续表

药品	公司	属性	适应证
Ixinity	坎吉	凝血因子 IX	乙型血友病
Raplixa	roFibrix	纤维蛋白黏合剂	手术中出血
Anavip	Instituto Bioclon	马源抗蛇毒血清	响尾蛇咬伤
Uwiq	Octapharma	重组抗血友病因子	甲型血友病
Coagadex	io Products	凝血因子 X	X 因子缺乏
Imlygic	安进	转基因溶瘤病毒	黑色素瘤

此外，2015 年美国 FDA 表现得更为开放，审批效率也显著提高，批准了多个里程碑性药物，如批准了首个生物仿制药（biosimilar）Zarxio（Neupogen，非格司亭）、首个 3D 打印药物 Spritam 以及首个仅用 4 天完成评审的药物 Opdivo 等。

2. 2016 年美国 FDA 批准的新药

2016 年（截止到 2016 年 12 月 30 日），虽然美国 FDA 新药批准数量创下了 5 年最低值 26 个，而新生物制品获批数量达 12 个，保持了 2015 年的高水平。治疗领域上，FDA 批准的新药主要集中于肿瘤、感染、神经系统等领域（图 5）。耐人寻味的是，继 2015 年批准首个生物仿制药后，2016 年批准了 3 个，另有 3 个等待审批。2016 年可谓生物仿制药的标志性年份，获批上市的 3 个生物仿制药分别是：由美国辉瑞公司和韩国赛尔群公司（Celltrion）联合开发的 Remicade（infliximab，英夫利昔单抗）的生物仿制药 Inflectra（infliximab-dyyb，英夫利昔单抗 -dyyb），用于类风湿性关节炎（rheumatoid arthritis，RA）、银屑病等炎症性疾病的治疗；诺华公司开发的 Enbrel（etanercept，依那西普）生物仿制药 Erelzi（etanercept-szzs，依那西普 -szzs），用于治疗类风湿性关节炎、银屑病关节炎（psoriatic arthritis，PsA）等多种炎症疾病；以及安进公司生产的生物仿制药 Amjevita（adalimumab-atto，阿达木单抗 -atto），可用于艾伯维品牌药 Humira（adalimumab，阿达木单抗）全部的适应证。这些生物仿制药的原研药品本身都是当年上市的重磅药物，曾创下极佳的销售业绩。随着这些生物仿制药的上市，其必然会带动全球药品市场格局的变动，如 Inflectra 就已经对 Remicade 的销售带来了不小的冲击，致使 Remicade 销售额同比下降了 4%。美国作为全球举足轻重的医药市场，FDA 的生物仿制药审批政策可以为此类医药企业提供相当有价值的参考，如生物等效性评价、专利规避、临床适应证等。

（四）新药研发数量增加并关注神经系统疾病和肿瘤

根据 Pharmaproject/Pipeline 数据库收录的在研药物（包括临床前项目、处于临床研究及注册阶段的项目，以及增加新适应证的已上市药物）数据，2016 年，全球在研新药数量达到 13 718 个，较 2015 年增长 1 418 个，增幅达到 11.5%（图 6）。

与 2015 年相比，2016 年 16 个主要治疗领域在研新药数量呈现基本增长态势，其中，抗癌药物、生物技术类药物、神经系统用药、抗感染用药和复方药物为排名居前 5 的治疗领域。癌症稳居全球药物研发的核心治疗领域，2016 年在研的抗癌 / 抗肿

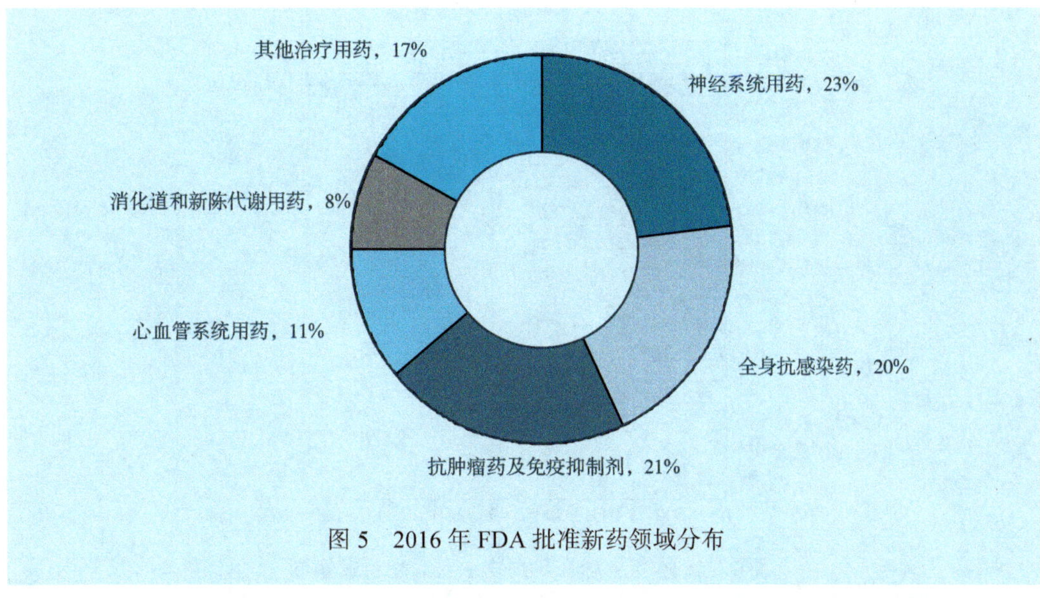

图5　2016年FDA批准新药领域分布

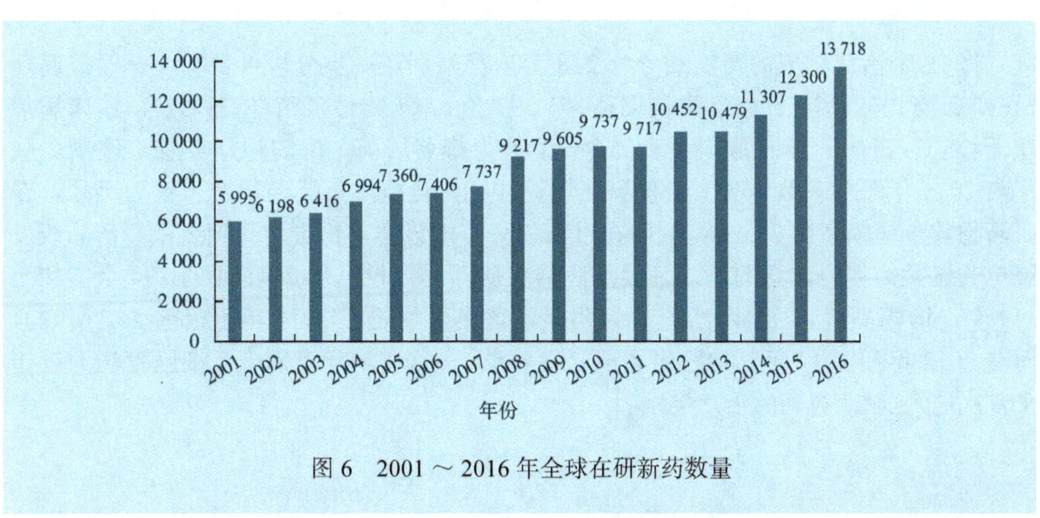

图6　2001～2016年全球在研新药数量

瘤药物数量从2015年的3 602个增长到4 176，增幅达15.9%，增长态势显著，远超制药研发行业平均增速（11.5%）。该数量约占全球在研药物数量的1/3（32.8%），基本每开发3个药物，就有1个是致力于治疗癌症的。此外，增速超过行业平均增速的治疗领域还包括生物技术类药物（增幅为14.6%）、感官用药（增幅为13.5%）以及免疫类药物（增幅为11.8%）；在研药物数量排名相对靠前的几个药物领域中，心血管系统用药（增幅为4.6%）、抗感染用药（增幅为6.2%）、神经系统用药（增幅为7.7%）的增幅则相对较低（图7）。从现有的统计数据来看，癌症治疗药物正占据新药研发的主导地位。抗癌/抗肿瘤药物的快速增长，很大程度上应归功于肿瘤免疫学的发展。未来该学科有望得到更多的发展机会。

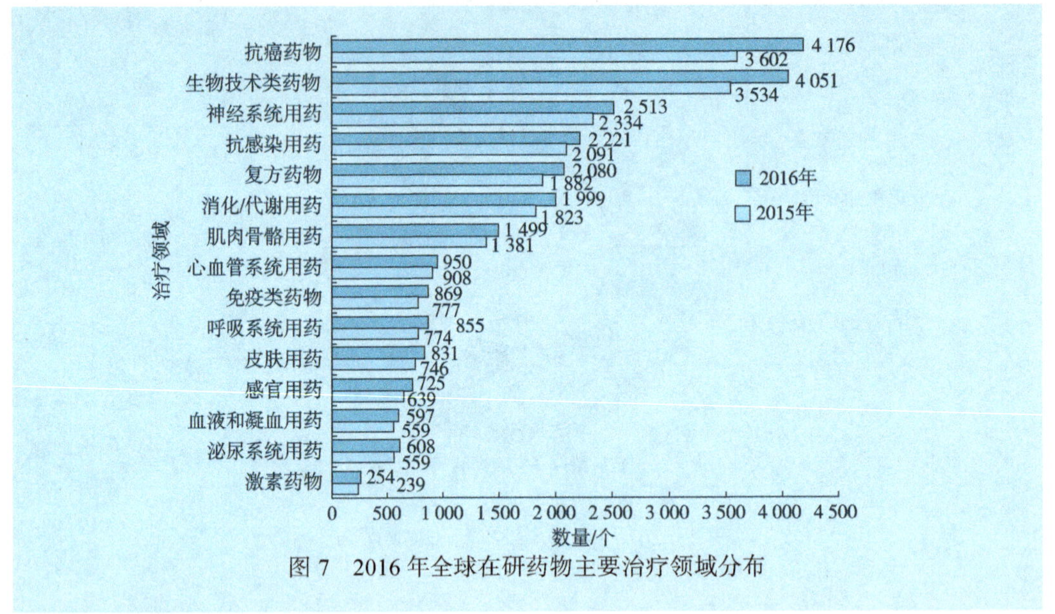

图 7　2016 年全球在研药物主要治疗领域分布

将 16 个治疗领域的药物细分为 228 个治疗类别进一步分析可发现，一般抗癌药（在研药物 2 071 个）、免疫类抗癌药（1 597 个）、预防性疫苗（729 个）、糖尿病治疗药物（592 个）、其他眼科用药（546 个）为排名居前 5 位的治疗类别，该排名顺序与 2015 年顺序一致。与一般抗癌药增速相比，免疫类抗癌药物增长更为迅猛，在研药物数量增幅高达 25.6%，表明在过去的一年中该类药物更加受到重视，产品线发展更为迅猛。值得注意的是，基因疗法类在研药物数量已从 2015 年的 294 个增加至 417 个，增幅高达 41.8%，增速最为明显，该类药物是在 2015 年重返前 25 行列的，而在 2012 年和 2014 年其均跌出了前 25 行列。在这些治疗类别中，细胞疗法为近年来首次进入前 25 行列的治疗类别。

（五）多项医药生物前沿技术获得突破性进展

1. 全世界首个人工胰腺获批

2016 年 9 月，美国 FDA 正式批准了世界首个一类人工胰腺设备“MiniMed 670G”。该设备由美敦力公司开发，用于 14 岁及以上 I 型糖尿病患者的血糖监控及调节。该设备每 5 分钟测量一次患者的血糖水平，根据患者需求实时调整胰岛素供给量，达到对 I 型糖尿病的精确管理，有效改善了患者的生活质量。

2. 泛基因型丙型肝炎药物获批

2016 年 6 月，美国 FDA 批准了美国制药巨头吉利德科学开发的治疗丙肝病症的药品 Epclusa。Epclusa 并非传统意义上的典型基因型特异性药物，而是第一个获批的泛基因型药物，能够治疗所有 6 种基因型的肝炎。对于那些没有肝硬化或轻度肝硬化的患者来说，在完成治疗后 12 周，95% ～ 99% 的丙型肝炎病毒被清除；而对于那些已经中度至重度肝硬化的患者来说，Epclusa 与利巴韦林的联合使用可使患者在接受治疗12周后，达到94%的病毒清除率。

3. DEA批准了大麻的医用研究

2016年4月，美国缉毒署（Drug Enforcement Administration，DEA）批准了多学科协会的迷幻剂研究，以确定吸食大麻是否能为创伤后压力紧张症候群患者带来积极的治疗效果。与此形成对比的是，以往的临床研究都只允许用大麻的植物提取物进行测试，不允许受试者直接吸食大麻。值得一提的是，大麻在以前的临床试验中已显示出对很多疾病的积极效果，因此DEA的松口可能意味着大麻医用价值研究会在目前的水平上有进一步的发展。

4. Opdivo在转移性黑色素瘤上显示出了较高的长期存活率

2016年12月，癌症免疫治疗药物Opdivo已经被美国FDA批准用于治疗晚期黑素瘤。在美国癌症研究协会年度会议上，百时美施贵宝宣布，在经历了Ⅰ期临床试验的患者中，有34%的患者在5年后仍然存活了下来。虽然表面看来这个数字并不算多，但在引入癌症免疫疗法之前，晚期黑素瘤患者的平均存活期仅为11个月。

5. Keytruda治疗非小细胞肺癌疗效显著

2016年10月，美国FDA批准Keytruda用于治疗PD-L1高表达（>50%）、无表皮生长因子受体（epidermal growth factor receptor，EGFR）或渐变性淋巴瘤激酶（anaplastic lymphoma kinase，ALK）突变的转移性非小细胞肺癌患者。Keytruda成为第一个也是目前唯一一个治疗非小细胞肺癌一线治疗的PD-1单抗药物。Keytruda的Ⅲ期临床数据表明，与化疗相比，Keytruda降低了50%的疾病进展风险和40%的死亡风险。对具有PD-L1高表达的非小细胞肺癌患者来说，Keytruda为其带来了新的希望。

6. Guselkumab治疗银屑病的效果突出

2016年10月，由强生公司开发的靶向白细胞介素（IL-23）的人源单克隆抗体“guselkumab”在Ⅲ期研究中，对银屑病治疗显示出良好效果。研究数据表明，在第16周时，接受了3次guselkumab注射治疗的患者，达到PASI 90（皮肤症状改善90%以上或几乎完全清洁）的患者比例为73.3%；在第24周时，接受guselkumab注射治疗的患者达到PASI 90的比例为80.2%。guselkumab药物Ⅲ期数据均好于目前最流行的银屑病药物修美乐。

7. 丁丙诺啡植入物获批用于治疗阿片依赖

2016年5月，美国FDA批准了一种用于阿片依赖性治疗的丁丙诺啡植入物Probuphine。Probuphine由Titan Phar公司和Braeburn公司开发，一次植入能释放长达6个月的低剂量丁丙诺啡，为患者提供持久稳定的合理用药剂量，有效降低患者的阿片成瘾症状。

2016 年世界能源技术发展报告

一、世界能源技术及产业发展重要动向

2016 年世界主要经济体继续处于调整期，能源形势复杂，不确定性增大。《巴黎协定》的正式生效标志着全球气候治理进入新阶段，有助于加速全球能源绿色低碳转型的步伐，但对全球能源市场影响仍与该协定的落实程度密切相关，尤其需要密切关注特朗普上台后美国能源政策的变化及其对协定的落实和影响。同时，伊朗核问题与中东乱局对国际石油市场影响依然显著，全球核电技术和市场竞争日趋激烈，先进核电技术更加强调核电的可持续性，风电、光伏发电等竞争力迅速增强，全球可再生能源市场的格局正发生变化。

（一）全球应对气候变化合作及能源绿色低碳转型均进入新阶段

1.《巴黎协定》签署标志着全球应对气候变化国际合作进入新时代

2015 年 12 月，《巴黎协定》在巴黎举行的第 21 次联合国气候变化大会上正式获得通过。2016 年 4 月，100 多个国家在纽约正式签署了《巴黎协定》。2016 年 11 月，《巴黎协定》正式生效，全球应对气候变化的要求更高、目标更明确，全球气候治理、能源绿色转型、低碳发展将进入一个新的阶段。

《巴黎协定》共 29 条，确定了“共同但有区别的责任”原则和各自能力原则，对长期目标、自主贡献、减缓、适应、损失损害、资金、技术、能力建设、透明度和全球盘点等问题做出了框架性安排。《巴黎协定》重申了将全球气温升幅控制在 2℃以内的长期目标，同时考虑到小岛屿国家面临的气候风险等实际情况，也把其气温升幅控制在 1.5℃之内的努力写进协定，并提出全球实现低碳、气候适应型和可持续发展的共同愿景。经过激烈的谈判，《巴黎协定》最终确定采用自下而上的国家自主贡献形式应对全球气候变化，各方定期提交国家自主贡献，各国应对气候变化的目标进一步明确。

为实现气温升幅控制目标，《巴黎协定》提出全球应加快向绿色低碳转型，大力发展清洁低碳能源、可再生能源、核能、智能电网技术、高级输电系统以及化石能源碳排放回收利用等低碳能源技术，相关产业也将迎来重大发展机遇。国际能源署估算，到 2030 年在可再生能源和提高能源效率上的投入需达到 16.5 万亿美元。值得注意的是，《巴黎协定》将推动全球碳市场开始新一轮的扩张与改革。目前，已有不少国家建立了碳市场，未来各国碳市场之间将建立双边、多边链接，2020 年后有望形成全球统一的碳市场。整体上，《巴黎协定》对全球能源发展提出了较为明确的转型要求，但对全球能源市场影响仍与协定落实程度密切相关，尤其需要密切关注特朗普上台后美国态度可能的转变。

2. G20 将能源可持续发展作为重要议题

作为全球经济界的重要盛会之一，2016 年的 G20 峰会将能源可持续发展放在重要地位。2016 年 6 月，G20 能源部长会议通过的《2016 年 G20 能源部长会议北京公报》中，发布了《加强亚太地区能源可及性：关键挑战与 G20 自愿合作行动计划》、

《G20 可再生能源自愿行动计划》和《G20 能效引领计划》。这 3 个文件标志着全球影响力最显著的 20 个经济体一致同意在低碳发展和能源可持续发展方面进一步加强协作，在引领全球未来发展方向上发挥引领作用。

3. 对中国的影响和启示

《巴黎协定》的签署、G20 峰会等都强调低碳发展的重要性，全球 100 多个国家都提出了本国低碳发展的目标和实施途径，说明全球应对气候变化已经掀起了新一轮高潮。对于中国这个世界上最大的发展中国家而言，这既是新挑战，也是新机遇。能源转型、绿色低碳发展共识的形成，将推动能源领域绿色低碳技术研发的进一步加强，技术产业化的进一步加快。中国必须深刻认识到科技对能源绿色低碳发展的重要性，引导更多资金投入前沿技术的研发和产业化中。

但是，《巴黎协定》目标的落实和具体实施行动更为重要，否则就可能只是一个美好意愿。相比于《京都议定书》有约束力的减排指标，在当前世界经济持续低迷、主要发达国家经济陷入泥沼的背景下，《巴黎协定》退化为一个以自愿减排为基础的自下而上的协议，其成败取决于各国的努力。从公共物品理论上来说，各国自愿努力的效果显然会低于全球温室气体控制目标要求。而且，特朗普的上台给美国未来实现其减排承诺带来极大的不确定性。一旦美国不履行相关承诺，该协定的实际价值将大打折扣。那么，仅凭中国的努力非但不会改善全球气候变暖趋势，甚至会影响到自身的发展。

（二）世界能源市场未来发展不确定性增大

1. 特朗普当选美国总统对世界能源市场带来不确定性

特朗普竞选成为第 45 任美国总统，根据其竞选纲领和对油气行业的表述，预计特朗普就任后将对美国国内油气生产、需求以及国际石油市场产生较大影响。对美国国内油气行业而言，特朗普宣扬的政策立场是放松油气行业监管，包括取消在油气开采和管道建设方面的一系列限制，并有可能实行减税。虽然特朗普政策立场对传统能源和本土油气行业较为友好，但在国际原油市场供大于求、低油价的背景下，美国国内政策宽松的效用难以发挥，预计油价达到 60 美元 / 桶时，美国油气行业宽松政策对游资的利好作用才会较为明显。对美国国内油气需求而言，特朗普主张取消清洁能源法案，减少可替代能源和石油天然气的竞争，同时力推基础设施建设。这在中长期将有利于美国成品油消费提升，但短期内受限于政府财政情况，油气消费刺激作用较为有限。

国际方面，在需求侧，特朗普担任总统后的外交经济政策可能对国际石油市场产生间接影响，如对北美自由贸易区、欧洲和中国等主要贸易伙伴的政策调整，可能会影响经济发展速度进而影响能源需求。在供给侧，特朗普政府对阿拉伯国家的外交政策以及打击恐怖主义的立场，可能带来中东形势的变化，进而影响原油供给。

总之，特朗普上台带来的最大不确定性在于：由于其之前完全无从政经验，难以从过去的行为模式推测其未来的执政立场，也难以预测其未来会如何推行竞选时提出的政策纲领。

2. 伊朗核问题与中东乱局对国际石油市场影响依然显著

2015年7月，经历了长达两年的拉锯式谈判，伊朗与美、俄、英、法、德、中六国宣布达成全面解决核问题协议。2016年1月，伊朗核问题全面协议正式执行，欧盟、美国等解除对伊朗相关经济制裁，其中最为直接的影响是解除了伊朗石油出口限制，不再冻结外国金融机构中的伊朗资产（大部分是伊朗石油出口的收入）。随着制裁解除，伊朗一方面通过收回美元资产从而直接缓解其面临的财政压力，另一方面重新进入国际金融市场，充分利用国际资本，为其加大石油生产以及设施的维护、更新和建设投入提供保障。到2016年8月，仅半年时间伊朗日均原油产量已经超过380万桶，出口量从制裁解除前的120万桶/日迅猛增长到超过200万桶/日。伊朗原油产量的快速恢复也使得OPEC的限产目标难以有效达成。

尽管国际上已正式执行伊朗核问题全面协议，但由于伊朗与美国仍有诸多分歧待进一步解决，双方依然互不信任，恢复“正常关系”的道路依然十分漫长。特朗普竞选成功后曾宣称将撕毁核协议，并重新对伊朗实施制裁。虽然特朗普是否真正执行其对伊政策尚不确定，但这一情况也说明了伊美关系面临很大的不确定性，伊朗核问题走向仍然是未来一段时间内影响国际石油市场的核心问题之一。

除伊朗核问题之外，中东地区乱局不断。叙利亚冲突、极端组织“伊斯兰国”的发展、沙特阿拉伯政治动向、巴以问题等均可能对地区政治经济局势产生突发性重大影响，进而对国际石油市场产生较大扰动。中东乱局发展态势仍将是影响国际石油市场的重要因素之一，需密切注意。

3. 对中国的影响和启示

近年来，中国已成为世界第一大能源进口国，油气对外依存度不断提升。2016年中国石油和天然气进口量更是创出新高，全年石油和天然气对外依存度分别达70%和35%之多。世界能源市场走势的不确定性对中国能源安全影响较为显著。

特朗普对化石能源开采的支持态度有望使世界油气继续保持供大于求的态势，油气价格有望持续低位运行。尽管近期OPEC同一些非OPEC油气大国（如俄罗斯）达成了限产协议，旨在提升国际石油价格以获取更多收益，但美国作为当前油气生产领域十分重要的竞争者，将发挥平抑市场的显著作用。特别是特朗普入职后，随着外资对美国投资力度的加大，美国本土的油气开发将变得更加活跃，美国将成为遏制OPEC等国家和地区限产保价的重要力量，有望使国际原油价格继续保持50美元/桶甚至60美元/桶左右低位运行。这对中国实现开放条件下的能源安全将起到积极作用。

与此同时，特朗普的一系列政策或将进一步加剧美国能源独立乃至孤立，其势必减轻维护全球能源安全的责任，中东、北非等地乱局甚至还很可能进一步激化。中国将不得不承担更多维护全球能源安全的责任，这是中国成为全球治理领导者的必由之路，但近期中国面临的更多是挑战。此外，特朗普的一系列言论对中国不友好，遏制中国崛起也很可能成为其未来的施政方向。以能源作为大棒遏制中国或许成为特朗普的一项政策选择，这将对中国的能源安全带来威胁。

（三）全球核电竞争趋于白热化

1. 全球核电竞争加剧

各大核电技术公司目前主推第三代核电技术，在加强本土核电建设的同时，在国际核电市场竞争也十分激烈。美国西屋公司（Westinghouse，AP1000技术）、法国阿海珐公司（Areva，EPR[①]技术）、俄罗斯国家原子能公司（Rosatom，VVER[②]技术）三大核电巨头基本体现了当前世界核电市场“群雄逐鹿”的竞争格局。其中俄罗斯核电技术造价相对较低，具有能动与非能动相结合的安全技术特性，并在俄罗斯国内已投入运行，综合性价比高，因而一枝独秀。韩国电力公司（KEPCO，APR1400技术）、日本日立公司（Hitachi，ABWR[③]技术）、中国核电公司（“华龙一号”技术）也逐渐加入全球核电市场竞争，全球核电竞争变得更加激烈。核电技术能否获得国际认可，不但取决于技术本身的经济性和安全性，还取决于企业的项目融资能力。

目前，美国西屋公司（AP1000技术）核电建设项目包括美国本土在建4台、中国在建4台（浙江三门和山东海阳）、印度计划建设6台、英国拟建项目、巴西拟建项目等。AP1000技术目前在国际市场上进展缓慢，主要原因在于其技术成熟性和先进性遭到质疑、成本远高于预期。美国本土在建项目造价不断攀升，预计超过7 000美元/千瓦。

阿海珐公司的主战场仍然在欧洲，但表现不佳。法国电力公司（Electricite De France，EDF）通过收购英国能源公司，获得在英国建设4台EPR机组的机会。2016年3月，法国与印度签署建设6台EPR核电机组的备忘录，并计划于2017年启动建设工作。由于3个在建EPR核电项目一再推迟，阿海珐公司财务状况恶化。为了确保其核心业务，2016年6月阿海珐公司宣布重组计划，向法国电力公司出售其核电运营部门的大多数股份，并成立一家专门致力于核燃料循环业务的实体。在资本结构得到改善之后，阿海珐公司将通过一家子公司完成芬兰奥尔基洛托3号机组建设项目。

与西屋公司和阿海珐公司相比，俄罗斯国家原子能公司近年来发展势头强劲，在国际核电市场上一枝独秀，成为国际核电市场的大赢家。截至2016年6月，俄罗斯海外核电机组订单已经确定的达34台，分布在13个国家，订单总计达1 100亿美元，2020年有望达到1 900亿美元。另外，Rosatom正在进行协商的订单有25台，未来潜在订单有24台，订单总数或将达到90台，分布国家超过40个。2015年，俄罗斯海外核电收入达63亿美元。与俄罗斯核电合作的国家，主要以新兴核电市场为主，包括东亚、南亚和东南亚的中国、韩国、印度、越南、孟加拉国、缅甸、印度尼西亚、柬埔寨，中亚的哈萨克斯坦、亚美尼亚，中东的伊朗、约旦和土耳其，非洲的埃及、南非，南美的阿根廷，欧洲的白俄罗斯、匈牙利和芬兰等国家。在进军国际核电市场的同时，2016年8月，俄罗斯宣布其核电比例将从2015年的18.6%提升至

① EPR，European pressurized reactor，即欧洲压水堆核电站。

② VVER，vodo-vodyanoi energetichesky reactor，即水-水高能反应堆。

③ ABWR，advanced boiling water reactor，即先进型沸水堆。

2030年的21%，并计划在2030年前新建11台核电机组，包括2台BN-1200钠冷快堆机组。

韩国电力公司目前有6台机组在本国建设，其中首台机组于2015年底首次临界，3台在建机组预计分别于2017年和2018年投入运行。2016年6月，韩国新批准建设的2台机组预计于2021年和2022年投入运行。在海外核电市场中，韩国电力公司在阿拉伯联合酋长国在建4台APR1400机组，预计于2020年投入运行。此外，韩国分别与沙特阿拉伯、卡塔尔、埃及签署核电合作协议，并向美国核管理委员会（Nuclear Regulatory Commission）申请APR1400的设计认证，以期将来在美国获得核电建设的机会。

日本日立公司通过在英国收购和全资设立子公司地平线核电公司（Horizon Nuclear Power）和日立欧洲核能公司（Hitachi Nuclear Energy Europe），全力推动英国威尔法和奥德伯里核电项目，各建设了两台核电机组，均采用ABWR技术。

中国核电企业开始走出国门，初登国际舞台。目前中国主打品牌是具有自主知识产权的第三代核电技术“华龙一号”。该技术安全水平与美国、法国、俄罗斯等世界主流第三代核电技术相当，且更具经济性优势。2015年5月，“华龙一号”首堆示范工程在福建福清正式开工。目前，泰国、印度尼西亚、肯尼亚、南非、土耳其、哈萨克斯坦、捷克等多个国家均对“华龙一号”产生浓厚兴趣。

面对国际核电巨头的激烈竞争，新兴核电市场通过与多个核电巨头同时合作，以获得性价比更高的核电技术，并争取实现相关技术本土化的机会。例如，目前印度与美国、俄罗斯、法国、英国、韩国等国家均有核电合作，同时还致力于核电技术本土化。英国、土耳其、南非、埃及、巴西等国的情况类似。例如，土耳其的第一座核电站采用俄罗斯技术，第二座核电站采用法国技术，第三座核电厂将于2017年启动建设招标，潜在竞标者包括5家公司，即通用电气-日立核能公司（GE-Hitachi）、韩国电力公司、埃森-兰万灵公司（SNC-Lavalin）、西屋公司和阿海珐公司。

2. 英国欣克利角C核电项目一波三折

由中法合作参与的英国欣克利角C核电项目是英国20年以来的首座核电站建设项目，该项目恰逢英国脱欧和政府换届的敏感时期，项目进展一波三折。

2015年10月，中广核牵头的中方联合体与法国电力公司签订投资协议，共同投资建设欣克利角C核电项目，英国政府为该项目提供高达20亿英镑的担保。2016年7月，法国电力公司正式批准该项目投资决定。但仅在数小时之后，英国脱欧公投后的新上任首相特蕾莎•梅决定重新评审该项目，给该项目建设平添变数。据悉，重新评审的原因主要有以下三点：一是在持续低油价下，考察该项目的上网电价和高达300亿英镑政府预算补贴是否合理；二是重新考虑中国参与投资带来的国家安全忧虑；三是对EPR技术安全性和能否按期完工的担心。2016年9月，英国政府发表声明，该项目终获通过。2016年9月底，中英法三方在伦敦签署欣克利角C核电项目一揽子协议。根据协议，项目设计和现场工作将立即启动，预计于2019年中开始核岛施工，2025年首台机组投入运行。

英国目前有 8 个核电厂址计划或拟建的新核电机组，主要由法国和日本的核电公司负责。其中，法国电力公司拥有 5 个厂址，即欣克利角 C（EPR 技术）、赛兹韦尔 C（EPR 技术）、布拉德维尔 B（“华龙一号”）、哈特尔普尔和希舍姆（技术未定）；日本地平线核电公司拥有 2 个厂址，即新威尔法（ABWR 技术）和奥尔德伯里 B（ABWR 技术）；日本核时代公司（NuGeneration）拥有 1 个厂址，即莫边（AP1000 技术）。2008 年，法国电力公司收购英国能源公司，目前控制了英国 15 台现役核电机组中的 14 台。2012 年上半年，日本日立公司收购地平线核电公司。2014 年 6 月，日本东芝公司收购核时代公司 60% 的股权，法国燃气苏伊士集团持有其余 40% 股份。

根据协议，除欣克利角 C 核电项目外，中方还将与法国电力公司在赛兹韦尔 C 项目、布拉德维尔 B 项目上展开合作。欣克利角 C 核电项目和赛兹韦尔 C 项目均采用法国 EPR 技术，中方均非最大股东。其中，合作后期和最晚建设的布拉德维尔 B 项目由中方主导、采用中国自主研发的“华龙一号”技术，以中广核广西防城港核电站二期为参考电站。目前，英国政府已正式受理“华龙一号”技术在英国的通用设计审查。这是世界上最为严苛的核电技术审查，自推出至今，只有法国的 EPR 技术顺利通过，美国的 AP1000 技术虽已通过美国监管当局的审查，但仍被提出几十项修改意见，至今仍在审核中。据悉，作为全球第六个申请英国通用设计审查的堆型，“华龙一号”计划用 5 年时间完成审查。因此，布拉德维尔 B 项目是中国企业首次主导开发建设的西方发达国家核电项目，将实现中国自主核电技术向西方发达国家出口的突破。

3. 对中国核电“走出去”的启示

一是保持中国持续稳定的核电政策，强化核电产业的带动作用。在核能技术研发和政策制定上，中国需要保持稳定性、持续性和统筹性。俄罗斯的成功经验在于把核电产业作为优势战略产业，并通过持续性的核电政策及配套措施，从国家层面统一思想，明确核电发展战略和核电出口战略。俄罗斯的成功经验值得我们认真总结和汲取，随着中国“一带一路”倡议的逐步深入实施，核电“走出去”迎来了新的重要战略机遇期。因此，中国要成为核电强国，需要独立自主和完备的装备制造体系。核电“走出去”必将带动中国高端装备产业的发展，带动核燃料、核电运行、核设施退役治理及核技术应用等全产业链的发展。研究表明，每出口 1 台核电机组，投资规模将达 300 亿元，需要 8 万余套设备，200 余家企业参与制造和建设，可创造 15 万个就业机会。如果中国能够获得 30 台核电机组海外市场，将直接产生近 1 万亿元产值，创造 500 万个就业机会。

二是强化核电技术研发和中国工程实践，统一核电出口，形成自主知识产权的核电品牌。目前中国国内在建核电项目占全球 30% ～ 40%，计划建设核电项目也占全球类似比例。因此，国内核电项目将为国内核电技术提供最好的工程实践和经验积累。目前，国内核电技术类型分散，既分散了中国的技术研发力量，也不利于工程经验积累和改进。面对竞争激烈的国际市场，中国核电“走出去”才刚刚开始，面临的竞争对手是法、俄、美、韩、日等国的老牌核电巨头。为提高在国际市场上的竞争力，中国需要在政府主导下，统一核电出口，加快“华龙一号”首堆工程建设，在国内核电工程实战中提升自己的技术水平和工程质量。同时，中国第四代核电技术高温气冷堆示范项目 HTR-PM 预计于 2017 年投入运行，也给中国核电“走出去”提供了另外一种技术选择的可能。

三是未雨绸缪，加强核电“走出去”风险控制。中国核电建设，特别是海外核电建设，需要充分考虑核电投资和建设过程中的不确定性风险，包括政治风险和工程技术风险，相关风险通常会带来投资和建设周期的大幅延长和投资成本的大幅增加。以美国近 20 年来首次运行的新核电机组瓦茨巴 2 号机组为例，该机组始建于 1970 年，由西屋公司生产和建设。由于 1979 年美国三里岛核电事故，该项目中断建设，并于 2007 年重新建设。但由于 2011 年日本发生福岛核电事故，该项目必须根据新的核电安全规定建设，直到 2015 年 10 月，才最终获得美国核管理委员会批准运行。该项目建设周期长达 45 年，投资成本极其昂贵。又如，英国欣克利角 C 核电站项目在推进过程中，由于遭遇英国脱欧和政府换届等政治因素，整个进程一波三折。由于核电项目的建设周期通常以 10 年计算，投资和建设过程中可能面临多次政府换届等因素，因此，需要在投资和建设过程中对核电建设项目的各个环节和各个方面未雨绸缪，加强风险控制。中国应总结英国欣克利角 C 核电站项目的经验和教训，重新审视一下相关的合作策略和风险控制，避免急于求成的“走出去”心理，更多从商业因素和技术因素进行推进，深度介入欣克利角 C 核电站项目进程，熟悉和积累国际经验与国际规则，为中国后续项目积累经验和寻找应对策略。

（四）可再生能源逐步成为电力建设主流

1. 可再生能源新增装机超过化石能源新增装机

2015 年是全球可再生能源发展具有里程碑意义的一年。其一是可再生能源新增装机达到历史峰值，新增 1.47 亿千瓦，总装机达到 18.5 亿千瓦；其二是新增装机首次超过新增化石能源发电装机，表明总体上全球电源建设正在发生结构性转变，可再生能源发电已开始成为全球电源建设的主流。从 2016 年可再生能源发展情况的数据以及对未来形势预判看，这一情况将可能成为长期态势。

除了可再生能源电力外，其他可再生能源应用领域也展现了巨大的应用前景，2015 年可再生能源供热达到 4.35 亿千瓦（热），较 2014 年增加 6.4%。全球可再生能源投资约 2 860 亿美元，较 2014 年增加 130 亿美元 [①]。尤其是在近年来全球常规化石能源价格持续低迷、能源需求不振的形势下，各类可再生能源发展仍保持较高的增速，这显示了可再生能源成为电力增量主流并进而成为能源增量主流的潜力。

2. 可再生能源成本不断下降，经济性和竞争力持续提升

可再生能源经济性进步显著，在部分地区已经成为具有经济竞争力的能源技术。可再生能源技术的经济性是对其在能源转型中定位存在较大争议的主要缘由，随着可

① 资料来源：REN21 Renewables 2016 Global Status Report。

再生能源技术进步和应用规模的扩大，可再生能源成本近年来持续下降，尤为显著的是光伏发电、风电、光热发电，而成本的下降又推动了可再生能源在更多的国家和地区得以规模应用。

根据国际能源署、国际可再生能源署等多家国际机构的分析统计，2010 ～ 2015 年，风电平准化成本降低了约 1/3，光伏的平准化成本下降 70% 以上，光热发电的平准化成本降低了约 40%。2016 年，随着全球化的风光技术进步和产业升级，可再生能源成本又实现了显著下降。随着德国、英国等欧洲国家及中国、印度、巴西等新兴经济体和发展中国家（这些国家和地区也是可再生能源主要市场）可再生能源支持政策和机制的调整，并对相对成熟的可再生能源纷纷采用市场化竞争机制，进一步推动了可再生能源成本和价格水平的降低。2015 ～ 2016 年，德国对地面光伏电站采用招标确定项目业主的机制，2016 年的招标电价均低于 7.5 欧分 / 千瓦时，最后一次平均招标电价为 6.9 欧分 / 千瓦时，低于风电和部分化石能源电源。巴西 2014 年风电的电价降到折合人民币为 0.27 元 / 千瓦时的水平，2016 年巴西风电和光伏招标平均价格又比政府预期的上网电价下降了 15%。阿拉伯联合酋长国 2015 年的光伏发电招标电价最低降到 5.8 美分 / 千瓦时，2016 年 6 月的光伏发电招标项目更是降低到 2.99 美分 / 千瓦时，虽然与当地天然气电价 0.9 美分 / 千瓦时相比仍有一定差距，但已经显示了竞争力。2016 年智利招标项目的报价水平为光伏发电 2.91 美分 / 千瓦时，风电 3.81 美分 / 千瓦时，光热发电 6.3 美分 / 千瓦时，而同期投标的气电、煤电、水电为 4.7 ～ 6.0 美分 / 千瓦时，地热发电为 6.6 美分 / 千瓦时，最终光伏发电和风电项目中标。光伏发电和风电已经成为智利最有经济竞争力的电源，且在可再生能源中一直被认为是技术门槛高、相对前沿的光热发电技术和地热发电技术，在智利的电价也达到全球较低水平，与煤电、气电等化石能源相比，成本和电价差距在迅速缩小。在 2016 年 10 月的阿根廷招标项目中，风电最低价格为 4.91 美分 / 千瓦时，光伏为 5.9 美分 / 千瓦时，生物质发电为 11 美分 / 千瓦时，水电为 11.11 美分 / 千瓦时。通过政府组织做好海洋条件有关的前期研究并承担相应的费用、电网企业投资并网工程并通过终端电价将费用回收等措施，丹麦海上风电的招标电价也有显著下降，2016 年 9 月和 11 月，瑞典大瀑布电力（Vattenfall）公司分别以 0.48 丹麦克朗 / 千瓦时和 0.37 丹麦克朗 / 千瓦时中标海上风电项目。随着电力体制改革推进并根据可再生能源发展形势需求，中国也开始变革可再生能源支持机制，2016 年中国首先在大型光伏电站领域实施招标，通过“光伏领跑技术基地”，光伏发电招标电价最低降低到 0.45 元 / 千瓦时（内蒙古），是光伏发电标杆电价的 56%，低于风电标杆电价。

3. 新兴经济体和发展中国家是近期可再生能源增长的主力

新兴经济体和发展中国家的清洁能源投资已经成为支撑全球可再生能源发展的重要力量。2015 年新兴经济体和发展中国家的清洁能源投资（1 560 亿美元）首次超过发达国家清洁能源投资（1 300 亿美元），其中中国、印度、巴西合计为 1 200 亿美元。2016 年中国、印度清洁能源投资继续保持增长态势。据国际可再生能源署预计，全球清洁能源年投资额将从 2015 年的 2 860 亿美元增加到 2020 年的 5 000 亿美元，2030 年这一数额将可能达到 9 000 亿美元。几乎 2/3 的清洁能源投资集中在电力部门，供热和交通部门也将有显著增长；从地域分布上来说，超过 40% 的清洁能源电力投资将集中在亚洲，到 2020 年亚洲清洁能源电力投资达 1 780 亿美元，欧盟约 770 亿美元，北美和加勒比地区合计 550 亿美元。清洁能源投资增长最快的是非洲，2020 年的投资较 2014 年将增加 4 倍。

4. 对中国的影响和启示

发展可再生能源已成为国际社会的广泛共识，也是许多国家和地区能源转型战略的主要内容。可再生能源成本的迅速下降为其在全球扩大应用范围、增加应用规模提供了基础条件，在电力领域可再生能源已开始成为新增装机主力，这些都充分显示了全球能源供应向可再生能源转型的趋势。中国应努力实现既定的非化石能源 2020 年和 2030 年在一次能源结构中分别占比 15% 和 20% 的目标，在技术层面布局重大关键技术和前沿技术，在政策层面进行体制机制和政策创新。

中国应顺应国际可再生能源市场范围扩大的趋势，鼓励国内企业技术创新和“走出去”发展，借力“一带一路”战略，布局中国可再生能源产业，占领更大范围的国际市场;鼓励企业加强国际研发合作，开展可再生能源产业前沿、共性技术联合研发，提高中国产业技术研发能力及核心竞争力，共同促进产业技术进步；鼓励采用贸易、投资、技术合作多种方式，推动可再生能源领域的咨询、设计、总包、装备、运营等企业整体“走出去”；积极参与国际标准体系建设，建立推动国际化的可再生能源技术合作交流平台，鼓励与境外企业开展技术合作，增强技术标准交流和互认，实现技术和智力资源的跨国流动和优化整合。

（五）绿色金融支持能源效率和可再生能源发展

1. 绿色金融得到各方关注，重视度增加

绿色金融体系是包括绿色债券、绿色信贷、绿色发展基金等金融工具和相关政策的制度安排。近几年，随着资源节约、环境保护和应对气候变化的形势越来越紧迫，发展绿色金融的呼声越来越高，绿色金融得到了许多国家政府、金融机构和企业的关注。根据气候债券倡议组织发布的《债券与气候变化：市场现状报告 2016》，截至 2016 年 5 月，全球绿色债券存量市场规模为 6 940 亿美元，比上年同期增加了 960 亿美元。中国绿色债券市场规模为 2 460 亿美元，是截至 2016 年 5 月的最大发行国。气候债券倡议组织的统计数据还显示，2016 年上半年全球绿色债券发行达到 346 亿美元，接近 2015 年全年绿色债券发行量，其中，中国发行了超过 80 亿美元的绿色债券。

G20 首脑对绿色金融一致表示支持。2016 年的 G20 会议首次增加了“绿色金融”这一新议题，并发布了《G20 绿色金融综合报告》。在《二十国集团领导人杭州峰会公报》中，领导人特别强调了扩大绿色投融资的必要性，并提出了发展绿色金融的重点任务，包括：提供清晰的战略性政策信号与框架，推动绿色金融的自愿原则，扩大能力建设的学习网络，支持本地绿色债券市场发展，开展国际合作以推动跨境绿色债券投资，鼓励并推动在环境与金融风险领域的知识共享，改善对绿色金融活动及其影响的评估方法等。

2. 节能投资在能源可持续发展中的地位日渐提升

节能投资获得更多关注。节能投资是全球低碳发展的重要推动力之一，也是绿色金融投资体系的重要组成部分。国际能源署2016年发布的《全球能源投资报告》显示，2015年世界能源投资总额达1.8万亿美元，受原油和天然气价格下跌的影响，2015年的能源投资总额比上年减少8%。油气领域投资大幅减少，能效、可再生发电等领域投资比重有所增长。2015年能效领域的投资为2 210亿美元，占能源投资比重为12%，比上年提高了2个百分点。

节能投资将在推动未来低碳发展中发挥重要作用。根据国际能源署的预测，预计到2035年，全球能源投资需求将达40.2万亿美元。在国际能源署预测分析中的新政策情景（new policies scenario）下，未来20年间全球能效投资为8万亿美元；在“450情景”（将温室气体浓度控制在450×10^{-6}二氧化碳当量）下，全球能效投资需求达到13.5万亿美元。全球温升控制目标越严格，节能投资的需求也越高。2016年国际能源署发布《能效市场报告：中国特刊》报告指出，过去10年间，中国在能效方面一直是世界上举足轻重的国家，2015年主要耗能行业的能效与2000年相比提高了19%，高于国际能源署国家的能效提高速度。

3. 可再生能源投资成为全球能源投资重点之一，投融资机制创新需求迫切

随着应对气候变化制度的逐步建立和全球能源转型进程加快，化石能源投资的风险不断增加，已经高于新能源和可再生能源投资风险。有关分析显示，2℃温升控制目标下的“碳预算”仅相当于全球石油、天然气和煤化石能源探明储量的1/5～1/3。日趋严格的环境规则将减小石油、煤和天然气等化石能源的市场空间并增加其成本，企业投资者以及保险等金融企业也可能面临损失。世界银行等机构已经提出，除非特殊情况将不再为煤炭发电厂提供融资。相反，可再生能源的长期前景更加确定，投资风险不断下降，投资规模不断扩大。2015年全球可再生能源产业投资达2 860亿美元，再创历史新高，预计2016年可能达到3 000亿美元。但是，可再生能源投资仍然面临重大挑战。由于可再生能源具有初期投资大、项目运行期长、资本和技术密集的特点，大规模投资的前提条件是可再生能源融资需要透明、长期稳定的投资框架，需要有效有利的政策和监管环境。目前，发展中国家尚未形成良好的可再生能源市场，市场风险显著增加了投资者投资成本。

当前，国际社会正在努力扩大可再生能源投资资金来源。一方面，在应对气候变化框架下提供赠款，主要利用全球环境基金、气候投资基金、绿色气候基金等工具，到2020年实现1 000亿美元的承诺资金，进一步为减缓气候变化提供资金支持，拉动绿色气候基金等私有部门资金集中支持发展中国家的可再生能源开发利用等。另一方面，推动投融资机制创新，吸引企业特别是大型金融机构投资。据统计，机构投资者管理着全球90万亿美元的投资，但在可再生能源领域的投资仍微不足道。可再生能源资产规模小，具有分散性和本地化特点，无法满足机构投资者长期投资策略。未来需要提出消除现有风险的工具和措施以吸引投资，进行投资包标准化设计，降低项

目开发商和投资者的管理成本和风险，让可再生能源资产对金融机构更具有吸引力。

4. 对中国的影响和启示

在全球应对气候变化的大背景下，绿色金融作为促进经济可持续发展的一种创新性金融模式，越来越受到各国政府、金融机构、企业的重视。中国在系统构建绿色金融体系方面进行了一些基础性工作，并以G20峰会为契机，着手扩大全球性影响。对中国而言，积极参与全球绿色金融规则制定，借机构建并完善绿色金融体系，不仅有利于推动全球低碳发展，而且有利于中国自身可持续发展。

节能和可再生能源分别是终端侧和供应侧全球低碳发展的重要途径，也是绿色能源投资的重要组成部分。近年来全球能源效率投资和可再生能源投资在总能源投资中的比重逐步提高，重要性日趋加强。中国过去10年在提高能效和发展可再生能源方面取得了令世界瞩目的成绩，已经成为发展中国家乃至全球提高能效和发展可再生能源的领军国家。中国未来能源技术发展、市场空间提升的潜力和需求大，应结合国内能源发展需求，启动、建立和不断完善绿色金融体系，支持能源效率和可再生能源发展，引导清洁能源投资方向，吸引和带动清洁能源投资，为推动中国和全球能源转型、低碳发展做出贡献。

二、化石能源

（一）煤炭

1. 安全绿色矿山技术突破助力煤矿绿色开发

2016年4月，中国煤炭工业协会发布的《关于推进煤炭工业“十三五”科技发展的指导意见》指出，要开发煤岩瓦斯动力灾害监测及防治、水害超前预报与防治、冲击地压预测与防治、热害防治及地热综合利用、矿区生态恢复等技术，建设生态文明矿山，克服煤炭开采带来的安全和生态破坏问题。同时提出了煤炭工业“十三五”科技发展的目标：到2020年，中国煤炭工业自主创新能力大幅提升，核心关键技术实现突破，绿色低碳发展格局基本形成，创新人才培养取得成效，建成中国特色的创新型煤炭行业科技体系，支撑引领产业升级发展。2016年，中国神华集团通过研究现代煤炭开采对上覆岩层、水资源及地表生态的影响规律，探索实践了超大工作面开采减损技术、水资源保护利用技术、地表生态修复技术、煤炭资源高效清洁生产技术，形成了神东矿区煤炭绿色开采的理论和技术体系，破解了煤炭开采中水资源保护和地表生态修复两大难题，实现了绿色开采，引领和带动了煤炭产业的绿色发展。大柳塔煤矿率先在井下建成了地下水库示范工程，这一技术成果保护了珍贵的地下水资源，与此同时，地下水库储存的水资源可以向周边厂矿、生活区和生态修复区供水，从而实现了矿井水的科学合理循环利用。

2. 煤炭智能化掘采技术取得新进展

2016年10月，澳大利亚综采长壁工作面自动控制委员会开展了煤矿综采自动化和智能化技术研究，采用高精度光纤陀螺仪和定制的定位导航算法，应用于工作面设备，完成了工作面自动化系统原型，实现了采煤机自动控制、煤流负荷平衡、巷道集中监控等，在采煤机的三维空间定位、自动工作面拉直、保持工作面平直、自动调高控制、3D 可视化为远程监控提供虚拟现实等核心技术方面取得突破，其采煤机三维精度定位误差在 10 厘米以内、工作面矫直系统误差在 50 厘米以内。该技术通过钻孔地质勘探和掘进相结合的方式，描绘工作面煤层的赋存分布；通过陀螺仪获知采煤机的三维坐标，两者结合实现工作面的全自动化割煤。该创新成果突破了煤岩识别难题，另辟蹊径解决了采煤机准确割煤问题。

2016 年 6 月，中国“863”计划“煤炭智能化掘采技术与装备”重大项目取得验收，共研发出煤炭智能化掘采重大装备 11 台套，在轴向冻结斜井冻结壁与井壁设计、竖井掘进机远程控制、岩巷掘进机自适应控制、采煤机煤岩界面自动识别、工作面设备精确定位、液压支架智能耦合控制、综采工作面通信及控制、带式输送机高压变频驱动、提升系统全自动化智能控制、矿用防爆高比能量蓄电池动力等方面取得了重要技术突破，大幅提升了煤矿井巷建设、工作面开采、运输提升的自动化和智能化水平。

应用方面，陕西煤化集团黄陵矿业公司率先在中国成功应用智能化无人开采技术，开创了国产综采成套装备智能化无人开采的先河，填补了行业技术空白。智能化无人开采技术可进一步提高煤炭资源回收率，改善安全生产环境，降低职工劳动强度。

3. 煤炭分质分级高效利用技术不断涌现

2016 年，潞安集团在高硫煤清洁利用项目中取得了重大突破。灰分高、硫分高、灰熔点高的“三高”劣质煤的清洁利用一直是煤炭行业全力破解的难题。经过潞安集团多年的研究，由“三高”劣质煤转化而来的多个化工产品领先世界，填补了国内空白。2016 年，阳煤集团平定化工有限责任公司也开展了无烟煤炼制乙二醇项目示范。

2016 年，陕西煤化集团新型能源公司研发出一项煤粉清洁环保高效利用技术。经过筛分、洗选、研磨、分级，将原煤变成比面粉还要细的微米级煤粉，通过专用的锅炉燃烧转化为高温热能。检测表明，每吨煤粉可达到 1.5 吨原煤的热量，同时烟尘、二氧化硫、氮氧化物三项排放量均低于国家排放标准。

2016 年，华东理工大学刘海峰研究团队开发出单喷嘴冷壁式粉煤加压气化技术，在高温、强还原气氛条件下粉煤经部分氧化反应生成合成气，不仅能消化劣质煤，还可实现对其清洁高效利用。由于气化温度高、反应充分以及碳转化率高，酚类和焦油等在炉内就已经裂解。其他的一些微量重金属在气渣分离时，被冷萃在废渣中，而气化炉产生的废渣和滤饼，则可以二次利用。排放的废气主要为氮气、二氧化碳，煤中的硫则被转化为硫黄副产品。排放的废水中基本不含有机物，氨氮等指标都较低，经废水处理后，符合排放标准。

2016 年，神雾集团针对中国煤炭资源现状和传统电石生产工艺局限性，开发出了蓄热式电石生产新工艺，采用自主发明的热解炉技术将中低阶煤炭分级分质利用，并与电石生产系统耦合，通过对干法细粉成型、蓄热式热解炉、高温固体热装热送、电石炉冶炼等技术的集成，形成了蓄热式电石生产新工艺的成套技术与装备，其整体技术及装备达到国际领先水平。内蒙古港原化工示范项目近一年的运行显示，该系统运行稳定，设备作业率达到 92% 以上，电炉年产量由原来的 9.7 万吨提升至 14 万吨，平均生产电耗由改造前的 3 527 千瓦时 / 吨电石降至 2 819 千瓦时 / 吨电石（其中电炉电耗 2 640 千瓦时 / 吨电石），综合生产成本降低约 572 元 / 吨电石，综合能耗约 710 标准煤 / 吨电石，电石产品质量达到优等品要求。

4. 碳捕集、封存与利用技术及应用不断取得突破

碳捕集、封存 / 利用技术所需的大多数技术现已在许多行业中被广泛应用，但在发电和工业上仍未得到商业规模的应用。2016 年，一些新的碳封存 / 利用技术涌现，其中部分技术还得以在实践中应用。2016 年，上海同济大学化学科学与工程学院赵国华教授课题组研究构建了一种崭新的光电催化选择性还原二氧化碳仿生界面体系，可高效、选择性地将二氧化碳转化成甲酸，为人们向低能耗、资源化地利用二氧化碳迈出了重要的一步。2016 年，英印度公司开发出革命性的碳捕捉技术，可以捕捉燃煤电厂的碳排放。该公司开发的一种新型溶剂，让碳捕捉成本比传统方法便宜了 66%，从每吨 60 ～ 90 美元降至每吨 30 美元。2016 年，新疆首个石油炼化尾气二氧化碳捕集液化项目（简称“尾气捕集液化项目”）已经运行 64 天，共成功捕集液化二氧化碳 2 500 吨。该尾气捕集液化项目是全球首个运用国际领先的乙醇胺（aminoethyl alcohol，AEA）吸附法建设的二氧化碳捕集项目，其将克拉玛依石化公司甲醇厂生产过程中所产生的含有氢气、甲烷、一氧化碳、二氧化碳的尾气进行净化处理，根据捕集装置的设定将二氧化碳通过捕集、压缩、干燥、冷冻液化等技术变成液态二氧化碳，再由敦华公司将液态二氧化碳注入油田，以提高采收率并降低吨油成本，并将净化后的尾气回送克拉玛依石化公司高效使用。

（二）电力

1. 高效清洁燃煤发电技术不断涌现

随着《大气污染防治行动计划》深入推进，中国加速了燃煤电厂高效超低排放技术进程。2015 年 12 月，李克强总理主持召开国务院常务会议，决定全面实施燃煤电厂超低排放和节能改造，大幅降低发电煤耗和污染排放，在 2020 年前使所有现役电厂每千瓦时平均煤耗低于 310 克、新建电厂平均煤耗低于 300 克，东中部地区要提前至 2017 年和 2018 年达标。与之前相比，该政策要求更为严格，时间更为提前，覆盖范围更为全面。受此影响，高效清洁燃煤发电技术研发力度加强，新的燃煤电厂污染治理技术仍有待突破，2016 年新的研究成果不断涌现。

燃煤电厂污染治理技术方面，2016 年 11 月，国电科学技术研究院院长刘建民团队自主研发的“燃煤电厂烟气污染物超低排放关键技术及应用”获重大突破。此技术率先发明了达到燃气发电排放限值的燃煤烟尘、二氧化硫和氮氧化物的深度减排技术，并进行首次工程示范，实现了燃煤电厂多煤种、宽负荷、变工况等复杂条件下的污染物超低排放。由华能国际股份有限公司主导，中南电力设计院、武汉凯迪电力环保有限公司参与的烟气协同治理技术，无须采用湿式电除尘器即可将烟尘控制在超

低排放范围内。此烟气协同治理技术摈弃了传统理念中单一设备脱除单一污染物的做法，可以在较低投资成本和运行成本的前提下实现超低排放，真正实现“节能减排”。北京清新环境技术股份有限公司的单塔一体化技术已在使用高硫煤的石柱电厂成功实现超低排放。考虑到中国燃煤煤种的巨大差异导致的烟气治理技术发展的复杂性，浙江大学翁卫国研究开发了适合劣质煤的超低排放技术及装备，并开发了适合中国复杂多变的煤质特性的催化剂配方。

高效发电技术方面，世界首台66万千瓦超超临界二次再热燃煤机组——中国华能集团公司江西安源电厂1号机组和世界首台100万千瓦超超临界二次再热燃煤发电机组——中国国电集团公司泰州电厂二期工程3号机组相继投运，标志着二次再热发电技术在国内得到推广应用。世界首台最大容量等级的四川白马60万千瓦超临界循环流化床示范电站得以运行，表明中国已经完全掌握了循环流化床锅炉的核心技术，并在循环流化床燃烧大型化、高参数等方面达到了世界领先水平。

2. 关键燃气轮机技术不断突破

在重型燃气领域，2016年1月，西门子向客户及运营方杜塞尔多夫公用事业局交付一座装配有西门子H级燃气轮机的联合循环电厂。该电厂的Fortuna机组最大功率达603.8兆瓦，创造了同类单轴配置的联合循环发电机组的新纪录，净发电效率达到61.5%左右。该机组发电能力和效率水平的提高，主要归功于组件设计、材料选用、机组整体构造等方面持续不断的改进，以及电厂组件的完美配合。2016年5月，由中国自主研发的全国产化小功率重型燃气轮机样机CGT-60F（70兆瓦级）实现了包括透平叶片在内的全部零部件国产化。此样机由上海汽轮机厂有限公司等企业制造，具有完全自主知识产权。东方电气集团也开展了50兆瓦燃气轮机自主研发，2016年完成了燃气轮机压气机部件实验和燃烧室部件实验，同时整机实验系统设计工作也有序展开。

在微型燃气轮机方面，2016年11月，由中国黑龙江省科学技术厅组织实施、哈尔滨工业大学牵头及多家单位共同承担的“十二五”国家科技支撑计划“分布式冷热电联供系统技术”项目通过验收。该项目突破了新型对转透平压气机、太阳能热化学发电系统、高速气体润滑轴承-柔性转子结构微型燃气轮机等多项关键技术，完成了微型燃气轮机冷热电联供技术集成验证，形成了分布式冷热电联供系统研制和集成的多项自主知识产权。

3. 电网传输与智能化技术进一步提升

在特高压输电技术领域，2016年中国在高压直流断路器关键技术、大电网规划与运行控制技术重大专项研究等多项技术上取得新的进展。高压大容量多端柔性直流输电关键技术开发、装备研制及工程应用有了新的进展。2016年7月，世界电压等级最高、输电容量最大的柔性直流输电工程——“鲁西背靠背直流工程”柔性直流单元建成投运。柔性直流作为一种新兴直流输电技术，较常规直流控制更为灵活，具有电能质量更高、配套换流站占地小等优势，有利于电网建设能源节约化、设备智能化发展。世界上首个采用真双极接线 ±320千伏柔性直流输电科技示范工程在厦门稳定运行，标志着中国全面掌握高压大容量柔性直流输电关键技术和工程成套能力。此工程能有效满足岛内负荷增长需要，提高厦门岛供电可靠性和供电能力，同时在清洁能源并网、孤岛供电和大型城市供电方面具有良好的推广前景。

智能电网已经成为全球电网发展和进步的大趋势，欧美等发达国家和地区已经将其上升为国家战略。中国在智能电网关键技术、装备和示范应用方面也具备了良好的发展基础和国际竞争力。2016 年 7 月，由南方电网公司承接，广州供电局参与的国家“863”计划课题“智能电网安全通信与智能化网络管控技术研究”全面完成。该项目首次在番禺地区 8 个 220 千伏及以上变电站应用具备抵御多点故障能力的传输多路径自愈技术，使得电力光传输网自愈能力由抵御单点故障提升至抵御多点故障；首次应用在复杂电磁环境下干扰自感知的宽带无线自愈组网技术，解决输电线路高清视频监测通道问题，替代传统线路巡线，提高运维工作效率，提升输电线路安全运行水平；首次在 6 个变电站采用动态自适应授时技术实现电网时间同步质量监测管理和统一授时，提高全网时间统一系统的可靠性，有效支撑广域保护等智能电网新技术应用；首次在广州供电局通信中心部署新研制的自愈仿真平台，提升电力通信网运行管理效率。2016 年，南方电网公司完成了“基于数据全过程管控与协同的变电站智能化关键技术研究及应用”项目。该技术可实现变电站风险实时监视与预警、设备风险故障自动查找的“一站式”运维功能，并能过滤无用的干扰性预警信息。

2016 年 11 月，世界上电压等级最高、容量最大的江苏苏州南部电网 500 千伏统一潮流控制器（unified power flow controller，UPFC）示范工程正式开工建设。该工程将在世界范围内首次实现 500 千伏电网潮流的灵活、精准控制，并使苏州电网消纳清洁能源的能力提升约 120 万千瓦。UPFC 能灵活控制电网中的电能分配，使电网潮流由自然分布转变为智能化灵活控制，不仅可以保障电网安全，还可以让电能流动得更经济，增强已有城市电网的供电能力。在调度控制环节，2016 年 10 月，由国电南瑞电网调控技术分公司与国网江苏省电力公司合作研制的“基于云技术的省地一体化智能电网调度控制系统”首次将云技术引入调控系统，其结合模型维护、数据处理与分析计算等传统技术难以解决的问题，创新性地实现模型云、分布式 SCADA（supervisory control and data acquisition，即数据采集与监视控制系统）及分布式省地一体化应用。

（三）石油和天然气

1. 压裂废水循环利用技术取得较大进展

长期以来，压裂工业面临巨大的挑战，油气生产所产生的废水超过 250 亿桶，其中只有不到 2% 的废水在压裂作业中得到重复利用。因此，提高压裂过程中的废水利用率成为近年来作业者不断追求的目标，斯伦贝谢公司的 xWATER 技术在此方面取得了较大进展。

斯伦贝谢公司的 xWATER 技术具有以下特点：一是利用了流体化学领域的最新进展，包括耐盐聚合物和化学品、水质结垢的预测及缓解技术、针对性的水处理技术等，使得处理后的产出水与储层有更好的配伍性，相对于淡水可以在压裂过程中有效降低储层伤害并提高单井产量；二是可以扩大压裂液水源的范围，充分利用就近水源，除产出水之外，地下水、海水等在经过特殊处理后均可用于压裂作业，有效降低了运输成本；三是可以根据客户当前的压裂用水管理状况、油藏特性等，为其提供定制化的压裂液处理服务，进一步优化作业效率，降低用水成本。

xWATER 技术在北美 Permian、Bakken 等产区取得了较好的应用效果，与传统的压裂方式相比，极大地减少了淡水用量，降低了压裂作业的成本。

2. 资源高富集度页岩层探测技术试验成功

2016 年，美国威尔道格（WellDog）公司与 Marcellus Shale 公司共同合作开发了资源高富集度页岩层探测技术（基于 WellDog 公司的 Reservoir Raman System），这是首个商业化运作、针对非常规油气开发的油藏评价分析技术，目前已经取得了现场试验的成功。该技术采用激光和高精度探测器来寻找“甜点”位置，提高了定位准确率，降低了钻井成本，并可减少水力压裂级数和耗水量。

3. 新型压裂泵送系统试验成功

2016 年 1 月，美国 Energy Recovery 宣布 VorTeq 压裂泵送系统的现场试验获得成功。该 VorTeq 压裂泵送系统可以使压裂泵免受支撑剂的磨损和化学品的侵蚀，减少其停工时间及维修费用，从而使桶油成本降低 4 ～ 5 美元。

应用 VorTeq 系统实施压裂作业时，压裂泵只需为清水加压，高压清水和低压压裂液分别从系统两端进入压力交换设备，二者进行压力交换后分别变为低压清水和高压压裂液。低压清水随后进入混砂车用于配制低压压裂液，而高压压裂液则被注入井中进行压裂作业。由于整个过程中压裂泵不与支撑剂和化学品接触，其作业寿命大幅提高，维修费用及井场设备的冗余度也相应地减少。

4. 无限级压裂技术取得突破

美国 NCS Multistage 公司采用自主研发的连续油管无限级压裂系统和 MultiCycle 压裂滑套成功完成了 25 级压裂作业。NCS Multistage 公司研发的无限级压裂系统采用连续油管拖动，由可重复座封封隔器与可开关压裂滑套以及水力喷砂射孔器组成的压裂-隔离系统构成，压裂作业效率高，可以实现无限级压裂。

5. 完全溶解压裂桥塞技术应用效果显著

在非常规油气开发过程中，桥塞分段射孔压裂依然是应用最为广泛的压裂技术。传统的桥塞分段射孔压裂技术在完成压裂后通常需要下入连续油管对桥塞进行钻铣，这一方面增加了工作量，另一方面钻铣后形成的碎屑会对后续的油井生产造成影响。针对这一问题，美国贝克休斯公司推出了完全溶解压裂桥塞产品，取得了较好的应用效果。

贝克休斯的 SPECTRE 完全溶解压裂桥塞具有以下特点：一是所用的材料与该公司此前推出的 IN-TallicTM 可溶压裂球材料相同，既有较高的抗压强度，又可以在压裂完成后完全溶解。IN-TallicTM 压裂球已经在 8 000 多级压裂中得到了成功应用，压裂桥塞仅和产出流体发生反应，避免了其过早溶解失效。二是利用 SPECTRE 压裂桥塞完成压裂作业后，桥塞在遇到产出流体后可以整体完全溶解，无须下入连续管对其进行钻铣，既减少了作业时间、成本及健康、安全、环境（health，safety，environment，HSE）风险，又可以使桥塞下入更大的深度，从而增大产层接触面积。三是桥塞溶解充分，没有金属残渣，溶解后可形成全通径井眼，为油气提供便捷的流动通道。

美国俄克拉荷马州伍德福德的一口页岩气井中，由于水平段井深大于 6 000 米，无法使用连续油管进行作业，作业者在 6 123 ～ 6 773 米井段使用了 SPECTRE 压裂桥塞，其余上部井段使用了 34 个复合桥塞进行完井。作业结果表明，该桥塞溶解后无任何残留物排出，水平段远端的压裂段使产能波及程度提高了 30%。同时，由于无须压裂后对桥塞进行钻铣，节约了 8 小时的完井时间。

三、可再生能源

（一）风力发电

1. 风电市场规模持续增加

继 2015 年风电成为全球最大新增电源装机技术后，2016 年世界风电市场发展势头不减。根据全球风能理事会统计，2016 年全球风电新增装机达到 5 460 万千瓦，累计达到 4.87 亿千瓦。继 2015 年底由于政策末班车影响创下当年 3 297 万千瓦的新增并网装机后，中国在 2016 年新增吊装容量 2 333 万千瓦，新增并网装机 1 930 万千瓦，累计并网装机达到 14 864 万千瓦。2016 年印度风电市场增长迅速，新增 360 万千瓦。美国风电成本和长期合同电价水平近一两年下降显著，风电竞争力不断增强，长期合同价格从 2014 年的 2.35 美分 / 千瓦时左右降至 2016 年的 2 美分 / 千瓦时左右，2016 年新增装机 820 万千瓦，其中 648 万千瓦在第四季度建成，累计装机超过 8 200 万千瓦，年底尚有 1 830 万千瓦的项目在建，预计 2017 年美国风电将继续保持较高增量。欧洲风电市场发展迅速，新增 1 400 万千瓦，尤其是德国 2016 年新增装机 540 万千瓦。拉丁美洲、非洲风电市场近期增长潜力也很大。表 1 为世界风电累计装机容量。

表 1 世界风电累计装机容量（单位：万千瓦）

年份	2001	2005	2006	2007	2008	2009	2010	2011	2012	2013	2014	2015	2016
世界	2 390	5 909	7 405	9 382	12 029	15 874	19 704	23 767	28 305	31 814	36 955	43 240	48 700
欧洲	1 730	4 050	4 810	5 654	6 495	7 615	8 665	9 661	10 982	12 147	13 397	14 730	16 130
美国	425	915	1 158	1 682	2 517	3 516	4 030	4 692	6 001	6 109	6 588	7 398	8 218
印度	163	534	627	800	965	1 293	1 307	1 608	1 842	2 015	2 247	2 509	2 869
日本	31	108	149	154	188	206	233	250	261	266	279	304	330
中国	40	126	260	589	1 217	2 412/1 700	4 473/3 100	6 236/4 784	7 532/6 237	9 142/7 548	11 476/9 637	14 504/12 934	16 837/14 864

注：中国装机容量 2001 ～ 2008 年是指“吊装容量”，2009 ～ 2016 年是指“吊装容量 / 并网容量”

资料来源：全球风能理事会报告；中国并网容量数据来源于国家能源局

2. 海上风电市场范围继续扩大

2016年海上风电应用范围继续扩大。美国海上风电建设取得突破，第四季度位于罗德岛的美国第一座海上风电场正式投入运营，装机3万千瓦。2016年8月，英国能源部批准在英国建设世界上最大的海上风电场霍恩锡（Hornsea）项目二期，装机180万千瓦。该项目一期规模为120万千瓦，在2016年底投运，是目前全球建成的最大海上风电场。英国政府计划大力推进海上风电场发展，在2020年满足10%的英国电力需求。

漂浮式海上风电方面，2016年日本在福岛浜风安装了3台浮体式海上风电机组，总装机5兆瓦。苏格兰政府与挪威石油公司Statoil达成了建设漂浮式海上风电场的协议，风电场位于苏格兰东北海岸离岸25千米处，将于2017年完成5台6兆瓦Hywind漂浮式风电机组安装。Hywind漂浮式风电机组在2009年实现了样机投运，此次3万千瓦海上风电场将是全球首座漂浮式海上风电场。

3. 市场需求推动风电技术创新和应用

中国拥有全球最大的可再生能源市场，可再生能源技术研发和应用也开始走在世界前列。在风电领域，低风速风机和风电场技术是发展趋势之一，中国国内低风速风电技术近期进步显著，领先世界。2016年多个风电场满一年的实际运行数据显示，国内远景能源等企业自主研发设计的低风速风机可在年平均风速5米/秒左右的条件下运行，且年满负荷运行时间可以达到2 000小时以上（常规风机达到满负荷运行时间2 000小时，年均风速需要达到6～7米/秒）。低风速风机的开发应用使一些不能开发风电场的地区或者开发风电场经济性差的地区具备了开发的经济性，大大增加中国风资源利用潜力，尤其是东中部和南方一些土地资源有限但风电消纳条件好的地区，也具备了装机潜力。

海上风电市场需求推动风电机组技术创新和向大型化发展，5兆瓦及以上的风机可以降低海上风场的成本。无论是低风速风机还是大容量风机，叶片是技术进步的关键因素，叶片的轻量化、功能化以及预弯型叶片成为方向之一。2016年7月，三菱维斯塔斯交付的80米长、装于型号为V164的8兆瓦风机上的叶片将被安装在爱尔兰海的258兆瓦海上风电项目上。艾尔姆公司（LM公司）的136米大叶轮匹配中国远景能源4兆瓦海上智能风机，发电效率较同类产品提高了10%～20%。NASA采用模块化设计制造了全球首套海上风机叶片，大大降低了叶片运输成本。玻璃纤维是用于风机叶片的主要增强材料，占整个纤维增强材料的95%。美国OCV公司在开发用于风电叶片高性能玻璃纤维Adrantex后，开发了Windsrand高性能玻璃纤维，可使长度增加6%而重量减轻10%，从而实现较碳纤维更低的成本和更多的电力输出，且可提高叶片强度，承受更高风速。科思创（Covestro）公司在上海玻璃钢研究院成功试制了全球首支1.5兆瓦新型高性能聚氨酯树脂体系风机叶片，其叶片灌注工艺受到业界广泛关注。此外，为了适应未来海上风电发展需求，国外一些企业在塔筒方面也采用分段式制造，然后进行现场组装。

2016年11月，可用于海上风电储能的海水抽水蓄能系统在德国进行了测试。该概念由法兰克福大学和萨尔州大学的物理学教授提出，在德国政府资助下，德国弗劳恩霍夫研究所研发了该储能系统。该系统借助空心球，利用深水处的高水压力储存电能，过剩的电力可以从球体中抽水，发电时，水流通过涡轮机再返回到球体，从而驱动发电机发电。此次测试的单个球体直径约3米，储能容量20兆瓦时，下放到靠近海岸、水深100米的位置。

由于轻量化、效率提升等优势，超导风机受到较大关注。用高温超导体来代替普通电机的铜线圈作为电机励磁绕组的电机，为风电机组提供了轻量化选择。理论上，对于相同容量的发电机，高温超导发电机的重量可以降低为常规电机的1/2 ~ 1/3。高温超导材料的低电阻甚至是零电阻的特点也能有效提高发电效率。此外，超导风机还有同步阻抗低、噪声低、谐波含量少、维护简单、励磁绕组不易产生热疲劳等优点。美国超导公司Seatitan风电机组的高温超导直驱发动机有望将目前最大的风机输出功率翻一倍，使大功率、高经济性风电机组的开发和应用变为现实。

随着风电市场不断发展，风电机组退役后处理技术重要性显现。2016年丹麦启动风电叶片回收技术研究，研制可分离复合材料的化学物质，这种物质可使风电机组中的玻璃纤维部件成为可回收材料，即用具有相反属性的溶剂替代黏合材料，以便在略微加热或完全不加热的条件下对复合材料进行分离。当复合材料经过清洗后，玻璃能够被重新使用，用来制造风电机组、飞机或汽车所用的新的玻璃纤维部件。丹麦创新基金为此项目提供了1 760万丹麦克朗（约267万美元）的投资，预期4年内完成研制并开始应用。

（二）太阳能发电

1. 光伏发电市场转移趋势明显

2016年，全球光伏发电市场规模继续增加，根据Mercom资本、彭博新能源财经等机构的初步统计，2016年全球新增光伏装机量达7 300万千瓦。其中，市场份额最大的中国新增光伏发电装机3 424万千瓦，累计装机超过7 700万千瓦，在新增和累计装机上均保持全球第一。中国2016年新增规模较大的主要原因是6月底光伏发电电价政策调整而引发的抢装潮。印度2016年新增装机达到440万千瓦，新增规模为全球第四，许多机构预期印度2017年市场规模将达到850万千瓦，而印度当前市场光伏产品的90%来自中国，成为中国企业重要的产品出口国。日本光伏发电装机较2015年有所降低，但新增装机仍达到860万千瓦，为2016年全球第二大市场，且光伏电站在日本应用的比例上升。截至2016年8月，欧洲光伏累计装机超过1亿千瓦，新增装机720万千瓦，其中英国和德国分别为202万千瓦和151万千瓦，合计占比超过一半。拉美地区新增装机为100万千瓦，其中智利占比82%。美国市场突飞猛进，2016年新增装机达1 410万千瓦，为全球第二，2016年底累计装机接近4 000万千瓦。总体来看，光伏发电在越来越多的国家开始快速发展，主力市场已经从欧洲转向亚洲和北美，且在拉美、中东、非洲等地区的市场范围和规模不断扩大。表2为世界光伏系统累计安装容量。

表 2 世界光伏系统累计安装容量（单位：万千瓦）

年份	2001	2005	2006	2007	2008	2009	2010	2011	2012	2013	2014	2015	2016
世界	175	532	693	936	1 568	2 289	3 953	6 968	10 100	13 700	17 700	22 700	30 000
欧洲	29	230	328	509	1 034	1 596	2 925	5 152	6 850	7 900	8 740	9 460	10 180
德国	20	143	200	310	510	890	1 719	2 468	3 230	3 630	3 820	3 970	4 121
法国				2.6	8.4	27	99	266	390	473	566	660	724
英国				1.6	2.2	2.9	9.1	88	190	283	510	880	1 082
美国	17	48	62	83	117	165	253	438	720	1 140	1 830	2 560	3 970
日本	45	142	171	192	215	263	362	491	740	1 340	2 330	3 440	4 300
印度												300	740
中国	2	6.8	8	10	14.5	30.5	86	294	650	1 940	2 810	4 318	7 742

资料来源：2001～2015 年数据——欧洲光伏协会 2015 光伏年度报告；2016 年数据——作者根据国际机构初步统计数据整理

2. 光伏发电应用技术创新显著提升未来应用潜力

光伏发电的应用领域不断扩大，除了大型地面光伏电站、建筑结合光伏系统和小型移动电池等主要领域，新应用领域不断涌现。2016 年，不少国家建设了水面光伏电站，主要分布在湖面、水库和海滩等。水面光伏电站是将光伏电池板铺设在水面，不仅能充分利用水面，节约占地空间、面积，还能减少水体蒸发量，抑制水体藻类植物的生长，保持水体洁净。水体对光伏线缆、光伏电池板的冷却作用还可提升约 10% 的发电效率。当然，水面光伏电站也有一定的劣势，对支撑、汇集和传输系统的可靠性和防腐性要求更高，日本的一个水面光伏电站就发生了台风导致光伏阵列掀起损坏的情况。日本是目前水面光伏应用最多的国家，英国、法国、韩国、巴西也建有水面光伏电站。2016 年 7 月，美国密苏里州交通部宣称，将在著名的 66 号公路的一部分路面安装光伏电池板，并配上 LED 灯和加热设备。六边形的光伏电池板作为路面替代品，所发电力可以上传电网，配备的 LED 灯可以用来显示车道标志和限速信息，加热装置可以在冬季用于融化冰雪，从而节约了道路维护成本和降低因为投撒盐或化学物质融雪造成的环境污染。2016 年 4 月，全球最大的“太阳驱动（Solar Impulse）2 号”太阳能飞机完成了连续飞行 62 小时的飞越太平洋的航程，并最终完成了环球航行。2016 年 12 月，中国首架太阳能飞机“墨子号”在福州郊外的琅岐岛上完成了首飞。“墨子号”翼展 14 米，光伏电池板面积 12 平方米，配有 4 台螺旋桨发动机，起飞重量仅 45 千克，首飞完全利用光能转换电能驱动，在飞行中持续蓄能，留空时间可达 6～8 小时。在光伏建筑应用方面，2016 年 4 月，日本开发了内嵌光伏电池的窗玻璃“ATTOCH”，并在横滨市的“麒麟横滨啤酒村”应用，窗玻璃兼具隔热和发电效果。

光伏发电应用技术创新可大幅降低光伏发电成本，提高绝对经济竞争力，可以显著提升光伏未来应用的潜力。中国在 2016 年 12 月颁布了《太阳能发展“十三五”规划》，首次提出了“光伏 +”概念，即因地制宜开展各类“光伏 +”应用工程以促进光伏发电与其他产业有机融合，包括设施农业、结合渔业的水上光伏等。根据中国国家发展和改革委员会能源研究所的测算，中国建筑屋顶和南立面的分布式光伏的应用潜力分别为 3.1 亿千瓦和 2.9 亿千瓦。仅考虑在东中部和南方地区，利用鱼塘水面、农业大棚、高速公路和铁路沿线等区域建设分布式光伏系统，保守估算，就有建设超过 5 亿千瓦光伏发电装机的利用条件，可以使分布式光伏的应用潜力扩大约一倍。

3. 光伏发电全产业链技术进步和产业升级促进成本下降

2016 年光伏发电在全球范围内实现了成本和电价的快速下降，得益于光伏发电全产业链的技术进步。其中，光伏电池和组件效率的提升是最为重要的因素，晶体硅电池、薄膜电池、聚光电池、各种新型电池均取得不同程度的进展。

光伏发电技术趋势方面，单晶硅电池相对多晶硅电池效率较高，成本下降显著，在光伏电池市场中的份额不断提升，尤其是在欧美日等发达国家和地区，市场份额增加显著，预期衰减率很低的 N 型单晶硅电池的市场份额将从 2015 年的 4%，增加到 2020 年的 20%，到 2026 年将增加到 1/3 左右。高效电池中 PERC 电池是发展方向，预期市场份额将从 2015 年的不足 10%，增加到 2020 年的 30%，到 2026 年将增加到 45% ～ 50% ①。此外，黑硅技术进入百家争鸣状态，尤其是金刚线切搭配黑硅技术，其成为龙头企业看重的方向之一。

光伏发电电池和组件效率方面，中国企业研发的多项电池效率位居世界前列。例如，近年来常州天合的先进电池效率不断提升，2015 年 11 月其 P 型多晶 PERC 电池效率达到 21.25%，2015 年 12 月其单晶 PERC 电池效率达到 22.13%，2016 年 4 月其全背电极接触（interdigitated back contact，IBC）电池效率达到了 23.5%。上述 3 种 156 毫米 ×156 毫米规格电池效率均为世界第一。

国际电池效率方面，2016 年 1 月，德国哈默尔恩太阳能研究所刷新了工业硅 PERC 电池组件的效率纪录，达到 20.2%，功率达到 303.2 瓦，获得德国莱茵 TUV 集团检测认证。美国可再生能源实验室与瑞士电子学与微电子科技中心联合使用双结Ⅲ-Ⅴ/Si 光伏电池，非聚光电池转化效率达 29.8%。2016 年 11 月，德国哈默尔恩太阳能研究所与汉诺威莱布尼茨大学的电子材料及器件研究所合作将钝化接触硅光伏电池转换效率提升到 25%。德国巴登符腾堡太阳能和氢能源研究中心则在 2016 年 6 月研制出转换效率为 22.6% 的铜铟镓硒薄膜光伏电池。新型电池方面，2016 年 11 月，美国加利福尼亚大学伯克利分校与劳伦斯伯克利国家实验室采用新的设计，实现了钙钛矿光伏电池 18.4% ～ 21.7% 的平均稳态效率，以及 26% 的峰值效率。钙钛矿光伏电池由有机分子和无机元素混合制成，能像常见的硅基光伏电池一样捕获太阳光并转化成电，但钙钛矿光伏器件比硅更容易制造在柔性基板上，两家机构预期 2017 年该款电池将量产和销售。

4. 光热发电市场开启

光热发电具有资源和产业优势，相对于光伏，因其储热和电力输出的可调节性，将成为继风电、光伏之后又一可再生能源商业化应用的重要领域。2016 年光热发电市场主要处于项目准备和建设阶段，如迪拜在 2016 年底发布 20 万千瓦塔式项目招标。摩洛哥宣布在 2017 年初启动 NoorMidelt 光热光伏混合发电项目招标，该项目由

① 资料来源：2016 年国际太阳能光伏技术路线图（International Technology Roadmap for Photovoltaic，ITRPV）。

两个光热光伏混合发电项目组成，每个项目装机容量为15万～19万千瓦，所应用的光热技术为槽式导热油配置储热或者塔式熔盐配置储热技术。中国在2016年9月正式公布了首批百万千瓦光热示范项目清单和统一的标杆电价，共20个项目，总装机134.9万千瓦。考虑到示范和打通技术路线尤其是系统集成技术以及系统可靠性、长期运行稳定性等目的，20个项目分布在河北、内蒙古、甘肃、新疆和青海5个省区，采用的技术多样，包括塔式、槽式和菲涅尔3种主流集热技术，导热技术采用熔盐、熔融盐、导热油、水工质，储热技术采用熔盐二次反射储热、熔融盐储热、固态储热，技术方案和电站集成来自中国12家单位。示范项目清单和电价公布后，各项目进行实质性的可研和建设阶段，根据政策预期，将在2018年底完成首批示范项目建设，但其中的首航节能在敦煌建设的1万千瓦塔式熔盐项目、北京兆阳在张家口建设的1.5万千瓦改良菲涅尔光热热电联产项目均在2015年底即开始建设。

光热发电储能系统路线多样化。除了常规的熔盐、熔融盐、固态储热技术方案外，2016年美国阿贡实验室将光热发电储能的研发方向定位于高导热石墨泡沫，宣称高导热石墨泡沫单位储热能力可达常规熔盐储热的20倍，可实现高密度储热和降低储热成本。

（三）生物液体燃料

1. 生物航空航海燃料成为研发示范热点

氢化植物油（hydrogenated vegetable oil，HVO）是化学法生产的新型生物柴油产品之一，可用做替代传统化石航空燃料。2015～2016年氢化植物油产能继续增长。瑞典的UPM公司在芬兰投资1.5亿美元建设万吨级的塔尔油制柴油生产线。法国道达尔公司在法国南部投资2.2亿美元，从废弃食用油等原料中炼制可再生柴油。2016年航空生物燃料的应用取得长足进展，从废弃食用油、麻风树、藻类以及蔗糖转化生产的生物航煤在欧洲、美国、亚洲的22条航线得到应用。

在航海领域，先进生物燃料也有所突破。2015年3月，瑞典Stena航线的渡船在全球首次使用甲醇燃料。美国海军积极推广生物替代燃料，在2015年10月到2016年9月期间使用了3亿升替代燃料。该燃料由AltAir公司采用生物燃料（牛油等）和传统石油搭配而成，被称作“即插即用”式生物燃料（“即插即用”式生物燃料是指无须重新配置发动机即能使用的生物燃料）。美国海军的目标是使2016年部署的飞机和舰船的生物燃料比例达到50%。

2. 生物燃料技术和应用多元化发展

生物燃料在多地区采用多种原料和生产技术类型，呈多元化发展态势。由生物质原料炼制生产的一系列产品，包括能源、化学品和其他高值化衍生副产品在2016年继续保持良好发展态势。美国、欧洲、中国、印度都在积极探索生物炼制的新技术、新原料和新市场。传统单纯生产燃料乙醇技术正在逐步向能够生产燃料、食品、原料、化工产品等丰富产品的综合性生物炼制方向发展。2016年，美国已有199座生物炼制工厂在运行，产品包括动物饲料、玉米糖浆、柠檬酸、乳酸和赖氨酸等。

先进生物燃料技术研发示范仍主要集中在美国、巴西和欧洲。在巴西，加利福尼亚州 Amyris 公司与道达尔用糖类化合物生产法呢烯，再通过加氢生产航空燃料。英国 Solena 燃料公司通过合成气化技术，把准备填埋或焚烧的城市固态垃圾变成液体燃料。印度则使用烹饪废油生产生物燃料。

四、核　　能

（一）市场发展态势

1. 全球核电装机量小幅回升，未来将呈现增长趋势

截至 2016 年 11 月，全球共有 450 台在运核电机组，总装机容量为 3.92 亿千瓦。与 2015 年相比，新增 10 台机组首次并网发电，其中中国 5 台，美国、俄罗斯、印度、韩国和巴基斯坦各 1 台，1 台机组永久关闭，新开工 2 台机组。目前全球在建核电机组 60 台，总装机达到 6 000 万千瓦。其中，中国、俄罗斯、印度、美国和阿拉伯联合酋长国分别为 20 台、7 台、5 台、4 台和 4 台。2015 年，全球核能发电量约为 2.44 万亿千瓦时，约占全球总发电量的 11.5%，略高于 2014 年，是 2011 年后的连续第三年回升。2015 年，全球核能发电最多的国家是美国的 7 980 亿千瓦时，占全球核能发电量的 33%，法国、俄罗斯、中国和韩国紧随其后，分别为 4 190 亿千瓦时、1 830 亿千瓦时、1 610 亿千瓦时和 1 570 亿千瓦时，这 5 个国家占全球核发电总量的 70% 左右。

据国际原子能机构（International Atomic Energy Agency，IAEA）、国际能源署、英国石油公司（BP）和美国能源信息署（Energy Information Administration，EIA）等国际机构预测，尽管核电发展当前面临诸多挑战，但全球核电仍将呈现增长趋势。到 2050 年，核电装机容量和发电量将增加到目前水平的 2～3 倍，核电比例基本维持不变。考虑到退役和关闭等因素，欧洲、北美和日本的核电装机容量将会下降，核电装机容量出现增长的国家和地区主要有中国、印度、俄罗斯和中东等。目前核电是仅次于水电的第二大低碳发电技术，对完成联合国气候大会达成的《巴黎协议》目标和实现全球温升控制在 2℃以内至关重要。

2. 日本重启 5 台核电机组，进展缓慢

2011 年福岛核事故发生后，日本关停了境内所有核电站，为了满足国内电力需求和减少能源对外依存度，日本陆续重启了数座核电机组。日本核电重启需要满足 2013 年 7 月生效的新核安全标准，并需通过日本原子力规制委员会（Nuclear Regulation Authority，NRA）的评审。截至 2016 年 11 月，日本已经重启 5 台核电机组，即九州电力的川内 1 号和 2 号机组，关西电力的高滨 3 号和 4 号机组，四国电力公司的伊方 3 号机组。其中，高滨 3 号和 4 号机组 2016 年 1 月重启后于 2016 年 3 月又被停运。因此，目前只有 3 台核电机组在运。日本还有另外 20 台机组正在推进重启程序。日本能源经济研究所（The Institute of Energy Economics，Japan，IEEJ）预计，

到 2018 年 3 月，日本将有 19 台核电机组重启，其中到 2017 年 3 月底将有 7 台核电机组处于运行状态，一年后又将有 12 台核电机组重启。

日本多个机构研究表明，即使考虑了新的核电安全标准，核电仍然是日本成本最低的能源选择，是日本能源行业的基石。到 2030 年，日本核电比例将恢复到 20% ～ 22%，低于福岛核电事故前的 30%。这在减少进口原油和液化天然气的同时，也减少了大量的二氧化碳排放，有利于日本确保能源安全和完成国际上温室气体减排承诺。

日本国内核电站长期停运，核电业务环境趋于恶化。日本国内新建核电站困难重重，维持和扩大核电业务的关键取决于海外发展，但海外市场也面临着激烈竞争。2016 年 10 月，日本核电三巨头开始抱团应对核电行业寒冬，全面整合核电业务，整合范围可能远超出核燃料业务。日本三大核电巨头为日立-美国通用电气（ABWR）、东芝及其子公司美国西屋电气（AP1000）、三菱重工-法国阿海珐（反应堆压力容器、蒸汽发生器及其他核电站主设备生产）。

（二）核电技术和产业

1. 福岛事故后的核电安全改进措施

2011 年福岛核电事故以来，全球更加强调核电安全。2016 年 2 月，经合组织核能机构（Nuclear Energy Agency，NEA）发布了一份题为《福岛第一核电厂事故后的 5 年，核安全改进和汲取的教训》的报告，总结了全球核能监管机构和运营商自福岛核电事故以来的核电安全改进措施，主要包括五项内容：一是核设施营运单位针对地震、海啸、洪水等极端自然灾害下的应急准备和针对性措施；二是加强国家层面和集团层面的应急支援能力；三是提升核能设施应急技术能力，对任何潜在安全问题提供解决方案；四是提倡包括供应商、运营商和监管机构在内的核安全文化，建立强有力的、独立的核监管机构；五是信息发布和公众沟通。

美国核工业界采取各种措施加强核电厂的安全，相关投资超过 40 亿美元。美国已经完成或即将完成的安全改进措施包括：一是核实核电厂的抗震和抗洪水等极端自然灾害能力；二是为每台核电机组设置备用安全和应急响应设备，从而使机组能应对类似福岛核事故的严峻局面——丧失电力供应或冷却水或两者同时丧失的情景；三是建立两个国家应急响应中心，这两个中心能够在事故发生后 24 小时内，为位于美国任何地点的事故电厂提供备用安全设备；四是更新和改进现有应急响应程序和跨机构响应框架，加强应急响应能力；五是加强部分反应堆的安全壳通风设计，并改进事故后果缓解程序，以降低严重事故中放射性物质释放的风险。

西班牙核安全改进措施主要包括：加强核电厂应对包括洪水和地震在内的极端自然灾害的防护能力和应急响应能力。法国政府 2016 年 2 月颁布法令，赋予法国核安全局（Nuclear Safety Authority，ASN）对核电厂更多的监督权，尤其是核安全局能够监督分包商开展的安全相关业务，并有权对严重安全违规行为处以罚款。

2. 先进核电技术更加强调核电的可持续性

先进核电技术主要包括第三代、第四代和聚变核电技术。目前，全世界运行的核反应堆近 82% 为轻水堆（63% 压水堆、19% 沸水堆）、11% 为重水堆、3% 为气冷堆、3% 为石墨慢化轻水冷却反应堆，还有 1 座钠冷中子增殖反应堆。全世界在建的反应堆的技术类型近 89% 为轻水堆。从核能技术发展趋势看出，反应堆技术主要朝着轻水堆的方向发展，重水堆发展空间有限。快中子增殖反应堆或高温气冷堆等将得到一定发展，朝着小型化的方向发展。

第三代核电技术因其高标准的安全性，受到全球核电市场的认可，新开工及拟建核电项目普遍选择采用第三代核电机型，也有少量采用第四代核电技术。因技术设计、设备制造、土建安装等技术要求和难度普遍提高，特别是建设工期的一再延长，第三代核电机型相对第二代核电机型建造成本均大幅提升。2016 年 4 月，芬兰提交奥尔基洛托 3 号机组运行许可证申请，该机组是全球首台投入建设的 EPR 机组，2005 年启动建设，最初计划 2009 年投运，多次延期，目前预计 2018 年下半年投入运行。全球第二台投入建设的 ERP 机组是法国弗拉芒维尔 3 号机组，2007 年启动建设，最初计划 2013 年投运，也多次延期，目前预计 2018 年下半年投入运行。而俄罗斯第三代机组进展相对顺利。2016 年 3 月，俄罗斯新沃罗涅日核电厂 6 号机组（VVER-1200）首次临界，2016 年 8 月并网发电，运行寿命 60 年，容量因子不低于 90%。目前俄罗斯的列宁格勒二期、新沃罗涅日二期以及与其合作国家均采用或拟采用 VVER-1200 技术。

第四代核电技术特点包括：比投资不超过 1 000 美元 / 千瓦，建设工期不超过 3 年，不需要厂外应急，尽可能减少核废物，很强的防核扩散能力，全寿期全环节管理系统等。在第四代核电技术中，增殖快堆、高温气冷堆进展工作相对较快。俄罗斯别洛雅尔斯克核电厂 4 号机组（BN-800 快堆机组）于 2016 年 8 月首次实现满功率运行，并于 11 月投入商业运行。该机组装机容量 789 兆瓦，使用铀钚混合氧化物燃料，是全球装机容量最大的快堆。根据 BN-800 运行情况，俄罗斯将在 2019 年做出有关建设首台 BN-1200 钠冷快堆机组的决定。2016 年 7 月，美国电力公司（TrPower）公布了其 1 250 兆瓦熔盐堆设计（TAP MSR）的技术白皮书，并称该技术较现有核电技术有多重优势，可利用液体燃料的特性在提高燃料利用率的同时减少废物的产生。即使使用现有燃料供应链，即铀 -235 的丰度不超过 5%，每年的废物产生量亦可减少超过 50%。该技术基于美国橡树岭国家实验室 20 世纪 60 年代进行首次示范的反应堆技术。

在聚变核电技术方面，2016 年 6 月，国际热核实验反应堆（International Thermonuclear Experimental Reactor，ITER）理事会在法国召开会议，批准了正在法国卡达拉奇（Cadarache）建设 ITER 项目的新进度表。根据该进度表，ITER 将在 2025 年获得首个等离子体，比此前预定时间 2020 年推迟了 5 年，在 2035 年前实现首次满功率聚变运行，比最初预期延后 10 年。另外，ITER 组织总干事 2016 年 5 月表示，该项目造价可能会比最初的预算高 40 亿欧元。ITER 项目目前参与方共有 7 个，即中国、欧盟、美国、日本、俄罗斯、韩国和印度。另外，2016 年 10 月，美国麻省理工学院在阿尔卡特 C-Mod 托卡马克聚变反应堆实验中创造出新的世界纪录，等离子体压强首次超过了两个大气压，达 2.05 个大气压，其中等离子体每秒发生 300 万亿次聚变反应。新纪录较该装置以往成绩提高了 15%，对应的温度达到 3 500 万℃，约是太阳核心温度的两倍。鉴于高压等离子体是实现可控核聚变的关键因素，这意味着人类距获得“取之不尽，用之不竭”的清洁能源又近一步。但是，根据 2012 年美国能源部的决定，出于 ITER 的预算压力，在国会最后一笔为期 3 年的资助到期后，该装置必须关闭。因此，以上实验是该装置的收官之战。

3. 中小型核电技术正当时

国际原子能机构将电功率小于 30 万千瓦的反应堆定义为中小型反应堆（small and medium reactors，SMR），其具有安全、可靠、经济可行和抗核扩散等特点。SMR 通常包括四个类别，即轻水堆、快堆、高温堆和熔盐堆。其中，轻水堆技术 SMR 风险较低，而快堆体积更小，设计更简单，换料时间更长。

SMR 系统简单，设备尺寸小，运输和操作简便，模块化和一体化建设，并通过多模块组合成不同容量规模的核热电厂或核供热厂。SMR 具有以下特点：一是固有安全性，或比第三代核电技术高出两个量级，可以避免目前主要的核电事故，堆应急计划区半径小于 500 米，使得取消厂外应急靠近城市建设成为可能；二是良好的经济性，投资规模小，建设周期短，换料周期长，可以分段建设和投入运行，投资回报期短；三是装机容量小，适用于在地质、气象、经济能力和电网容量都受限制的地区，如深海石油开采、电网规模较小的新兴国家和偏远地区等；四是具有防止核扩散功能，可以被设计成“黑匣子”，把装好核燃料后的一体化装置运到用能现场，运营者不再承担燃料循环的责任，降低了核扩散的风险，同时不需要太多专业化人才，对一些缺乏核电人才的国家和地区具有吸引力。

根据国际原子能机构统计，全球正在研发的 SMR 技术设计超过 45 种，其中 4 种 SMR 设计正在建设，包括阿根廷工业原型堆 CAREM-25、俄罗斯浮动式反应堆 KLT-40S 和 RITM-200、中国高温气冷工业示范堆 HTR-PM，另有超过 20 种设计准备在未来 10 年内建设首堆。美国、俄罗斯、日本、中国和韩国等都在积极开展 SMR 的研发和商业化推进工作。

美国能源部确信 SMR 在美国和全球有良好的市场前景，将 SMR 研发列入联邦政府资助名单。美国研发设计 SMR 的目的如下。一是为了适应国内电力需求缓慢增长的要求，并有效降低碳排放。2016 年 5 月，美国宣布将建设 6 台 5 万千瓦核电机组，用于替代燃煤机组。二是 SMR 便于出口，能够增加国内就业。美国政府在与小堆研发公司签署的协议中，明确规定 SMR 必须在国内生产，以增强本国的制造能力并提高出口能力。目前进展较快的是纽斯凯尔小堆（NuScale Power），采用自然循环，单机装机容量 5 万千瓦，可根据需求建设 1 ～ 12 个模块，总装机容量可达 60 万千瓦。2016 年 2 月，美国能源部同意发放许可，建设地点选在爱达荷国家实验室（Idaho National Engineering Laboratory，INL），计划在 2017 年下半年或 2018 年年初提交首座小堆的建设和运行联合许可证申请。另外，2016 年 1 月，美国能源部决定将在未来几年为 X- 能源公司（X-energy）和南方服务公司（Southern Company Services）各提供总额达 4 000 万美元的资助，以费用共担的方式推进两种 SMR 研发工作，即 Xe-100 球床高温气冷堆和氯化物熔盐快堆（molten chloride fast reactor，MCFR）。2016 年 3 月，美国柏克德公司（Bechtel）与 BWX 技术公司（BWXT）签订协议，拟加速推进 mPower 的研发工作。另外，美国能源部与 NASA 合作研发空间探索所需的千瓦级核电池，计划在 2017 年开展堆芯临界实验，最终可用于汽车和宇宙飞船供电。

俄罗斯建设的全球第一座浮动核电站预计于 2017 年投产，装机容量为 8 万千瓦。俄罗斯在罗蒙诺索夫号（Lomonosov）驳船上安装了 KLT-40S 型 SMR，将于 2019 年建成。俄罗斯自 2010 年起一直在研制一种基于兆瓦级核推进的系统，可用于各种空间任务，包括对月球和遥远行星的探索项目，预计将于 2018 年公布拟作为太空发动机的原型核反应堆。另外，据 2016 年 10 月报道，俄罗斯正在研制一种核能电池，使用期可达 100 年。该新型电池中的放射源利用特殊元素碳 14，半衰期为 5 700 年，可用于远程、偏远地区油气管道的监控系统、智能汽车、无人设备、心脏起搏器电源等。

日本东芝、三菱重工和日立等公司目前正计划开拓 SMR 市场。其中，东芝公司正在研发一个电功率为 10 兆瓦的小型反应堆，30 年内不用更换燃料，并可在发生故障时自动停止运行和确保安全。三菱重工和日立公司也正在研发一个 300 ～ 600 兆瓦的中型核反应堆，已完成概念设计，其设计强调结构简单和安全性，主要面向东南亚和非洲等发展中国家和地区。

中国积极致力于 SMR 自主化研发。其中，中核集团研发的模块式小型堆 ACP100 具有完全自主知识产权，分为陆上小堆和海上浮动堆，可为城市区域、工业园区、偏远地方、海洋开发、海岛建设等提供热电水汽等多元化能源需求。目前，中核集团申报的海上浮动核电站 ACP100S 计划于 2019 年建成运行。另外，华能集团石岛湾高温气冷堆示范项目 HTR-PM 已于 2012 年开工建设，预计 2017 年底投入运行。在海外推广方面，2016 年 1 月，中国核建与沙特阿拉伯签订高温气冷堆合作谅解备忘录。

SMR 目前面临的主要障碍有以下两点。一是审批程序的拖延和公众对核电安全的担心，由此导致成本高昂，不具有投资吸引力。例如，在美国和英国最终获得政府许可，新核电项目的文件评审工作通常为 4 ～ 8 年，最长可能长达 25 年。二是 SMR 经济性和安全性还有待考证，要建立 SMR 市场，首要条件是 SMR 供应商在自己国家完成首堆工程的建设和投入运行，然后其他国家才会考虑是否接受该技术。

五、节能交通

（一）交通

1. 科技巨头推动无人驾驶汽车发展

无人驾驶是利用传感器来感知车辆行驶状态、周围环境，自动规划行车路线，控制车辆的转向和速度，从而使车辆安全可靠地在道路上行驶，最终到达预定目的地的一种新型技术。无人驾驶技术的推广，能够改善汽车的驾驶习惯，推行节油驾驶；能够自动选取不拥堵的驾驶路线，车辆之间能够互相协调，使道路拥堵得到改善；能够避免车祸风险，减少道路拥堵的可能性。因此，无人驾驶这种革命性技术的推广，能够带来节能低碳的社会效益。

2016年1月，美国交通运输部部长代表美国政府宣布在未来10年将投入40亿美元，支持无人驾驶技术的开发。3月，美国国家公路安全管理局（National Highway Traffic Safety Administration，NHTSA）表示，由人工智能系统驾驶的谷歌无人驾驶车符合联邦法律。

根据NHTSA的定义，无人驾驶技术水平的演进可以分为5个阶段，包括L0驾驶员模式、L1辅助驾驶阶段、L2半无人驾驶阶段、L3高度无人驾驶阶段和L4完全无人驾驶阶段。目前，无人驾驶在技术上已达到L2、L3水平。在传统汽车上，各类丰富的辅助驾驶功能逐步由高端汽车选配向中低端选配和标配下沉，如车道偏离预警系统、夜视辅助系统等，对于无人驾驶汽车的新进入企业而言，其则致力于打造以完全无人驾驶为目标的模型车，意在未来形成智能算法的开放平台。

以谷歌、百度等为代表的科技企业高度看好无人驾驶，加大力度推动无人驾驶技术的研发。谷歌自2009年开始无人驾驶技术测试，2011～2014年内华达州、加利福尼亚州等先后发布许可证，允许公路测试。2015年7月，谷歌向NHTSA提交无人驾驶设计草案，2016年2月，NHTSA正面回复认可谷歌无人驾驶系统具备合法驾驶员资格。2014年，百度与宝马签署战略合作协议。2015年12月，百度无人驾驶汽车首次实现城市、环路及高速道路混合路况下的全无人驾驶路试，中国无人驾驶技术正在快速追赶国际先进水平。

传统车企也在调整战略，积极布局无人驾驶。2016年，宝马发布NEXT战略，在原“电动出行”的基础上，新增“无人驾驶”和“车联网”为重点方向。丰田、日产汽车和本田等日本6家大型汽车厂商，以及电装、瑞萨电子和松下等6家日本零部件企业，公布将在高精度三维地图、通信技术等汽车无人驾驶所需的8个领域展开共同研究。奥迪表示未来5年内将在无人驾驶领域投资近240亿欧元，其中70%～80%将直接用于无人驾驶技术和产品的研发。

2. 锂氧电池研发取得进展

锂氧电池一直被业界称为“终级电池”。锂氧电池的理论能量密度高，若用做电动汽车电池，其成本和重量是目前汽车电池的1/5，理论上可使电动车续航能力接近传统汽油汽车，甚至可用于电网储电。传统的锂空气电池的工作原理是：在放电过程中，锂空气电池从外界吸收氧气，并与电池的锂产生化学反应，在充电过程中，则产生相反的化学反应，氧被重新释放到空气中。在锂氧新电池中，充电与放电过程中，锂元素与氧气进行同样的电化学反应，但整个过程中不需要氧元素的气态变化。

2016年7月，麻省理工学院主导的研究团队公布了新研发的锂氧电池。新研发的锂氧电池使用固态氧元素并且自带防止过度充电机制，主要是因为创建了纳米级别的微粒，呈玻璃状的微粒可同时包含锂与氧，并被紧紧包围在氧化钴的小矩阵里。由于通常状态下，纳米锂氧非常不稳定，所以研究人员将它们放入了氧化钴的矩阵之中。氧化钴矩阵是一种类似海绵状的物质，每隔几纳米就有一个气孔。氧化钴矩阵一方面可以稳定住纳米锂氧，另一方面还可以充当化学反应的催化剂。新型电池自身存在一种过度充电的保护机制，在过度充电情况下，化学反应可以实现自我约束。一旦过度充电情况发生，化学物质马上转变成另外一种形态，从而化学反应中止。另外，与传统的锂离子电池阴极相比，固态氧阴极在重量上有极大优势，因此，在同样的阴极重量之下，新型电池可以多储备一倍的能量。

目前，该技术还处于研发阶段，一年内实验室研究成果有望应用到实际测试之中。

（二）能效

1. 建筑节能的被动房步入2.0时代

被动房是国外倡导的一种全新节能建筑概念，是通过高隔热、隔音、密封性强的建筑外墙和可再生能源使所有消耗的一次能源总和不超过120千瓦时/（米^2•年）的房屋。2016年4月，第20届国际被动房大会在德国达姆施塔特召开，会上展示了一批被动房新技术，德国出现第一个用发泡水泥作保温材料的被动房示范样板，瑞典斯堪斯卡公司研制和建造出高能效比的地源热泵，加拿大的全木材被动房技术获得成功，在加拿大使用交错层压木材（cross-laminated timber，CLT）建造的木结构建筑正在建造中。

欧洲已经开始走向被动房2.0时代（passive house plus），也就是在原来被动房1.0（passive house classical）的基础上，加上光伏屋顶等可再生能源作补充，建筑在将取暖和制冷能耗减少90%以上的基础上，通过提高可再生能源的就地利用能力，使建筑对化石能源的消耗接近零，甚至能够“产生能源”。英国自2016年开始规定新建建筑采用近零能耗建筑标准。根据欧盟法令，欧盟在2020年以后开工建设的新建建筑，必须是近零能耗的被动式建筑。

2. 智能家居发展推动家庭能源管理水平提升

智能家居能够提升家庭能源管理水平，降低碳排放，减少家庭能源支出。智能家居中有一类产品可以通过智能传感器、监测技术和云端数据库等来智能调节家里的电路、煤气和水路等系统的开关，达到节约利用的目的。例如，加拿大Ecobee公司的产品可以智能监控家居用电情况，从而为家庭用户减少电能浪费。相较传统控制方式，采用Ecobee控制系统后，家庭可平均减少23%的能源消耗。2016年8月，

Ecobee 公司获 C 轮融资共 3 500 万美元，有 3 家投资机构参与了投资，其中亚马逊“Alexa 基金”是领投方。

近年来，智能家居市场逐渐成熟，国际大公司开发未来智能家居产品的积极性越来越高。2016 年 1 月，Facebook 宣布将开发能够控制家庭环境的人工智能技术。Facebook 的人工智能能够理解人类语音，以控制包括音乐、照明和温度等，识别朋友们的面部图片，实现朋友到访自动开门等。2016 年 4 月，百度硅谷人工智能实验室与全球领先的智能遥控应用开发商 Peel 合作，共同开创下一代支持语音控制的新型智能产品，将深度语音技术应用到更多的智能家居之中，为用户提供更加便捷的生活。2016 年 6 月，苹果推出了智能家居 APP Home，这是苹果智能家居平台 HomeKit 的软件应用端。通过 Home 智能家居 APP，所有通过 HomeKit 认证的第三方智能家居硬件设备都可实现设备的集中管理和控制。

随着智能家居产品的增多，标准化问题越来越突出。2016 年 5 月 12 日，非营利性组织 ZigBee 联盟正式推出了针对消费、商业和工业应用领域而创建的全球物联网最新标准——ZigBee 3.0 标准。该标准既覆盖物理层的硬件，也覆盖了应用层的软件，涉及的产品包括家庭照明、家庭能源管理、智能家电、安全装置、传感器、医疗保健和监控等产品。该标准的广泛采用，意味着世界上任何一家公司生产的基于 ZigBee 3.0 标准的智能家居产品都可实现互通互联。

3. 澳大利亚新技术提升数据中心能效

2016 年 7 月，澳大利亚国立大学发布了一项新的研究成果，该成果充分利用计算机处理器搜索与互动的空闲时间，可将计算机能效提升 20%。新技术采用协同控制核心技术，将闲置资源动态引导至其他处理任务中，从而大幅降低了能源消耗，并将能源利用效率提升 20%。

该课题由澳大利亚国立大学与微软公司合作开发，微软公司负责人表示，通信基站和数据中心占 IT 通信行业总能耗 50% 的以上，该技术有效地利用了闲置资源和能源，广泛应用后预计可节约 25% 的电费开支。

2016年世界新材料技术发展报告

2016 年，新材料技术和产业的跨学科、跨领域、跨部门的交叉融合发展势头更为强劲，新一轮的科技革命和工业革命蓄势待发，进一步突显新材料的基础和先导作用，以新一代信息技术为支撑的人工仿生智能化技术加速推进从“万物互联”到“万物智能”的发展，新型的具有光、声、电、磁、热、生物化学、传感等特殊功能的高功能、多功能、结构功能一体化、智能化的新材料成为发展主流。在新材料产品整个生命周期内，开发与应用联系更加紧密，材料与器件集成化、低成本、短流程、低污染 / 无污染、低能耗、回收再利用以及生态环境和资源的协调更受重视。

一、世界新材料技术及产业发展重要动向

2016 年是全球新材料技术和产业发展继续强势推进的一年，北美、欧洲、日本等发达国家或地区凭借大型跨国集团的经济实力、核心技术、研发能力等优势，继续处于新材料技术和产业发展的领先地位，亚太是发展最快的地区，中国的新材料市场发展尤为强劲。

（一）新材料产业发展势头强劲

1. 市场需求持续旺盛，产业规模持续扩大

新材料已成为当代最具发展潜力的高技术产业之一。随着全球制造业和高技术产业快速发展及可持续发展的推动，新材料市场需求持续增长。进入新世纪，新材料产值年均增长率达 10%，产业规模在 2010 年已超过 1 万亿美元，2015 年更超过 1.5 万亿美元。其中，新能源材料（包括太阳能电池材料和动力电池材料）、生物医用材料、新一代电子信息技术材料、高铁及汽车轻量化材料、航空航天材料、功能高分子材料、节能环保材料等市场规模均达到数百亿美元至数千亿美元，由此带动的相关产业则具有更大的市场。

中国新材料技术和产业在前几年世界经济复苏缓慢和国内经济缓中趋稳的大环境下，仍保持快速发展，“十二五”年均增长率达 25%。2015 年，中国新材料产业总产值达 2 万亿元，到 2020 年新材料和新能源将成为国民经济的主导产业之一。

2. 新材料、新技术不断突破

2016 年全球新材料技术继续突破，尤其是在纳米技术和量子点技术、石墨烯、智能材料、超材料、3D 打印材料和 4D 打印材料等方面取得重要进展。2016 年 5 月，俄罗斯、法国、瑞典和希腊的科学家合作开发出一种提纯石墨烯的新工艺技术，采用高温碳化硅（SiC）的升华物成功得到了拥有高度稳定性的石墨烯，为石墨烯的推广应用开辟了新途径。这种石墨烯与臭氧接触超过 10 分钟可保持性能不变，而普通石墨烯在同样环境下 3 ～ 4 分钟就会性能受损。

结构材料正向大型复杂构件整体化、结构功能一体化、智能化制造发展。2016 年 4 月，NASA 制成世界最强大“太空发射系统”（space launch system，SLS）火

箭的能量核心部件——复合材料低温液氢液氧储罐，高度超过61米，直径为8.4米，全程采用自动铺丝技术。这表明超大型复杂复合材料制件向整体化制造跨进了一大步。

功能材料正聚焦于未来颠覆性材料技术，注重从微观层次有目标地研发新材料，典型的有纳米材料制备及应用技术。2016年4月，美国能源部资助的纳米多孔材料基因组中心（Nanoporous Materials Genome Center）研究开发了新的计算方法，将高层次电子结构计算与先进的分子动力学结合起来分析纳米孔隙结构，研究出用于气体存储、碳捕获、气相液相分离和催化的新型功能纳米多孔材料。

3. 发展方式改变，产业呈集约化、多元化发展

2016年，新材料与其他高技术和新兴产业深度交叉融合，跨学科、跨领域和跨部门的发展态势持续强健，以石墨烯为代表的纳米材料技术在新能源、生物医用、信息技术、节能环保等领域的应用研究都在大力开展。

全球经济一体化使新材料产业发展呈现集约化、多元化和效益化的特点。一是产业呈纵向扩展，上下游产业链日益完善，有利于缩短产品生命周期，减少生产中间环节，大幅节约产品贮存、包装和物流时间与费用，降低成本。二是呈横向扩展，多学科交叉和多部门联合趋势进一步加强。2016年，中国多地成立了石墨烯、蓝宝石、海洋材料、锂电材料等新材料产业联盟，这有利于新材料产品的开发和应用，大幅缩短商业应用化的进程，使技术和产品更加多极化。

新材料发展更加注重绿色化。全球都在加大努力重构新材料发展的生态体系，推进与可持续发展直接相关的新材料的开发和应用，如新能源材料、节能环保材料、生物材料等。同时也更加重视新材料从生产到使用的全生命周期的设计与评价、资源利用和保护、低能耗、低成本、少污染或无污染、回收再利用的问题。

4. 对中国的影响和启示

中国新材料的发展虽然取得了举世瞩目的成就，但与美国、欧盟、日本等比较，总体水平还有较大差距，其中关键产品保障能力、核心技术、自主创新能力等方面的不足已成为对相关产业和重大工程项目建设的制约。为此，要特别注重以下三个方面：

（1）提高研究与发展的总体水平。

加强基础研究，着重高起点、高水平的基础理论研究。从软件和硬件两个方面保证新材料的研发和应用的高效运作。通过研究材料成分、组织结构、制造工艺、材料性能与材料应用之间的相互关系，开发出各种各样的高性能、多功能的新型材料。

（2）做好顶层设计，强化战略管理。

政府是新材料发展的引领者，对新材料的发展应有各种顶层设计，明确重点发展领域及相应的发展战略，确定部门职责，推进跨部门、跨领域的全面合作等，引导新材料朝高性能、高水平、高效率、低成本方向发展。

（3）加速研究成果转化和产业化。

完善产学研机制，采取政策导向和财政支持，加速新材料研究成果转化和产业

化。加强人才队伍建设和高、精、尖、缺人才培养，加强国际交流与合作，为新材料发展建立良好的国际环境。建立和完善创新驱动的基础设施，如开放式的研发数据共享平台和科研人员合作平台。

（二）纳米材料和技术研究继续强势发展，纳米电子产品取得突破性进展

2016年，纳米材料和纳米技术的研究和产业化快速发展，在能源、信息、生物、医药、机械和化工等领域取得了实际性的重大进展。

1. 碳纳米管晶体管获突破，新一代计算机集成电路时代可期

碳纳米管作为一维纳米材料，可以看做石墨烯片卷曲而成，分为单壁碳纳米管（single-walled carbon nanotubes，SWCNTs）和多壁碳纳米管（multi-walled carbon nanotubes，MWCNTs），重量轻，六边形结构连接完美，具有许多优异的力学、电学和化学性能，被誉为改变未来新兴产业的革命性材料。

2016年6月，由美国劳伦斯伯克利国家实验室的研究团队用碳纳米管和二硫化钼制备的晶体管的尺寸缩小到1纳米，是目前世界上最小的晶体管。相对于最小尺寸为20纳米的硅晶体管，碳纳米管晶体管可极大地提高集成电路晶体管密度，将芯片处理速度提高1 000倍。这项技术将有力推进碳纳米管晶体管在超大规模集成电路芯片技术中的应用。

2016年8月，北京大学研究团队对这一难题的研究也取得重大进展。课题组通过对碳纳米管材料、器件尺寸与结构、制备工艺的优化，实现了成品率100%的碳纳米管晶体管批量制备，制备出包含140个晶体管的碳纳米管四位全加器电路和两位乘法器电路，是目前世界上集成度最高、复杂性最强的碳纳米管集成电路。该电路的研制成功说明碳纳米管技术已达到制作大规模集成电路的水平，将极大加快碳纳米管集成电路的实用化进程。

碳纳米管晶体管的技术突破将引发新一波碳纳米管市场整并潮，卢克斯市场研究机构预计，碳纳米管市场规模到2021年将达到1.5亿美元。

2. 石墨烯贮能技术取得新进展

石墨烯超级电容器是先进贮能技术的新亮点，具有功率密度高、充放电速度快、循环寿命长、库伦效率高及瞬时大电流充放电等特性，在分布式新能源、智能电网、新能源汽车、节能减排等行业具有广阔的应用前景。有观点认为，10年后石墨烯超级电容器有可能替代锂电池。从全球来看，2015年，全球超级电容器市场规模达到173亿美元（图1）。据Navigant预计，2014～2023年超级电容器市场将增长约20倍，年均复合增长率达到39%。

石墨烯拥有极大的理论比表面积和优异的机械、电学、热学和光学性能，是理想的超级电容器电极材料。当前研究主要集中在用石墨烯与过渡金属氧化物（ZnO、SnO2）、导电聚合物（polyaniline/聚苯胺、polypyrrole/聚吡咯）以及碳纳米管制成复合型电极。

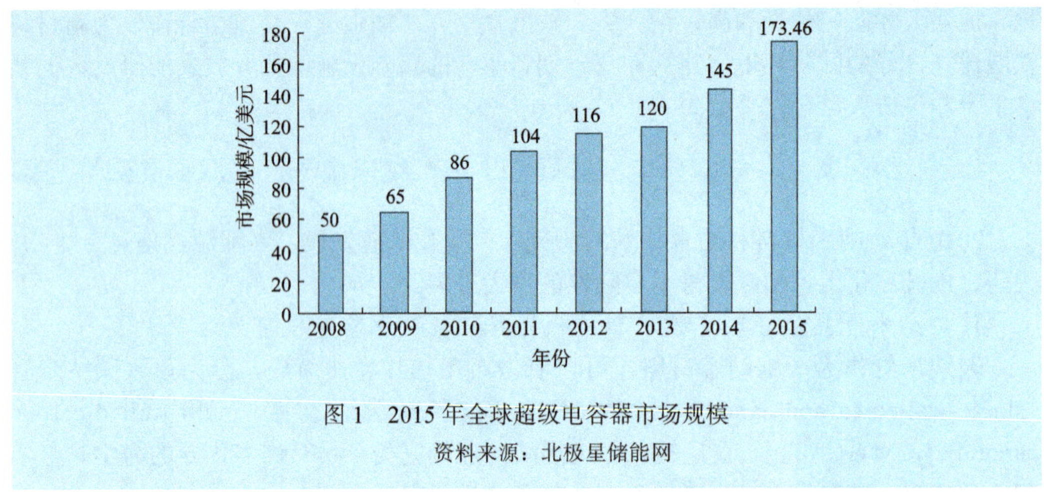

图 1 2015 年全球超级电容器市场规模

资料来源：北极星储能网

石墨烯用做超级电容器电极材料的技术取得重要进展。2016 年 4 月，荷兰阿姆斯特丹大学研究人员采用石墨烯研发出一种高性能超级电容器材料，其潜在应用包括电子、运输和能源存储设备等。这种化合物包含大量的可以快速进行氧化还原反应（oxygen reduction reaction，ORR）的结构，可通过快速离子吸附进行电荷分离，之后与表面分子快速进行氧化还原反应。石墨烯的应用使超级电容器具备了能量密度高、充电速度快、质量轻、成本低、环境污染小等特点。

2016 年 8 月，美国劳伦斯利弗莫尔国家实验室和加利福尼亚大学分校的科学家首次使用超轻的石墨烯凝胶 3D 打印出可以保留能量的超级电容，其厚度是当前使用电极制造的同类电容的 1/10 ～ 1/100。该成果为高效能源存储器在智能手机、可穿戴设备、可植入设备、电动汽车和无线传感器上的应用开辟了新的途径。

2016 年 10 月，中国科学院上海硅酸盐研究所成功研制出高性能超级电容器，该超级电容器以氮掺杂有序介孔石墨烯作为电极材料，具有超级电化学储能特性，将作为超级电容器核心技术的石墨烯电极材料研究向前推进了一大步，使用这种石墨烯制造的电动车“超强电池”充电只需 7 秒，续航即可达到 35 千米。

3. 对中国的影响和启示

纳米材料与技术的研究正深入高技术的各个领域，产业化进程正在加速，尤其是在能源、电子信息、生物等领域取得重要进展，今后问题仍主要集中在规模产业化和商业化前景，以及由此而产生的潜在的环境和安全问题。

对石墨烯而言，产业化面临的主要问题：一是高品质石墨烯制备技术尚未获得实质性突破；二是下游应用领域研发落后；三是前期研发投入资金量大且周期长。

（三）第三代半导体材料进入发展黄金期

以 SiC、氮化镓（GaN）和氧化锌（ZnO）为代表的第三代半导体材料，具有宽禁带、高击穿电场、高载流子饱和漂移速度、高热导率等优点，在新型照明、移动通信、新能源、新能源汽车、智能电网、PFC 电源、光伏、不间断电源（uninterruptible power system/uninterruptible power supply，UPS）、风能发电以及铁路运输等领域需求的高温、高频、抗辐射及大功率器件的应用前景广阔（图2）。

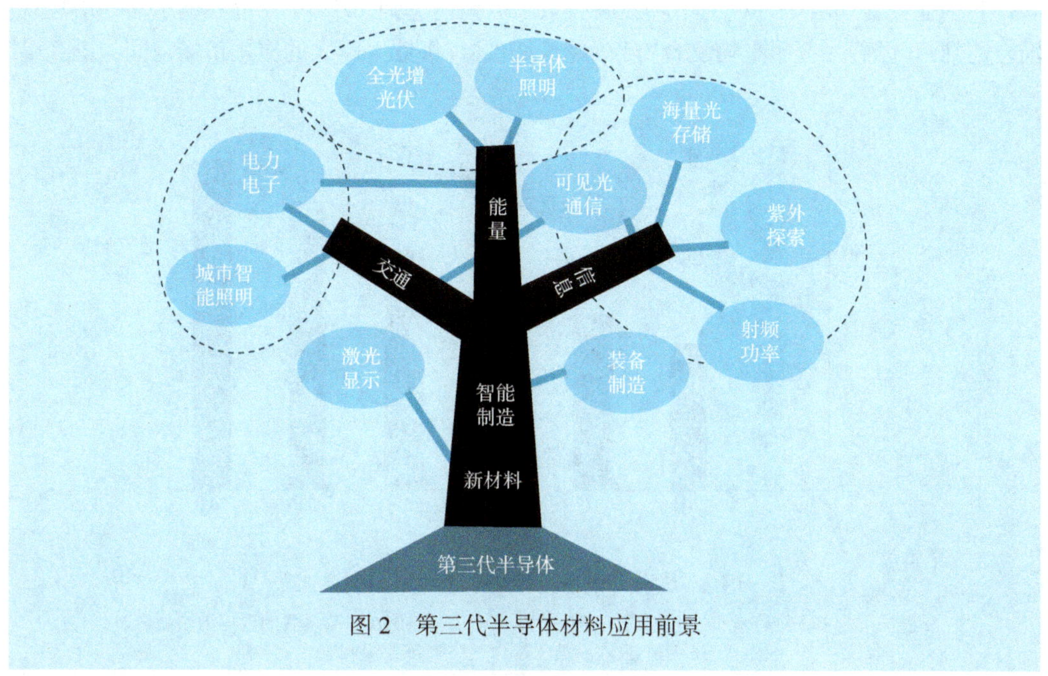

图2 第三代半导体材料应用前景

1. SiC是实现新一代半导体照明的第一个突破口

超大功率XHP LED器件可使LED照明系统最高降低40%的成本。应用SiC材料可在高铁领域节能20%以上，并减小电力系统体积；应用在家电领域可节能50%；应用在太阳能领域可降低25%以上的光电转换损失；应用在超高压直流输送电和智能电网领域可使电力损失降低60%，同时供电效率提高40%以上；应用在航空航天领域可降低设备损耗30%～50%，使工作频率提高3倍，电感电容体积缩小3倍，大幅降低散热器重量。

2. 全球第三代半导体材料研发加速进行

2016年，日本继续加强对“下一代功率半导体封装技术开发联盟”的支持，由大阪大学协同罗姆、三菱电机、松下电器等18家从事SiC和GaN材料、器件应用开发及产业化的知名企业，共同开发适应SiC和GaN等具有下一代功率半导体特点的先进封装技术。

2016年，欧盟继续加强推进第三代半导体产学研项目“LASTPOWER”的研究计划，由意法半导体公司协同来自意大利、德国等6个欧洲国家的私营企业、大学和公共研究中心，联合攻关SiC和GaN的关键技术。项目通过研发高性价比且高可靠性的SiC和GaN功率电子技术，使欧盟跻身于世界高能效功率芯片研究与商用的最前沿。

2016年7月，韩国产业通商资源部推出规模在1.7亿～2.6亿美元、历时7年的

OLED 制程技术研发计划，以应对日本著名中小尺寸面板企业 JDI 与夏普联合研发的 OLED 面板技术，并维持韩国厂商在 OLED 技术领域的领导地位。

目前业界普遍看好 SiC 的市场发展前景。据预测，到 2021 年，世界电子器件市场规模将达到 70 亿美元，年平均复合增长率约为 20%，将催生巨大的应用市场空间（图 3）。

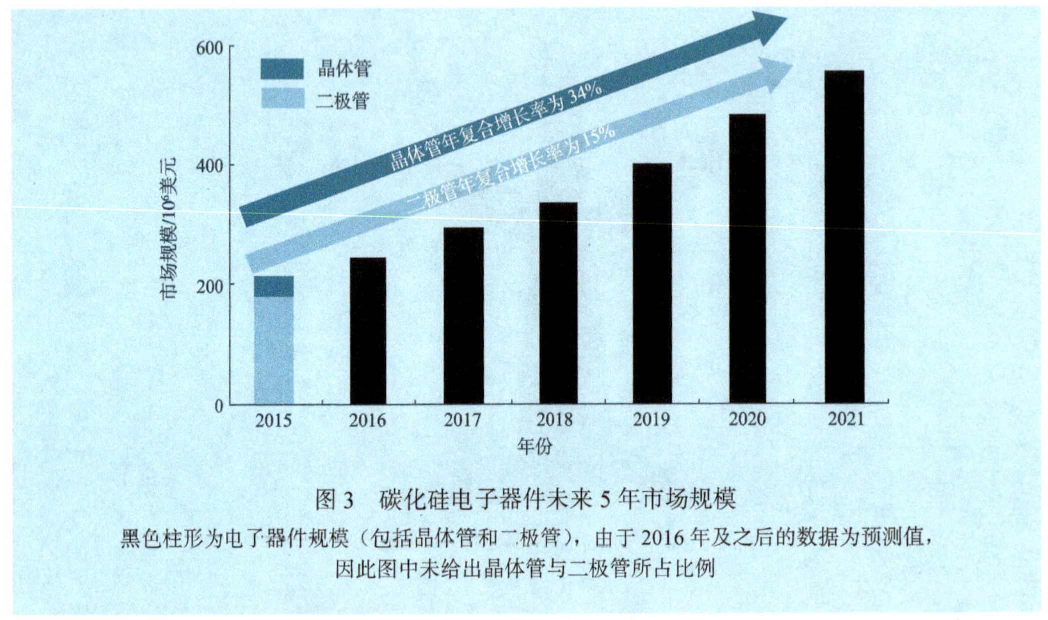

图 3 碳化硅电子器件未来 5 年市场规模

黑色柱形为电子器件规模（包括晶体管和二极管），由于 2016 年及之后的数据为预测值，因此图中未给出晶体管与二极管所占比例

3. 对中国的影响和启示

国内 SiC、GaN 材料和器件的研究起步较晚，与国外相比水平较低，原始创新不足。为此，国家和相关企业都应该加大研发投入力度。

中国第三代半导体技术发展非常迅速，目前的最大瓶颈在于 SiC 等原材料的产品质量和制备工艺等问题。例如，目前国内对 SiC 晶元的制备尚为空缺，大多数设备靠国外进口。只有解决了原材料问题，中国的第三代半导体技术才能继续快速发展。

（四）生物基高分子材料异军突起

2016 年，随着白色污染和非可再生能源危机日趋严重，生物基高分子材料更受重视，开发和使用生物基高分子材料成为新热点。生物基高分子材料主要是包括聚乳酸（PLA）、聚己内酯（PCL）、聚丁二酸丁二醇酯（PBS）等在内的生物塑料。其中 PBS 是由丁二酸和丁二醇经缩聚而得到的脂肪族聚酯，具有较好的生物降解、耐热、力学和加工性等性能，应用广泛，可制备家居用品、生物医用器件、汽车等交通工具内装件、园林建筑等。生物塑料制品废弃物在泥土或者水中能够自然降解，经生物酶化作用变成水和二氧化碳，重新回到大自然中，生物塑料的原料可由农作物、天然植物及海藻类生物发酵制备，是一种生态可循环的高分子合成材料。

1. 2016 年全球生物塑料市场保持快速增长，增速可达 8% ～ 10%

随着转基因植物的快速发展，生物塑料的新应用越来越广泛，尤其在汽车和电子行业。其中亚洲将成为生物塑料市场的领导者，到2025年将占32%的全球市场份额，其次是欧洲，为31%，美国为28%。

2. 未来几年，全球塑料市场格局将发生重大变化

预计到2020年，生物塑料占塑料市场的份额将由2007年的10%～15%上升到25%～30%。这主要得益于生物塑料技术性能的改进，技术创新将拓展生物塑料在汽车、医疗和电子行业等领域的应用。

根据美国咨询公司弗若斯特-沙利文（Frost & Sullivan）发布的研究报告，2016年全球生物降解塑料市场达200万吨（图4），预计到2020年，全球生物降解塑料需求总量将达到322万吨左右，年均需求增长速度超过16%。

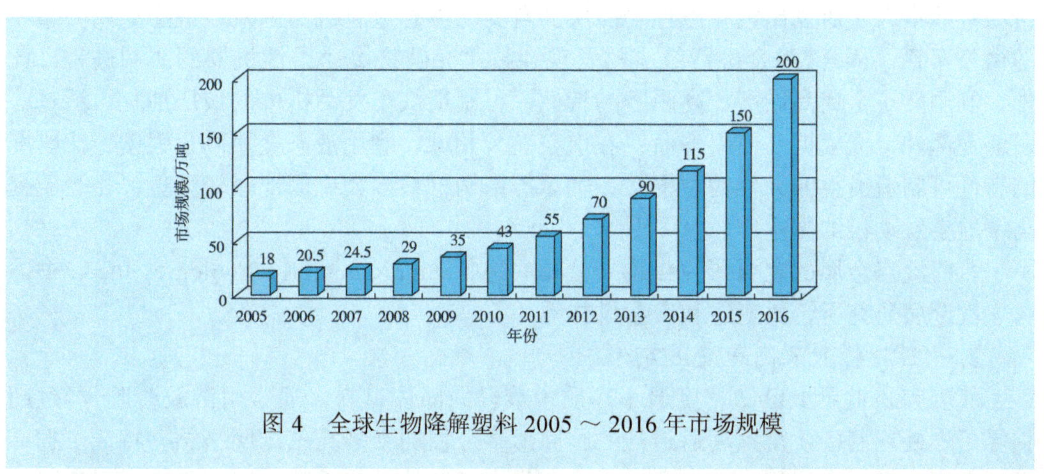

图4 全球生物降解塑料2005～2016年市场规模

2016年，由生物塑料作基体，与可降解纤维（麻纤维、竹纤维、纳米纤维素纤维）复合而成的100%绿色复合材料在汽车应用中的研究正在加速，产业规模迅速扩大。用绿色复合材料代替玻璃纤维和钢材的汽车部件（包括门板、坐垫、靠背、仪表盘、行李架和车内衬板等内饰件）具有质轻、高强、易加工等优点，市场规模已达数十亿美元。例如，2016年在福特Escape系列中，使用麻类纤维复合材料制造出的汽车内门面板替代了传统注模成型的塑料，使得整个零件减重25%，并大幅降低了环境负荷。奥迪、奔驰、标致、雷诺、大众、宝马、菲亚特、沃尔沃和戴姆勒-克莱斯勒等也在大力推进绿色复合材料的应用开发。

3. 对中国的影响和启示

生物塑料当前面临的主要问题首先在于性能不如石化塑料，包括耐热性和力学性能，其次是成本偏高。因此，中国应加强政策的导向支持，加强基础研究和应用研究，扩大产业规模，并通过技术进步不断提升产品性能和降低生产成本。

（五）前沿颠覆性新材料加速研发

2016年被认为具有颠覆性的前沿新材料加速开发，包括液态金属、气凝胶、离子液体、泡沫金属、柔性玻璃、柔性材料等。

1. 液态金属应用前景广阔

液态金属被认为是改变世界的一种材料突破，是一种处在液体状态的金属材料，其独特的非晶分子结构的最大优势在于熔融后塑形能力强，因而产品成型和加工类似于塑料，具有易加工、短流程、低成本的特点，便于制备各种形态的产品。

2016年5月，美国图灵机器工业公司推出全球第一款液态金属手机，其液态金属外框的强度比钢和钛要高很多，能够保护手机免受冲击和屏幕破损。这表明液态金属将首先在3C产品［计算机（computer）、通信（communication）、消费电子产品（consumer electronic）］的大规模商业化应用中取得突破。

液态金属最大的潜能是实现柔性制造。2016年3月，中国科学院理化技术研究所联合清华大学研发出镀有磁性功能层的自驱动液态金属机器以及以液态金属为车轮的微型车辆。固-液组合机器效应的发现和技术突破将提速柔性机器的研制进程。此外，利用液态金属高硬度、高耐磨的特性，可制造汽车发动机中的液压油缸、活塞等耐磨零部件，大幅提高使用寿命；在航空航天领域，利用液态金属高比强度、比刚度的特性可制造航空航天器的主框架、轴承等结构材料，大比例地减轻重量，相当于提高了航空发动机的推重比。

目前液态金属的主要研究机构（公司）包括Liquidmetal Technologies Inc.、中国科学院金属研究所、比亚迪和安泰科技等。

2. 气凝胶将迎来高速发展期

气凝胶是世界上已知密度最小、质量最轻的固体材料，通常由溶胶凝胶-经过超临界干燥处理制备，得到高通透性的圆筒形多分枝纳米多孔三维网络结构特征，拥有极低密度、高比表面积、超高孔体积率，具有极低的导热系数、坚固耐用、耐高温和防爆等特点。气凝胶有硅系、碳系、硫系、金属氧化物系和金属系等不同种类，在航空航天、国防军工、绿色建筑、新能源、环境治理、太阳能热利用等领域有着广阔的应用前景。

2016年11月，中国新一代大运力运载火箭“长征五号”成功首飞。其中，为火箭燃气管路系统提供隔热保温的就是由航天科工集团研制的高性能纳米气凝胶隔热毡。“长征五号”运载火箭工作温度高，发射中有大量余热在燃气管路中产生，而利用气凝胶的超绝热性能够有效地保护内部电子电器正常工作。中国自主研发的系列化气凝胶材料产品的使用温域覆盖了-100～2 500℃，这不仅在中国航天任务中解决了多个型号装备的关键材料问题，也将在建筑、电子电器、石油化工和节能环保等领域发挥重要作用。

目前气凝胶的主要研究机构（公司）包括阿斯彭（美国）、W.R. Grace、日本Fuji-Silysia公司、埃力生等。

3. 离子液体成为新一代动力电池的希望

离子液体是指在室温或接近室温下呈现液态的、完全由阴离子或阳离子所组成的盐流体，具有高热稳定性、宽液态温度范围、可调酸碱性和配位能等优点。用离子液体作为绿色的电解液替代传统有机溶剂是新一代动力电池发展的重要方向，具有无污染、可回收再利用、反应速率快、工艺流程短和选择性好等特点。

2016 年 10 月，日本东京大学等机构的研究人员开发了一种能够在常温条件下保持稳定性能的离子液体，可用来代替现在作为锂离子电池电解质中被广泛使用的有机溶剂。这种新型电解液是两种锂盐和水的混合物，将特定的两种锂盐和水按照一定比例混合，就可形成具有较高锂离子传导特性和电压耐性的液体“常温熔融水合物”（hydrate melt）。这种接近水的无毒电解液能够替代易燃有毒的有机溶剂，可大幅降低锂离子电池的生产成本以及火灾事故的风险。这一研究不仅可以加快新一代动力电池和电动汽车的研发，还有望扩大动力电池的应用范围。

目前离子液体的主要研究机构（公司）包括 Solvent Innovation 公司、巴斯夫、中国科学院兰州物理研究所和同济大学等。

4. 泡沫金属应用推陈出新

泡沫金属是指含有泡沫气孔的特种金属材料。这种多孔结构使其拥有密度小、质轻、高强、隔热隔音性能好和可大量吸收电磁波等优良性能，在国防军工、航空航天、海洋和环保等领域中应用前景广阔。

2016 年 4 月，美国北卡罗来纳州立大学研发出一种超强的泡沫金属复合材料。试验证明该材料可有效抵御穿甲子弹的射击，并大幅减少子弹造成的冲击，同时防弹材料本身凹陷的范围低于 8 毫米。未来这种材料在装甲、防弹和安全防护等方面将有极好的应用前景。当前泡沫金属材料的研究主要集中在泡沫铝和泡沫镍。泡沫铝及其合金质量轻，适用于导弹、飞行器及其回收部件的冲击保护层、汽车缓冲器、电子机械减振装置和脉冲电源电磁波屏蔽罩等。泡沫镍由于有连通的气孔结构和高气孔率，可用于制作流体过滤器、雾化器、催化器、电池电极板和热交换器等。

目前泡沫金属的主要研究机构（公司）包括美国铝业（Alcoa）、Rio Tinto、Symat 和 Norsk Hydro 等。

5. 柔性玻璃进入柔性显示新时代

2016 年 7 月，美国康宁公司（CORNING）发布了第五代柔性玻璃。官方称这款经过化学钢化的新一代玻璃盖板的耐磨性和抗摔能力比第四代有着较大的提升。数据显示，全球有超过 85% 的智能手机用户每年会发生手机跌落情况。而第五代柔性玻璃将安全跌落高度从 1 米提升到了 1.6 米，且新玻璃盖板跌落后完好率高达 80%。柔性玻璃改变了传统玻璃刚性、易碎的特点，实现了玻璃的柔性革命化创新，在未来柔性显示、可折叠设备、可穿戴设备、柔性太阳能电池板及照明器件等领域具有广阔的应用前景。

目前柔性玻璃的主要研究机构（公司）包括美国康宁公司和德国肖特集团等。

6. 柔性材料助推可穿戴设备发展

2016 年 8 月，美国斯坦福大学研究人员采用刚性半导体聚合物与柔性材料结合，制成柔性的电子器件。因其具有独特的柔性、延展性以及高效、低成本制造工艺，在信息、能源、医疗和国防等领域具有广阔应用前景，如柔性电子显示器、OLED、印刷无线射频识别（radio frequency identification，RFID）、薄膜太阳能电池板和电子用表面粘贴（skin patches）等。

近几年来，柔性电子材料成为研究热点，是可穿戴设备未来发展的新方向。用柔性材料衬底的非晶硅太阳能电池可以任意弯曲，安装方便，电池衬底可采用塑料薄膜，具有轻质高强优点，在航空航天等对负载重量特别敏感的领域，具有不可替代的优势。

目前柔性材料的主要研究机构（公司）包括苹果公司、三星、荷兰应用科学研究院（The Netherlands Organization for Applied Scientific Research，TNO）、日本SIJ技术株式会社和TCL集团等。

7. 对中国的影响和启示

全球研发颠覆性前沿材料势头强劲，但规模产业化尚需时日。中国面临前所未有的机遇和挑战，应抓住时机，充分发挥制度优势，加强发展战略研究，制定国家层面的顶层设计，加强政策导向和行业协同，培养高精尖人才，提高尖端材料技术研究和产业化水平，以抢占未来科技发展制高点和新一轮工业革命先机。

二、高性能结构材料

2016年，高性能结构材料发展总体上依然呈现高性能化、结构功能一体化和智能化的趋势，着重发展轻质、高强、高韧、长寿命、耐高温、抗腐蚀和能满足航空航天等高端应用的新型材料，同时发展大型或超大型复杂制件的整体化、低成本、短流程、清洁绿色的智能化和自动化制造技术。

（一）高温合金

金属结构材料在保障国家安全、提高综合国力中起着不可替代的作用，仍是高性能结构材料发展的主流。金属结构材料主要包括高温合金（含特种钢）、铝合金、钛合金和镁合金。其中，高温合金是航空发动机和燃气轮机最关键的材料，高温合金的重量占航空发动机和燃气轮机总重量的70%以上。高温合金的研发和应用水平在很大程度上反映了一个国家的航空发动机和燃气轮机的发展水平。因此，高温合金的研发和应用的进展和成果也很少有公开报道。在2016年9月美国宾夕法尼亚州的七泉镇（Seven Springs）召开的第十三届国际高温合金会议上，报道了以下五个方面的突破性进展。

1. 低成本第三代单晶高温合金CMSX-4 Plus投入使用

第三代单晶镍基高温合金是目前国外先进航空发动机应用较多、性能水平最高的单晶高温合金。典型的第三代单晶高温合金包括CMSX-10和Rene N6，两种合金均含有价格昂贵、非常稀缺的铼元素。美国Cannon-Muskegon公司在会上报道了含铼4.8wt%（重量百分率）的低成本第三代单晶高温合金CMSX-4 Plus，该合金的力学性能优于已有的第三代单晶高温合金，克服了CMSX-10合金在使用中容易出现的组织稳定性问题，而且合金成本降低20%。据报道，CMSX-4 Plus合金已经在英国Rolls-

Royce等航空发动机制造公司投入使用。

2. 涡轮盘用AD730合金635毫米锭型研制成功

鉴于粉末冶金-变形工艺制造的涡轮盘工艺复杂、成本高，以及传统铸造-变形工艺制造的U720Li涡轮盘合金变形困难、成本高等问题，法国Aubert & Duval公司基于传统工艺（铸造-变形）研制了700℃使用的低成本高强度涡轮盘用合金AD730。通过工艺优化，该公司成功研制了直径635毫米的AD730合金锭型，使用该尺寸锭型制造的涡轮盘组织和性能均达到了U720Li涡轮盘的水平。这一成果突破了U720Li合金508毫米直径的锭型极限（锭型超过508毫米，变形困难），进一步降低了先进航空发动机用涡轮盘的制造成本。

3. 大型超超临界发电用大型铸锻件研制成功

为满足超超临界火力发电机组的需求，德国Saarschmiede公司利用三联冶炼工艺于2016年成功研制了23吨重的Alloy 263合金铸锭，并制造了全尺寸轴；利用电渣重熔技术熔炼了重达70吨、直径1 300毫米的Alloy 600合金。Saarschmiede公司还与日本东芝公司合作，成功制造了3 320毫米长、直径1 100毫米的TOS1X-2合金大型轴锻件。

4. 增材制造工艺有望用于制造单晶高温合金

目前增材制造工艺在高温合金领域的研发仍处于调节工艺参数、优化组织和性能的阶段。且由于增材制造工艺凝固速度快、凝固过程不连续，因此一般只能得到高温合金等轴晶或定向柱晶组织，很难获得尺寸较大的单晶样品。德国埃朗根-纽伦堡大学的研究人员首次突破了增材制造中的工艺困难，利用选区电子束熔炼的方法制备了单晶高温合金样品。通过工艺参数优化，科研人员制备了35毫米长、直径8毫米的CMSX-4单晶高温合金样品。与传统定向凝固铸造工艺获得的单晶合金比较，选区电子束熔炼方法制备的单晶合金凝固偏析显著减小，大大简化了单晶合金的后续热处理工艺，合金的固溶热处理时间从近20小时缩短为不到3小时。这一工作为后续单晶叶片的修复和快速制造奠定了坚实的基础。

5. 单晶叶片内壁再结晶无损检测技术获得新突破

再结晶是单晶叶片的常见缺陷，目前单晶叶片再结晶缺陷的无损检测仅限检测叶片外表面的再结晶，对可能发生在空心叶片内壁的再结晶尚无简单可行的无损检测技术。美国加利福尼亚大学圣塔芭芭拉分校的T. Pollock研究小组宣布通过结合有限元模拟，采用共振超声技术，对单晶叶片内表面的再结晶缺陷进行了无损检测。研究表明，占检测叶片总体积1%的再结晶缺陷就会诱发明显的异常信号，这种方法的灵敏度比目前的共振超声技术提高了约两个数量级。

（二）铝合金

随着高性能复合材料的开发与技术进步，铝在航空领域的应用呈下降趋势，目前消费主要集中在交通运输、建筑、电线电缆和包装业，在日用消费品行业也有广泛的运用。交通运输业是全球铝消费的第一大行业，其中汽车是交通运输领域的用铝大户（图5）。

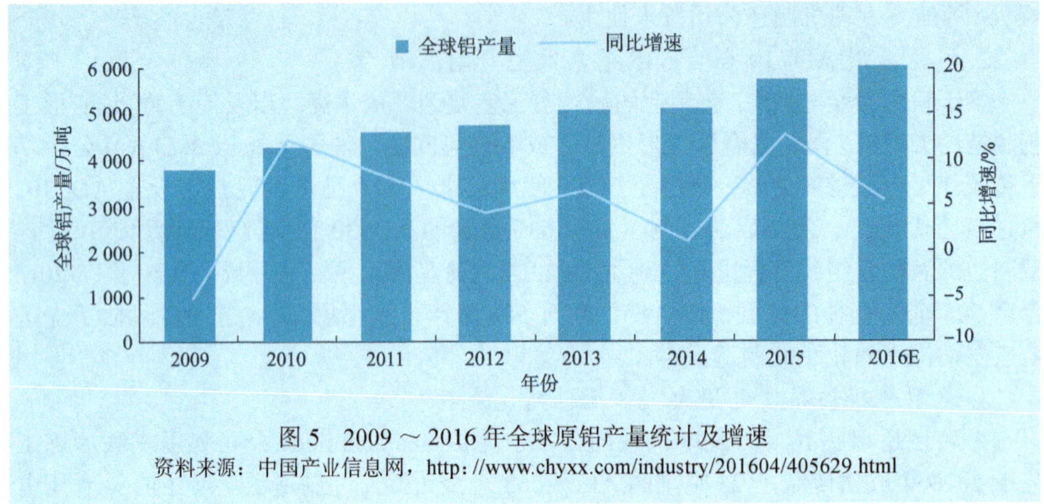

图5 2009～2016年全球原铝产量统计及增速

资料来源：中国产业信息网，http://www.chyxx.com/industry/201604/405629.html

2016年，铝合金材料的发展主要集中在高强高韧等高性能铝合金的新材料方面，其中最具代表性的是为适应航空航天器高机动性、高载荷、高抗压和高耐疲劳及高速与高可靠性的要求而研制的高强高韧铝合金。除航空航天外，地铁、轻轨、高铁、重载煤车等弱电的电子电容产品、精密机械制造以及满足不同用途的功能膜材料、薄化及强化的包装材料等都在轻量化、高性能、均质性以及特殊功能方面有着越来越高的要求。

1. Micro-MillTM法生产的第二代汽车车身薄板是实现汽车轻量化和节能减排的新途径

第一代ABS（auto-body-sheet，即汽车车身薄板）用的是常规变形铝合金，冷轧带坯用铸锭-热轧法生产。第二代ABS用的合金是美国铝业公司近期发明的，带坯冷轧采用美国铝业公司近期研发的“圣安东尼奥小轧机TM”（San Antonio micro millTM flow path）新工艺。该工艺的中试与商业化生产线建在美国铝业公司得克萨斯州圣安东尼奥轧制厂，生产的ABS的显微组织、可加工性和力学性能等都优于传统铸锭热轧工艺生产的铝合金薄板，并可采用与钢板通用的模具顺利地成型汽车的内外覆盖件。Micro-MillTM法生产的第二代ABS将为实现汽车轻量化以达到节能减排指明新道路。

2. 澳大利亚将利用光热替代化石能源冶炼氧化铝

2016年4月，澳大利亚可再生能源机构（Australian Renewable Energy Agency，ARENA）选择了一个利用光热技术为氧化铝冶炼（澳大利亚最大的工业领域之一）提供热源的项目，并希望借此使该领域对化石燃料的依赖降低50%左右。该项目由阿德莱德大学负责牵头，并与美国铝业巨头Alcoa公司联合，双方将共同评估在澳大利亚及其他地区运用光热技术为氧化铝精炼厂提供其运行过程中所需热能的发展潜力及可行性。据了解，该项目总投资将高达1 500万美元。ARENA主席Ivor Frischknecht用“至关重要”这个词来描述该项目的重要性。

3. 美国铝业在匹兹堡开设 3D 打印金属粉末厂

2016 年 8 月，美国铝业公司开设了一家制造工厂，专门用于生产 3D 打印航空航天零件专用的钛、镍和铝粉。制造中心位于匹兹堡附近的美国铝业技术中心，主要关注原料、加工、产品设计和产品检验。美国铝业公司使用锻造强化技术，设计并 3D 打印了一个几近完整的零件，然后再用传统的制造技术处理。此项处理技术增强了 3D 打印零件的性能，与仅使用传统增量制造技术制造的零件相比，减少了原料输入，而零件的韧性和强度有所增加。

4. 俄罗斯铝业联合德马吉森精机开发铝金属 3D 打印技术

在金属 3D 打印技术中通常选用钛金属粉末作为打印材料，但对于航空航天领域，铝作为一种很轻的金属材料更适合应用在对重量极为敏感的场景。2016 年 7 月，铝业巨头俄罗斯铝业联合公司（UC Rusal）宣布将与德国机床开发商造尔（Sauer）合作探索一种新型的 3D 打印铝粉的解决方案。据俄罗斯铝业联合公司称，他们与 Sauer 签署备忘录的目的是开发铝金属（及其合金）的工业级 3D 打印解决方案，并希望能够将该解决方案用于机械制造、航天及汽车等行业。

5. 麻省理工学院研究人员研发喷射铝合金工艺，提升铝合金质量

2016 年 12 月，美国麻省理工学院的研究人员提出了一种使用喷嘴在铸件中产生更均匀铜和锰分布的方法。直接冷却铸造铝合金是一个非常有效的过程，但是铜或锰在其中分布并不均匀，尺寸从英寸到英尺不等，导致铸造出来的铝合金可能存在质量问题。问题通常是在凝固板坯或者铝合金铸锭中心附近缺少合金元素。为了获得更好的控制，研究人员在铸造的不同时间取出熔融金属的样品，并研究了晶粒的形成和迁移。最终研究人员使用射流来循环金属以保持合金均匀。这也导致晶粒移动并改变了硬化金属的微观结构。研究人员所做的是使用磁力泵改变射流功率，以控制整个铸件的晶粒、功率和速度，使得合金元素在整个横截面上更均匀进而提升了铝合金质量。

（三）钛合金材料

2016 年钛合金的发展主要特点集中在以下几方面：一是随着航空、海洋工程、石化、医疗等产业的发展，全球钛市场需求有所增长，主要国家都在提高量产规模，开发新型的材料品种；二是大力开发先进制造技术，如在 3D 打印基础上朝着更先进的 4D 和 5D 打印发展；4D 打印可以通过软件设定模型和时间，让产品在设定的时间内变形为所需的形状，5D 打印可以复制打印出人体的任何器官。2016 年全球钛合金材料技术取得的重要进展有以下几个方面。

1. 实现对 3D 打印钛合金缺陷的高精度定量表征

钛合金是增材制造收益最为显著的金属材料，大多数研究集中于用途最广的 Ti-6Al-4V 合金。但是，3D 打印件表面粗糙，对其内部缺陷缺乏量化表征，这些问题阻碍了该项技术的发展和应用。2016 年 5 月，美国卡内基 • 梅隆大学的研究人员利用阿贡国家实验室的高强度同步辐射 X 射线和微断层摄影的快速成像工具，对 3D 打印的钛合金内部孔洞缺陷首次实现了分辨率达 1.5 微米的高精度表征。他们发现气体会

被困在液态的金属层中，从而在 3D 打印金属内部生成诸多泡沫孔隙。调整打印参数可减少孔隙率，只有采用成本更高的热等静压方法才能完全消除这些孔隙。澳大利亚墨尔本皇家理工大学（Royal Melbourne Institute of Technology University，RMIT）科研人员定量研究了表面粗糙度对 3D 打印钛合金件性能的影响并提出了一种化学腐刻改进表面光洁度的方法。研究人员发现粗糙的表面导致打印件塑性减半，强度下降 15%。采用化学腐刻法将粗糙度由 39 微米降至 11 微米，可以获得与加工表面媲美的力学性能。

2. 热等静压粉末冶金 Ti-6Al-4V 合金的疲劳性能超越变形合金

3D 打印所用金属粉末对粉末尺寸要求严格，而目前主流工艺制备的粉末尺寸分布较宽，致使 3D 打印对粉末的利用率低，材料成本高。粉末冶金则可以有效利用这些 3D 打印淘汰的粉末，从而大幅度提高金属粉末利用率。2016 年 3 月，美国犹他大学研究人员发现，采用烧结方法制备的 Ti-6Al-4V 粉末冶金材料疲劳性能很差，其原因是存在内部孔洞。当采用热等静压方法使孔洞闭合以后，材料的疲劳强度显著提高，甚至超过 Ti-6Al-4V 变形合金。

3. 航空发动机骨干钛合金的裂纹闭合效应被发现

Ti-6242 合金（Ti-6Al-2Sn-4Zr-2Mo）广泛应用于航空发动机压气机转子，与另一种钛合金 Ti-6246 相比，Ti-6242 合金的损伤容限性能更为优异。2016 年 2 月，中国科学院金属研究所、宝钢集团研究院和英国罗尔斯 · 罗伊斯公司的科研人员联合开展了针对这一问题的研究。研究人员发现，Ti-6242 合金的长裂纹解理扩展会造成粗糙诱导裂纹闭合效应。该项研究深化了对航空发动机骨干钛合金疲劳行为的认识，为预测评估发动机结构件服役寿命奠定了更为坚实的基础。2016 年 5 月该项研究被“工程进展”网站（advanceseng.com）作为科研亮点报道。

4. 新型高强度高韧性可焊接钛合金研制成功

2016 年，美国、法国、日本和中国“蛟龙号”等 7 000 米级别的深潜器载人球舱均采用 Ti-6Al-4V 钛合金制造，但 Ti-6Al-4V 合金的强度无法满足建造万米级潜水器载人球舱的技术要求。在中国科学院战略性先导科技专项支持下，中国科学院金属研究所成功研制出一种新型高强度高韧性可焊接钛合金，在保持韧性与焊接性能和 Ti-6Al-4V 相当的前提下实现强度提升超过 20%。采用该合金制备的全海深潜水器球舱缩比件于 2016 年 10 月通过压力试验。

（四）镁合金材料

2016 年镁合金的发展特点表现为进一步提升产品设计水平，研究高效、低成本和绿色成型制造新技术，开发性能优异的新品种，满足不同的性能要求。目前已经开发出一系列含稀土的镁合金，还开发出了含 Zr 的高温镁合金、Mg-Al-Si 基合金和 Mg-Zn-Cu 基合金等。成型制造技术被研究改进以开发新品种，如采用快速凝固法制备碳纳米管增强镁基复合材料，加入不同含量的碳纳米管，使复合材料强度获得不同程度的提高。采用液态成型的压力铸造和重力铸造制造镁合金压铸件代替传统铸铁、铸钢件甚至代替铝压铸件正成为汽车制造业的发展趋势，已发展到汽车发动机支架、轮毂、框架件等受力部件的制造。

1. 一大批新的镁合金牌号在中国开始颁布实施，部分新型镁合金已成为国际标准牌号

解决镁合金牌号少的问题是推动镁合金大规模应用的重中之重。2016年2月，中国国家标准化管理委员会正式颁布实施两项新的镁合金国家标准《变形镁及镁合金牌号和化学成分》（GB/T 5153—2016）和《铸造镁合金锭》（GB/T 19708—2016），其中新增了由中国重庆大学、上海交通大学等单位近年来研发的44种变形镁合金牌号和23种铸造镁合金牌号。这是国际镁合金行业首次大规模增加镁合金牌号，为镁合金更大规模应用奠定了重要的标准基础。一批新型（超）高强镁合金、高塑性镁合金、超轻镁合金、耐热镁合金和压铸镁合金已经开始在重大/重点工程领域实现应用。2016年，由中国开发的部分铸造镁合金新牌号已进入铸造镁合金国际新标准；2016年10月，新的变形镁合金标准工作组也在日本东京批准成立，确定由中国重庆大学牵头组织各国专家修订变形镁合金的国际标准。

2. 镁合金板带材新型非对称加工技术取得关键突破

长期以来，变形镁合金产品在世界范围内都不能实现大规模生产，严重影响了变形镁合金的推广应用。2016年，中国重庆大学与山西银光华盛镁业等单位合作，在镁合金板带材新型非对称加工技术方面获得关键突破。该技术可使镁合金板材的挤压加工效率更高、产品质量更好，特别是基面织构显著弱化，改善了挤压坯料的挤压成形性和降低挤压产品的残余应力。这种技术通过改变挤压模具结构、改变挤压坯料温度场，使挤压坯料承受非对称应力应变，使晶粒 c 轴沿挤压方向呈一定角度倾转，从而改变组织、织构和残余应力分布。2016年5月，相关成果获得国际镁协会技术创新奖。该技术的应用在世界上首次实现年产5 000吨以上板带材的大规模生产，是镁合金变形材生产的一次重大变革。该项技术在镁合金棒材、型材等产品大规模生产中也有很大应用潜力。

3. 碳热还原镁冶炼技术取得重要进展

用碳还原替代硅铁还原一直是镁冶炼行业的梦想，一旦实现，其原镁成本有望降低30%以上。2016年6月，澳大利亚联邦科学与工业研究组织（Commonwealth Scientific and Industrial Research Organization，CSIRO）在镁蒸汽的冷凝实验研究方面取得了重大突破。在碳热还原镁冶炼过程中，氧化镁与碳反应生成镁蒸汽与二氧化碳、一氧化碳等。通常的分离措施将导致镁蒸汽与二氧化碳或一氧化碳的再次氧化反应，无法获得纯净的初生原镁。澳大利亚CSIRO的研究人员使镁蒸汽在拉法尔喷嘴喷射的超音速气体的作用下迅速冷却，进而使镁蒸汽有效分离，且冷凝所得的镁粉不发生爆炸。这项新的冶炼技术被称作“镁音速 MagSonic”。“超音速喷嘴”是一个类似火箭发动机喷嘴的装置，可使热还原产物镁蒸汽和一氧化碳以4倍于音速的毫秒级速度通过其中，令镁蒸汽瞬间凝结、固化成为镁金属。该技术有望为全球金属镁制造行业带来革命性变化，目前已经进行了半工业化试验。

4. 镁合金心血管支架开始实现商业化

生物镁合金能否取得临床许可证明一直是镁合金能否大规模应用在医疗上的关键。2016 年 6 月，由欧洲 Biotronik 公司制造的生物可吸收镁合金心血管支架 Magmaris 获得了 CE 标记（CE Marking）。CE 标记是 28 个欧洲国家强制性地要求产品必须携带的安全标志，该标记的获得表明 Magmaris 是世界上第一个临床证明的镁合金心血管支架。该支架比聚合物支架在植入后有更好的导流性和径向阻力，有望取代目前广泛使用的聚合物支架。Magmaris 支架可在修复动脉期间被人体吸收，使得病变血管在手术 6 个月后恢复舒张。Magmaris 支架的关键结构材料 SynerMag 合金是一种生物可吸收镁合金，2016 年 12 月获得了 Bionow 生命科学 2016 年度最佳产品奖。

5. 轻质形状记忆镁合金开发成功

开发轻质形状记忆合金是材料行业急待追求的目标。2016 年 7 月，日本东北大学研究人员发现 Mg-Sc 原子比在 4 ∶ 1 左右时能够形成形状记忆合金，而该合金的密度仅为 2 克 / 厘米 ^{3} 左右，远远小于之前所发现的形状记忆合金。这种轻质镁钪形状记忆合金在对重量控制严苛的领域具有巨大应用潜力，相关工作发表在第 353 期《科学》杂志上。研究人员通过 X 射线衍射发现，Mg-Sc（Mg 原子数百分含量为 20.5%）这种合金在热处理并降温后有着与普通镁基合金不同的体心立方结构（body-centered cubic，BCC），同时伴随少量的六方密堆相。通过冷轧剧烈变形，发现 BCC 型 Mg-Sc 合金会产生应力诱导型的新相，产生过程类似于 β 相 Ti- 基形状记忆合金的马氏体相变。通过不同温度下对样品进行应力应变测试，发现在 –150℃时，样品可以在卸力后恢复原始的形状，且最大超弹性应变达到了 4.4%，这个结果可与 β 相 Ti-基形状记忆合金媲美。这种合金的质量比以往的形状记忆合金轻 70% 左右，有望应用于航空航天等要求轻量化的工业产品领域以及扩张支架等医疗器具。

6. 镁合金在航空航天和国防军工领域应用取得重要进展

2016 年，镁合金在中国航空航天和国防军工领域关键零部件上的应用取得多项关键进展。中国上海交通大学、重庆大学、中国科学院金属研究所等科研单位在镁合金成分优化设计、熔体纯净化工艺、铸造工艺、热处理工艺和表面处理工艺等方面开展了大量研究工作，攻克了现有镁合金强度偏低、耐热性差、成型性差等技术难题，开发出高塑性镁合金、超高强镁合金、高强耐热铸造镁合金、低成本铸造镁合金等多种新型高性能合金材料，制造了一系列组织致密且化学成分、力学性能、尺寸精度、重量及表面防护均满足使用要求的高端镁合金产品，并成功实现在火箭惯组支架、卫星贮箱支架、军机弹射座椅、卫星地板、导弹外壳等重要零件上的批量应用。这在中国航空航天和国防军工事业发展壮大过程中发挥了重要技术支撑作用，对镁合金在民用领域的大规模化应用也具有重要的引领意义。

（五）高性能复合材料

根据全球复合材料推广公司 JEC 的预测，2013 ～ 2018 年，全球复合材料销量年增长将达 6%，至 2018 全球复合材料的市场将达到 418 亿美元，而中国将占到这个 5

年增长中的45%。预计到2017年中国复合材料市场份额将达到115亿美元左右，复合材料年均增长率将达7.3%。

1. 英国研制出石墨烯-聚合物纳米复合材料传感器

2016年10月，爱尔兰都柏林三一学院和曼彻斯特大学合作将石墨烯材料和聚硅氧烷（俗称橡皮泥）混合，得到了一种导电性非常好的高灵敏传感器。该研究未来可能为医学和其他领域提供新型、廉价的诊断设备。相关实验成果已经发表在《科学》杂志上。石墨烯作为最有潜力的新型纳米材料的主要用途之一，就是作为纳米复合材料来提高基质材料本身的电学、力学等性质。虽然石墨烯-聚合物纳米复合材料的流变性被广泛研究，但将石墨烯嵌入高黏弹性的聚合物母体中却鲜有报道。研究人员将石墨烯加入一种轻微交联的有机硅聚合物中，从根本上改变了这种聚合物的电学性质。实验得到的纳米复合材料表现出电阻率随应变的非单调变化等非同寻常的压电特性。注入石墨烯的橡皮泥（G-putty）的电阻对极其轻微的变形或冲击非常敏感。即使在最轻微的应变或冲击下，电阻也急剧增加，随着时间的推移，电阻随着G-putty的自愈而逐渐恢复到原始值。实验人员继而将G-putty安装到人类受试者的胸部和颈部，作为电化学传感器用来测量呼吸、脉搏甚至血压，显示出前所未有的灵敏度（应变系数>500），相比普通传感器高数百倍。对身体健康状况进行监测的可穿戴设备如今越来越受关注，而G-putty的高敏感特性将使其在这一领域大有可为，从而为传感器制造开辟一个全新领域。

2. 美国开发出基于轻质陶瓷基复合材料电极的超长循环次数锂离子电池

2016年3月，美国堪萨斯州立大学的科学家将SiOC（碳氧化硅）颗粒与还原氧化石墨烯（reduced graphene oxide，rGO）混合，开发出一种新型的大面积、自支撑的锂离子电池阳极材料。无定形的SiOC颗粒能够使锂离子循环的库伦效率提高。相关工作发表在第7期的《自然·通讯》杂志上。多孔的还原氧化石墨烯具有较高的电子传导和电流收集能力。SiOC是一种具有类似开口的聚合物网状结构的高温玻璃陶瓷。SiOC颗粒可以提供作为电极所需的化学和热力学稳定性，以及较高的锂离子嵌入性。电极的电容量和循环稳定性取决于SiOC颗粒和还原氧化石墨烯的相对含量。陶瓷基SiOC颗粒含量的增加在一定范围内不仅提高了电极的电容量，而且还增加了循环次数。同时，SiOC颗粒的加入降低了还原氧化石墨烯纸的拉伸强度，但是应变损坏提高了5～10倍。这种陶瓷复合材料为高效率的轻量化电池的制造提供了新的途径。

3. 美国采用自动传布光敏聚合物波导法3D打印制备出高性能复合材料

2016年，波音下属的休斯研究实验室（Hughes Research Laboratories，HRL）实验室在利用3D打印技术制备新材料方面取得了显著成绩，开发出一种称为“自动传布光敏聚合物波导法”的成型技术。这种由HRL自主开发、能实现快速大批量生产原型零件的方法，是DARPA的一项轻质、高强材料开发10年合同中的一部分。依靠该技术，HRL实验室已于近期制备出超轻金属材料和陶瓷材料。自动传布光敏聚合物波导法与立体平版印刷（stereolithography，SLA）/数字光处理（digital-light processing，DLP）有相似之处，但又不完全相同，其诀窍是让紫外线穿透平版印刷掩膜上的小孔，照射到树脂上使其固化。依靠该方法可创建出独特的轻质、高强桁架结构。与传统 3D 打印方法相比，自动传布光敏聚合物波导法从紫外线照射到形成固体材料仅需 30 秒；而使用传统的 3D 打印技术，如普通 SLA 打印机打印 25 ～ 50 毫米高的物体，整个过程需要耗时 4 ～ 8 小时。自动传布光敏聚合物波导法可用于设计制造尺寸不同的微点阵结构，并可获得不同的材料特性，如柔性、弹性、刚性以及韧性等。

4. UCLA 研发超轻高强度新型金属纳米复合材料

2016 年 3 月，美国加利福尼亚大学洛杉矶分校（University of California，Los Angeles，UCLA）领衔的研究团队制造出一种超强轻质结构金属，具有非常高的比强度和模量。这种新金属主要由镁组成，镁中注入了密集且均匀分布的陶瓷碳化硅纳米微粒，可以用来制造更轻的飞机、航天器和汽车，提升燃油效率。为了制造这种超强而轻质的金属，该团队通过在熔化的金属中散布纳米微粒使其稳定。陶瓷微粒被一致认为是增强金属的潜在手段，但使用微米尺度陶瓷微粒的注入工艺总是损失塑性。相比之下，纳米尺度的微粒可以在保持甚至提升金属弹性的情况下提升强度。但因为小微粒吸引彼此的趋向，纳米尺度的陶瓷微粒容易聚集到一起而不是均匀散布。为解决这个问题，研究人员将微粒散布在融化的镁锌合金中。研究人员使用高压扭转技术来压缩这种金属以提高其强度。未来这一新型金属将具备革命性的性能和功能。

5. 中国研制出低成本、低烧蚀碳基复合材料

2016 年 9 月，哈尔滨工业大学复合材料研究所研制出一种低成本、低烧蚀的碳基复合材料，并于 2016 年 11 月通过了国家国防科技工业局的鉴定。研究人员在低成本的石墨中加入低熔点、低沸点的金属作耗散剂，高温烧蚀环境下耗散剂气化而耗散热量降低零件表面温度，气态的耗散剂与外界氧元素反应，耗散掉氧，从而阻断基体氧化条件使基体石墨不烧蚀，同时反应生成的氧化物陶瓷呈黏稠状附着于零件表面，以提高抗冲刷和辐射换热性。这种材料在接近 3 000℃的氧乙炔烧蚀环境下 300 秒内几乎没有烧蚀，可以在 10 ～ 50 秒耐 2 000 ～ 3 000℃的高温，而成本仅为传统碳材料的 1/10，制备周期仅为其 1/100 左右，成为新一代的低成本、高效能防热材料。该材料可用做固体火箭发动机的喷管、超高速飞行器的鼻锥等关键部件。

三、新型功能材料

在全球新材料研究领域中，功能材料约占 85%。支撑人类可持续发展的新型功能材料正面临新的突破，新能源材料、生物医用材料、新一代信息技术材料、节能环保材料等正处于快速发展之中。

（一）新能源材料

新能源材料是实现新能源的转化和利用以及发展新能源技术中所要用到的关键材料，目前重点发展的有太阳能电池光伏材料、贮能技术中的动力电池材料、风能材

料、生物质能材料等。2016年取得的突破性进展主要有以下几个方面。

1. 三维石墨烯纳米复合锂离子电池材料研究取得较大进展

2016年10月，中国科学院合肥物质科学研究院研制出了具有高容量、长寿命的三维石墨烯纳米复合锂离子电池材料，具有高的活性材料负载量、短的离子电子传输路径，并且具有高容量和优良的循环稳定性。研制的三维石墨烯/五氧化二钒电池正极材料在12分钟完全充放电条件下，循环2 000次后电池容量大于200毫安时/克，而且1分钟充电的容量达到商用和文献报道的大于5分钟的相近容量。

2. 锂电池和氢燃料混合动力小型飞机试飞

2016年9月，德国研究团队成功试飞一架纯氢燃料供能的小型飞机。该飞机由飞机制造商蝙蝠公司（Pipistrel）、德国乌尔姆大学、德国宇航中心共同研发，这架飞机不会排出各类碳化合物，只会有少量的水蒸气排出。报道称，这架飞机使用的是锂电池和氢燃料混合动力，飞行速度可达165千米/小时，最长续航距离约为1 500千米。这架拥有两个座舱的飞机被称作HY-4，使用氢燃料及锂电池混合动力来支撑飞行，在空中时使用燃料电池提供能源，在起飞阶段还需使用锂电池提供部分能源作为补充。研究人员设想该技术可以在不久的将来被用于城市内短途运输，如空中出租车等。

3. 微孔-介孔中空微球锂离子电池负极材料开发成功

2016年10月，北京理工大学的岳新阳（音译）等基于介孔碳技术开发了一种微孔-介孔中空微球锂离子电池负极材料。该材料的比表面积高达396米^2/克，不仅具有高容量特性，并且具有良好的循环性能，在2.5安/克的电流密度下，循环1 000次仍然保持530毫安时/克的比容量。

4. 一种用于SOFC阴极的新型氧化物研发成功

2016年9月，南京工业大学的研究人员制备了一种新型结构的奥里维里斯氧化物BSNM（$Bi_2Sr_2Nb_2MnO1_2$-δ）用于中温固体氧化物燃料电池（solid oxide fuel cell，SOFC）的阴极。这种阴极表现出良好的氧化还原反应催化活性，在750℃下其面积比电阻仅为0.26欧姆/厘米^2，采用该阴极的阳极支撑型单电池在750℃下峰值功率密度达到1 000毫瓦/厘米^2，并且连续工作100小时后也没有观察到衰减现象。这种阴极材料具有极好的二氧化碳耐受性，在其工作氛围中加入10vol%（体积百分比）的二氧化碳工作5小时后其面积比电阻保持恒定。此外，这种BSNM阴极还有诸如低的热膨胀系数、良好的结构稳定性以及与电解质的充分兼容性等其他优点。这些结果都表明这种新型BSNM是用于中温固体氧化物燃料电池的理想材料。

5. 美国推出“太阳能计划”

2016年10月，美国光伏发电服务公司SolarCity的首席执行官马斯克在美国洛杉矶的环球影城全面展示了“太阳能计划”。他将太阳能板和屋顶瓦片整合在一起，推出了全新的屋顶太阳能瓦片。瓦片有4种花纹可以选择，以适应不同类型的房屋。发布会上的另外一个重点就是特斯拉全新的Powerwall 2.0家用储能电池，最大的变化在于容量的提升。相比老款的7千瓦时和10千瓦时两个版本，Powerwall 2.0的性能提升了一倍，具有14千瓦时的储电量，额定输出功率为5千瓦，并带有逆变器

（将直流电变为交流电），可以保证一个两居室公寓的一天用电。

太阳能发电技术正得到日益广泛的应用，随着光伏产业的蓬勃发展，光伏垃圾的回收管理问题也日益凸显。据国际可再生能源机构、国际能源署光伏系统项目的报告，2014 年，废弃的光伏组件还不到电子垃圾的千分之一，而到 2050 年则会达到 0.78 亿吨，全球商品市场价值将达到 150 亿美元。目前，欧洲已经制定强制回收光伏组件标准法规，退出服役的光伏组件必须集中收集 85% 以上，再循环利用必须达到 80% 以上。

（二）生物医用材料

生物医用材料发展迅速，据有关数据，2020 年全球市场将超 5 000 亿美元，从 2010 年起，年均增长率达 15%（图 6）。

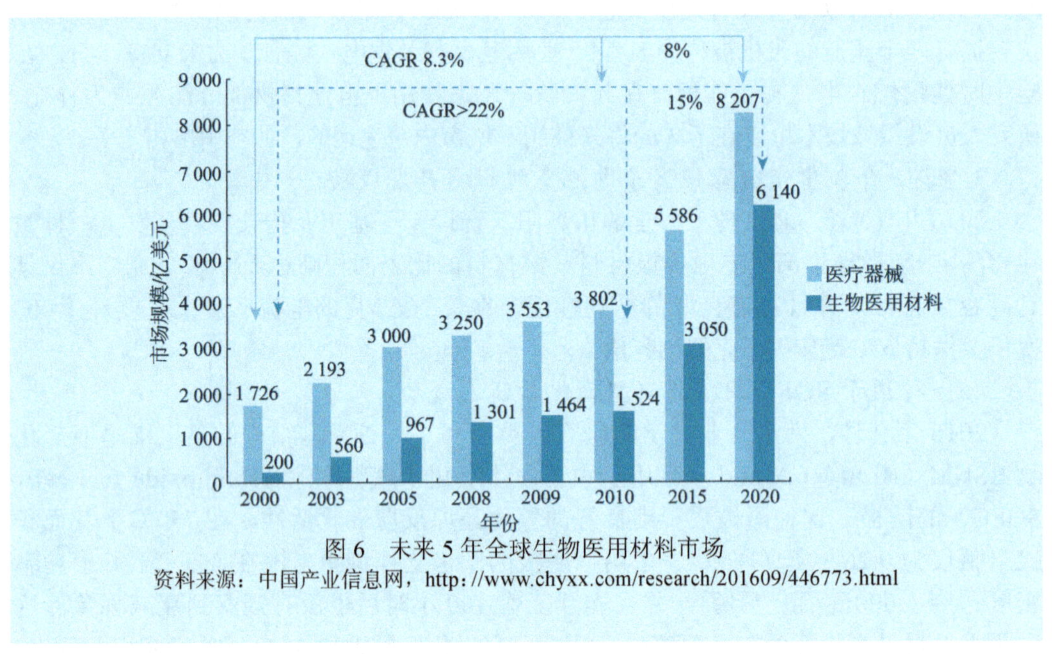

图 6　未来 5 年全球生物医用材料市场

资料来源：中国产业信息网，http://www.chyxx.com/research/201609/446773.html

2016 年全球生物医用材料技术取得重要进展，主要有以下几个方面。

1. 美国雅培将可完全降解吸收的心血管支架投放市场

2016 年 7 月，美国雅培公司（Abbott）生产的全吸收式生物血管支架系统（Absorb GT1BVS）获得美国 FDA 的上市批准，用于冠状动脉疾病的介入治疗。该产品是全世界首个能完全降解吸收的心血管支架产品，也是全世界第一个非金属基的心血管支架，目前已经在包括美国在内的 100 多个国家上市销售。该技术被称为人类冠状动脉介入史上的第四次里程碑，对冠状动脉疾病的治疗具有划时代的意义。心血管支架自 1986 年首次置入人体以来，一直都局限于永久性金属材料。BVS 不同于金属支架，由可降解医用高分子材料构成，主要成分是聚乳酸，植入人体两三年内逐渐被人体吸收直至完全消失，避免了金属支架引起的血管再狭窄、晚期血栓等问题，同时使患者无须终身服药。生物可降解支架代表着心血管介入治疗当前最前沿技术水平。除可降解聚合物支架外，德国Biotronik公司研发的镁合金全降解支架（drug-eluting absorbable metal scaffold，DREAMS）在2016年获得欧盟CE认证。雅培Absorb BVS在2011年获得该认证。

2. 瑞士开发出脑机接口技术

2016年11月，瑞士科研人员开发了一款名为“脑机接口”的神经假体界面，帮助脊髓损伤的猴子重建大脑和脊髓之间的连接，重新获得了对腿部肌肉的神经控制，让腿部瘫痪的猴子能够重新站立行走。这是人类首次通过神经科技恢复脊髓损伤的灵长类动物的运动功能。相关工作发表在第539期《自然》杂志上。科研人员在猴子控制腿部运动的大脑皮层区域植入微电极阵列检测大脑皮质神经元脉冲活动，并将相关神经信号解码并无线传输到一个植入式脉冲生成器。该装置将接收到的刺激信号传输给与之相连的脊髓植入物（植入受损脊髓下部腰椎脊髓硬膜外，由16个电极系统组成），脊髓植入物激活瘫痪腿部的肌肉运动。这样，这只猴子便重新获得了行走的能力。简言之，这个脑脊界面系统解码大脑信号，重建了脑和脊髓回路之间的“信号传输通路”，让神经信号得以跨过受损脊髓成功传输，让原本因为脊髓损伤而丧失的支配腿部运动功能的神经恢复了功能。

3. 美国利用生物3D打印技术制备出大尺寸且结构稳定的人体“活”组织

2016年2月，生物3D打印器官获得新突破。美国维克森林大学科学家开发了一款“集成型组织-器官打印机”。这项技术突破了传统生物3D打印机打印尺寸和强度的局限，可以打印大尺寸且结构稳定的“活”组织。科学家目前已成功打印出耳朵、下颌骨、颅骨和肌肉组织，距离打印出真正的人体组织乃至器官又迈进了一大步。科学家通过多头交替打印方式，先打印了一种可降解医用高分子，作为整个组织的结构骨架，提供足够的强度支撑，然后将含细胞的复合水凝胶打印到结构骨架上，为了防止打印的不规则组织在打印过程中发生坍塌，同时打印另一种水凝胶对打印的组织进行力学加固，而这种水凝胶在打印后很容易去除，留下完整的打印组织。打印过程中，每一层都设计了“微通道”结构，与外界相连，为打印的内部组织提供充分的营养和氧气，保证细胞的存活。相关工作发表在第34期《自然·生物科技》（*Nature Biotechnology*）杂志上。

4. 中国设计出可治疗原发性肿瘤的新型全细胞肿瘤疫苗

2016年10月，中国苏州大学功能纳米与软物质研究院刘庄团队设计并开发出了一种新型的全细胞肿瘤疫苗。它不仅可对原发性肿瘤进行针对性的攻击，还可有效杀灭扩散的肿瘤细胞，并可产生免疫记忆效应，以防止肿瘤复发。相关工作发表在第7期的《自然·通讯》杂志上。这种新型的肿瘤疫苗是一种刺激响应型的纳米颗粒。该纳米颗粒包含三种组成成分，均是被美国FDA批准的生物制剂。基质成分是可降解的聚乳酸-羟基乙酸共聚物（PLGA），用来包被另外两种小分子化合物。一种是近红外染料吲哚菁绿（ICG），在近红外光的刺激激发下产生光热效应；另一种是免疫佐剂咪喹莫特（R837），一种TLR7受体的小分子激动剂，激活免疫反应。这种PLGA-

ICG-R837 纳米颗粒被施用于肿瘤所在部位时，可通过近红外光的激发产生光热效应将肿瘤裂解，同时释放出的多种肿瘤相关抗原，在 R837 的作用下激起特异性的抗肿瘤免疫应答反应，并可在免疫检验点抑制剂的作用下被进一步加强。该疗法已在小鼠实验中取得了良好疗效，可有效杀灭已扩散的肿瘤细胞，且小鼠的免疫系统可对肿瘤产生记忆性。这种纳米颗粒集成了光热疗法、免疫佐剂、肿瘤疫苗、免疫检验点抑制剂，从而提供了一套全新的癌症综合治疗策略。此外，由于所用的临床试剂均已被美国 FDA 批准使用，这一联合疗法具有相当强的临床转化医学潜力。

5. 中国提出新的仿生矿化材料制备方法

2016 年 8 月，中国科学技术大学科学家通过模拟天然贝壳珍珠层的生长方式和控制过程，提出一种介观尺度的“组装与矿化”新方法，成功制备出毫米级厚度的仿生珍珠层材料。该成果发表在《科学》杂志上。科学家们为了模拟贝壳珍珠层的多层“砖泥”结构，通过冷冻诱导的组装过程构建了多层壳聚糖框架，再通过乙酰化将壳聚糖转化为稳定的 β- 几丁质，作为生物矿化有机模板。随后，通过蠕动泵向该有机模板内不断泵入碳酸氢钙溶液进行矿化。矿化后的材料经过丝素蛋白溶液浸润和热压处理后即得到仿生珍珠层。这种仿生策略制备的人工珍珠层材料，在化学组成和多级有序结构上与天然珍珠层高度相似，同时展现出优异的强度和韧性，力学性能与天然珍珠层相比也毫不逊色。这种仿生制备方法操作简单，易于控制，为“未来结构材料”的仿生设计和制备指明了一条新道路。

（三）新一代信息技术材料

2016 年，随着信息载体从电子向光电子和光子的转换步伐的加快，信息功能材料与器件正向材料、器件、电路一体化的功能系统集成芯片材料和纳米结构材料方向发展。光通信、光传感、光存储和光转换技术是发展的重点方向。微型化仍然是信息技术的主要发展趋势，描述微电子技术发展的摩尔定律也扩展为“延续摩尔定律”和“超越摩尔定律”两条发展途径。微电子技术的发展体现在降低单位功能成本的系统级芯片（SoC）和功能多样化、集成化（如射频电路、光电器件、无源器件、高压器件、大功率电路、生物芯片和传感器及其功能集成等）。低功耗、低成本、高性能和高可靠性是未来光电子器件必须具备的基本要求，光电子集成是光电子技术发展的必由之路，微纳结构光电子器件是下一代新型光电子器件发展的主攻方向。2016 年全球信息技术材料方面取得的重要进展主要有以下几个方面。

1. 荷兰研制出单原子存储芯片

2016 年 7 月，荷兰研究人员使用扫描式隧道显微镜（scanning tunneling microscope, STM）实现了原子尺度的数据储存，并按这个标准存储了 1 000 字节（8 000 比特）的信息，把存储空间缩小到了极限。相关工作发表在第 11 卷《自然 • 纳米科技》（*Nature Nanotechnology*）杂志上。该研究团队在沉积有氯原子的金属铜上用 STM 的针尖推动材料表面单个原子，把氯空穴的位置信息制作成比特编码字母信息，进而实现原子尺度的信息存储。在该结构中，每个比特编码由两个铜原子和一个氯原子构成。氯原子在两个铜原子之间来回滑动，如果氯原子在顶位，底位留一个空穴，比特编码记为 1，相反氯原子在底位，顶位为空穴，比特编码信息则记为 0。利用该方法存储信息，相关原子无须从材料表面剥离，只需简单地从一个位置移动到其他位置，所需能耗将显著降低。新研究的存储密度高达 500 太比特 / 英尺 ^{2}，是目前世界上最好的硬盘技术的 500 倍，该技术可能会极大地推动计算机尤其是数据存储器的发展。

2. 美国开发出全球最小晶体管

2016 年 10 月，美国劳伦斯伯克利国家实验室的科学家利用碳纳米管和二硫化钼开发出了栅极只有 1 纳米的全球最小晶体管，相关研究成果已发表在第 354 卷《科学》杂志上。长期以来，栅极长度是衡量晶体管性能的重要指标之一，一般认为小于 5 纳米的栅极难以正常工作。该研究团队放弃基于硅材料来缩小器件尺寸的传统思路，选择二维半导体材料二硫化钼。相对于二硫化钼，电子在流经硅材料时阻抗更小，当栅极线宽超过 5 纳米，硅材料占有相对优势。然而对于硅基器件，如果栅极线宽小于 5 纳米，将会产生量子隧穿效应，栅极势垒将无法阻止电子从源极流向漏极，导致晶体管无法关闭。由于二硫化钼的阻抗更高，因此在栅极线宽较小的情况下，源漏电流仍可经由栅压控制。二硫化钼材料的厚度还可进一步缩小至原子水平，从而带来更小的介电常数，在栅极线宽缩小至 1 纳米时，这些特性将有助于优化对晶体管内电流的控制。由于传统光刻技术并不适用于这样小的尺度，研究人员采用了碳纳米管栅极的二硫化钼晶体管，有效地控制了电子流动。该成果表明，晶体管的栅极不再被局限至大于 5 纳米。通过采用新型半导体材料和适当的器件结构，在一段时间内摩尔定律将继续适用。

3. 硅基激光器研究获得重大突破

2016 年 3 月，英国伦敦大学学院研究人员与英国谢菲尔德大学及英国卡迪夫大学的科研团队共同在硅光电子领域取得突破性进展，相关工作发表在国际学术杂志《自然・光子学》上。该团队在国际上首次直接在硅衬底上利用分子束外延技术生长Ⅲ-Ⅴ族量子点激光器的方法，将高性能Ⅲ-Ⅴ族通信波段激光器集成到硅衬底上，实现了可实用高性能硅激光器，打破了硅基光电子领域 30 多年来没有可实用硅基光源的瓶颈。该硅激光器工作于 1 310 纳米通信波段，其预计使用寿命超过 10 万小时。这一突破性进展为未来大规模硅基光电子集成找到了新的方向。

4. 瑞士获得高效稳定的钙钛矿太阳能电池

2016 年 9 月，瑞士洛桑联邦理工学院的科学家获得了高效稳定的钙钛矿太阳电池，相关结果发表在第 6 309 期的《科学》杂志上。他们将 Rb 离子嵌入钙钛矿中形成多阳离子（RbCsMAFA，其中 Rb 含量为 5%）的钙钛矿材料，基于该材料的太阳电池其开路电压可达 1.24 伏，电池效率高达 21.6%。Rb 离子的掺入使钙钛矿稳定地保持了具有光活性的黑色相，在 85℃下长达 500 小时太阳光照射后仍然保持最初性能的 95%，显示出很好的稳定性，为实现其实际应用奠定了基础。平面结构钙钛矿电池具有制备工艺简单、低温制备且与柔性器件制备工艺兼容等优势，是钙钛矿太阳电池未来的发展方向。2016 年 11 月，中国科学院半导体研究所的科研人员在《自

然 • 能源》(*Nature Energy*)杂志上报道了他们的最新成果。该团队将 SnO_2 作为电子传输材料，将 SnO_2 纳米颗粒溶液旋涂于 ITO 玻璃基底上，制备出具有 ITO/SnO_2/($FAPbI_3$)$_x$(MAPbBr$_3$)$_{1-x}$ 低温平面结构的钙钛矿太阳能电池，获得的认证效率为 19.9%±0.6%，这也是目前平面结构钙钛矿电池的最高效率。

(四)节能环保材料

节能环保材料主要包括固态照明材料、新型建筑材料、环境治理材料等。2016 年节能环保材料的发展取得的重要进展主要有以下几个方面。

1. 固态照明材料

(1)欧洲成功实现卷对卷生产柔性 OLED 材料。

2016 年 4 月，基于 TREASORES 项目，瑞士联邦材料科学与技术实验室(Empa)专家 Nüesch 结合来自 9 家企业、6 个研究机构的技术开发出了可以卷对卷式生产的柔性照明箔片。这种柔性电极的三种基质 —— 碳纳米管、金属纤维或银薄片或于 2017 年商业化生产，将大幅度降低 OLED 生产和使用成本。德国弗劳恩霍夫研究所已经在银薄片上采用卷对卷技术制成带有该项目标志的 OLED 光源卷。项目进一步的研究将着眼于探索新的方法来发展、检测、扩大生产透明屏蔽箔(防止氧气和水蒸气接触到有机电子设备的塑料薄层)，这种屏蔽层能够有效延长电子设备的寿命。

(2)吉林大学开发新工艺生产高性能柔性 OLED 设备。

2016 年 5 月，吉林大学研究团队研发出可编程激光屈曲技术，在紫外固化的预制硅基体表面利用旋涂技术产生一层厚度约为 10 微米的光敏聚合物薄膜。该制备方法不仅成本低廉而且效果显著。测试结果显示该方法制备出的柔性 OLED 设备最大发光效率超越了所有已报道的同类型研究，并且可实现 15 000 次拉伸—压缩循环。

(3)荷美开发出可延长 OLED 灯寿命的新型陶瓷基体。

2016 年 9 月，荷兰研发机构霍尔斯特中心和美国超薄陶瓷供应商 ENrG 公司创造了有史以来第一个以陶瓷为基底的大面积柔性 OLED。在 20 ～ 40 微米厚的 Thin E-Strate® 陶瓷基板上制造的设备，寿命可超过 10 年且没有黑点形成。陶瓷载体易于处理，并能承受在显示背板制造和标准烧结过程中的高温，这种方法可以帮助进一步降低柔性 OLED 生产的复杂性。

2. 新型建筑材料

(1)美国绿色建筑委员会(U.S. Green Building Council，USGBC)最新报告显示中国绿色建筑材料呈 5 倍级增长。

2016 年 2 月，USGBC 发布了《2016 年世界绿色建筑趋势智能市场报告》。该报告是道奇数据分析公司(Dodge Data & Analytics)联手特约合作伙伴 USGBC 共同编制而成的。报告对近 70 个国家进行了调研，调研数据显示，全球绿色建筑继续保持每三年翻一番的增长速度。中国绿色建筑产业很大程度上受客户需求、环保法规和健康社区的带动，预计到 2018 年会实现占有率从 5% 到 28% 的超过 5 倍的增长。其中，新的超高层住宅、医院和公立学校被视为中国绿色建筑增长的三个最主要领域。

（2）3D 打印技术助力新型绿色建筑。

2016 年 3 月，中国混凝土 3D 打印公司盈创科技使用 3D 打印技术打造了一幢中式庭院。5 月，泰国水泥制造商 SCG 与该国建筑师 Pitupong Chaowakul 联手建造了东南亚首个 3D 打印房屋，名为“21 世纪的洞穴 Y-Box 亭”。6 月，迪拜创造了世界上首个 3D 打印办公室，建筑整体使用一种特殊的水泥混合物和一套建筑材料，该材料由阿拉伯联合酋长国与美国共同生产，打印整栋建筑仅仅用了 17 天，人力成本较传统建筑节约了近 50%，整个 3D 打印建筑团队只需要一位 3D 打印专家，7 名安装工人和 10 名电工。整栋建筑兼顾了安全性和环保，建造过程建筑垃圾减少了近 60%。

（3）新加坡南洋理工研发下一代可弯曲混凝土。

2016 年 8 月，新加坡南洋理工大学裕廊集团工业基础设施创新研究中心的研究者发明了一种新的混凝土并命名为 ConFlexPave。相比于体积大、在张力作用下易脆性断裂的普通混凝土，ConFlexPave 可弯曲、更坚固且寿命更长。它的可持续使用寿命更长，所需维护更少。这一创新加速了轻薄型预制混凝土路面板的面世，将减少道路工程和造路的时间。目前该材料已经在南洋理工大学实验室试验成功，并在未来的 3 年内扩大生产规模，在裕廊工业区和新加坡南洋理工大学校园内进行进一步测试。

3. 环境治理材料

（1）美国研发出可大规模生产纳米粒子的新型 3D 打印设备。

2016 年 2 月，美国南加利福尼亚大学的研究人员发明了一种制造纳米粒子的新方法。该方法基于微流体技术，即在极狭小的通道中控制流体的微小液滴的技术，相关通道由 3D 打印技术合成的微纳米封闭导管平行并排组合而成。这一发明有望改变原先汽车尾气处理催化剂制备过程，可使各类新型纳米催化剂实现大规模、自动化生产。

（2）俄罗斯研发出可防雾霾的新型纤维材料。

2016 年 3 月，俄罗斯科学院理论与实验生物研究所的研究团队合成出一种可用于保护呼吸器官、分析研究和其他用途的理想材料。它主要由直径小于 15 纳米的尼龙纤维制得，且具有超轻（10 ～ 20 毫克 / 米^2）、近乎透明（95% 的透光度）、对空气流动阻力低以及能够拦截极细小颗粒（小于 1 微米）等特点，在性能上远超同类材料。该材料可用于净化空气和水，并且有望在生物研究中发挥作用。

（3）美国制备出新型稳定单原子催化剂。

2016 年 7 月，美国新墨西哥大学的 Abhaya K. Datye 研究团队使用高温 PtO_2 迁移的工艺，成功合成了能够耐受 800℃高温的单原子分散 Pt/ CeO_2 催化材料。该工艺的开发解决了基于单原子的催化剂高温稳定性差的问题，并且可以扩展至各类具有原子级分散和耐高温的催化剂材料的合成，进而可大幅降低用于污染物净化催化剂的原料成本并提高使用性能。

（4）美国研发出可利用太阳能净化水的石墨烯生物泡沫。

2016 年 8 月，美国华盛顿大学的工程师们研发出一种利用太阳能净化水的石墨烯生物泡沫。这种薄膜是由细菌产生的两层纳米纤维构成的生物膜，其中下层含有原始纤维素，上层含有可以吸收太阳能产生热量的氧化石墨烯。这种材料质量轻、成本低，适合大量生产，尽管结构简单，但石墨烯泡沫材料形成一种无须能量和管道的水净化系统。生物泡沫的生产系统也包括其他纳米结构的物质，可以用来杀菌、净化水，保障饮用水的安全。

（5）美国科学家使用遗传算法来开发新型碳捕获材料。

2016 年 10 月，美国 John G. Searle 化学和生物工程学院 Snurr 教授发明了一种方法，能够快速找出合适的碳捕获材料，相比之前的方法节省 99% 的工作量。这种方法主要利用遗传算法，能够快速搜索 55 000 个金属-有机骨架材料（metal-organic frameworks，MOF）数据库。目前，他们精确定位 NOTT-101 为最佳材料方案。在可以用于预燃烧过程的所有 MOF 材料中，该材料表现出最佳的碳吸附性能，以及将二氧化碳从废气中分离出来的良好功能。该发现有望为缓解全球温室效应提供一条捷径。

四、前沿新材料

（一）纳米材料

1. 单原子级别的催化剂材料及催化机理研究不断突破

2016 年 5 月，《科学》杂志报道了厦门大学郑南峰团队在单原子催化领域的研究突破。该团队利用光化学法在室温条件下制备出 Pd 负载量高达 1.5% 的稳定的原子级分散 Pd_1/TiO_2 催化剂。该催化剂催化氢化苯乙烯的转化频率（turn over frequency，TOF）——单位时间内反应物的转化量是商业 Pd/C 催化剂的 9 倍。该单原子 Pd_1/TiO_2 催化剂催化氢化苯甲醛具有超高活性，其 TOF 是商业 Pd/C 催化剂的 55 倍。科学家试图将 C、N 和储量丰富的单原子 Fe、Co 等相结合。2016 年 6 月，中国科学院大连化学物理研究所的研究人员发展出此类单金属原子的 Co-N-C 催化剂。单原子催化剂宣告了金属使用率的极限，即每个单独的原子都是一个活性位点。这种原子级分散的催化剂具有复杂的活性和选择性，能够高效催化硝基化合物并氢化偶联成芳香偶氮化合物。

2. 对超高质量活性的 Pt 基金属合金纳米结构的研究不断深入

2016 年 12 月，《科学》杂志报道了美国加利福尼亚大学伯克利分校的段镶锋教授、黄昱教授和 William A. Goddard 教授课题组合作在 Pt 基金属合金纳米结构方面的研究进展。科学家研究出一种带有锯齿结构的 Pt 纳米线，其在氧化还原反应中实现了超高质量活性。高应力的、富菱形结构的表面是这种锯齿结构 Pt 纳米线氧化还原反应质量活性提高的重要原因。以 Pt 纳米颗粒为代表的电催化剂在燃料电池和水裂解等能源领域的重要性不言而喻。系统提升电催化剂催化活性的主要策略之一是调控金属纳米颗粒的电子结构。2016 年 11 月，《科学》杂志报道了美国斯坦福大学崔屹课题组的研究突破。此团队开发了一种利用电池电极材料直接、连续控制 Pt 纳米催化剂的晶格应力，并调控其氧化还原反应催化活性的普适性策略。随着能源危机和环境污染的日益加剧，开发新型的清洁能源变得刻不容缓。其中涉及电化学过程的氧化还原反应是最具实际应用前景的能源转换和存储方式之一。

3. 有机、无机纳米多孔框架材料及催化研究突破

（1）中国设计并制备出沸石分子筛材料。

沸石分子筛是一类具有规则纳米孔道的硅铝酸盐晶体，已成为当前化学工业中最为重要的固体催化剂材料。吉林大学于吉红院士团队发现，不论是通过紫外辐射还是 Fenton 试剂引入羟基自由基，都能够大大加快沸石的结晶过程，可快两倍左右。2016 年 3 月，《科学》杂志刊发了吉林大学于吉红院士研究团队在沸石分子筛材料方面的突破性成果。这一发现是无机微孔晶体材料生成机理研究方面的重要突破，使人们对沸石分子筛的生成机理有了新认识，为在工业上具有重要需求的沸石分子筛材料的高效、节能和绿色合成开辟了新的路径。

（2）中国纳米 MOF 及选择性催化研究应用突破。

2016 年 10 月，中国国家纳米科学中心的唐智勇、李国栋和澳大利亚格里菲斯大学的赵辉俊（音译）等在《自然》杂志上介绍了将 Pt 纳米颗粒封装到 MOF 层间或孔道内构建具有高效选择性催化的反应容器。该反应器由含 Fe^{3+}、Cr^{3+} 的 MOF 将 Pt 纳米颗粒封装其中形成三明治平台，对催化 α，β- 不饱和醛的加氢反应具有高活性和高选择性。MOF 内配位不饱和的金属位点可以直接调节 MOF 与反应物的相互作用，活化目标化学键，降低化学反应的能垒。

4. 二维纳米材料研究不断突破

（1）韩国研制出二维金属碳化物（MXene）薄膜电磁干扰屏蔽材料。

2016 年 9 月，《科学》杂志报道了韩国科学技术研究院的 Shahzad 等在二维纳米材料方面的突破，科学家们制备出一系列基于柔性 MXene 薄膜的电磁干扰屏蔽材料。他们制备了一系列 MXene（Ti_3C_2Tx、Mo_2TiC_2Tx、$Mo_2Ti_2C_3Tx$）薄膜，同时将 MXene 的优异导电性、亲水性、力学性能和海藻酸钠（SA）的廉价易得、柔性结合，得到贝壳状 Ti3C2Tx-SA 复合材料。该材料可有效屏蔽电子设备在发射信号的过程中所产生的电磁干扰，保证电子设备的使用性能和人体健康。

（2）锯齿边缘石墨烯纳米带的精确制备。

2016 年 3 月，瑞士联邦材料科学与技术实验室的科学家实现了一种直接在表面生长锯齿边缘的石墨烯纳米带的策略。研究人员利用扫描隧道光谱发现了具有较大能量分裂的局域边缘态。相比于延展开来的石墨烯材料，基于石墨烯的纳米结构表现出更加优异的电学性能。带有锯齿边缘的纳米结构极有可能具有自旋极化的电子边界态，从而用做石墨烯自旋电子元件的关键元素。

（3）中国在钴和钴氧化物杂化的超薄二维材料及电催化性能研究方面获突破。

2016 年 1 月，中国科学技术大学合肥微尺度物质科学国家实验室谢毅院士、孙永福教授课题组设计新型二维电催化材料，将二氧化碳高效“清洁”地转化成液体燃料。相关研究成果发表在《自然》杂志上。研究成果表明，钴和钴氧化物杂化的超薄二维材料能够大幅度地提高原本很低的对二氧化碳的催化还原性能。超薄二维结构和金属氧化物的存在提高了钴催化还原二氧化碳的能力。这一发现有助于让研究者们重新思考如何获得高效和稳定的二氧化碳电还原催化剂，对推动电催化还原二氧化碳机

理研究也具有重要的意义。

5. 光催化研究领域继续突破

（1）美国利用太阳能将二氧化碳转化为燃料，使纳米结构催化剂效率提升千倍。

将二氧化碳转化为燃料是近几年的研究热点。二氧化碳自身的化学惰性导致催化效率低，因此，研究者们一直在寻找开发活性更高的催化剂。2016 年 7 月，美国伊利诺伊大学芝加哥分校的 Amin Salehi-Khojin 和阿贡国家实验室的 Larry A. Curtiss 等科学家开发出一种高效的过渡金属二硫属化合物（如 WSe_2）纳米结构催化剂，并设计出一种新型太阳能电化学催化反应装置，能在低过电位下于离子液体中直接将二氧化碳转化成合成气，生成一氧化碳的效率可达传统银纳米颗粒催化剂的 1 000 倍，整个过程廉价且高效，稳定性好。相关研究成果发表在《科学》杂志上。随后作者设计了一种新型太阳能电池装置。采用上述装置模拟太阳光，系统能量转换效率约 4.6%，而采用相同装置分解水反应的能量转换效率为 2.5%。连续使用 100 小时性能未见明显下降。

（2）美国超高分辨率荧光成像技术助力纳米光催化。

2016 年 2 月，美国康纳尔大学的陈鹏（音译）教授利用单分子荧光技术直接将荧光分子前躯体作为反应物，通过控制电极电势，在纳米尺度上将催化剂的氧化（空穴参与）与还原反应（电子参与）的位置成像出来。该研究将光电阳极表面光生电子-空穴对的空间分辨率推进到了 30 纳米的层次，而且利用聚焦激光束以及荧光分子作为探针，获得了表面不同位置处的光电效率，打开了理性设计光催化剂体系的大门。

6. 纳米仿生材料及性能研究继续火热

（1）美国研制出用于信号发光和触觉传感的电致发光皮肤。

2016 年 3 月，美国康奈尔大学的 Larson 等开发出一种可拉伸的电致发光皮肤。这种材料具有很好的弹性，可以发光，同时还可以感受来自内部和外界的压力。研究人员将这种电子皮肤整合到软体机器人中，机器人在运动的过程中可以伸展、发光。该研究成果发表在《科学》杂志上。

（2）韩中澳联合研制出仙人掌仿生高分子膜。

2016 年 4 月，韩国汉阳大学、中国天津大学和澳大利亚 CSIRO 的科学家们受到仙人掌的启发而发明了一种新的高分子膜，能够显著提高离子交换膜的自湿润性能，从而改善燃料电池乃至以之为动力的电动车产业的格局。该研究成果发表在《自然》杂志上，通讯作者是天津大学“千人计划”教授 Michael D. Guiver 以及韩国汉阳大学教授 Young Moo Lee。这种膜的表面带有疏水涂层，而疏水涂层中有很多纳米尺度的裂缝，这些“纳米裂缝”是保持这种聚合物膜水分含量的关键。这种膜可以将燃料电池在干热条件下的效率提高 4 倍。这种膜可能对包括电动汽车在内的许多行业的发展产生重大影响。除了燃料电池，这种“仙人掌式”膜还可以应用于需要自湿润膜的其他技术，包括水处理和气体分离。

（二）超材料

1. 中国超材料透镜突破常规光学显微镜的分辨率极限

2016 年 8 月，复旦大学的研究人员成功制备出一种新型三维全介电超材料透镜，能把光学显微镜的分辨率提高到创纪录的 45 纳米，大幅突破了常规光学显微镜的极限分辨率 200 纳米。相关研究成果发表在《科学》子刊《科学・进度》(*Science Advanced*) 杂志上。他们利用一种由下而上的自组装方法——纳米固流体法，把具有高折射率和低吸收损耗的二氧化钛纳米粒子进行组装，制备出半球形和超半球形固体浸没超透镜。这些超透镜具有亚波长结构，并且在可见光下表现出高的折射率和高的透明性。理论分析表明，在紧密堆积的二氧化钛纳米粒子之间可以形成增强的电场，此电场能有效约束亚波长尺度的可见光在其中的传播，有利于形成大面积、亚波长尺寸的近场聚焦光斑。同时，超透镜能够高效地将样品表面激发的近场消逝波转变成远场传播波，从而可以实现超分辨率光学成像。该研究提供了一种在纳米尺度操纵可见光的途径，有利于超材料在近红外和可见光波段的应用。

2. 美国制备出可伸缩的柔性超材料

2016 年 2 月，美国爱荷华州立大学的科学家将液态镓-铟合金嵌入硅橡胶中，形成周期性排列的开口谐振环结构，制备出一种可伸缩的柔性超材料。在外力作用下进行拉伸时，这种柔性超材料内部的开口谐振环的尺寸也会发生变化，从而使其具有频率调控性，并且在较宽的微波频段内可以吸收雷达信号。将这种超材料缠绕在电介质材料表面时，可以对其实现有效的电磁屏蔽，起到“隐身”作用。由于这种柔性超材料具备良好的可穿戴性，有望被应用于隐身斗篷，同时其在军事、医疗等领域中具有重要的应用价值。该材料可以结合喷墨打印、激光转印和纳米压印等印刷技术与 3D 打印技术，实现超材料的柔性化和规模化制备。另外，超材料的设计理念与制备加工，可与常规材料相融合，充分结合超材料的“人工性质”与常规材料的“本征性质”，对材料的化学成分和微观结构进行设计和裁剪，降低超材料的制备成本，推进产业化应用。

3. 美国使用超材料制作出光驱动机械振荡器

2016 年 10 月，美国宾夕法尼亚大学的研究人员开发了一种光驱动的机械振荡器。这种基于超材料制作的装置通过光与物质的相互作用，并配合机械共振，实现了对其机械性能的控制。相关研究成果发表在《自然・光子学》杂志上。在这项研究中的超材料装置类似于一个微型的电容器，其上部和底部各有一个 0.5 毫米×0.5 毫米的正方形板。上板是金膜和氮化硅膜组成的双层膜，其中包含大量十字形缝隙组成的纳米天线阵列，底板是一个金属反射镜，上板和底板之间有 3 微米高的间隙。当光线照在器件上时，纳米天线吸收入射光的能量，并将光能转化为热能。由于金比氮化硅受热扩张大，金 / 氮化硅双层弯曲，这样上下板间隙的高度发生改变。这种间距的变化导致上板可吸收的光减少，从而上板弯曲回到它原来的位置。上板可以再次吸收所有的入射光，并一次又一次地循环。该超材料装置可应用于高精度传感器、量子传感器和光学器件。

4. 中国制备出新型石墨烯超材料

2016 年 1 月，哈尔滨工业大学课题组基于改进的水热法和定向冷冻工艺设计，在自然干燥条件下成功制备出具有微观双曲取向形貌的三维石墨烯气凝胶超材料，并发现了负泊松比效应和超弹性特征。相关研究成果发表在《先进材料》（*Advanced Materials*）杂志上。与传统三维石墨烯材料相比，这种具有负泊松比效应的石墨烯超材料的抗压强度和杨氏模量得到了显著提高，并且具备高的比表面积、超弹性、优异的耐疲劳稳定性和良好的导电性，在柔性电极材料、超级电容器、传感器、催化剂载体等方面具有广泛的应用前景。采用自然干燥技术制备三维石墨烯超材料，具有成本低、产量高、操作简便等特点，对石墨烯超材料的规模化生产和商业化推广具有重要推动作用。石墨烯具有非常高的电子迁移率，可以有效降低能量损耗。针对当前电磁超材料损耗大的特性，积极探索以石墨烯为代表的新型超材料，具有重要意义。

5. 德国设计出更强、更轻、更耐用的机械超材料

2016 年 2 月，德国卡尔斯鲁厄理工学院的科研人员设计和制备出一种高强度、轻质的机械超材料。相关研究成果发表在《自然·材料》（*Nature Materials*）杂志上。他们利用无氧条件下的高温热解聚合物法成功制备出了单个柱长小于 1 微米，直径约 200 纳米的超强玻璃碳纳米晶格，是目前该类材料能够获得的最小晶格结构。聚合物在热解过程中伴随着大的体积收缩和质量损失，从而有利于得到更小更强的碳结构。其强度接近玻璃碳的理论强度，高达 3 吉帕，其比强度是已报道的其他微晶格材料的 6 倍以上。研究人员同时利用这种碳纳米晶格，成功构建了一种具有蜂窝结构的超材料。该材料在密度为 600 千克 / 米 ^{3} 的条件下，有效强度达到 1.2 吉帕，比强度可与金刚石相媲美。人工设计机械超材料的出现可能将材料发展引领进一个追求更强、更轻、更耐用的时代。

6. 美国制备出有望实现量子信息传输的“量子超材料”

2016 年 4 月，美国劳伦斯伯克利国家实验室和加利福尼亚大学伯克利分校的科学家利用光学晶格中的超冷原子与超材料成功构建出具有新奇属性的一维“量子超材料”，并克服了天然材料的结构缺陷，可以将探针原子释放光子的速度从纳秒提高到皮秒。相关研究成果发表在《物理评论快报》（*Physical Review Letters*）杂志上。研究表明，对光晶格中探针原子进行精确定位，并利用激光进行调控，从而使原子以光子的形式按需释放能量。同时，这一原子可以被其他探针原子吸收，进而实现信息交换。这种新型的“量子超材料”，不仅可以快速释放光子，而且保证了光子在原子间以低损耗形式传输，能够快速高效地完成量子信息的传输和交换。将超冷原子与超材料进行结合，有望获得二维、三维“量子超材料”晶体结构，实现量子计算和信息处理的新突破和新发展。

2016 年世界智能制造技术发展报告

2016年，智能制造在全球范围内呈平稳快速发展态势，由战略规划阶段进入战略实施阶段。美国在政府的推动下出现了明显的制造业回流趋势，机器人使用量大幅增加，本土制造能力有所增强；德国制造业巨头开始按照“工业4.0”的模式改造或新建生产线和工厂，生产方式发生了明显变化；中国开始大规模实施智能制造示范项目，稳步推进“中国制造2025”战略。世界主要经济体在智能制造领域的竞争越来越激烈，跨国、跨行业的技术和资源整合趋势愈加明显。

一、世界智能制造技术及产业发展重要动向

（一）抢占物联网“技术高地”，迎接“物联感知时代”

1. 企业巨头积极布局物联网，共同推动工业数字化转型

世界主要经济体均高度重视物联网的发展，国际物联网产业的布局已经全面展开，物联网引领的新型信息化与传统领域正逐步走向深度融合。芯片巨头、设备制造商、IT厂商、电信运营商和互联网企业等纷纷依托核心能力积极进行物联网生态布局，抢占行业发展先机。

2016年7月，华为与通用电气公司联合宣布双方建立战略合作伙伴关系，共同加速工业互联网（industrial Internet of things，IIoT）创新应用开发，并支持工业客户的数字化转型。2016年9月，SAP宣布在未来5年内将投资20亿欧元，帮助企业和政府机构利用不断增加的传感器、智能设备和大数据实现基于物联网的转型。2016年9月，芯片巨头高通与荷兰恩智浦半导体洽谈并购，力图在各自传统业务外获得新的增长点，尤其是高通可快速实现以车联网为代表的物联网等领域的技术和专利积累。

各巨头意图抢占物联网发展先机，以建立技术优势，进而拥有建立标准的话语权，因此物联网专利数量也成为各方实力比拼中的重要因素。就专利数量而言，世界排名前两位的是芯片巨头高通和英特尔。

2. 平台技术创新支撑物联网快速发展

进入万物互联时代，巨大的连接数量将远超传统的人机互联时代，对物联网平台技术提出了新的挑战。通用电气创新的Predix工业互联网应用平台自推出以来，为近40款工业互联网应用程序的开发提供了条件。2016年3月，通用电气宣布向所有工业互联网开发者全面开放Predix平台，这将进一步发挥Predix平台的潜能，充分释放大数据的隐藏价值。全面开放后的Predix类似于工业上的安卓系统，各企业都可通过Predix开发定制化的行业应用程序，通过集群力量扩大工业互联网生态系统的影响力。

此前，工业应用程序的开发只和业内人士相关，而Predix开放后将吸引大量软件开发者加入。除了机器设备的管理和维护人员之外，其他开发者也都能上传自己开发的应用程序，这将使软件开发者成为行业的重要力量。

3. 对中国的影响和启示

中国拥有潜力巨大的物联网市场。当前，中国政府和民间一直在努力发展物联网产业，在核心技术研发、标准制定、产业推动等方面与国外的差距已经大大缩小。特别是国家出台“中国制造 2025”战略后，智能制造的关键支撑技术——工业互联网——受到越来越多的关注，大大推动了对物联网技术的重视和应用普及。但是，由于物联网涉及的场景和行业的规模远超传统的人机互联网，技术标准众多而繁杂，同时大多数行业的物联网尚处在萌芽期，相关数据采集和业务处理比较封闭，企业针对不同传感器和不同应用场景的解决方案相互割裂，这些都严重影响了企业部署物联网的积极性，制约了物联网的发展。只有采用统一的物联网平台才有可能彻底解决这些问题。

在新一轮产业变革中，我们应积极抢占物联网发展的制高点，争夺先发优势。中国物联网的发展具有一定优势，主要表现在：一是重视程度不断提高，目前中国已制订了 10 个物联网发展转型行动计划；二是资金支持力度不断加大，中央财政连续 4 年安排用于物联网的专项发展资金总计达 20 亿元；三是中国研究起步比较早，是国际行业标准的主导者之一。世界物联网博览会连续 7 年落户无锡，其重要原因之一就是一半以上的物联网领域国际标准都是在无锡制定的。因此，在物联网发展的起步阶段上，我们需要加快步伐，扩大优势，抢占发展高地。但同时也应看到，目前中国物联网发展存在三大制约因素：第一，核心技术突破不足，如核心传感器芯片中有 80% 需要进口；第二，物联网产业融合缺少清晰的轮廓，尤其是高校和科研院所的研究并未实现产业融合的导向；第三，缺乏整体协调，企业容易一哄而上，对于不适合发展物联网的企业来说，盲目发展可能会导致新的产能过剩。

（二）新兴信息技术逐步嵌入制造业产品生产及服务的全过程

1. 云制造开始受到制造企业及相关行业的重视

云制造是先进信息技术、先进制造技术以及新兴物联网技术等交叉融合的产物，是“制造即服务”理念的体现。2016 年，制造业各领军企业开始将云计算、工业大数据等引入制造环节，相继推出商业化产品。

2016 年 4 月，西门子面向市场推出了西门子工业云平台 MindSphere 的公共测试版本。MindSphere 被设计为一个开放的生态系统，工业企业可将其作为数字化服务（如预防性维护、能源数据管理以及工厂资源优化等）的基础。机械设备制造商及工厂建造者甚至可以通过该平台监测其设备机群，以便在全球范围内有效提供服务，缩短设备停工时间，并借此开发新的商业模式。

在国内，各种类型的云制造平台也开始建造并投入使用。2015 年 6 月，由中国航天科工集团公司建立的世界第一批、中国第一个工业互联网平台——航天云网正式上线运行。该平台以提供覆盖产业链全过程、全要素的生产性服务为主线，依托航天科工科研创新和生产制造资源，整合广泛社会资源，构建“互联网 + 智能制造”产品服务体系。该平台可为中国制造业企业提供方便、高效、开放、好用、管用、够用的线上线下互动全流程发展环境，促进传统产业升级和传统企业改造，提升中国制造的能力和水平。

2016年4月，在“2016中国国际制冷、空调、供暖、通风及食品冷冻加工展览会”上，海尔展出了其中央空调云服务平台，推出云服务3.0系统。该平台可实现对全球暖通设备的免费远程智能控制和自动节能运行，实时监测全球各地暖通设备运转，帮助用户精确掌握并分析实际能耗数据，提供全面的节能增效和能源管理一体化解决方案，指导用户节能运营，实现节能效益最大化。

2. 云计算安全性问题受重视程度日益提高

云计算的迅猛发展对制造业产生了巨大影响。2016年，信息及通信行业设备和软件供应商着手解决云计算的连接和安全问题，使这项技术在制造业中得到广泛推广。2016年6月，全球大型网络硬件厂商思科表示将以2.93亿美元的价格收购云计算安全公司CloudLock。CloudLock开发的技术致力于帮助企业监控员工云计算的使用情况。思科公司的收购行为旨在借助信息安全软件与服务，为思科产品打造完整的安全架构。2016年9月，甲骨文公司也宣布收购云安全初创企业Palerra。Palerra主营业务是为企业应用提供自动化的安全服务，服务涵盖了应用中的数据，且能够为之提供跨基础设施和软件服务的多层次防护。

3. 虚拟现实技术对制造业各环节的产业化渗透

2016年，制造业虚拟现实技术的应用案例不断涌现，应用领域不断扩展，应用模式和应用路径进一步成熟。

虚拟现实技术可以展现产品的实体面貌，使研发人员能够沉浸其中全方位构思产品的外形、结构、模具及零部件的设计、制造和使用方案。2016年9月，波音公司将虚拟现实技术应用于777型和787型飞机的设计上，通过虚拟现实模拟的真实飞行情况完成了对飞机外形、结构、性能的设计，所得到的方案与实际飞机的偏差小于千分之一英寸①。据统计，采用虚拟现实技术设计波音777飞机后，设计错误修改量减少了90%，研发周期缩短了50%，成本降低了60%。

在装配环节，中国一拖集团运用国内企业研发的“数字化虚拟现实显示系统”，打造出虚拟装配车间，实现360°内部全景漫游，既能多角度观察每个装配工位工况，又能精准跟踪装配工件的生产工艺流程，为中国大型农业装备制造行业发展注入了新鲜血液和强大力量。2016年9月，美国福特公司联合克莱斯勒公司与IBM合作开发了用于汽车制造和检修的虚拟现实环境，在汽车出厂前就可诊断出其存在的设计缺陷并辅助修正，大大提高了问题的发现率，缩短了新车的研发周期和成本。同时，通过远程数据传输，虚拟现实技术可帮助实现实时、远程、预判性的监测维修服务。

4. 对中国的影响和启示

云计算、大数据、虚拟现实技术的发展和融合将成为未来10年乃至更长时间新一代信息技术和产业的关键和核心，它们与移动互联网、物联网等其他新一代信息技术一起运用于传统制造业，将极大推动传统工业企业的转型升级。其中，云计算和工

① 1英寸≈2.54厘米。

业大数据被认为是“中国智造”的加速引擎。中国目前正处在制造业转型升级的关键阶段，能否充分利用中国的信息技术能力创新和提高中国制造业的核心竞争力，是关乎中国能否成功实现从制造大国到制造强国战略转变的关键。

中国应加强支持和引导云制造战略的布局和正确发展。当前，中国工业云（大数据）应用服务的供给和需求存在结构性矛盾：一方面企业对工业云计算服务和工业大数据服务有广泛需求；而另一方面，大多数工业云（大数据）服务平台却存在用户不足、资源闲置等情况。未来工业云建设运营的重点在于对不同区域经济体的资源整合和主导，应结合区域产业的比较优势因地制宜地建设工业云平台，设计工业云服务。对于虚拟现实技术，应引导制造企业从现有基础和实际出发，分步、有序地进行数字化改造，同时注重研发具有自主知识产权的虚拟现实工业软件。

（三）机器人稳步发展、加速融合、谋求创新

1. 全球机器人市场稳步发展

根据美国先进自动化产业协会（Association for Advancing Automation，A3）的最新报告，北美工业机器人在2016年上半年的订单金额就超过了8亿美元，创下14 583台工业机器人采购量的新纪录，同比增长2%。其中，汽车厂商与零组件供应商是工业机器人市场的主要推手。

据德国机械设备制造协会统计，2015年德国机器人与自动化行业的销售额创历史新高，达到122亿欧元（约合134.2亿美元），同比增长7%。专家预计2016年销售额将再创新高，达125亿欧元。德国机器人与自动化领域的产品主要在本国销售，国内销售额占总销售额的45%，欧洲地区销售额（除德国外）占24%。预计在未来5年，德国超过80%的公司将通过数字化提高18%的生产效率，并降低超过13%的成本。“工业4.0”和创新型产品研发已经在中小型企业开花结果。随着“工业4.0”计划的推进，机器人自动化以及智能制造将为德国企业提供更多商机。

据中国机器人产业联盟统计，2016年国产工业机器人销量继续增长，上半年累计销售19 527台，按可比口径计算较上年增长37.7%，增速比上年同期加快10.2个百分点；考虑到前期研发企业实现投产、新企业进入等因素，实际销量比上年增长70.8%，已连续多年保持了较高的增长速度，产业发展处于上升期。

当前自动化技术需求的不断增长已成为全球性趋势，越来越多的公司正在尝试通过改善生产力来强化竞争力，将相对枯燥、环境条件恶劣或危险的工作交由机器人来完成。未来机器人无疑将更多地参与工作流程，对中小型厂商带来巨大吸引力。在很多领域，机器人正在创造新的就业岗位，但统计发现，在包括美国在内的世界上大多数地区，当机器人销售量增长时，失业率却在下降，现代化与就业并不是零和游戏。

2. 工业机器人企业与制造业巨头正加速融合

据统计，2016年，全球机器人领域共有48家企业收购行为，其中8家公司的并购涉及金额超过5亿美元，5家公司超过了10亿美元。其中，中国消费产品公司美的收购德国机器人领域巨头库卡是最大的一笔（约51.1亿美元）。美的收购德国库卡

是中国智能制造战略的重要布局，未来美的将运用德国先进的机器人技术协同拓展中国智能制造市场。根据美的确定的战略计划，库卡有可能在2020年之前超额完成其设定的40亿～45亿欧元的收入目标，其中10亿欧元预计将来自中国市场。

2016年10月，上海电气与意大利著名汽车制造商菲亚特-克莱斯勒汽车公司接洽，有意收购该集团旗下柯马机器人业务。柯马公司成立于1978年，总部位于意大利都灵，为汽车、飞机制造等行业提供工业自动化系统和全面维护服务，尤其擅长生产焊接机器人。菲亚特-克莱斯勒希望借助柯马的收购交易偿还集团债务，为其耗资巨大的投资计划提供资金。

未来，工业机器人企业与制造业巨头将有更多互动，工业机器人的使用将推动制造业向智能制造发展。

3. 机器人技术和产品不断创新

当前，机器人技术发展的主要动力依然来源于企业需求和家庭需求。但要想满足企业和社会生活不断提高的需求，就要不断进行产品创新和技术创新。现在工业机器人面临的最大问题在于如何扩大机器人的应用范围，提高其使用量。为此，一方面要降低机器人的成本，造出更轻便易用的机器人，使中小企业也乐于应用；另一方面要增加机器人的安全性和智能化水平，使机器人能够和人一起工作，甚至进行一些人不能完成的精细复杂作业。为了适应工业界的新需求，人机协作机器人应时而生，除了安全性外，其编程简单、方便拆装、可以快速部署的特点深受用户的欢迎。2016年，除了机器人的“四大家族”以及最早从事协作机器人研发的优傲（UR）和瑞森可（Rethink）以外，柯马在2016年6月的慕尼黑展会上推出了大型的协作机器人，博世推出了一款可以移动的协作机器人，精密自动化公司也推出了平面关节型机器人（selective compliance assembly robot arm，SCARA）和直角坐标型协作机器人。

在服务机器人方面，新的产品也不断涌现，一些老产品的智能化水平在升级。人机交互技术仍是服务机器人的核心技术，具有精细操作能力的机械手、成本更低的基于三维视觉的同时定位与地图构建（simultaneous localization and mapping，SLAM）方法也是研究热点。同时，也开始尝试将人机协作机器人和服务机器人整合到一起。

4. 对中国的影响与启示

（1）需要继续加大技术研发投入，突破关键核心部件的发展瓶颈。

国内机器人行业经过几年的爆发式增长，投资逐渐回归理性，发展速度趋于平稳。但国产机器人核心零部件的关键技术瓶颈并未突破，市场边缘化问题仍然没有得到很好的解决。现在国内机器人创业公司面临的主要问题是技术积累不够，持续的研发投入面临困难。国家应对机器人创业公司给予更多优惠扶持政策，延长孵化时间，使企业进入市场后有较强的生存能力。同时，从实际出发，遵循适度超前和坚持有所为、有所不为的原则，指导中国新一代智能机器人技术研发的合理布局和关键技术与核心部件的突破。

（2）注重投资收购合作，实现行业资源整合。

为了应对智能制造的挑战，国内企业利用资本优势开始并购国外高技术企业，如美的收购库卡、埃夫特（EFORT）收购意大利机器人企业 EVLOUT 等，为国内机器人市场带来了新气象，并为国内机器人产业发展提供了一条新路。海外并购对国内企业掌握机器人核心技术、突破关键零部件的瓶颈、加快国产机器人技术水平的提升和促进机器人产业链的形成而言是一条成功的办法。

近几年许多 IT 行业的企业巨头开始关注智能制造，谷歌和百度在智能制造领域里的投入有目共睹，互联网与智能制造的技术融合正在加速，其发展前景非常广阔。未来行业数据将成为 IT 行业争夺的最重要数据资源之一，信息技术对智能制造的支撑和促进作用将越来越明显。我们应抓住机遇，加强政策引导和扶持，加强信息资源共享与协同研发，加快领域优势资源的深度整合，充分借力资本市场，形成产业竞争优势，实现技术、产业和资本的协同发展。

（四）3D 打印产业化进程加速，相关技术不断发展

1. 3D 打印应用领域逐步扩张

3D 打印目前已在众多领域进入产业化阶段，其中在医疗、日用消费等行业的应用最为明显，在航空、航天、军事、汽车等工业领域的应用成果也非常显著。

在医疗行业，2016 年 3 月，美国杜克大学研究人员宣布可通过超级计算机创建人体血管网以模拟整个人体的血液流动，并用 3D 打印技术打印出其中的主动脉，将虚拟动脉的血液流动与 3D 打印复制品中的血液流动进行比较，结果证明实体复制品中的血液流动模式与模拟软件匹配度极高。2016 年 3 月，美国生物材料公司 Amedica 首次使用机械沉积 3D 打印技术制造出了复杂的氮化硅医疗植入物；4 月，美国西北大学科学家将 3D 打印的人造卵巢植入小鼠体内，并使其成功受孕。同年 6 月，英国阿斯顿大学通过 MESO-BRAIN 项目使用 3D 打印的纳米支架构建出人工神经网络。此外，澳大利亚、俄罗斯、德国等国在医疗 3D 打印领域也取得了不少突破性成果。

3D 打印技术在国防、军事、汽车等工业领域成果显著。在 2016 年 1 月开幕的底特律汽车展上，奥迪公司展示了其与德国科学家联手制造的 3D 打印月球车 Audi Lunar Quattro，并计划最早于 2017 年第三季度将 Audi Lunar Quattro 发射到月球上。美国军工巨头洛克希德•马丁公司宣布在 2016 年 3 月对其首个用于弹道导弹的 3D 打印部件进行测试。同年 3 月，美国约翰霍普金斯大学应用物理实验室使用 3D 打印技术开发出了海上空中无人机。2016 年 4 月，俄罗斯成功发射了使用 3D 打印技术制造的微型卫星 Tomsk-TPU-120；同月，澳大利亚墨尔本大学研究人员首次设计、打印和测试了一个超导微波腔。

2. 3D 打印技术及材料创新研究活跃

随着 3D 打印技术在越来越多领域实现产业化，2016 年 3D 打印技术也随着用户需求的拓展不断进步，同时新型 3D 打印材料不断涌现。

在打印技术方面，2016 年 1 月，美国哈佛机器人实验室（Harvard Robotics Laboratory）开发出一种更为精确的光固化快速成型技术，能够打印出高精度、高强

度、耐高温的 3D 打印陶瓷器件。2016 年 2 月，美国西北大学开发出一种全新的金属 3D 打印方法，完全摒弃了激光 / 电子束技术，转而采用了一种特质液体油墨和常见的熔炉进行制造。美国北卡罗来纳州维克森林大学再生医学研究所创建出一台可以制造器官、组织和骨骼的 3D 打印机。2016 年 2 月，中国科学院首次突破了能连续打印的三维物体快速成型的关键技术，开发出一款可连续打印的超快速 3D 打印机。2016 年 4 月，NASA 的研究团队开发出新型纳米等离子体材料的 3D 打印技术；同年 5 月，美国麻省理工学院的科学家开发出用 DNA 进行 3D 打印的新技术。2016 年 8 月，美国 3D 打印系统供应商 Optomec 公司宣布已经突破了气溶胶喷射技术。

3D 打印技术的快速进步推动了许多新型打印材料的不断发展。2016 年 3 月，哈尔滨工业大学与美国部分大学研究人员合作利用 3D 打印技术制备出目前世界上最轻的材料——超轻石墨烯气凝胶。随后，澳大利亚昆士兰科技大学的研究人员们开发出一种全新的可创建肿瘤模型的新型 3D 打印材料。2016 年 4 月，瑞典 Hgans 公司推出高性能超强不锈钢 3D 打印粉末材料 17-4 PH，新型粉末的强度和硬度成倍提升，同时具有极佳的耐腐蚀性与高温机械特性。2016 年 5 月，英国科学家开发出可替代软骨的 3D 打印生物玻璃，能模拟软骨组织的减震和承重性，并有可能刺激受损软骨重新生长。

与此同时，一批对新型打印材料的研究也相继启动。2016 年 1 月，由 10 家合伙机构组成的联合集团宣布开始建造一座高能球状粉末研磨（high energy ball milling，HEBM）试验工厂，希望制造用于 3D 打印和其他高价值制造应用的纳米结构粉末材料。该技术是正在开展的欧洲 PilotManu 项目的一部分。据悉，PilotManu 项目总投资 530 万欧元，并得到了欧盟第七框架协议（Framework Programme Seven，FP7）的部分资助。柯达公司（Kodak）宣布与 3D 打印公司 Carbon 签署联合开发协议，将共同携手致力于开发相关材料，以抓住 Carbon 公司革命性的连续液界面制造（continous liquid interface production，CLIP）技术所带来的机会。

3. 更多国家和组织加入 3D 打印的研发中来

3D 打印技术已经引起越来越广泛的重视。2016 年，一批新的 3D 打印技术研究组织和机构在全球各地相继成立。2016 年 5 月，阿拉伯联合酋长国迪拜控股（Dubai Holding）宣布在迪拜成立国际 3D 打印中心，这是阿拉伯联合酋长国提出“到 2030 年将迪拜建成世界 3D 打印技术中心”计划之后的首个举措。2016 年 9 月，迪拜水电局（Dubai Electricity and Water Authority，DEWA）宣布与一家建筑公司 Convrgnt Value Engineering 签署了一份合约，他们将共同设计并建造迪拜的第一座全 3D 打印实验室建筑。新加坡首个 3D 打印中心于 2016 年 5 月在南洋理工大学正式成立，该机构将重点研发用于建筑的 3D 打印定制化混凝土结构，并与多家新加坡企业合作进行 3D 打印技术研究，推动行业标准的制定。2016 年 7 月，中国首个 3D 医学打印中心正式落户重庆。传统打印领域巨头日本富士公司在 2016 年 3 月宣布将通过其北美分公司为 3D 打印提供技术支持服务，正式进军 3D 打印领域。

4. 对中国的影响和启示

目前，中国3D打印技术尚处于初期发展阶段，与技术发展最为领先的美国尚有一定的差距。影响中国3D打印进一步产业化推广的问题主要有以下几点：第一，缺乏宏观规划和引导。3D打印产业上游包括材料技术、控制技术、光机电技术、软件技术；中游是基于信息技术的数字化平台；下游则涉及国防科工、航空航天、汽车摩配、家电电子、医疗卫生、文化创意等众多行业，其发展深刻影响着先进制造业、工业设计业、生产性服务业、文化创意业、电子商务业及制造业信息化工程，是设计和影响全局的技术。但在中国工业转型升级、发展智能制造业的相关规划中，对3D打印技术发展的总体规划与重视明显不足。第二，中国尚未对3D打印行业建立统一的标准。行业共性标准对行业发展具有决定性意义，但因国内目前整个行业整合度较低，大大制约了3D打印技术与制造在国内的大规模商业化进程。第三，3D打印原材料供给不足已成为制约3D打印技术在中国发展的主要障碍。由于3D打印技术的耗材在整个制造过程中起着决定性的作用，而中国3D打印材料主要依赖于国外进口，过高的材料成本也成为阻碍3D打印发展的原因之一。

以3D打印为代表的增材制造技术是对传统的减材制造技术的一种颠覆，中国应遵循市场主导、政府引导、创新突破、应用引领的基本原则，前瞻布局关键共性核心技术，重点推进3D打印装备的产业化，促进装备、材料、软件的同步发展，加强3D打印技术在重点行业领域的应用推广。第一，成立国家公共技术平台，加强产学研用合作。增强自主创新能力，加强基础理论与技术原始创新，重点推进关键核心技术攻关。第二，形成完整的产业链。第三，开展应用示范推广。第四，加强国际交流合作。第五，建立政策支撑体系，加大资金投入力度，完善技术人才引进与培养政策，完善市场培育、应用与准入政策，并进行必要的行业监管。

二、机器人技术

（一）工业机器人技术趋向成熟，检测认证制度日渐完善

1. 通用机器人朝人机协作方向发展

2016年6月，库卡推出最新研发的KR 3 AGILUS，采用6轴轻量设计，最大负载3千克，最大工作范围541毫米，重复精度±0.02毫米，其紧凑的单元设计和多样的安装方式适合需要在狭小空间内进行生产的小型工件和产品。KR 3 AGILUS则成为针对微型工件及产品生产的优秀解决方案，广泛适用于小型部件装配、拾取与放置、螺接、焊接、黏结、包装、检测或检验等应用，尤其适用于对空间和精准度要求极高的电子行业。

2016年7月，安川电机与日本某制药公司联合开发出面向生物医药等专业的一款5千克级双臂机器人BMDA5。这款机器人目前已走进日本多所高校实验室。此外，安川MOTOMAN家族增加了新成员MOTOMAN-HC10，这款机器人可在没有

安全栅的空间内与人一同工作。

2016 年 7 月，谷歌推出一款通用 7 轴机器人样机。该原型机配备了先进的机械手爪，可使用特殊的平行二指手爪完成并行抓取动作，抓握放在平躺表面的物品，如剪刀等较薄的物体。同时，它可以使用相机对物体进行定位和识别，可以观察周围环境，通过视觉系统的引导确定自己的位置，并将末端执行器移动到正确的位置，力矩传感器则可以及时反馈是否抓牢物品。而且机器人的感觉系统主要用来收集机器人工作过程中的数据，当多个机器人从事相同工作时，通过数据共享可以让更多的机器人学会一项技能。这种方式将大大降低机器人学习的时间，减少示教编程时间的花费。

2. 其他构型机器人易用性日益提高

2016 年 1 月，ABB 推出首款 SCARA 产品——IRB 910SC 系列机器人。作为 ABB 小型机器人家族的新成员，ABB IRB 910SC 系列机器人的最大负载达 6 千克，所有型号均为模块化设计，通过配置不同长度的连杆臂，分别提供 450 毫米、550 毫米和 650 毫米三种不同的工作范围。ABB 的 SCARA 家族产品设计适用于需要快速、重复、连贯点位运动的应用，如码垛、卸垛、上下料和装配等，尤其在进行小型部件装配时具有循环周期快、精度高、可靠性强的特点。SCARA 产品还适用于实验室自动化和处方药品分配。SCARA 系列产品为桌面安装型，防护等级达 IP54，可以实现最佳的防尘防水保护。

3. 中国正式建立实施机器人检测认证制度

2016 年 11 月，国家发展和改革委员会、国家质量监督检验检疫总局、工业和信息化部、国家认证认可监督管理委员会在上海举办的“2016 国际机器人检测认证高峰论坛”上向全球发布“中国机器人”认证标志，同时颁发了首批中国机器人产品认证证书。这标志着中国已正式建立实施机器人检测认证制度，中国机器人标准检测认证体系取得实质性进展，也预示着技术标准、质量规范、章程制度将在未来机器人产业发展过程中扮演更重要的角色。

4. 机器人协同作业标准 ISO15066 发布

2016 年 2 月，国际标准化组织（International Organization for Standardization，ISO）颁布了备受业内期待的“ISO/TS 15066 协作型机器人设计标准”，此文件对 2011 年出版的 ISO10218-1 和 ISO10218-2 工业机器人安全标准做了进一步的补充和支持。该标准详细描述了人机协作的概念和要求，可以作为机器人系统集成商在安装协作型机器人时进行风险评估的指导性和综合性文件。除了安全设计和风险评估的要求，ISO/TS15066 还展示了机器人速度、压力对人体特定部位冲击所造成的伤害临界值等方面的研究成果。

（二）特种机器人的应用领域逐渐拓宽

1. 军用机器人有望取代人类战士

2016 年 5 月，俄罗斯最新研制了一款军用机器人“伊万的终结者”。该机器人由俄罗斯先进技术研究基金会设计，可以由穿着特殊装备的操控者进行远程控制，操控者颈部、手和肩部带着传感器，令该机器人准确模仿人类的活动，甚至可以模拟驾驶汽车。其未来目标是可以在战场或者其他危险情况下取代战士。

2016 年 2 月，谷歌旗下的波士顿动力公司发布了最新升级版的 Atlas 人形机器人。Atlas 机器人主要由波士顿动力公司开发，由 DARPA 资助和监督，专为各种搜索及拯救任务而设计。Atlas 借助于四肢和身躯的传感器维持身体平衡，利用头部的激光雷达和立体视觉传感器帮助导航和避障，已经能够适应户外和室内的环境，不仅能行走、取物，还能在户外穿越严酷地形，使用手脚攀爬，可单脚站在一块 2 厘米宽的胶合板上并使用与人类大致相同的方式保持平衡。

2016 年 5 月，美国康奈尔大学和意大利技术研究所在陆军和空军的部分资助下研发出一种称为“超弹性发光电容器”的新型皮肤，相关研究论文发表在《科学》杂志上。该皮肤由薄橡胶片制成，能够发出冷光。该橡胶薄片由透明水凝胶电极层夹芯硫化锌荧光剂掺杂的介电弹性体层构成，橡胶片中有能够单独控制像素的阵列，可使皮肤像章鱼皮肤一样发生变色。Atlas 人形机器人将成为首个安装该皮肤的机器人，从而使其外观与人类更相似。作为人类生活的一部分，机器人与人类情感的联系以及随着情绪或周围环境的变化而改变颜色的能力是至关重要的。而为机器人添加皮肤，赋予它们人类的特征，则能够加强人类对它们的情感，对进一步理解人机关系具有重要意义。

2. 水下机器人在深海科考中发挥重大作用

2016 年 1 月，中国自主研发的 4 500 米级自主水下机器人“潜龙二号”在西南印度洋成功下潜至 1 600 米指定位置，并在复杂的海底环境下自主航行作业，获得了该区域的精细海底地形地貌图，实现了它在洋中脊海底的首次勘探。“潜龙二号”全称为“4 500 米级深海资源自主勘查系统”，通过一套 4 500 米级水下机器人系统平台集成了热液异常探测、微地形地貌测量、海底照相和磁力探测等技术，用于深海资源勘探。执行任务期间，“潜龙二号”表现出了稳定的航行能力和避碰控制能力。其中，单次下潜最大探测时间超过 32 小时，最大航行深度超过 3 200 米。4 个连续长航程的成功探测创下了中国深海自主水下机器人之最，填补了中国深海硫化物热液区自主探测技术装备的空白。

2016 年 8 月，中国自主研制的“海斗”号水下机器人在首次万米深渊科考中成功应用创造了中国水下机器人的最大下潜及作业深度记录。“海斗”号是中国第一台下潜深度超过万米并完成全海深深渊科考应用的水下机器人，为中国获得了首次超过万米的全海深剖面温盐数据。“海斗”号在进行万米深潜时，其整机系统需要承受约 110 兆帕的外界海水压力，外围的浮力材料、密封舱内部的承压元器件以及动力推进系统都具备很高的抗压能力。“海斗”号利用补偿式承压密封原理，实现了整机系统在万米压力条件下的可靠有效工作。

3. 空间机器人帮助人类完成太空探索

2016 年 5 月，NASA 与美国东北大学、麻省理工学院的科学家合作制造了一个太空机器人，名为“瓦尔基里”。这款机器人不光外形跟人类极为相似，还可以双腿直立行走，完成一些基本任务。其动力主要源于电池，可持续使用一个小时。这款太空机器人能够和人类一起工作，代替人类完成一些人类不能完成的任务，或者代替人类到达一些目前人类不能到达的地方，如探索火星这类高危太空任务。

2016年10月，俄罗斯启动了太空机器人Spotty的研制计划；俄罗斯联邦航天局计划于2017年联合VK社交媒体把Spotty送入国际太空站，从外太空采集发送视频和图片，并搭建VK用户与宇航员的交流平台。俄罗斯联邦航天局表示，Spotty上安装了投影设备，VK用户可以接收国际太空站的视频直播，还可以收到来自国际太空站的图片和视频，并且与宇航员交流。

NASA于2016年10月研发了一款风化层高级表面系统操作机器人（regolith advanced surface systems operations robot，RASSOR）探测器，这款机器人可以对星球表面物质进行开采，收集与水、氧气、火箭燃料等有关的成分。未来如果能实现地外行星的燃料补给，将大大减少运载火箭的重量和成本。

（三）服务机器人技术渗透到生活的方方面面

1. 医疗机器人在辅助医护人员开展诊疗过程中发挥作用

2016年6月，澳大利亚墨尔本迪金大学的智能系统研究所（Institute for Intelligent Systems Research and Innovation，IISRI）研发出一款具有触感的医疗机器人。医生可以通过这款医疗机器人为病人远程诊疗，对病人进行腹部超声波扫描检查。机器人扫描病人腹部时会量度病人的不适程度，并通过网络实时地将这种感觉传送给远方的超声波检查医生或放射治疗师，让他们了解病人的情况，从而判断病人的内脏是否有异样。

2016年5月，美国麻省理工学院、英国谢菲尔德大学等机构组成的国际研究团队在国际机器人与自动化大会上演示了一种可装入胶囊的小型折叠机器人，它能自动展开并靠外部磁场驱动在胃壁上爬行，清除附着在胃壁上的异物并修补组织伤口。该机器人由两层结构材料和一层热收缩材料制成，中间层材料是制香肠用的干猪肠衣，外层刻有特定花纹，中间层受热收缩时，外层花纹决定着它如何折叠。它靠接触点摩擦力黏在胃壁上，以一种“黏附-放松”的方式自动前进，褶皱中心有一个永磁铁，能随体外磁场变化而动，以此控制机器人运动。

2016年7月，新一代护士机器人“维纳斯”开始在上海仁济医院进行服务。该款机器人可以自动配药，帮助医护人员完成每天100～150袋的化疗药冲配，满足医院日间化疗中心90%的需求。这意味着静脉药物配制进入了更加洁净、精准、安全、智能的“机器人时代”。

2016年10月，“百度医疗大脑”的首个产品化项目以“对话机器人”的形式发布。据百度介绍，“百度医疗大脑”是通过海量医疗数据和专业文献的采集与分析来进行设计的人工智能产品，它可模拟医生问诊流程，与用户多轮交流，并可依据患者症状，提出具有针对性的问题，反复验证，给出最终治疗建议。在问诊过程中机器人可以收集、汇总、分类、整理病人的症状描述，为医生提出更多可能性结果，辅助基层医生完成问诊。但目前来看，这项技术还面临着用户意图的定义不清、用户描述过于口语化、系统多样性不足和数据量有限的问题。

2. 安保服务机器人智能化程度越来越高

2016 年 4 月，中国人民解放军国防科技大学在在第十二届重庆高新技术成果交易会上推出一款名为“AnBot”的智能安保服务机器人。“AnBot”是中国首款集安全保护与智能服务于一体的智能安保服务机器人，在低成本自主导航定位技术、智能视频分析技术等关键技术上均有重要突破。“AnBot”高 1.49 米，重 78 千克，腰围直径 0.8 米，最大行进时速为 18 千米，巡逻时速为 1 千米。头部装有类似人脑及耳目的智能系统和传感器等装置，集成了地图同步构建及定位、动态路径规划、深度学习智能大脑、视频智能分析等先进技术，具有自主巡逻、智能监控探测、遥控制暴、声光报警、身份识别、自主充电等多种功能。其“安保 + 服务”的设计理念和“事中处置”的首创功能，对提升国家公共安全和反恐防暴能力具有重要意义。

3. 家庭作业机器人在监控和陪护等方面的应用越来越广泛

2016 年 5 月，国内机器人公司科沃斯推出了全新的家庭服务机器人 Unibot。Unibot 在科沃斯既有产品组合的基础上加入了人工智能的部分功能。除扫地功能外，Unibot 可以通过不同形式的组合加入净化、加湿等模块，并通过智能导航（Smart Navi）技术熟悉家里环境，让任务落地。Unibot 的推出，带来了一个全新的智能家居解决方案，代表了服务机器人从工具向管家的跨越。

2016 年 2 月，LG 推出了球形机器人产品 Rolling Bot，借助 LG Friends APP 进行控制。该机器人拥有可上下 15° 调节的 800 万像素摄像头和嵌入式红外遥控传感器，而且内置扬声器和麦克风，在用户离开家的时候其可来回滚动监控家中情况。用户可以使用手机 APP 对其进行控制。LG Rolling Bot 的推出，标志着服务机器人与手机等智能移动终端的联系越来越紧密。

2016 年 6 月，苏州智能机器人公司美好明天在 2016 年北京国际服务机器人核心技术及应用大会上推出了全球首款家庭智能陪护机器人“大智”。该机器人系统采用嵌入式底层控制器、机载微型电脑和云脑的分布式体系架构，系统基于智能化语音交互、人脸识别、自主学习及自我健康评价等先进技术，采用机器大数据、云计算与机器人技术相结合，使机器人拥有听觉视觉和嗅觉功能，实现了对特定人定点和定时的智能化、个性化、安全陪护。这使得“大智”成为全球首款真正意义上的智能陪护实体机器人。

2016 年 6 月，Pillo Health 公司推出了一款 Pillo 家庭健康机器人。这款机器人结合了机器学习、面部识别、视频会议和健康助手功能，可提醒用户按时吃药，识别用户的声音和面部特征，在合适的时间分配药物。此外，Pillo 机器人还能够回答一些健康和疾病相关的问题，同时用户可以通过 Pillo 机器人与职业医生进行视频会话。Pillo 机器人的发布，预示着服务机器人在家庭陪护领域将发挥越来越重要的作用。

4. 娱乐休闲机器人与人类交互能力越来越强

2016 年 9 月，谷歌收购了初创企业 API.ai，并借此进军聊天机器人领域。API.ai

拥有一个供开发者建立聊天机器人（Chatbot）的平台，其聊天机器人既可以单独作为一款APP，也可以作为其他软件中嵌入的功能，完成与使用者之间的交互。目前聊天机器人的开发主要依靠人工智能技术，谷歌、苹果、Facebook、微软与亚马逊都认为人类和机器进行对话将成为未来的潮流。为了理解人类语境文化，API.ai开始打造出类似于苹果Siri的聊天机器人，这种聊天机器人能够理解人类说话的含义并进行回应，在此基础上，聊天机器人也可以与其他的平台进行融合。

2016年1月，英特尔联合小米投资的NineBot以及之前被NineBot收购的赛格威（Segway），推出了一个可以变成机器人的平衡车Hoverbutlerbot。这是一个使用了英特尔RealSense技术的开放式平台，采用了英特尔处理器和全新英特尔实感ZR300摄像头，能够穿过复杂的环境，并与用户及其家中的传感器进行智能互动。Hoverbutlerbot的推出为移动机器人爱好者提供了一个开源平台。

5. 服务机器人的新应用值得关注

2016年5月，国家地震台网利用写稿机器人迅速进行了四川绵阳地震信息的播报。这款智能写稿机器人针对四川绵阳发生地震，发布了一条题为《绵阳安州发生4.3级地震》的新闻并流传于网络。这条新闻内容详尽，包括地震参数、当地地震历史信息、地震周边乡镇的基本情况、地震所在县的行政情况，图文并茂，内容丰富。机器人整个写稿过程只花了6秒钟，自动写作，自动发布。

三、3D打印技术

2016年，3D打印技术在各个领域得到飞速发展和应用，3D打印的行业格局正在发生变化。当前，生物医疗领域的应用增长迅速，成为3D打印重要阵地。工业巨头已经认可3D打印在灵活性和效率提升方面的能力，将3D打印作为战略性工具加大投入。商业模式的持续创新将带动3D打印技术在更大范围的推广普及。

（一）生物3D打印技术推进医学发展

1. 3D打印人造骨骼有望彻底治愈关节疾病问题

2016年2月，加拿大滑铁卢大学科学家研发出3D打印人造骨骼新方法。科学家使用一台3D打印机以钙磷粉为材料开发定制植入物。3D打印的植入物不仅在表现上与骨骼类似，而且可被生物吸收，即人体可以用它来生长新的骨骼。经过一段时间，植入物将消失并被真正的骨骼完全取代。研究证明这种材料可与骨骼高度兼容，身体可以直接在其植入物中长出新骨，该方法为彻底治愈关节疾病打开了大门。

2. 3D打印的心脏瓣膜让患病儿童不再需要多次手术

2016年3月，美国丹佛大学研究人员使用生物3D打印机打印出了人造心脏瓣膜。研究人员主要根据病人的核磁共振成像（magnetic resonance imaging，MRI）和计算机断层扫描（computed tomography，CT）数据来3D打印出心脏瓣膜的复制品，与病人心脏瓣膜的形状完全匹配。目前的假体瓣膜不能随着儿童的成长而成长，而生物3D打印技术可通过设计组织工程瓣膜，植入一个可以跟随儿童一起成长的心脏瓣膜，使得患儿无须多次手术不断更换主动脉瓣膜，这对先天性心脏病的治疗具有重要的意义。

3. 可创建肿瘤模型的新型 3D 打印材料

2016 年 3 月，澳大利亚昆士兰科技大学的研究人员开发出一种全新的 3D 打印材料。这种新材料是一种明胶基水凝胶，可用以创建肿瘤模型，并针对目标肿瘤进行多重、同步测试以找到正确的治疗方式，从而为快速、个性化的癌症治疗开辟了道路。

4. 用于骨骼疾病研究的 3D 打印生物组织

2016 年 6 月，美国 3D 打印公司 Organovo 将与美国加利福尼亚大学旧金山分校合作研发以用于骨骼疾病研究的 3D 打印生物组织。该组织由无机的 3D 骨架和活细胞组成，可有效修复损坏的骨骼组织并促使其生长。此外，利用 3D 打印的生物组织比原先利用培养皿所得到的组织在结构观测上更清晰、更直观，这对骨骼疾病领域的研究具有重要意义。

5. 世界首个 3D 打印人工脊椎植入成功

2016 年 6 月，中国北京大学第三医院宣布世界首个金属 3D 打印人造脊椎植入项目顺利完成。该金属 3D 打印的人造脊椎长约 19 厘米，其特殊之处在于它可通过金属 3D 打印技术来实现内部海绵状微孔结构的塑造，从而达到脊椎骨细胞嵌入生长的要求，并最终实现骨融合。该项研究成果标志着中国 3D 打印技术正式开启人工椎体时代。

6. 适用于面部重建的 3D 打印软骨技术

2016 年 7 月，英国斯旺西大学医学院和可再生材料公司 American Process Inc. 合作研发出用于面部重建的软骨组织。研究团队通过在人工软骨支架上 3D 打印人体细胞，从而培养出完全与患者解剖形状相匹配的定制化面部软骨组织。该组织在植入人体后能够长期存活，不会被人体吸收，并且具有生物相容性，可以替代面部整形手术中使用的塑料或钛金属植入物。该项研究成果可有效地降低整形外科手术中免疫排斥的风险，为实现 3D 打印可移植复杂器官的目标奠定了坚实基础。

（二）3D 打印技术与装备不断推陈出新

1. 中国自主研制高精度金属零件激光 3D 打印装备

2016 年 4 月，中国华中科技大学和武汉新瑞达公司研制出目前世界上效率最高、尺寸最大的高精度金属零件激光 3D 打印装备。该装备基于自动铺粉的激光选区熔化成型技术，可制造各种复杂精密金属零件，成型效率高出同类装备 20% ～ 40%，已达到国际先进水平。该装备在航空航天领域有广泛应用空间。

2. 超声波金属 3D 打印技术提高精密智能部件加工可行性

2016 年 6 月，德国 Fabrisonic 公司研发出一种新型混合制造技术——超声波金属 3D 打印，该项技术的核心是利用超声波焊接并采用铣床切割密集堆放的金属箔。与传统增材制造技术相比，该项技术在加工中保证了金属不被融化，且可在低温环境下将传感器嵌入金属内部。该项研究成果不仅大大降低了金属 3D 打印的制造工序，更提高了精密智能部件加工的可行性。

3. 高速金属 3D 打印系统提高 3D 打印效率

2016 年 7 月，荷兰 Hyproline 联盟研发出全球首个高速金属 3D 打印系统 PrintValley。该系统可利用不锈钢、钛金属或铜材料 3D 打印定制或小批量的金属部件。PrintValley 系统是一个高效的循环输送系统，其中包含了 100 个独立搭建的平台，每个平台都可在同一时间进行定制零件或小批量金属零件的生产。该系统的研发可有效地缩减增材制造的生产周期，实现了高精度，低能耗的目标。

4. 中国首创铸锻一体化 3D 打印技术

2016 年 7 月，中国华中科技大学主导研发出一项金属 3D 打印技术——智能微铸锻。该技术将金属增材制造技术与锻压技术合二为一，大幅度提升了制件的强度和韧性，延长了构件的使用寿命。利用此项技术，人们可实现薄壁金属零件的打印，同时大大降低了设备投资和原材料成本。该项技术打破了 3D 打印行业存在的金属抗疲劳性严重不足这一最大障碍，有望开启人类实验室制造大型机械的新篇章。

5. 在光纤上 3D 打印复杂结构的精确技术

2016 年 8 月，美国加利福尼亚大学伯克利分校和劳伦斯伯克利国家实验室等多家机构研究人员联合开发出可在光纤上 3D 打印出复杂结构的精确技术。这种技术可以在直径仅有 125 微米的光纤顶端 3D 打印出非常细微且高度复杂的结构。这项新技术为光学结构设计的可重现性、灵活性提供了许多好处，而且比传统方法便宜得多，从而为包括生物传感器、光阱和电信在内的众多应用打开了大门。

（三）3D 打印的新产品层出不穷

1. 3D 打印制备出世界最轻材料

2016 年 3 月，中国哈尔滨工业大学与美国一些大学的研究人员合作利用 3D 打印技术制备出世界上最轻的材料——超轻石墨烯气凝胶。该材料具有复杂微观结构，密度低至每立方米 0.5 千克，不到空气密度（约 1.2 千克 / 米 ^{3}）的 1/2。该材料在多功能材料、柔性电子器件、储能单元、传感器件、生物化学催化载体、超级电容器等领域具有广阔的应用前景。

2. 3D 打印无人机

2016 年 5 月，法国空客公司已经设计、制造甚至成功测试了一架完全 3D 打印而成的无人机 Thor，这表明空客公司正在不断推动 3D 打印技术在航空制造业的应用。Thor 无人机由大约 50 件部件组成，除了两部电动马达和远程控制系统外，所有部件均采用 3D 打印技术制造，空客计划根据实验测试结果持续对其进行以天为周期的快速迭代开发。

3. 3D 打印新型飞机发动机

2016 年 7 月，全球著名飞机制造商德事隆航空（Textron Aviation）与通用航空（GE Aviation）采用 3D 打印技术联合研发出低油耗航空发动机。该发动机采用钛与不锈钢 3D 打印而成，可有效减少零部件的数量，其油耗降低了 20%，但功率却提高了10%，同时大大延长了工作寿命。据预计，该款新型发动机有望在未来25年内为公司带来400亿美元的收益，这对全球民航发动机的研究发展具有里程碑式的意义。

4. 3D打印纳米级电子器件

2016年8月，美国Optomec公司宣布，其溶胶喷射技术（aerosol jet technology，AJT）已经可以实现在微米尺度上带嵌入电子元件的3D聚合物和复合结构的打印。该公司宣称，这一突破将能够有效降低电子通信产品（如智能手机）和生物医疗产品的尺寸和成本，为电子和生物医药行业开发成本更低、尺寸更小的下一代产品带来巨大的应用前景。

5. 3D打印出大容量电池

2016年7月，中国台湾成功大学宣布在实验室实现了3D打印电池。3D打印电池不仅简化了过程，打印出来的电池还具有体积更小、效率更高、电容量更大、充放时间更短等优点。由于打印所需的时间很短，能够在短时间内打印大量电池，3D打印电池适合定制化，因而摆脱了3D打印不适合大量生产的刻板印象。

6. 3D打印油水分离撇油器

2016年8月，中国科学院将3D打印制造技术与传统表面工程手段相结合，成功研制出可3D打印的油水分离撇油器。这种设备能够实现水面浮油的高效分离与收集。未来基于这种3D打印油/水分离制造技术的组件可直接搭载于舰船上，在溢油现场进行快速、高效、低成本的海洋清污工作。

7. 3D打印制作出125微米微型透镜

2016年8月，德国斯图加特大学的研究人员利用3D打印技术通过一系列复杂的工艺制造出了目前世界上最小的透镜，其尺寸仅有人类发丝直径的两倍。研究人员直接在光纤的前端，打印出直径与高度均仅有125微米的微型透镜，这种微型透镜可用于制作盐粒般大小的微型相机和实现小型化的内镜，未来将为医疗成像、秘密监控、机器人与无人机技术带来革命性进展。

四、新一代信息技术与智能制造

（一）物联网技术持续高速发展

物联网在2016年继续高速发展，并由小范围局部性应用向较大范围的规模化应用转变。各个行业领先企业纷纷布局物联网，在工业、信息等领域，物联网正被广泛应用，并得到飞速发展。

1. SAP公司20亿欧元投向物联网

2016年9月，SAP宣布在未来5年内将投资20亿欧元帮助企业和政府机构利用不断增加的传感器、智能设备和大数据来实现基于物联网的转型，并从中获得收益。SAP计划加大销售和营销力度，扩展服务、支持和联合创新，并扩大物联网市场由合作伙伴和初创企业组成的生态系统。推出由物联网解决方案组成的“工业4.0”解决方案包，为客户实施数字化战略提供支持。此外，SAP 还计划在世界各地建立物联网实验室，围绕“工业 4.0”和物联网，与客户、合作伙伴及初创企业开展合作。

2. 华为与通用电气建立战略合作伙伴关系，加速工业互联网联合创新

2016 年 7 月，华为与通用电气公司联合宣布双方建立战略合作伙伴关系，共同加速工业互联网创新应用的开发，支持工业客户的数字化转型。通过这一合作，双方将基于通用电气创新的 Predix 工业互联网应用平台以及华为领先的物联网网关、网络控制器、连接管理平台、大数据计算平台等信息通信技术及基础架构进行联合创新，携手开发、推广和交付新型工业数字化和自动化解决方案，并进一步加速基于云化的工业数字化应用的部署及推广。

3. 芯片巨头高通猛攻物联网，巨资收购恩智浦半导体

2016 年 9 月，芯片巨头高通与荷兰恩智浦半导体洽谈收购事宜，交易金额高达 470 亿美元。高通专注于移动通信领域，恩智浦聚焦于车用半导体领域。二者通过并购，可以在各自传统业务外获得新的增长点，尤其是高通可快速实现以车联网为代表的物联网等领域的技术和专利积累。

4. 全球首家蜂窝窄带物联网落地

2016 年 10 月，全球首家蜂窝窄带物联网（narrow band-IoT，NB-IoT）于中国深圳落地。NB-IoT 是全球最先进的物联网技术之一，具备低功耗、广覆盖、低成本和海量连接四大特点。丰富的技术优势使得 NB-IoT 被业界认为是智能抄表、智能停车、智能路灯、智能跟踪、可穿戴设备、智慧农业、智慧园区等 LPWA（low power wide area，即低功耗广覆盖）应用场景的最佳物联网技术之一。

（二）工业互联网升级关键工业领域

工业互联网将互联网与信息技术和制造业融合到一起，具备了与互联网相似的特征。产业和应用环境的进步会促进创新、推动企业产业的发展，反之也会促进互联网技术和理念在工业上的渗透。工业互联网在发展过程中正逐步呈现平台化和生态化的特性，各行业中的领先企业正积极布局工业互联网，并围绕自身产业建立自己的应用和生态环境。

1. 金蝶携航天云网共同打造中国工业互联网平台

2016 年 8 月，中国金蝶软件公司与航天云网在北京签署了战略合作协议，双方在金蝶云系列产品方面开展全面合作，共同打造中国工业互联网平台。本次战略合作协议的签署标志着“工业互联网 + 云 ERP”理念的全面落地，意味着制造执行系统（manufacturing execution system，MES）系统和企业资源计划（enterprise resource planning，ERP）系统的深度结合，打通了供销存、人财物与生产制造、产成品管理的产业链。本次合作标志着金蝶作为民族软件行业的先行者与航天云网的“工业 4.0”“工业制造 2025”的一次完美的结合，是工业互联网与企业管理应用软件深度融合的里程碑。

2. 工业互联网联盟公布《工业互联网安全性架构》

2016 年 10 月，工业互联网联盟（Industrial Internet Consortium，IIC）日前公布了工业互联网安全性架构，这是 IIC 上年公布的工业互联网系统架构的附属，旨在推动产业界对工业互联网系统的安全保障方法达成共识。该架构为工业互联网的开发者提供了指南，规定了涉及安全性、隐私权、复原力、可靠度及防护性的细节，将有助于企业管理及保护旗下组织。

3. 中德两国联合研制“工业 4.0”智能制造生产线

2016 年 11 月，中国科学院沈阳自动化研究所与德国 SAP 公司联合研制出“工业 4.0”智能制造生产线。作为世界互联网大会上的 15 项领先科技成果之一，“工业 4.0”智能制造生产线是中德科技合作的典型成果，体现了两国总理提出的“中国制造 2025”与“德国工业 4.0”对接的指导思想，为中国制造和德国制造在技术、标准和市场的全面对接提供了坚实基础。该成果选在互联网大会上推出，也充分显示了新一代互联网技术对智能制造的支撑作用。

（三）工业大数据提升全球市场竞争

大数据作为新一代信息技术和产业发展的重要方向，对制造业研发设计、生产制造、经营管理、销售服务等全产业链具有重要影响。

1. IBM、谷歌等推出开放规范，大幅提升服务器性能

2016 年 10 月，IBM、谷歌等 7 家公司联手推出了一个开放性规范，希望将数据中心服务器的性能提升 10 倍以上。这一规范被称为“OpenCAPI”（open coherent auelerator processor interface，即开放相干加速器处理器接口），它是一个提供高带宽、低延迟开放接口设计规范的开放论坛。开放接口将有助于企业和云数据中心提高大数据、机器学习、分析和其他新兴负载的运行速度。OpenCAPI 规范于 2016 年底前正式上线，应用新标准的服务器和相关产品预计将在 2017 年下半年发布。

2. 华为助力 Informatica 大数据集成解决方案及其扩展应用

2016 年 9 月，华为与美国企业数据集成软件提供商 Informatica 共同宣布，Informatica PowerCenter 数据集成解决方案通过华为 Ready 测试。该方案部署在华为 FusionInsight 大数据平台之后，将可提供基于 Hadoop 大数据平台的 ETL（extract-transform-load，即抽取、转换、装载）处理功能。该技术包含图形化功能强大的 ETL 处理引擎，能够实现无与伦比的高可扩展性和高性能，为大数据平台提供数据采集、数据转换、数据质量提升及低延时数据同步等能力，从而能够让企业快速、准确地从海量数据中提取关键业务从而进行洞察。

3. 大众扩建慕尼黑数据实验室以研发人工智能技术

2016 年 9 月，大众集团宣布将加强其德国慕尼黑数据实验室的研发实力，并致力于人工智能技术的研发。大众数据实验室在 2014 年成立，主要致力于人工智能的研究，同时还开发机器学习技术和汽车数据科学。数据实验室的研究团队将继续发展无人驾驶技术和机器人学，主要研究方向包括机器学习技术，以及引导机器人和传感

器加强识别能力，以对行驶中遇到的物体和不同情形做出辨识。

五、智能工厂相关技术

智能工厂是现代工厂信息化发展的新阶段，是在数字化工厂的基础上，利用物联网的技术和设备监控技术加强信息管理与服务。智能工厂能够清楚掌握产销流程，提高生产过程的可控性，减少生产线上的人工干预，实时、正确地采集生产线数据并合理地编排生产计划与生产进度，同时利用绿色智能的手段和智能系统等新兴技术，构建一个高效节能、绿色环保、环境舒适的人性化工厂。2016 年，以智能制造为核心的新工业革命成为国际社会关注的焦点，以物联网为代表的“互联网 +”与制造业的深度融合将加快催生智能制造系统平台。

（一）制造运行系统为企业打造制造协同管理平台

2016 年，制造运行系统作为智能工厂在生产过程中进行管理与控制的软件系统，在传统的信息技术和自动化技术的基础上与工业云、大数据、移动互联等互联网技术深入结合，进一步提升了制造运行系统未来在工业互联网中的应用。

1. 西门子推出 MindSphere 开放工业云

2016 年 4 月，西门子在汉诺威工业博览会上推出了西门子工业云平台 MindSphere。该平台被设计为一个开放的生态系统，工业企业可将其作为数字化服务的基础，如在预防性维护、能源数据管理以及工厂资源优化方面，特别是机械设备制造商及工厂建造者可以通过该平台监测其设备机群，以便在全球范围内有效提供服务，缩短设备停工时间，开创新的商业模式。

2. 罗克韦尔自动化借助 FactoryTalk Batch View 软件扩展其移动生产能力

2016 年 9 月，罗克韦尔自动化（Rockwell Automation）推出了全新 FactoryTalk Batch View 自动化软件。它可以提供直观且可扩展的用户界面，并适用于手机、平板电脑以及 PC 等多平台。FactoryTalk Batch View 软件适合工作站架构存在限制且在全厂中需要有多个接入点的大型工厂使用。凭借为用户量身打造的个性化用户配置文件，组织中各个层级的员工都可采用移动的方式时刻关注其生产过程的运行状况。无论是在工厂车间还是生产办公室，用户都能够通过一致的用户界面实时访问过程信息并进行过程交互。

（二）全面管理产品生命周期的数据信息

1. 罗克韦尔自动化公司自动化软件可简化生命周期管理并实现智能资产管理

现代生产环境中拥有成百上千的资产，随着工业互联网的兴起，资产的智能识别与库存管理依然是一项挑战。2016 年 6 月，罗克韦尔自动化推出了自动化 FactoryTalk AssetCentre v7.0 软件，该软件可在整个工厂或生产运营范围内自动发现设备、网络交换机及工作站计算机软件，并跟踪其状态。FactoryTalk AssetCentre可简化生命周期管理，帮助减少意外停产时间，提高一系列运营任务的效率。

2. 法国达索推出 SOLIDWORKS 2017

2016年9月，法国3D打印系统提供商达索公司宣布发布新一代机械设计软件系统SOLIDWORKS 2017。SOLIDWORKS 2017可通过集成式的应用帮助创新人士设计、验证、协作、构建和管理产品开发流程，提供满足无纸化制造需求的新功能，并支持基于模型的定义和印刷电路板（printed circuit board，PCB）设计，改进了团队和网络之间的无缝协作功能。

2016 年世界航天技术发展报告

2016年，在世界经济发展增速放缓的情况下，主要国家将目光投向太空领域，出台了多项航天发展战略与规划，并持续开展太空探索与开发利用活动。2016年，世界航天科技发展在卫星技术、运载火箭技术、太空探索技术等方面均取得重要进展。2016年，全球共有8个国家/地区进行了85次航天发射，共将186颗卫星、2个太空探测器、5艘载人飞船以及8艘货运飞船送入太空。在卫星技术领域，美国完成第二代全球定位系统（global positioning system，GPS）的现代化升级改造，欧洲成功发射全球首个业务型卫星激光通信载荷，中国首颗量子科学实验卫星“墨子号”升空。在运载技术领域，中国实施的新一代运载火箭工程取得标志性进展，美国“猎鹰-9”火箭首次成功实现第一级海上浮动平台垂直回收。在太空探索技术领域，美国政府继续坚持21世纪30年代实现载人探索火星的发展目标，SpaceX首次提出2025年后登陆火星以及建立火星基地的目标。

一、世界航天技术发展重要动向

2016年，主要国家积极谋划未来航天发展。美国白宫出台“推动小卫星革命”倡议，推动小卫星在政府航天计划中的应用。俄罗斯通过《2016～2025年联邦航天计划》草案，明确未来10年的三大优先发展方向。中国发布《2016中国的航天》白皮书，规划未来5年航天发展主要任务。

（一）主要航天国家制定航天发展战略与政策推动航天产业发展

1. 美国发布“推动小卫星革命”倡议

2016年10月，美国白宫科学和技术政策办公室发布“推动小卫星革命”倡议，提倡NASA、国家海洋与大气管理局（National Oceanic and Atmospheric Administration，NOAA）、国防部及其他联邦政府机构，为小卫星发展提供帮助，利用小卫星所提供图像或数据。1月，NOAA发布《商业航天政策》，明确指出将利用商业航天满足气象观测需求的背景、目标、用途、原则、措施以及管理机构，特别指出将关注小卫星的应用。9月，NOAA与地理光学、尖顶全球两家公司签订价值达100万美元的采购商业气象数据的合同。与此同时，美国国家地理太空情报局（National Geospatial-Intelligence Agency，NGA）授予行星公司（Planet Labs）价值2 000万美元、为期7个月的合同，旨在为其提供高分辨率的全球监视服务。NASA也计划在2017年投入3 000万美元用于发展小卫星，其中2 500万美元用于地球科学数据采购，剩余的500万美元将支持小卫星星座技术发展。

2. 俄罗斯确定未来十年航天发展优先方向

2016年3月，俄罗斯政府审议通过《2016～2025年联邦航天计划》草案提出，未来10年将为航天活动划拨1.406万亿卢布，并拟于2022年追加投资1 150亿卢布。该计划是一份决定俄罗斯未来10年航天发展的基础性计划文件，由俄罗斯航天国家公司（Russian Federal Space Agency，RKA）牵头起草，俄罗斯财政部、科学院、军事工业委员会等相关部门和机构参与商讨和审议。

草案提出未来优先发展的 3 个方向：一是发展通信和对地观测卫星系统及相应的运载火箭，到 2025 年，通信广播卫星将从 32 颗增至 41 颗，对地观测卫星将从 8 颗增至 23 颗，新型“联盟”和“安加拉”火箭将陆续启用，同时开展超重型运载火箭的研制；二是建造满足科研需求的航天设施，继续联合欧盟开展“火星外空生物”火星探测和机器人月球探测等项目；三是开展载人航天技术的研究，继续研制新型载人飞船，同时支持国际太空站维持运行至 2024 年，并拟于 2023 年进行新型飞船的载人首飞。

3. 中国出台《2016 中国的航天》白皮书

2016 年 12 月，中国国务院新闻办公室发布的《2016 中国的航天》是中国第四份航天白皮书。白皮书系统介绍了新时期中国航天事业发展的主要任务和基本政策，重申了中国和平探索、开发和利用外层太空的根本宗旨。白皮书总结了 2011 年以来的主要进展：一是航天科技创新成果显著；二是进入太空能力跨越发展；三是利用太空能力大幅提升；四是国际合作深化拓展。白皮书提出了未来五年的发展重点和政策措施：一是实施航天重大工程，大幅提升自主创新能力；二是建设太空基础设施，大力推动航天技术应用；三是加强太空科学研究，取得一批原创性成果；四是推动全面深化改革，营造良好发展环境；五是深化国际交流合作，增进人类社会福祉。

4. 欧盟发布《欧洲航天战略》

2016 年 10 月，欧盟委员会发布《欧洲航天战略》，提出当前全球航天竞争不断加剧，航天商业化迅猛发展，技术创新对产业的影响日益扩大，欧洲航天产业发展正面临多项挑战和机遇。该战略倡导欧盟国家强化航天技术在社会经济发展中的重大作用，打造具有国际竞争力和创造力的航天产业，保障航天行动自由和增强自主能力，提升航天国际地位和全球市场竞争力。

5. 日本确定航天发展优先方向

2016 年 8 月，日本防卫省发布首份《防卫技术战略》和《2016 年防卫技术中长期展望》等文件，规划了未来一段时期日本防卫技术和武器装备发展的方向和重点。在太空领域明确了“情报搜集”“情报共享”“稳定利用”三项核心军事能力，强调“提高卫星抗毁性、确保在发生各种事态时可持续发挥作用”，并将卫星搭载型红外传感器技术、太空监视技术、机载空中发射技术、提高任务效果技术列为未来军事航天技术领域优先发展方向。

6. 对中国的影响和启示

当前，全球航天领域竞争日趋激烈，越来越多的国家把航天置于优先发展的战略地位，航天强国更是不断调整航天发展战略。航天技术的发展推动了科学技术进步，带动了国民经济的增长，改善了人类生活水平。2016 年 4 月，习近平主席在中国首个航天日提出“探索浩瀚宇宙，发展航天事业，建设航天强国，是我们不懈追求的航天梦”。为实现由航天大国向航天强国的跨越，中国工程院提出了中国航天“三步走”战略：第一步是到 2020 年，初步建设成航天强国，若干领域达到世界领先水平；

第二步是到 2030 年，夯实航天强国基础，若干重要领域具有引领能力；第三步是到 2040 年，实现具有全球影响力的航天强国。

当前，中国航天技术发展已从跟进仿制转向创新引领，打破固有产业格局，开拓全新发展思路成为中国航天领域发展的关键。为此，中国航天科技发展应从以下三方面指引：一是应深入实施创新驱动战略，关注当前高技术领域与航天领域交叉融合的发展态势，加速航天技术创新，如重点研发可重复使用运载技术、新型卫星有效载荷技术等，为中国航天事业持续发展夯实基础；二是完善航天发展指导政策，理顺航天发展管理体制，制定保障航天又好又快发展的配套管理法规与政策，出台引导商业航天发展的顶层规划，营造有利于商业航天发展的环境氛围；三是应注重军民融合，构建军用、民用、商用航天协同发展的航天事业新格局，借助航天技术的双向转移，使军事航天技术在商业领域开花结果，并使商业航天技术能为军事航天提供更为丰富的产品与服务。

（二）运载火箭技术取得重要进展

1. 美俄稳步推进重型运载火箭研制项目

美国轨道 ATK 公司对“航天发射系统”重型运载火箭的五段式固体助推器进行了“鉴定型发动机 -2”（QM-2）点火试验，成为该型火箭研制的重要里程碑。2018 年“航天发射系统”1B 型火箭将捆绑两枚五段式固体助推器进行发射，产生的推力占火箭起飞总推力的 75%。

俄罗斯能源火箭航天集团 2016 年探讨以现有较成熟的 RD-171 液氧 / 煤油发动机和“能源”号重型火箭为基础，研制新的重型运载火箭。该研制方案预计可节约研制费用和时间，研制时间为 5 ～ 7 年。该重型火箭近地轨道（low earth orbit，LEO）运载能力将达 120 吨，必要时可通过改变火箭构型和提升发动机能力将运载能力增至 160 吨，未来将用于俄罗斯载人登月计划。

2. 中国新一代运载火箭相继首飞成功

2016 年 6 月，“长征七号”运载火箭首飞成功。该火箭是为中国载人太空站工程发射货运飞船而全新研制的新一代无毒无污染、高可靠、高安全的中型运载火箭。11 月，中国新一代大型运载火箭——“长征五号”首飞成功，该箭采用 5 米直径芯级，捆绑 4 个 3.35 米直径助推器，全箭总长 56.97 米，起飞质量约 897 吨，起飞推力约 1 078 吨。“长征五号”火箭实现多项技术创新，将中国大型运载火箭近地轨道运载能力和地球同步转移轨道（geostationary transfer orbit，GTO）运载能力分别提升至 25 吨级和 14 吨级，火箭整体性能和总体技术达到国际领先水平，可为探月工程三期、太空站工程、二代导航二期工程、火星探测等国家重大工程任务提供高性能、高可靠的运载工具。

3. 重复使用运载火箭技术取得重要突破

2016 年，美国 SpaceX 公司“猎鹰 -9”火箭先后成功完成 4 次海上回收、1 次陆上回收，标志着火箭垂直起降回收技术趋于成熟。SpaceX 公司计划 2017 年初首次利用回收火箭第一级发射商业卫星，有望将“猎鹰 -9”发射成本降低 30%。美国蓝源公司（Blue Origin）成功完成了“新谢泼德”亚轨道试验飞行器火箭助推器的地面垂直回收试验，此次试验采用2015年11月试验中成功回收的火箭助推器，首次实现航天史上真正意义的同一枚液体火箭助推器重复使用。

4. 多个航天企业提出新型低成本运载火箭研制计划

2016年，美国蓝源公司启动“新格伦”（New Glenn）运载火箭研发计划，该火箭有望于2020年前实现首飞，此后将提供商业卫星和载人飞行低成本发射服务。轨道ATK公司获得了美国空军授出的研发新型火箭推进系统合同，旨在帮助美国航天界尽早研发出火箭推进系统以结束美国航天发射活动对俄罗斯火箭发动机的依赖。俄罗斯赫鲁尼切夫中心和发射服务运营商国际发射服务公司则共同宣布将在大型“质子”号系列火箭的基础上研制中型和小型“质子”号。这些在研的运载火箭共同特点是采用低成本设计与制造技术，以满足2020年后商业卫星和载人飞行发射服务。

5. 对中国的影响和启示

目前，一次性运载火箭是承担航天发射任务的主要运载工具，其硬件成本占总发射成本的75%～80%，在发射后各级助推器会被逐一抛弃烧毁，造成了航天发射成本居高不下。随着人类开发与利用太空进程的加快，高昂的航天发射成本已成为进入太空的主要限制，各主要国家在新一代大中型运载火箭研制计划中均将降低运载火箭发射成本作为关键设计指标。其中，以美国SpaceX公司、蓝源公司为代表的私营企业独辟蹊径，探索重复使用航天技术以降低火箭发射成本。

当前，中国航天活动已进入快速发展时期，年均发射次数在20～30次，为此，发展可重复使用运载技术十分重要。中国在重复使用运载技术领域开展了大量研究工作，“十三五”期间，应进一步加大重复使用运载技术的研究力度，科学合理规划重复使用运载技术发展路线，一方面要开展伞降和垂直回收方式重复使用火箭关键技术研究，另一方面应重点关注升力体式先进重复使用运载器关键技术研究。

（三）卫星系统的持续强化推动天基信息网络建设

1. 卫星侦察监视技术在全球范围快速扩展

继美国、俄罗斯、欧洲等国家（地区）发展并完善新型侦察监视卫星体系之后，新兴国家也在借助成熟技术寻求发展天基侦察监视能力。秘鲁通过与欧洲合作，已在2016年发射了国内首颗侦察监视卫星。此外，阿拉伯联合酋长国、土耳其等国家也开展了类似合作。这些卫星的部署，加快了侦察监视技术在全球范围的快速扩展。

2. 微小卫星对地观测系统持续发展，强化连续观测能力

2016年，美国积极推动微小卫星对地观测系统的发展。美国商业航天企业，如行星公司、贝拉公司（原天空盒子成像公司）、尖顶全球公司等相继部署对地观测系统，以期实现近实时的连续观测能力。这些系统从侧重高分辨率转向重视提高重访时间，从光学成像、雷达成像等传统业务拓展到红外、视频、超光谱、气象等新业务，从而能够提供更为全面的对地观测服务。

3. 通信卫星实现星间激光通信的业务应用，促进天基信息网络化建设

2016 年 1 月，欧洲成功发射全球首个业务型卫星激光通信载荷，可使星间数据传输速率提高 1 倍以上，为低轨遥感卫星提供大容量数据的稳定实时中继服务。欧洲率先实现卫星激光通信业务应用，一方面将激励其他国家加快研制和部署激光通信卫星系统，加速卫星激光通信技术大范围实用；另一方面将推动形成以激光通信卫星为骨干的天基信息网，加快星间和星地的高速、安全信息传输，促进天基信息系统的网络化建设。

4. 导航卫星系统进入新的发展阶段，竞争与合作并存

美国、俄罗斯、欧洲、印度的导航卫星系统建设均取得重要进展，且进入新的发展阶段。美国全球定位系统的第二代卫星完成全部部署，第三代卫星的研制和部署工作稳步推进；俄罗斯“格洛纳斯”（GLONASS）-K1 新型卫星正式服役；欧洲“伽利略”系统实现初始运行能力；印度区域导航系统完成系统部署，并计划构建全球系统。这些系统的发展将为构建“全球导航卫星系统”奠定基础。同时，各大导航卫星系统彼此形成相互合作、竞争的发展态势。

5. 对中国的影响及启示

太空逐步成为新的战略优势领域。开拓天疆已成为主要国家在新一轮竞争中占据优势的重要举措。航天大国一方面着力提升军事航天能力，以强化国家安全和军事优势；另一方面积极探索新兴航天技术，加强军民融合以拓展航天技术的应用。新兴航天国家则试图通过国际交流与合作快速提升自身的航天实力。

2016 年，美国、俄罗斯等主要国家继续推进新一代军用卫星系统的更新换代，以有效提升天基信息支援能力，并使其能够满足本国打赢信息化战争的军事需求。同时，航天系统与技术发展的不断积累及其产生的影响正在引发航天领域的变革。中国应关注当前高技术领域与航天领域交叉融合的发展态势，加速航天技术创新，如小卫星技术、新型卫星有效载荷技术等，为中国航天事业持续发展夯实基础。

（四）美国及其盟国积极促进太空控制能力建设

1. 美国修订《国防部太空政策》

2016 年 12 月，美国国防部公布《国防部太空政策》（修订版）。新政策保持了《国防部太空政策》（2012 年版）的基本内容，强调遵循“增强太空环境的安全性与稳定性”“维护并增强基于太空的国家战略安全优势”“激活航天工业基础”三大国家太空安全目标，并继续构建多重太空威慑体系。新修订政策主要变化有：一是明确国防部太空政策四大目标，即慑止对美国及其盟友太空主权的侵犯，提升太空稳定性并促进负责任地利用太空，统筹太空能力以及提高太空任务保证；二是将“提高太空任务保证”和“慑止攻击”并列为国防部两大核心太空任务；三是首次提出依据太空任务的类型，将太空任务保证分为“可持续、可使用、可恢复”三个等级；四是指明太空任务部队建设应满足跨域协同需求。

2. 加强太空态势感知能力建设

2016年，美国空军高轨巡视侦察卫星GSSAP进入组网阶段。GSSAP单星质量600千克，星上安装有光电传感器，机动能力强，可实现对地球同步轨道目标的交会逼近，具备详细成像侦察和获取电子信号情报的能力。地基S波段“太空篱笆”样机跟踪到首批太空目标。美国DAPRA整合多源数据的“轨道展望”（Orbit Outlook）项目取得重要进展，启动“特征”（Hallmark）项目寻求新型软件架构整合太空指挥与控制。

3. 大力投资太空控制装备与技术

美国2016财年《国防授权法案》（草案）将国家安全太空计划列为国防部12大“重大军事力量计划”之一。未来5年，美国将耗资55亿美元在太空控制（进攻性与防御性太空对抗）上，以更好地保护美国太空体系框架。2016年，俄罗斯实施了第二次反卫星导弹测试，并计划重启反卫星机载激光武器测试。

4. 不断推进太空战实战训练

2016年5月，美军开展“施里弗军演2016”，旨在实现以下三个目标：一是明确增强太空弹性的方法（包括情报界、民事、商界，以及联盟的合作伙伴）；二是探索如何使作战人员获取联合作战的最佳效果；三是如何运用未来能力在多域冲突中保护太空事务。2015年10月至2016年8月，美国“机构联盟的联合太空运行中心”（Joint Interagency Combined Space Operations Center，JICSpOC）已完成五轮太空作战实验，预计还将进行四轮太空作战实验。

5. 充分利用民用（商业）部门在太空领域的技术创新能力

2016年，美国商业部门在航天领域取得多项成就，国防部对商业航天的依赖已越来越多，有望通过充分利用商业部门的创新方案，大幅降低航天发射成本，建立更多在轨能力的新方案，丰富太空态势感知应用途径，进而构建更具弹性的太空体系。

6. 持续强化太空联盟行动

2016年4月，美国战略司令部负责规划与政策的主任克林顿将军与阿拉伯联合酋长国航天局局长卡里发在参加第32届太空研讨会期间签署了太空态势感知数据共享谅解备忘录。截至目前，美国战略司令部已与11个国家（即英国、韩国、法国、加拿大、意大利、日本、以色列、西班牙、德国、澳大利亚、阿拉伯联合酋长国），两个政府间组织（欧洲航天局、欧洲气象卫星应用组织）以及50多家商业航天公司签署太空态势感知数据共享协议。以美国为核心的航天强国继续通过能力共建、资源共享、规则共定等方式，尝试缔造“太空北约”格局，并以硬实力与软实力两条利益链编织同盟网，进一步巩固美国在太空领域的领导地位。

7. 对中国的影响和启示

美国新版《国防部太空政策》表明，美国国防部将重塑军事太空硬实力的发展策略。此前，奥巴马政府在2010年出台的《国家太空政策》中提出运用“巧实力”的“太空威慑战略”，即综合运用政治、军事、经济、外交等全部国家力量。新版《国防部太空政策》则将发展重心调整为通过对自身“硬实力”的提升，并借助但不依赖政治、外交等手段来实现既定的政策目标。

随着美国太空政策的调整，全球太空军事化、武器化程度将进一步加剧，产生太空摩擦、太空冲突，甚至是太空战争的风险性也将增大。面对美国一意孤行推行“控制太空”的战略态势，中国有必要积极采取应对措施：一是关注美国“太空威慑战略”走向，分析其所谓的“负责任”太空活动行为准则；二是深化对美国太空军事理论研究，为保护太空权益提供政策和理论参考；三是提高太空感知和太空防护能力，避免国家安全利益遭受重大损失。

二、卫星技术

2016 年，多颗新型卫星投入应用，有效提升利用太空能力。在通信卫星领域，欧洲成功发射全球首个业务型卫星激光通信载荷（EDRS-A），迈出构建业务化激光通信卫星系统的关键一步。在侦察与遥感卫星领域，美国数字全球公司成功发射分辨率达 0.31 米的“世界观测”-4 商业遥感卫星，增强美国在卫星遥感市场的国际竞争力。在导航卫星领域，美国成功将 GPS-2F 系列的第 12 颗卫星送入轨道，完成第二代全球定位系统的现代化升级改造，欧盟与欧洲航天局正式宣布“伽利略”全球卫星导航系统投入初始运行。在环境探测卫星领域，美国 NOAA 发射首颗新一代气象卫星——“静止轨道业务环境卫星”（geostationary operational environmental satellites，GOES）R 系列，将显著提高西半球的气象预报能力，中国发射首颗二氧化碳观测科学实验卫星“碳”卫星，以更好地应对日益严峻的气候变化形势。在科学实验卫星领域，中国成功发射世界首颗量子科学实验卫星“墨子号”，以期在太空量子通信实用化方面取得重大突破。

（一）侦察监视与遥感卫星

2016 年，美国、俄罗斯、印度、以色列部署多颗侦察监视卫星，不断增强天基侦察监视能力。秘鲁借助欧洲成熟技术实现了侦察监视卫星的突破，也反映了高分辨率成像卫星全球化扩展的态势。

1.“未来成像体系-雷达”卫星在轨数量达到 4 颗

2016 年 2 月，美国国家侦察局在范登堡空军将 1 颗“未来成像体系-雷达”（FIA-Radar）卫星送入高度 1 100 千米、倾角 123° 的近地圆轨道。该卫星编号为 USA-267，发射重量约 3 300 千克，是“未来成像体系-雷达”系列的第四颗卫星。该卫星或采用抛物面反射天线和相控阵馈源，其性能参数（如工作频段、分辨率和幅宽等）尚未公布。该系列卫星于 2010 年首次发射，现有 4 颗该系列卫星在轨运行。

2.“顾问”高轨电子侦察卫星成功发射

2016 年 6 月，美国国家侦察局在卡纳维拉尔角将 1 颗地球静止轨道电子侦察卫星送入预定轨道。该卫星编号为 USA-268，是美国现役“顾问”（Mentor）系列的第 7 颗卫星，定点在东经 102.4° 。“顾问”卫星是美国国家侦察局运行的高轨电子侦察卫星，通过直径约 106 米的抛物面反射天线汇聚微弱的微波通信信号。首颗卫星在 1995 年发射，目前共 6 颗卫星在轨。

3. 俄罗斯继续部署“猎豹”-M 光学测绘卫星增强测绘能力

2016 年 3 月，俄罗斯“猎豹”-M2（Bars-M2）光学测绘卫星由“联盟”-2.1a 运载火箭从普列谢茨克航天发射场发射，并成功进入高度 550 千米 ×590 千米的太阳同步轨道。该卫星编号为“宇宙”-2515，是俄罗斯“猎豹”-M 系列的第二颗卫星。“猎豹”-M 卫星采用光电传输方式，取代了早期的“琥珀”-1KFT 胶片返回式卫星。卫星搭载双线阵立体测绘相机，分辨率约为 1.1 米，设计寿命为 5 年。该系列卫星由俄罗斯进步国家火箭与航天科研生产中心（TsSKB Progress）研制，俄罗斯计划共发射 6 颗该型卫星，首颗卫星已于 2015 年 2 月发射。

4. 第二颗 GEO-IK-2 军用测地卫星成功发射

2016 年 6 月，俄罗斯第二颗 GEO-IK-2（编号为“宇宙”-2517）卫星由“轰鸣”号运载火箭从普列谢茨克航天发射场成功发射，并进入平均高度 945 千米、倾角 99.3° 的近圆轨道。GEO-IK-2 系列卫星是俄罗斯军用测地卫星，用于测量地球重力场分布、旋转和构造等特征。该卫星由信息卫星系统公司研制，发射质量约 900 千克，设计寿命约 5 年。该型卫星获取的测地信息可应用于卫星跟踪、全球导航以及导弹飞行轨迹预测等军事和民用领域。

5. 印度部署更高性能的“制图卫星”-2C 卫星

2016 年 6 月，印度“制图卫星”-2C（Cartosat-2C）新型光学成像卫星由“极轨卫星运载火箭”（polar satellite launch vehicle，PSLV）成功发射，进入高度 505 千米 × 520 千米的太阳同步轨道。该卫星是第四颗“制图卫星”-2 系列卫星。该卫星由印度太空开发组织（Indian Space Research Organization，ISRO）研制和运行，发射质量为 727 千克，功率为 986 瓦。与前 3 颗卫星相比，“制图卫星”-2C 卫星的运行高度从 630 千米降低到 505 千米，可获取更高的太空分辨率，其全色相机的太空分辨率为 0.65 米，首次携带多光谱相机，具有 4 个成像谱段，太空分辨率为 2 米。“制图卫星”是印度军民两用成像卫星，专用于测绘和制图任务，目前有 5 颗卫星在轨，包括 1 颗“制图卫星”-1 卫星和 4 颗“制图卫星”-2 卫星。

6. 以色列发射新型光学成像侦察卫星

2016 年 9 月，以色列“地平线”-11（Ofeq-11）卫星由“沙维特”-2 运载火箭从帕勒马希姆空军测试场成功发射，进入高度 390 千米 ×610 千米、倾角 142° 的低地轨道。该卫星是以色列新型光学成像侦察卫星，由以色列宇航工业公司（IAI）研制，分辨率可优于 0.5 米。卫星的发射质量约为 300 千克，其采用的 OPSAT-3000 卫星平台也用于 2008 年发射的“技术合成孔径雷达”试验卫星。“地平线”-11 卫星的部署将推动以色列侦察监视卫星的更新换代。在现役的 4 颗卫星中，有 2 颗卫星的运行时间已超过或接近 10 年。

7. 秘鲁成功部署首颗侦察监视卫星

2016 年 9 月，秘鲁首颗侦察监视卫星“秘鲁卫星”-1（PeruSat-1）由“维加”运载火箭成功发射，进入高度705千米的太阳同步轨道。该卫星也是秘鲁首颗对地观测卫星，由军方负责运行，太空分辨率为0.7米，其数据也将服务于秘鲁的军民领域，包括国土安全、边境监控、海岸线监控、打击非法活动、自然灾害管理和环境保护等方面。该卫星由欧洲空客公司研制，采用AstroBus-300平台，发射质量为430千克，设计寿命为10年。该卫星的研制优化了设计和制造流程，整个研制周期不到2年，其中设备总装、集成与测试过程约为8个月，平台制造和试验过程约为5个月。

8.“世界观测”-4卫星增强美国商业遥感卫星竞争力

2016年11月，美国数字全球公司“世界观测”-4（WorldView-4）高分辨率商业遥感卫星搭乘“宇宙神”-5运载火箭从范登堡空军基地成功发射。“世界观测”-4卫星是数字全球公司第二颗0.3米量级分辨率的光学成像卫星，全色图像分辨率为0.31米，多光谱图像分辨率为1.24米，重访周期约为1天，其主要技术性能与2014年发射的“世界观测”-3卫星基本一致，两颗卫星部署在相同的轨道高度，实现协同运行。数字全球公司目前还运营4颗其他商业光学遥感卫星，包括3颗“世界观测”系列卫星和1颗“地球眼”卫星，每年获取的图像面积超过10亿平方千米。该卫星投入运行后，将进一步增强数字全球公司在商业卫星遥感市场的竞争力。该卫星与其他4颗卫星组成星座的日重访频次达4.5次，显著提高对目标的重访频次数，可保障对热点地区的高分辨率观测能力。

9. 新一代地球静止轨道气象卫星大幅提高天气预报能力

2016年11月，美国GOES-R的首颗卫星由“宇宙神”-5运载火箭从卡纳维拉尔角发射场成功送入预定轨道。GOES-R系列卫星是美国新一代地球静止轨道气象卫星，包括4颗卫星（GOES-R/S/T/U），计划持续运行到2036年。该型卫星可大幅提升数据采集质量、数量和及时性，其搭载6种探测设备，能够获取可见光/红外图像、测量闪电分布、监测太空气象和太阳活动等数据。该卫星主载荷是“先进基线成像仪”（advanced baseline imager，ABI），可在16个谱段获取天气预报所需的云层和气象系统的可见光/红外图像，分辨率为500米，全盘图成像周期为5分钟，与现有型号相比分别提高1倍和5倍，同时可获取数据量提高2倍。GOES-R卫星也是首颗搭载闪电测绘仪的地球静止轨道卫星，能够以200张/秒的速率探测天空云层内和云地之间的闪电，为极端天气提供更多的预警时间。

10. 俄罗斯成功发射第三颗“资源”-P卫星

2016年3月，俄罗斯“资源”-P3（Resurs-P3）光学成像卫星由“联盟”-2.1b运载火箭从拜科努尔航天发射场成功发射，进入高度470千米的太阳同步轨道。该卫星是第三颗“资源”-P军民两用卫星，可用于自然资源与环境部门、应急部门、农业、渔业、林业和气象等机构。该卫星与前两颗卫星相比，其侧摆机动能力有大幅提高，在45秒内可实现45°侧摆。卫星有效载荷包括Geoton-2高分辨率相机、宽覆盖多光谱载荷和高光谱载荷，其全色分辨率可达到1米，多光谱分辨率为4米，成像幅宽为38千米。

11. 两颗“哨兵”卫星推动欧洲环境监测项目建设

2016 年 2 月和 4 月，欧洲航天局相继发射两颗“哨兵”-3A 和“哨兵”-1B 卫星。这两颗卫星均是欧洲“哥白尼”全球环境监测系统的专用卫星。“哨兵”-3A 卫星将用于监测全球海洋与陆地，其海洋和陆地区域的太空分辨率分别为 1.2 千米和 300 米，可获取全球地表图像和温度数据，以及全球海平面高度数据。“哨兵”-1B 卫星是“哨兵”-1 雷达成像任务的第二颗卫星，用于监测全球海冰和极区环境以及陆地表面变化等，具有多种工作模式。“哥白尼”系统目前共有 4 颗“哨兵”卫星在轨，计划在 2017 年形成 6 颗专用卫星的卫星星座。

12. 新型“贾森”卫星启动海洋测绘任务

2016 年 1 月，法国和美国联合研制的“贾森”-3（Jason-3）卫星由“猎鹰”-9 运载火箭成功发射，并进入高度约 1 340 千米、倾角 60° 的圆轨道。“贾森”-3 卫星是美、法自 1992 年联合开展海洋测绘任务以来的第 4 颗卫星，可测量全球海平面高度以及探测和跟踪可能影响海洋航运和油气开采活动的大海浪。卫星由欧洲泰勒斯 • 阿莱尼亚航天公司研制，搭载有“海神”-3B（Poseidon-3B）雷达高度计、微波辐射计等探测设备。其中“海神”-3B 高度计采用 5.3 吉赫兹和 13.58 吉赫兹两个频段，用于探测海洋地形、波高、风速等数据，微波辐射计则用于测量雷达高度计的水汽校正数据。

13. 日本完成第三代气象卫星部署

2016 年 11 月，日本“向日葵”-9（Himawari-9）地球静止轨道气象卫星由 H-2A 运载火箭成功发射。卫星首先进入高度 250 千米 ×35 976 千米、倾角 22.4° 的 GTO，经轨道提升进入东经 140° 的预定轨位。该卫星是日本第三代气象卫星中的第二颗，将在 2020 年后为日本气象局和国土交通省提供气象观测数据。该型卫星由三菱电机公司研制，采用 DS-2000 平台，发射质量为 3 500 千克，设计寿命为 15 年。卫星主载荷为“先进向日葵成像仪”（advanced himawari imager，AHI），具有 16 个成像谱段，分辨率为 0.5 ～ 2.0 千米，地球圆盘图成像周期为 10 分钟。卫星还搭载一个“太空环境数据捕获监视器”和“数据采集系统”。由于卫星载荷的工作寿命约为 8 年，该卫星与 2014 年发射的“向日葵”-8 卫星将交替工作。

14. 印度部署新型气象卫星

2016 年 9 月，“印度国家卫星”-3DR（INSAT-3DR）气象卫星由“地球静止轨道卫星运载火箭”成功发射。该卫星是“印度国家卫星”-3D 的替代卫星，定点在东经 75°，同时也是一颗专用的气象卫星。该卫星由印度太空研究组织研制和运行，采用 I-2K 平台，发射质量为 2 211 千克（包括 1 255 千克的推进剂），功率为 1 700 瓦，设计寿命为 10 年。该卫星主要载荷是 1 台 6 通道成像仪和 1 台 19 通道大气探测器，其成像仪的圆盘图成像周期为 30 分钟，可见光 / 红外谱段的太空分辨率为 1 千米，红外谱段分辨率为 4 千米，大气探测器的太空分辨率为 10 千米。该卫星与“印度国家卫星”-3D 相比，增加了 1 个中波红外成像谱段和 2 个热红外成像谱段，可进行夜间成像并提供更精确的海平面温度数据。

（二）导航卫星

2016年，美国继续推进全球定位系统现代化，现已完成全部12颗GPS-2F卫星部署，GPS-3卫星研制也进展顺利。俄罗斯则继续补充发射“格洛纳斯”卫星系统，首颗“格洛纳斯”-K1卫星正式服役。欧洲加速推进“伽利略”系统的部署与应用，实现初始运行能力。印度则完成区域导航卫星系统组网。

1. 美国最后一颗GPS-2F卫星成功部署

2016年2月，第12颗GPS-2F卫星由“宇宙神”-5运载火箭从卡纳维拉尔角空军基地成功发射入轨，实现全部GPS-2F卫星部署，标志着全球定位系统现代化改进计划完成第二阶段任务。该卫星编号为USA-266，将替代GPS-2R 6卫星，部署在全球定位系统星座的F轨道面1号轨位。作为全球定位系统的第二种现代化改进型号，GPS-2F卫星在性能方面进行了持续改进，如提供更精确的位置和时间信息，增加新的民用航空和生命安全信号（即L5信号），增加设计寿命至12年以及改进抗干扰和安全能力。目前，全球定位系统共有31颗卫星在轨运行，包括12颗GPS-2R、7颗GPS-2RM以及12颗GPS-2F卫星。

2. 美国GPS-3卫星部署稳步推进

2016年5月，美国空军分别授予波音、洛克希德·马丁和诺斯罗普·格鲁曼公司生产下一批GPS-3卫星（第11颗及后续）的可行性评估合同。GPS-3卫星是美国在研的第三代导航卫星，首批卫星（前10颗）由洛克希德·马丁公司作为主承包商研制。美国空军此次提出要采用弹性设计建造未来GPS-3卫星，设计要求包括在轨重编程、在轨升级以及可增加新信号或新任务的能力，旨在以低风险、简易的方式在未来卫星研制和部署中嵌入新型技术，使GPS-3的抗干扰性能提升7倍，可将更多能力用于充满挑战的特定对抗环境中。目前，洛克希德·马丁公司已完成首颗卫星包括热真空测试、声学测试、振动测试等在内的几项关键系统级测试，验证了整个卫星的设计。首颗卫星发射时间预计不早于2017年8月。

3. 美国全球定位系统新一代地面系统面临研制成本超支问题

全球定位系统新一代地面系统取得重要进展。2016年3月，发射与校验系统试验顺利完成，6月，监测站接收机部件电磁干扰试验、硬件关键设计评审以及“黑广域网”（B-WAN）的运行试验完成，验证了运行控制端与全球定位系统外部接口的安全性。运行控制端系统是与GPS-3卫星相配套的新一代地面运行控制系统，从2007年启动建设，但运行控制端系统的研制成本已由15亿美元攀升到53亿美元，由于严重超支而触发纳恩·麦克科迪法案，需要由美国国会决定项目是否继续进行。

4. 俄罗斯发射两颗“格洛纳斯”补网卫星

2016年2月和5月，俄罗斯相继发射两颗“格洛纳斯”-M卫星，分别取代第三轨道面17号轨位和第二轨道面11号轨位的两颗老旧卫星。“格洛纳斯”-M卫星是俄罗斯第二代导航卫星，卫星质量1 415千克，设计寿命7年。该型卫星改进了星钟和天线部分，携带三台稳定性达到1×10^{-13}的铯原子钟，天线等效全向辐射功率为

25～27 分贝瓦，并在 L2 频段增加 1 个频分多址（frequency division multiple access，FDMA）民用信号，播发 4 个导航信号。目前“格洛纳斯”星座有 27 颗工作星在轨，其中 24 颗正常工作，2 颗在轨备份，1 颗“格洛纳斯”-K1 卫星处于飞行测试。列舍特涅夫信息卫星系统公司还储备了 7 颗“格洛纳斯”-M 卫星作为地面备份。

5. 俄罗斯首颗“格洛纳斯”-K1 卫星正式服役

2016 年 2 月，俄罗斯首颗“格洛纳斯”-K1 卫星（位于第 2 轨道面 9 号轨位）完成在轨测试，开始提供导航服务，在轨的另一颗“格洛纳斯”-K1 卫星也已经完成服役准备。“格洛纳斯”-K1 卫星是俄罗斯第三代导航卫星，用于试验卫星上新增加的 L3 频段码分多址（code division multiple access，CDMA）民用信号 L3OC，而第三代导航星座将由“格洛纳斯”-K2 卫星构成。由于美国从 2014 年开始对俄罗斯实行电子元器件出口限制，“格洛纳斯”-K2 无法按计划完成研制。俄罗斯决定批量生产“格洛纳斯”-K1 卫星以替换当前的“格洛纳斯”-M 星座，并加快“格洛纳斯”-K2 卫星器件进口替代工作。“格洛纳斯”-K1 卫星质量 974 千克，卫星功率 1 600 瓦，设计寿命超过 10 年，除铯原子钟外，还装有用于测试的铷原子钟。“格洛纳斯”-K2 卫星将搭载新型氢原子钟，稳定性达到 5×10^{-15}，比现有铯原子钟高 10 倍，星载电子器件也进行重新设计，将采用国内产品，或者采购中国的替代器件。俄罗斯目标是在 2020 年完成国产化“格洛纳斯”-K2 卫星研制。俄罗斯计划继续建造 9 颗“格洛纳斯”-K1 和 2 颗“格洛纳斯”-K2 卫星，并从 2018 年开始发射。

6. 俄罗斯“格洛纳斯”地面系统转由国防部管理

2016 年 3 月，俄罗斯航天国家公司开始向国防部移交“格洛纳斯”地面系统的控制权。“格洛纳斯”目前地面运行控制站点主要分布于俄罗斯和独联体其他国家境内，同时在巴西、尼加拉瓜和南极圈设有地面测量站。其中，“格洛纳斯”系统于 2016 年在巴西境内新增了两个地面运行控制站，总计达到四个，包括一个差分校正站、三个测量站。

7. 欧洲“伽利略”实现初始运行能力

2016 年 5 月和 11 月，欧洲先后成功发射 2 批共 6 颗“伽利略”卫星，使在轨卫星达到 18 颗（包括 4 颗在轨验证卫星），实现了初始运行能力。“伽利略”系统由欧盟委员会管理，授权欧洲航天局进行系统设计和采购，旨在确保欧洲导航能力的独立性。该系统设计由 30 颗卫星组成，均匀分布在高度 22 522 千米的 3 个轨道面上。卫星由德国 OHB 公司作为主承包商，导航载荷由英国萨里卫星技术有限公司（SSTL）提供。“伽利略”系统从 2011 年开始部署，计划在 2020 年提供全面服务。

8. 欧洲新“伽利略”参考中心启动建设

2016 年 6 月，欧盟决定在欧洲太空研究与技术中心（European Space Research and Technology Center，ESTEC）附近建立一个“伽利略”参考中心。该参考中心将由欧洲全球导航卫星系统管理局（European Global Navigation Satellite Systems Agency，GSA）进行管理，用于监测和评估“伽利略”系统的服务质量。该参考中心将与 GSA、欧洲航天局以及其他“伽利略”系统设施独立运行，预计 2017 年完成核心设施建设，随后提供初始服务。

9. 印度完成“区域导航卫星系统”部署

2016年4月，印度成功发射“印度区域导航卫星系统”（Indian regional navigation satellite system，IRNSS）系列的第7颗卫星，完成了系统太空段部署，使印度成为全球第4个拥有自主卫星导航能力的国家。IRNSS系统从2006年开始建设，包括3颗地球同步轨道卫星和4颗倾斜地球同步轨道（inclined geosynchronous satellite orbit，IGSO）卫星，覆盖东经40°～东经140°、南北纬40°之间区域，系统成本约3.5亿美元，可为印度国内及周边1 500千米区域提供定位精度优于20米的精确导航定位服务。未来，印度计划在IRNSS系统基础上进行扩展，最终建成能够覆盖全球的全球卫星导航系统。

（三）通信卫星

2016年，美国、欧洲、日本、加拿大均在现有基础上，加强各自军事通信卫星系统建设，积极探索新的军事通信卫星体系。

1. 美军“移动用户目标系统”完成星座组网

2016年6月，美国海军“移动用户目标系统”① -5（MUOS-5）卫星搭乘统一发射联盟的“阿里安”-5运载火箭从佛罗里达州卡纳维拉尔角发射场发射升空。该卫星原计划7月3日进入夏威夷上空35 000千米的地球静止轨道，但由于主推进系统发生故障，卫星滞留在过渡轨道上。此后，MUOS-5进行了26次轨道提升点火，于10月22日到达运行轨道，但该轨道比原计划的轨道倾角更大。此次故障不会影响“移动用户目标系统”特高频（ultra high frequency，UHF）通信系统网络和地面站的运行。MUOS-5卫星入轨是“移动用户目标系统”建设的重要里程碑，标志着美国完成新一代窄带通信卫星星座部署。

2. 新型军事数据中继卫星成功发射

2016年7月，美国国家侦察局NROL-61任务由“宇宙神”-5运载火箭从卡纳维拉尔角空军基地成功发射，将1颗新型数据中继卫星送入预定轨道。该卫星编号为USA-269，是新一代“卫星数据系统”（satellite data system，SDS）的首颗卫星，部署在地球静止轨道（工作轨位为东经92°）。“卫星数据系统”也称“类星体”（Quasar），是国家侦察局运行的军用数据中继卫星，可部署在地球静止轨道或者“闪电”大椭圆轨道，用于向美国本土及时回传侦察监视数据。

3. 美国国防部探索调整下一代军事通信卫星体系的方案

2016年3月，美国国防部透露下一代通信卫星可能放弃区分宽带、窄带和受保护通信的卫星通信惯例，并在2016年底对下一代受保护通信卫星体系结构进行决策并开展关于宽带通信需求的备用方案研究。此外，美国国防部还在探索通过下一代通信卫星与盟友建立更紧密合作关系的可能性，将美国对新系统的需求与盟国保持一

①“移动用户目标系统”，mobile user objective system，MUOS。

致，实现美国“海军在太平洋作战中，与日本和澳大利亚可在相同的通信和干扰环境下一起战斗”。

4.“欧洲数据中继系统”推动卫星激光通信技术实用化

2016 年 1 月，欧洲航天局成功发射“欧洲数据中继系统”（European date relay system，EDRS）的首个实用载荷 EDRS-A，向构建全球首个卫星激光通信业务化运行系统迈出重要一步。该载荷可使星间数据传输速率提高一倍达到 1.8 吉比特 / 秒，为低轨遥感卫星提供稳定的大容量数据实时中继服务。“欧洲数据中继系统”类似美国“跟踪与数据中继卫星”系统，其显著特点是采用先进的卫星激光通信技术，可为欧洲对地观测卫星、无人 / 有人空中侦察平台的大容量数据传输提供高速下行链路。欧洲航天局计划于 2017 年中期发射该系统的第二颗卫星 EDRS-C，并于 2018 年前完成“欧洲数据中继系统”建设，形成以激光数据中继卫星和载荷为骨干的天基信息网，覆盖欧洲全境及周边地区，实现卫星、空中平台观测数据的近实时传输，大幅提升欧洲危机响应和处理能力。

5. 日本推迟发射首颗军事通信卫星

2016 年 6 月，日本首颗军事通信卫星 DSN-1 在运输过程中损坏通信天线，导致发射推迟。日本的军事卫星通信目前依赖于“超鸟”系列商业通信卫星搭载的 X 频段军用通信载荷，以及租用商业卫星通信容量。日本在 2013 年提出构建 2 颗卫星组成的 DSN 军事通信卫星系统，并在 2015 年将卫星数量增加到 3 颗。其中，DSN-1 卫星仍采用载荷搭载模式，也称“超鸟”-B3 卫星，将定点在东经 162° 替换现役“超鸟”-B2 卫星，后续 2 颗卫星将为专用卫星。DSN-1 卫星受损使其发射时间推迟到 2018 年，但不会影响其他 2 颗卫星，DSN-2 卫星计划在 2017 年由 H-2A 火箭发射，DSN-3 卫星将在 2020 年底发射。

6. 加拿大计划建设北极通信卫星星座

2016 年 6 月，加拿大军方计划建设一个覆盖北极地区的通信卫星星座。该星座至少由 2 颗部署在大椭圆轨道的卫星组成，实现对北极地区的 24 小时通信能力。由于纬度较高，北极地区通常处于地球静止轨道通信卫星的覆盖区外，北极通信卫星星座的建立则可以解决通信“盲区”的问题。加拿大航天局（Canadian Space Agency，CSA）在 2010 年已开展“极地通信和气象任务”（polar communication and weather，PCW）项目研究。同时，加拿大军方也考虑花费 4 ～ 12 亿美元（5 ～ 15 亿加元）购买美国“移动用户目标系统”卫星星座服务，如投资建造第 6 颗“移动用户目标系统”卫星以接入整个星座。

（四）预警卫星

2016 年，美国继续推进其“天基红外系统”（space-based infrared system，SBIRS）导弹预警卫星的部署工作，新型地面系统建设方面进展显著。俄罗斯则继续测试新型导弹预警卫星。

1. 美国第三颗“天基红外系统”卫星推迟发射

2016年9月，美国空军将第三颗“天基红外系统”地球静止轨道卫星（SBIRS GEO-3）的发射从10月3日推迟到2017年初。发射推迟是由于6月发射的“移动用户目标系统”-5（MUOS-5）军用通信卫星和另一颗商业通信卫星均出现主发动机故障，美国空军将排查SBIRS GEO-3卫星是否存在类似的故障风险。“天基红外系统”是美国目前正在部署的新一代导弹预警卫星系统，与“国防支援计划”（defense support program，DSP）卫星一同构成美国天基导弹预警体系。其中，“天基红外系统”目前由两颗地球静止轨道卫星、三颗大椭圆轨道（highly elliptical orbit，HEO）载荷组成。该型卫星由洛克希德•马丁公司研制。

2. “增量2”地面系统接管天基预警卫星运行控制权

2016年8月，“天基红外系统”的新型地面运行控制系统“增量2”完成集成测试和评估（IT&E）阶段工作，测试了系统成熟度，将进入作战效能评估（operational utility eval，OUE）阶段。现役“增量1”系统须通过3种地面软件系统分别控制“国防支援计划”卫星、“天基红外系统”的地球静止轨道卫星和大椭圆载荷，而“增量2”系统由一个主任务控制站（位于伯克利空军基地）和备份站（位于施里弗空军基地）进行一体化控制，可大幅简化控制流程和提高效率。美国国防部已在2016年3月将所有天基预警卫星的控制权转移到“增量2”系统。

3. 俄罗斯继续测试新型导弹预警卫星

2016年1月，俄罗斯空天防御部队已对首颗“统一太空系统”（unified space system）导弹预警卫星EKS-1进行测试。该卫星（编号“宇宙”-2510）在2015年底发射，部署在高度1 626千米×38 550千米、倾角63.8°的大椭圆轨道。该系统是俄罗斯新一代导弹预警系统，计划在2018年完成10颗卫星的星座组网。新型卫星具备完全自主的早期预警能力，不仅能够探测和定位导弹发射，也具备对目标的跟踪能力。该系统探测时间约为25秒，可接入俄罗斯战略武器的信息系统，直接向俄罗斯反导部队传送信息，或者通过战略导弹部队发送快速核打击指令。该系统的首个地面站部署在阿勒泰地区，已完成建设并通过验收评估，其他地面站分别位于彼得格勒、伊尔库茨克、加里宁格勒、卡拉斯诺达尔等地区。俄罗斯计划在2017年发射EKS-2卫星，并部署在地球静止轨道。

三、载人航天

2016年，世界载人航天活动主要围绕国际太空站展开，全年共有五艘载人飞船和八艘货运飞船执行国际太空站人员轮换和物资补给任务。中国则完成第六次载人航天任务，为自主建造太空实验室积累了宝贵经验。世界主要航天国家和有关国际机构都意识到载人航天探索可持续发展的重要性，并对其进行了多方面的探讨和推进，更加注重未来所需技术的创新、能力的开发、经济与社会效益的扩展以及通过国际合作开展更远的探索任务等。

（一）国际太空站运营

1. 首个充气式载人密封舱开始太空运行测试

2016 年 4 月，在第八次国际太空站“商业补给服务”（commercial resupply services，CRS）任务中，“龙”货运飞船将毕格罗宇航公司建造的 BEAM 送上国际太空站，5 月 28 日，“毕格罗”舱完成充气展开。“毕格罗”舱重约 1.4 吨，折叠压缩后长 1.7 米、直径 2.4 米，存放在“龙”飞船尾部货舱。抵站国际太空站后，BEAM 由加拿大机械臂 -2 从“龙”飞船中取出，并将其安装在太空站 3 号节点舱的尾部。BEAM 完成膨胀充气后，长度增加到 3.2 米，直径增加到 3.7 米，内部空间可达 16 立方米。

BEAM 采用获得专利的“维克特拉”（Vectran）防护织物，强度为“凯夫拉尔”纤维的两倍，舱体装备有发电量 1 000 瓦的太阳能电池板、用于轨道和位置确定的全球定位系统、用于姿态确定的磁强计和太阳敏感器，以及用于姿态控制的磁转矩仪。舱内采用被动热控方式，将平均温度保持在 26℃。在接下来的两年测试期内，太空站航天员和地面工程师将收集 BEAM 性能数据，包括结构完整性和漏气率。BEAM 内嵌入的各种仪器也将提供重要数据，包括相较于传统铝制舱段的辐射和温度变化等。航天员定期（每年 4 次，每次几个小时）进入舱内收集数据并进行检测。测试期结束后，该舱段将与国际太空站脱离，再入大气层烧毁。

2. NASA 验证新型“太阳系互联网”技术

2016 年 6 月，NASA 在国际太空站上测试了可行的“延迟 / 中断容忍网络”（deploy/disruption tolerant network，DTN）服务，向创建“太阳系互联网”迈出关键一步。DTN 可提供可靠、自动的数据存储和转发网络。该网络可在通信路径的节点中存储部分数据包，直到能够转发这些数据包，然后在传输终点重新捆绑数据，并将数据传送至地面站、深空机器人、深空探测器或未来人类在其他星球上的居住地。

在国际太空站上，DTN 加载到了已有的“科学电视资源工具包”（telescience resource kit，TReK）。该软件包主要用于研究人员在地面运控中心和国际太空站上搭载的载荷之间的数据发送和接收。国际太空站上的这项业务也将改进任务支持应用，包括操作文件传输。该项业务首次作为操作性能使用，表明国际太空站开始成为进化中的“太阳系互联网”的一个节点。除了在太空中使用，DTN 还将使没有可靠通信的恶劣环境下的工作受益，如灾害地区的救援工作。

为了确保 DTN 的广泛应用，NASA 正在与互联网研究任务组（Internet Research Task Force，IRTF）、太空数据系统咨询委员会（The Consultative Committee for Space Data Systems，CCSDS）和互联网工程任务组（Internat Engineering Task Force，IETF）合作，寻求实现 DTN 应用标准的国际化。

3. 国际太空站完成首次太空 DNA 测序

2016 年，8 月 30 日，NASA 宣布美国航天员凯特 · 鲁宾斯在国际太空站内成功完成微重力条件下的 DNA 测序，这标志着人类已迎来“能对太空活体生物进行基因测序”的全新时代。

这次太空测序是“生物分子测序研究项目”的一部分。测序使用的是英国牛津纳米孔公司提供的测序仪，只有手掌大小。测序原理是通过纳米孔施加电流，同时让含有检测样本的液体流经检测仪，不同的 DNA 分子会引起不一样的电流变化，通过电流变化就能识别出这种基因序列的生物。项目组将事先准备好的老鼠、病毒和细菌的 DNA 样本带到太空站，由鲁宾斯在太空进行检测，而地面团队成员同步对类似样本进行测序。比较后发现，太空和地球上的两种测序结果保持一致。

有了在太空中测序 DNA 的方法，就能识别出国际太空站内的微生物是否威胁航天员的健康，帮助地面科学家随时了解航天员们的生活环境，及时告知他们是否要做清洁或服用抗生素。太空 DNA 测序仪对未来造访火星等需要长时间待在太空舱内的航天员来说，是保护他们健康的重要工具。另外，测序仪还会成为太空站其他科研的重要工具，如直接检测绕轨飞行中遗传物质或基因表达的变异，而不用再像以前一样等几个月返回地球后才知道结果。

（二）载人航天器研制

1.“猎户座”飞船完成多项关键测试

2016 年，美国“猎户座”飞船完成增压舱焊接工作，增压舱随后在肯尼迪航天中心（Kennedy Space Center，KSC）对结构进行压力测试。压力测试完成后，天线、信标、电源管理系统、数据处理系统等设备安装到增压舱内。欧洲航天局研制的服务舱也运抵美格伦航天中心，完成声学振动测试。美兰利航天中心完成了“猎户座”飞船海面溅落测试。这些测试的完成，为开展“探索任务”-1 飞行试验奠定了基础。

2. NASA 授予“追梦者”项目太空货运合同

2016 年 8 月，内华达山脉公司（SNC）获得 NASA 第二轮的商业货物运输服务合同（CRS2）。SNC 在 NASA 的“商业乘员项目”（commercial crew program，CCP）的支持与指导下，于 2013 年 8 月成功完成了“追梦者”空天飞机项目的一次前期试验，但仍未获得 NASA 的商业乘员运输能力（commerical crew transportation capability，CCtCaP）合同。而后，SNC 陆续地对“追梦者”进行一系列试验和升级改造，包括风洞试验、推进系统测试、机翼复合材料和减速伞的完善、制导与导航系统和飞行软件的完善、先进轨道热防护系统的应用、生产与组装方面的改进。在 SNC 的不断努力下，“追梦者”赢得 NASA 的国际太空站货物补给的商业运输合同。CRS2 将于 2019 年起实施，而 SNC 则将启用货运版的“追梦者”，亦称为“飞行试验运载器”。

3. 俄罗斯计划研制新型“联邦”号载人飞船

2016 年 1 月，俄罗斯公布研制新型“联邦”号载人飞船，国家航天公司将投入 575 亿卢布（约合 9.14 亿美元）用于飞船研制。为实现载人登月计划，新飞船应保证搭载 4 人机组乘员进行自主飞行的时长不少于 30 昼夜。在近月轨道上，飞船生命保障系统运行时间不少于 180 昼夜。飞船飞往轨道站的总重为 14.4 吨（在飞往月球时总重为 19 吨），返回舱质量 9 吨，飞船长度为 6.1 米。

“联邦”载人飞船应能保证利用轨道间运输完成向近月轨道转移的任务，与轨道站交会对接，在近地或近月轨道执行载人或无人飞行模式，从近月轨道以第二宇宙速度转移到月地转移轨道，并保证飞船乘员安全返回地球。在此前提下，飞船完成近地飞行和飞往月球的次数不少于 10 次。在飞船完成近地轨道飞行时，最多能容纳 6 名机组乘员，飞行时长不少于 365 昼夜。届时将使用“安加拉”A5V 或“安加拉”A5P 火箭发射飞船升空。

根据目前的技术指标，俄罗斯国家航天公司制定了暂时的飞船飞行时间表：2021 年发射飞船至近地轨道进行不载人飞行，2023 年执行不载人飞行任务并与太空站对接，2023 年执行载人飞行任务并与太空站对接。

四、运载火箭与推进技术

2016 年，主要国家和地区共完成 85 次航天发射任务。其中，美国、中国、俄罗斯、欧洲、印度、日本、朝鲜和以色列分别实施 22 次、22 次、19 次、9 次、7 次、4 次、1 次和 1 次航天发射，俄罗斯年度航天发射次数则从世界首位掉至世界第三。2016 年，出现 3 次航天发射任务失败或部分失败，其中，俄罗斯 1 次，美国 2 次。此外，美国“猎鹰 -9”火箭 9 月在地面测试时发生爆炸事故，值得关注。

（一）可重复使用运载器取得重要进展

美国 SpaceX 公司多次实现火箭第一级海上回收，蓝源公司实现火箭助推器重复使用，印度进行了重复使用运载器技术验证器（reusable launch vehicle technology demonstrator，RLV-TD）的飞行试验。

1. 美国 SpaceX 公司实现火箭第一级海上回收

2016 年 4 月 9 日，美国 SpaceX 公司“猎鹰 -9”火箭在发射 9 分钟后，第一级精准降落在距离发射场以东 300 千米的海上回收平台，这是人类历史上首次在海上实现火箭回收，为降低进入太空成本探索了一条创新之路，引起全球航天界的广泛关注。此次回收突破了火箭高精度导航控制、大范围变推力重复使用发动机、轻质可展开着陆支撑机构、海上浮动平台稳定控制等多项关键技术。2016 年 5 ～ 8 月，“猎鹰 -9”又先后成功完成 4 次海上回收，1 次陆上回收，标志着火箭垂直起降回收技术趋于成熟。SpaceX 公司已于 2017 年 3 月 31 日首次利用回收火箭第一级发射商业卫星，有望将“猎鹰 -9”发射成本降低 30%。

海上回收火箭第一级的优势在于，海上回收平台可部署在火箭第一级飞行落区，第一级在返回过程中无须进行大范围横向机动，可减少对箭上回收预留推进剂的需求量，对运载能力影响较小。未来 SpaceX 将根据发射任务中有效载荷的质量和目标轨道高度，选择不同的火箭第一级回收方式。发射较轻载荷、较低轨道时可选择陆上回收，发射较重载荷、较高轨道时可选择海上回收，如果满载荷发射，只能放弃回收。

2. 美国蓝源公司实现火箭助推器重复使用

2016 年 1 月，美国蓝源公司成功完成“新谢泼德”亚轨道飞行器的火箭助推器重复使用，首次实现人类航天史上真正意义的同一枚液体火箭助推器重复使用。“新谢泼德”亚轨道飞行器由载人舱和单级火箭助推器组成，载人舱采用降落伞回收，火箭助推器则可利用自身动力垂直降落。此次重复使用飞行试验使用了 2015 年 11 月成功回收的火箭助推器和载人舱，蓝源公司称对回收后的火箭进行了检查、测试和维护，并改进了点火装置和控制系统，增强了着陆安全性。火箭助推器使用单发 BE-3 液氧 / 液氢发动机，最大推力为 490 千牛，可多次启动并在 90 ～ 490 千牛推力范围进行连续调节，助推器外部装有多个固定和伸缩式稳定翼、8 个减速板、液压驱动尾翼舵面及用于着陆的伸展腿。此次试验中，“新谢泼德”发射后升空至 101.7 千米，速度达到马赫数 3.72，随后火箭助推器与载人舱分离，载人舱依靠降落伞着陆，火箭助推器垂直下落，其间打开减速板减速，依靠多个稳定翼进行姿态控制，距离降落区 1.5 千米高度时 BE-3 发动机点火减速，火箭助推器展开着陆腿，最终以约 2 米 / 秒速度平稳着陆在回收平台。2016 年 4 ～ 10 月，“新谢泼德”又成功进行 3 次火箭助推器的垂直回收与重复使用试验，标志着蓝源公司已突破火箭助推器返回段减速控制、箭体姿态控制、着陆导航控制、回收再利用等一系列关键技术。

3. 印度开展重复使用运载器技术验证器飞行试验

2016 年 5 月，印度太空研究组织成功开展 RLV-TD 无动力飞行试验，标志着印度重复使用运载技术第一阶段研制工作取得一定进展。此次试验是印度提出重复使用运载器发展规划近 20 年来的第一次试验，但要突破全尺寸可重复使用运载器样机在更高入轨速度条件下的各项关键技术还面临诸多挑战。

此次试验中，RLV-TD 采用单级 HS-9 固体火箭垂直发射，约 90 秒内达到马赫数 5.2 的最大速度，在 56 千米高度与固体火箭分离后，继续爬升至 65 千米最大高度。随后 RLV-TD 开始进行机动飞行，以马赫数 5 的速度在导航、制导与控制系统的引导下，向距发射场 450 千米的孟加拉湾预定落区无动力滑翔，最后在完成模拟跑道着陆后溅落于该海域，全程飞行时间为 12 分 50 秒。

RLV-TD 是两级入轨重复使用运载器第一级缩比样机，外形类似于美国 X-37B 轨道机动试验飞行器，采用翼身融合体气动布局，包括锥形机身、一对水平复合三角翼以及 V 形外倾双垂尾，总长 6.5 米，质量约 1.75 吨，造价约 1 400 万美元。试验过程中，RLV-TD 利用机载传感器采集了高超声速飞行过程中的结构过载、压力、气动加热等数据，并通过 S 波段天线将数据实时传回地面，以用于分析飞行过程中的气动特性、载荷特征，评估飞行器头部碳纤维材料及热防护系统的性能。此外，此次试验还对助推火箭时序进行了演示验证。

1998 年，印度提出跨大气层高超声速空天运输飞行器（aerobic vehicle for hypersonic aerospace transportation，AVATAR，也称“艾瓦塔”）发展规划，拟分三步发展单级入轨、水平起降、低成本的完全重复使用运载器：第一阶段，研制 RLV-TD，通过多次技术验证，完成重复使用运载器各阶段的技术论证工作；第二阶段，在已有技术基础上研制两级入轨重复使用运载器；第三阶段，研制单级入轨、水平起降重复使用运载器。印度太空研究组织计划开展 4 次 RLV-TD 飞行试验，包括高超声速飞行试验、着陆试验、返回飞行试验、超燃冲压发动机试验（SPEX）。2016 年 8 月，印度还成功利用先进技术媒介（advanced technology vehicle，ATV）探空火箭携带超燃冲压发动机进行了带飞点火试验，并计划进行其余 2 次试验。

（二）主要国家提出新型运载火箭研制计划

随着人类对外太空探索的逐步深入，针对不同轨道发射不同类型的探测器给运载火箭与推进技术提出了新的挑战。SpaceX、美国蓝源、轨道 ATK 等公司纷纷研制新型火箭。俄罗斯也宣布研制中小型“质子”号运载火箭，并探讨研制新型重型运载火箭。印度的运载火箭与推进技术也取得了重要进展。

1. 美国蓝源公司启动“新格伦”系列运载火箭研制项目

2016 年 9 月，美国蓝源公司宣布启动“新格伦”（New Glenn）运载火箭的研制，2020 年前实现首飞，2020 年后将提供商业卫星和载人飞行低成本发射服务。“新格伦”运载火箭包括二级和三级两种构型，不捆绑助推器，箭体直径均为 7 米，箭体高度分别为 82.3 米和 95.4 米。两型火箭的第一级均采用 7 台 BE-4 液氧 / 甲烷发动机，总起飞推力达 17 100 千牛，火箭发射后第一级可垂直返回并重复使用，第二级均采用 1 台真空型 BE-4 发动机，推力为 2 400 千牛，三级构型的第三级采用 1 台真空型 BE-3U 液氢 / 液氧发动机，推力为 490 千牛。蓝源公司尚未公布新型火箭的运载能力，鉴于其起飞推力远大于现役“德尔塔”-4 重型起飞推力（9 420 千牛），接近“猎鹰”重型的推力（22 819 千牛），二级推力远大于“德尔塔”-4 重型（110 千牛）和“猎鹰”重型（934 千牛）。因此，两级构型“新格伦”的近地轨道运载能力预计将超过“德尔塔”-4 重型（28 吨），接近“猎鹰”重型，达 50 吨级。

蓝源公司作为快速发展的新兴企业，在液体发动机领域的突破已使其成为美国重要的火箭发动机制造商。2016 年，蓝源公司在火箭重复使用技术发展方面，先后成功进行 4 次火箭助推器陆地垂直回收试验和 3 次重复使用飞行试验，验证了 BE-3 液氢 / 液氧发动机、火箭助推器垂直起降回收和利用以及载人舱回收等关键技术，使其成为 SpaceX 公司之外唯一掌握火箭回收和利用技术的机构，成为 SpaceX 公司潜在竞争对手。目前，蓝源公司正在研发大推力 BE-4 液氧 / 甲烷发动机，预计 2017 年初进行全尺寸发动机点火试验。

2. 美国轨道 ATK 公司计划研发新型运载火箭

2016 年 1 月，轨道 ATK 公司获得了美国空军授出的价值 4 600 万美元的合同，旨在研发新型火箭推进系统以用于计划研制的新型运载火箭。5 月 24 日，该公司宣布了新型火箭的设计细节，并将其暂名为“下一代运载器”。该火箭计划最早于 2020 年投入使用，将与 SpaceX 公司“猎鹰 -9”、“猎鹰”重型火箭以及统一发射联盟的“德尔塔”-4、“宇宙神”-5 及新型“火神”火箭竞争美国军用卫星发射任务。

“下一代运载器”为三级火箭，采用高度模块化设计，可满足目前“渐进一次性运载火箭”（evolved expendable launch vehicle，EELV）发射能力需求，基本型的 GTO 运载能力预计为 5.5 吨。火箭第一级为两段式固体助推级“卡斯托”-600，第二级为一段式固体助推级“卡斯托”-300，第三级为低温上面级。新型火箭采用蓝源公司研制的 BE-3U 液氢 / 液氧发动机，该发动机是在“新谢帕德”号亚轨道火箭所用 BE-3 发动机基础上改进而来的。两段式“卡斯托”-600 第一级可加长为四段式“卡斯托”-1200，可满足更大载荷的发射需求。“卡斯托”固体助推级是轨道 ATK 公司在航天飞机四段式固体助推器的基础上研制的，采用复合材料外壳，质量将比航天飞机助推器的金属钢材外壳更轻，同时火箭第一级周围还可捆绑多达六个 GEM-63 或 GEM-63XL 固体助推器，进一步提高运载能力。

轨道 ATK 公司计划使用 NASA 肯尼迪航天中心的运载器装配大楼（Vehicle Assembly Building，VAB）组装火箭，然后由 39B 发射台进行发射。该公司还考虑翻新范登堡空军基地的 2 号航天发射综合设施，作为“下一代运载器”的西海岸发射场，进行极地轨道发射任务。

3. 美国“猎鹰 -9”火箭在地面测试中发生爆炸

2016 年 9 月 1 日，美国 SpaceX 公司的“猎鹰 -9”V1.2 火箭搭载了以色列 AMOS-6 卫星在卡纳维拉尔角空军基地 40 号发射工位进行静态点火测试时爆炸，造成星箭俱毁的重大损失。此次事故还使 SpaceX 公司原定的后续发射计划（如原定 9 月发射“铱”星、利用“龙”飞船向国际太空站运送货物等任务）推迟，利用回收后的“猎鹰 -9”第一级首次发射卫星、重型“猎鹰”火箭的首飞试验等均受到影响。

按照“猎鹰 -9”V1.2 火箭发射准备流程，发射前火箭在发射工位上进行静态点火测试（“猎鹰 -9”是目前全球唯一采用全箭静态点火测试的型号），为原定 9 月 3 日的发射任务作最后确认，包括对火箭第一、二级进行推进剂、氮冷气推力剂和氦增压气的加注，在牵制状态下进行数秒钟一级发动机点火，以演练发射全过程，进行发射就绪审查，确定能否实施发射。这种测试更接近实际飞行，可以确定发动机状态，测试可靠性，并缩短发射准备时间，提高效率。此次爆炸发生在静态点火前数分钟，爆炸先发生于火箭第二级，随后从第二级折断，整流罩连同卫星坠地，出现二次爆炸。爆炸导致星箭俱毁，但未造成人员伤亡，直接损失包括价值约 2 亿美元的 AMOS-6 卫星，销售价格 6 200 万美元的“猎鹰 -9”火箭，此外发射设施也遭到一定程度的损毁。

由 SpaceX 公司、FAA、NASA 以及空军共同组成的事故调查组现已对事故原因进行了详细分析。造成此次事故的主要原因与浸泡在火箭二级液氧储箱里的高压液氦容器有关，部分超低温液氧渗入液氦容器外壁碳纤维涂层预冷形成固态氧，引发摩擦起火并最终发生爆炸。

“猎鹰 -9”V1.2 火箭总长 70 米，直径 3.66 米，起飞质量 541.3 吨，近地轨道运载能力 13.15 吨，GTO 运载能力 4.85 吨。火箭第一级与“猎鹰 -9”V1.1 型相似，主要改进是提高了发动机推力，使主发动机“隼”-1D 的海平面推力达 756 千牛，比之前型号提升 16%。该箭采用推进剂过冷却技术，增加了推进剂密度，在不改变贮箱体积的前提下，提高了推进剂加注量，以适应发动机推力的提升，并保证第一级回收时的预留量。火箭第二级发动机“隼”-1D 真空发动机则采用了更大的喷管，使其真空推力达到了 935 千牛，比 V1.1 型增加了 17%。由于提高了推力，需要增加推进剂，因此第二级贮箱延长了半米左右。

4. 俄罗斯将针对商业航天市场研制中小型“质子”号运载火箭

2016 年 9 月，俄罗斯赫鲁尼切夫中心和发射服务运营商国际发射服务公司宣布将在现有的大型“质子”号系列火箭基础上研制中型和小型“质子”号，两型火箭分别将在 2018 年和 2019 年进行首飞，以全面覆盖各类商业卫星发射需求，并应对美国 SpaceX 公司的“猎鹰 -9”火箭进入商业发射市场以后更加激烈的市场竞争。

俄罗斯现役四级型“质子”号 -M/“微风”-M 为大型运载火箭，近地轨道运载能力 23 吨，GTO 运载能力 6.9 吨，于 1992 年进入国际商业航天发射市场。其第一级采用 6 台 RD-275 四氧化二氮 / 偏二甲肼发动机，总长 21.2 米，第二级采用 3 台 RD-0120 四氧化二氮 / 偏二甲肼发动机，第三级采用 1 台 RD-0213 和 RD-0214 发动机；第四级为“微风”-M 上面级。此次计划研制的中型和小型“质子”号都是在“质子”号 -M/“微风”-M 的基础上去掉第二级，变为三级构型，并对火箭第一级进行了改进。中型“质子”号 GTO 运载能力为 5 吨，其第一级加长了燃烧剂贮箱和氧化剂贮箱，总长增加到 25.8 米，以增加推进剂携带量。小型“质子”号 GTO 运载能力为 3.6 吨，第一级去掉 2 台发动机，只采用 4 台 RD-275 四氧化二氮 / 偏二甲肼发动机，氧化剂贮箱与现有“质子”号相同，但加长了燃烧剂贮箱，为保持推进剂混合比，还加装了 1 个额外的补充燃烧剂贮箱，使第一级总长为 26.5 米。

5. 俄罗斯提出以 RD-171 发动机为基础研制新型重型运载火箭

2016 年 8 月，俄罗斯能源火箭航天集团表示，俄罗斯航天国家公司有意放弃制造“安加拉”-A5V 重型运载火箭，正在探讨以现有较成熟的 RD-171 液氧 / 煤油发动机和“能源”号重型火箭为基础，研制新的重型运载火箭。新火箭第一级和第二级将不采用液氢作为推进剂，第三级则以“安加拉”火箭的第三级为基础。该研制方案可节约研制费用和时间，研制时间预计为 5 ～ 7 年。该重型火箭近地轨道运载能力将达 120 吨，必要时通过改变火箭构型和提升发动机能力，可将运载能力增至 160 吨，并可用于俄罗斯未来的载人登月计划。

俄罗斯联邦政府于 2013 年 4 月 19 日批准的《2030 年前及以后俄罗斯联邦航天领域国家政策》提出，2030 年前将研制近地轨道运载能力 50 吨以上的重型运载火箭，2030 年后研制近地轨道运载能力 130 ～ 180 吨的重型火箭，实现载人登陆月球，建设月球永久基地。2016 年 3 月，俄罗斯政府审议通过了《2016 ～ 2025 年联邦航天计划》草案，未来十年将为航天活动划拨 1.4 万亿卢布，2022 年后或再补充划拨 1 150 亿卢布，其中开展重型运载火箭的研制是优先发展方向之一。

RD-171 液氧 / 煤油发动机是俄罗斯现役“天顶”号系列火箭的主发动机，海平面推力 7 257 千牛，比冲 3 028 米 / 秒，是目前世界上推力最大的液体火箭发动机。RD-171 为高压补燃循环的四燃烧室发动机。该发动机和“能源”号助推器使用的

RD-170 发动机基本相同。两者的主要区别是：RD-170 发动机的推力室可以沿两个轴向摆动，而 RD-171 发动机的推力室只需要沿一个轴向摆动。

6. 印度成功进行“一箭二十星”发射任务

2016 年 6 月，印度 PSLV 从萨迪什·达万航天中心发射升空。火箭发射后 17 分 7 秒，“制图星”-2C 卫星进入高度 507 千米、倾角 97.5° 的太阳同步轨道，随后另外 19 颗微纳卫星依次分离，火箭成功将 20 颗卫星送入预定轨道。这是印度利用 PSLV 系列火箭进行的第 36 次发射，也是搭载有效载荷最多的一次发射，创下印度航天史记录。

本次发射使用的 XL 型“极轨卫星运载火箭”（PSLV XL）是印度目前最为可靠的运载火箭，可将 1 500 千克级的卫星送入 GTO。PSLV XL 火箭长 44 米，起飞质量约 320 吨，由 4 级组成，间隔采用固、液推进系统，有效载荷整流罩直径 3.2 米。PSLV 第一级为固体火箭发动机，装有 138 吨推进剂，是世界上最大的固体火箭发动机之一，芯级上捆绑有 6 台固体助推器，每台都装有 9 吨推进剂。PSLV 第二级为液体火箭发动机，装有 41.5 吨液体推进剂。PSLV 第三级为固体火箭发动机，装有 7.6 吨固体推进剂。PSLV 第四级为双发动机结构，装有 2.5 吨液体推进剂。本次任务中火箭搭载的主要有效载荷是“制图星”-2C，其他 19 颗卫星为辅助有效载荷，分别来自美国、加拿大、德国、印度尼西亚和印度，20 颗卫星质量总计 1 288 千克。

在 20 颗卫星全部释放后，印度还测试了火箭第四级发动机的关机再点火能力。试验中，第四级发动机在关机 10 分钟后再次点火，然后再次关机重启。这标志着印度具备使用 1 枚火箭发射多颗卫星进入不同轨道的能力。这是印度第二次进行类似试验。2015 年 12 月，印度在发射 6 颗新加坡卫星的过程中成功试验了 PSLV 第四级发动机关机后的再点火能力。

（三）积极推进火箭发动机技术研发

2016 年，美国“航天发射系统”重型运载火箭固体助推器发动机完成最后一次点火试验，是 2018 年火箭首飞前的关键里程碑，轨道 ATK 公司为国际太空站货运服务研制的“安塔瑞斯”商业火箭完成芯级发动机替换，运载能力有小幅提升。SpaceX 公司新一代“猛禽”液氧 / 甲烷发动机进行首次缩比验证机点火试验，大幅提升燃烧效率和发动机性能。

1. NASA“航天发射系统”重型运载火箭完成固体助推器发动机地面点火试验

2016 年 6 月，轨道 ATK 公司对“航天发射系统”重型运载火箭的五段式固体助推器进行了“鉴定型发动机”-2（QM-2）点火试验，这是该助推器最后一次全面鉴定试验，是“航天发射系统”重型运载火箭研制的关键里程碑。本次试验中，固体助推器在 4℃的工作温度下限进行测试，助推器上的 530 多个仪表测试通道可获得 82 项关键数据。此次试验目标：一是验证推进剂能像预期一样燃烧；二是验证重新设计的控制气体喷射的新喷嘴的操纵能力；三是验证改进的隔离部件对发动机的保护。五段式固体助推器发动机在 2009 ～ 2011 年的设计开发阶段分别在常温、高温、低温环境下进行了3次“研制型发动机”点火试验。2015年3月，该助推器进行“鉴定型发动机”-1（QM-1）点火试验，测试助推器在32℃工作温度上限时的性能参数。“航天发射系统”重型运载火箭70吨级1型和105吨级1B型都捆绑两个五段式固体助推器，每个助推器长47米，直径3.6米，携带680吨推进剂，推力16 000千牛，火箭起飞时固体助推器产生的推力占火箭总推力75%。该助推器是在航天飞机四段式固体助推器基础上改进的，推力提高20%，比冲提高24%。

2. 美国“安塔瑞斯”火箭替换主发动机后首次复飞

2016年10月，美国轨道ATK公司研制的“安塔瑞斯”火箭搭载“天鹅座”货运飞船成功发射，执行第5次国际太空站货运补给任务。这是自2014年10月28日“安塔瑞斯”火箭发生爆炸事故后，该型火箭首次执行任务。此次发射的是“安塔瑞斯”200型火箭，火箭第一级主发动机不再采用之前的两台AJ-26液氧/煤油发动机，而替换为两台RD-181液氧/煤油发动机，推力提高440千牛，达到3 700千牛，同时第一级的结构也针对该发动机进行重新设计，火箭的近地轨道运载能力达到7吨。轨道AKT公司希望通过提升主发动机性能后，“安塔瑞斯”火箭可以用4次发射任务来完成NASA预定的20吨太空站货运补给合同，而之前的火箭型号至少需要5次发射。

2014年12月，轨道ATK公司宣布采购俄罗斯能源火箭航天集团研制的RD-181火箭发动机作为“安塔瑞斯”火箭的主发动机，共订购60台。该公司对每台发动机都进行累计运行1 650秒的7次点火验收测试，以确定其性能和可靠性。2016年5月，“安塔瑞斯”火箭第一级进行了30秒的点火测试，验证了装配RD-181发动机后火箭推进系统、发射集成系统等性能参数均满足需求。

3. 美国SpaceX公司完成新型“猛禽”发动机点火试验

2016年9月，美国SpaceX公司成功进行“猛禽”液氧/甲烷发动机100吨级缩比验证机的点火试验，初步验证了发动机基本性能。“猛禽”发动机海平面推力是目前该公司“猎鹰-9”主发动机“隼”-1D的4倍，达到3 050千牛，比冲334秒，具有20%～100%的深度推力调节能力，未来将用于载人探测火星运载器“星际运输系统”，100吨级推力型则可能用于替代“猎鹰-9”和“猎鹰”重型火箭的上面级发动机。“猛禽”发动机由于采用液氧/甲烷推进剂，每次使用后不易积碳，重复使用能力较液氧/煤油发动机更好，每次回收后无须进行拆解清理和翻修，可缩短翻修周期。发动机的推进剂输送系统采用全流量分级燃烧循环，系统中包括两个富氧燃烧预燃室，一个富燃燃烧预燃室，两个预燃室产生的燃气驱动涡轮后都导入主燃烧室，可减少不稳定燃烧问题，同时提高主燃烧室燃烧效率，获得更高的发动机性能。

五、太空探索技术

2016年，主要国家和地区稳步推进太空探索活动，加深人类对深空的认知。在月球探测方面，美国持续推进商业月球探测，为私营企业审批发射许可。俄美协商在地月太空建立一个国际“居住地”的战略构想，作为未来小行星、火星任务的踏板。

在火星探测方面，美国“机遇”号巡视器持续刷新行驶距离记录，“火星 2020”巡视器已进入最终的设计和研制阶段，而“洞察”号着陆器因有效载荷密封问题延期至 2018 年发射。欧俄“火星生物学 2016”任务取得部分成功，轨道器成功进入环火轨道，而着陆器未能成功。在其他天体探测方面，美国“朱诺”成功飞抵木星，首次测量木星内部结构，“卡西尼”探测器在土卫四表层下方探测到存在液态海洋。

（一）月球探测

1. 美国政府批准首个商业月球探测任务发射许可

2016 年 8 月，美国政府主管航天发射审批的 FAA 首次批准美国月球快车公司向月球发射 MX-1 着陆器的申请。该公司有望在 2017 年底实施月球着陆任务，成为首家获准执行深空探测任务的私营企业。

月球快车公司的 MX-1 小型着陆器发射质量约 600 千克，采用轻质复合材料结构，可携带约 60 千克的科学载荷、400 多千克燃料，利用太阳能和过氧化氢提供能源。该着陆器可对着陆区进行探测，并尝试开展稀土矿物开采活动。MX-1 将利用火箭实验室公司研制的小型两级“电子”火箭发射，该型火箭箭体采用碳复合材料制造，液氧/煤油发动机采用无刷直流电机和锂离子电池驱动涡轮泵，以及 3D 打印制造技术，使发动机结构更简单轻巧，制造周期更短，易于批量生产。目前，火箭实验室公司推出的将 100 千克载荷送入 500 千米太阳同步轨道的火箭发射报价仅 490 万美元，预计向月球发射探测器的报价将会更低。

此次批准标志私营企业开创了商业深空探测任务的先例，2015 年在商业航天企业向政府施压和推动的影响下，美国国会通过的《商业航天发射竞争力法》已赋予美国企业和公民小行星资源开采权，目前已有多家企业参与月球甚至火星探测项目，未来会有更多的私营企业进入深空探测领域。预计美国将加快完善相关法律政策的步伐，FAA 也可能获得管辖权。

2. 俄罗斯更新月球探测计划

2016 年 3 月，俄罗斯政府审议通过《2016 ～ 2025 年联邦航天计划》草案，其中明确了月球探测计划，“月球-全球”项目计划 2019 年实现“月球 -25”探测器的月球着陆。“月球-资源”项目计划 2020 ～ 2021 年实施 3 次发射（一个轨道器和两个着陆器），进行环绕和南极地区着陆探测，“月球-土壤”项目计划与欧洲航天局联合开展 2024 年月球采样任务。

3. 美国波音公司提出载人地月太空试验场体系结构与运行概念

2016 年 9 月，美国波音公司基于“航天发射系统”运载火箭和“猎户座”飞船的 10 吨地月太空运载能力，以 NASA 载人火星探测三步走实施战略为基础，提出了弹性可调整的地月太空试验场体系结构和运行概念，旨在最大化利用成熟技术开展可持续的载人地月太空探索任务，为未来火星任务奠定基础。

（二）火星探测

1. 美国 SpaceX 公司公布火星计划细节

2016 年 9 月，美国 SpaceX 公司创始人马斯克在第 67 届国际宇航联大会上发表“让人类变成多星球物种”的演讲，透露了“星际运输系统”计划，提出最早 2025 年登陆火星，以及建立火星基地的远景目标。

马斯克认为“火星移民”计划的最大障碍是巨额经费。为降低费用，“火星移民”计划将采取四项措施：一是完全重复使用，二是在轨加注，三是在火星上生产推进剂，四是选择合适的推进剂。马斯克提出，执行火星任务的火箭助推器将重复使用 1 000 次，执行推进剂加注任务的飞船将重复使用 100 次，载人往返火星的飞船将重复使用 12 次，通过在轨加注使载人飞船尺寸和成本降为当前的 10% ～ 20%。选择甲烷作燃料，既可用于重复使用发动机，满足尺寸要求，还可利用火星上充足的二氧化碳和水进行原位生产，为飞船返回地球提供燃料。马斯克称，远期目标是进行上万次发射，将 100 万人送上火星，通过上述措施，可将去火星的费用从 100 亿美元 / 人降至 20 万美元 / 人。

“星际运输系统”由火箭助推器和飞船两部分组成，总高 122 米，发射质量 10 500 吨，完全重复使用情况下近地轨道运载能力 300 吨。其中，火箭助推器高 77.5 米，直径 12 米，干重 275 吨，推进剂 6 700 吨，主休结构采用碳纤维复合材料，装有 42 台“猛禽”液氧 / 甲烷发动机（单台海平面推力 311 吨、节流能力 20% ～ 100%），提供约 13 000 吨起飞推力。载人飞船高 49.5 米，最大直径 17 米，干重 150 吨，底部安装 9 台“猛禽”发动机，其中 6 台真空型“猛禽”提供 3 100 吨总推力用于星际飞行，3 台总推力 934 吨的“猛禽”用于着陆与起飞。推进剂加注船与载人飞船构型相同，但将载人舱改为推进剂贮箱，干重 90 吨。

马斯克提出“火星移民”计划的任务过程是，先用火箭助推器将载人飞船送入地球停泊轨道，助推器分离后返回发射场，装载推进剂加注船后再次发射。推进剂加注船通过 5 次发射和返回，为载人飞船在轨加注足够的推进剂。载人飞船随后飞向火星，并利用 200 千瓦太阳能帆板供电。进入火星轨道后，飞船将利用升力体结构气动减速，再利用发动机超声速反推实现软着陆。在火星表面，通过“原位资源利用”技术，将火星的水和二氧化碳转化为液氧 / 甲烷推进剂，飞船加注推进剂后从火星表面单级起飞并返回地球，经翻修和检查后可执行下一次任务。

2. 欧俄成功发射“火星外空生物 2016”探测器

2016 年 3 月，欧洲航天局与俄罗斯联邦航天局利用“质子”号火箭，成功发射了联合研制的“火星外空生物 2016”探测器。该探测器于 10 月 20 日到达火星轨道。“痕量气体轨道器”成功进入环火星的工作轨道，“斯基亚帕雷利”号着陆器在着陆前 50 秒与地面失联，坠毁在火星表面。

欧俄计划按“先绕验、后落巡”两步走策略实施火星探测。第一步在 2016 年发射由“痕量气体轨道器”和“斯基亚帕雷利”号着陆器组成的“火星外空生物 2016”

探测器，利用轨道器开展遥感探测，并为后续第二步探测任务提供通信中继，利用着陆器验证火星进入、下降与着陆技术，并探测周围环境。第二步在2018年发射由“表面科学平台”着陆器和火星表面巡视探测器组成的“火星外空生物2018”探测器，利用着陆器开展气候监测、大气分析，利用巡视探测器开展钻探、采样和分析，钻探深度可达2米。在整个计划中，欧洲航天局负责研制轨道器、“斯基亚帕雷利”号着陆器和巡视探测器，并相应提供13个科学载荷，同时为“表面科学平台”提供2个科学载荷。俄罗斯联邦航天局负责研制“表面科学平台”及其11个科学载荷，为轨道器和巡视探测器分别提供2个科学载荷，为“斯基亚帕雷利”号提供相关设备，并提供两次发射。

“火星外空生物”计划重点围绕“行星形成与生命出现的条件”主题开展探测。主要的科学目标：一是寻找曾经和现在存有的生命痕迹，二是研究水和地质化学环境如何变化，三是研究火星大气中痕量气体成分及来源。2016年实施的任务，重点利用轨道器探测大气中甲烷等痕量气体，建立详细的大气模型，对火星表面及下方1米的氢元素分布进行高分辨率遥感测绘；通过获得地下水冰存量并结合痕量气体源位置，为下一步任务的着陆点选址提供依据。其中，甲烷及其产生机制、地下水冰的信息等，均有助于判断火星是否存在过生命。

（三）其他天体探测

1. 美国开展小行星采样返回任务

2016年9月，统一发射联盟公司的“宇宙神”-5火箭成功发射NASA的“起源、光谱释义、资源识别与安全-风化层探测器”(OSIRIS-REx)。这是美国进行的首个小行星采样返回任务。OSIRIS-Rex是NASA“新边疆”计划的第三个任务，属于中等级别行星任务，任务成本8亿美元（包括发射费用和运行费用）。NASA“新边疆”计划的第一个任务是“新地平线”(New Horizons)冥王星探测任务，第二个任务是“朱诺”木星探测任务。

OSIRIS-REx探测器将飞往直径500米的一颗近地小行星“贝努”，预计2018年8月到达。探测器将研究小行星2年，然后与小行星表面近距离接触并采集尘埃和岩石样品。探测器的“接触即分离”样品获取机械臂（touch-and-go sample acquisition mechanism，TAGSAM）将使用喷出的氮气搅动小行星表面，并用过滤器采集至少60克材料样品。探测器将储存由TAGSAM收集的样品，放入基于“星辰”号彗星采样返回任务样品舱研发的样品返回舱。样品的收集标志着科学阶段任务的结束，探测器将移动到距离小行星安全的位置。OSIRIS-REx探测器将于2021年3月离开“贝努”，2年半后返回地球。样品返回舱将于2023年9月着陆。科学家希望，这项任务能增进对太阳系形成乃至地球生命起源的认识。

2. 美国“朱诺”号探测器成功进入木星轨道

2016年7月，已在太空飞行4年11个月的“朱诺”号成功进入木星轨道，这是自2003年“伽利略”号结束木星探测任务以后，13年来首颗绕木星工作的探测器。

“朱诺”号运行在穿越木星南北两极的大椭圆轨道上，轨道最低点距离木星云层顶端不足 5 000 千米，人类将首次在如此近距离之下获取木星云层高清晰图像。

“朱诺”号由美国洛克希德•马丁公司研制，耗资 11 亿美元，预期在轨工作时间为 20 个月，绕木星飞行 37 圈，NASA 喷气推进实验室负责整个探测任务的运行。“朱诺”号将在 20 个月的任务期间重点研究木星磁层、两极极光与内部结构，观察木星多变的云层，确定木星水的含量以及是否有岩石核心，揭晓木星形成与太阳系演化诸多谜团。此外，NASA 还将测量木星的自转对周围时空的拖拽效应，对爱因斯坦的广义相对论进行检验。

木星是太阳系最大最重的行星，其质量是太阳系第二大行星土星的 2.5 倍，同时木星也被认为是太阳系最早形成的行星，拥有太阳系形成之初的很多线索。

3.“突破星击”太空探索计划启动

2016 年 4 月，英国物理学家史蒂芬•霍金和俄罗斯科技业巨头尤里•米尔纳共同宣布，数名世界顶级科学家和科技界实业家将合作开展一项人类史上前所未有的太空探索计划——“突破星击”（Breakthrough Starshot）。该计划将研发出一台“纳米飞行器”——一台质量为克级的太空自主探测器，并通过光束把它推动到 1/5 的光速并于 20 年内抵达离太阳系最近的半人马座阿尔法星系。

“纳米飞行器”主要由两部分构成，即计算机芯片大小的“星芯片”和不过几百个原子厚的“太阳帆”。其中，仅有数克重的“星芯片”上携带着摄影、导航和通信等设备。按照计划，科学家需要先在地球上建造大规模的地基激光发射器，然后发射一个航天器，将数千个“纳米飞行器”带入太空。“纳米飞行器”进入太空后张开光帆，地面上的激光发射器聚焦激光束，发射强大能量的激光，把激光打在光帆上，提供“纳米飞行器”飞行的动力。

4. NASA 发布前沿技术研发方向

2016 年 6 月，NASA 太空技术任务理事会（Space Technology Mission Directorate，STMD）举办了“改变游戏规则技术”行业日活动，聚焦于学术界、商业界和工业界感兴趣的 10 项先进技术，确定 NASA 与工业界共同关注的潜在合作领域。10 项先进技术包括：①下一代生命保障技术，为未来载人航天器和下一代航天服研发新型生命保障技术；②人机系统，研发先进机器人技术，通过增强人机合作效能提高生产率并降低任务风险，关键技术包括人机交互、机器人助手和星体表面移动系统；③机器人卫星服务技术，包括了相对导航技术，支持自主交会操作，配备复杂工具的机器人，支持在轨组装、升级和维修，推进剂输送技术以及支持在轨燃料补给；④先进成型技术，研发可降低重量和成本的创新制造技术，主要包括“整体加筋气缸”制造工艺；⑤先进制造技术，研发并成熟创新的先进制造技术，以实现制造更高性能、更低成本的航天器、运载火箭和基础设施；⑥一体化显示与环境感知系统，为用户研发头戴式显示器，提供视觉通信和增强现实信息，以提升用户的态势感知能力、安全性和效率；⑦块体非晶合金传动装置，研发干性润滑和无润滑的应变波变速箱；⑧纳米技术，对影响 NASA 未来任务的纳米技术进行成熟化、集成并开展组件水平的演示验证，该项目首个任务目标是研发拉伸强度比传统碳纤维高1.5～2.0倍的碳纳米管纤维，可使组件重量减少20%，抗损性提高100%；⑨经济可承受的运载器航电设备，为纳米卫星专用低成本发射器研发并测试低成本的航电设备包原型，可提供完整的制导、导航与控制功能；⑩高超声速充气式气动减速器，研发可展开的减速伞，在重型有效载荷进入行星（如火星）大气层时发挥作用。

5. 日本“瞳孔”X射线天文卫星任务失败

2016年2月，日本在种子岛航天中心发射“瞳孔”X射线天文卫星。“瞳孔”是日本发射的第六颗X射线天文卫星，于2007年立项，耗资约合17.7亿元。原计划在轨进行3年X射线天文观测的“瞳孔”，在发射后仅一个多月就发生了事故——卫星失联。3月26日，日本宇宙航空研究开发机构（Japan Aerospace Exploration Agency，JAXA）卫星测控站发现无法正常接收“瞳孔”的信号。4月28日，JAXA宣布放弃挽救“瞳孔”。

“瞳孔”全长14米（可伸展式光学台座展开后长度），重达2.7吨，是JAXA有史以来最大的科学卫星。“瞳孔”携带的科学载荷超过以往的X射线天文卫星，观测性能达到日本上一代“朱雀”X射线天文卫星的10～100倍。“瞳孔”共携带6台科学载荷，可以进行软X射线光谱观测、软X射线摄像观测、硬X射线摄像观测和软γ射线观测4类天文观测。科学目标主要有两类：第一类是探索宇宙形成的奥秘；第二类是在极限状态下检验和探索物理法则。

6.“卡西尼”号土星探测器即将完成任务使命

由美国和意大利联合研制的“卡西尼”号土星探测器，自2004年飞抵土星以来，现已连续工作12年。2016年12月，“卡西尼”探测器在64万千米高空拍摄了分辨率为153千米的土星北半球图像。由于燃料即将耗尽，“卡西尼”探测器进入任务最终阶段——穿越土星环带，并最终拟于2017年9月坠入土星。

2016 年世界航空技术发展报告

2016年，美国和欧洲国家民族主义倾向日趋严重，全球化趋势受阻。在美元升值、欧元贬值、金砖国家经济承压的情况下，越来越多的国家认识到发展以航空技术为代表的高技术来提高国际竞争力的重要性。世界军用飞机、民用飞机、直升机、无人机、航空发动机、机载设备、机载武器技术等均取得了新的突破。

一、世界航空技术发展重要动向

2016年，美国、俄罗斯等国提出了促进航空科技发展的新措施。美、欧等地区的航空制造商继续看好民用飞机市场，并开展了新一轮业务重组。日本航空技术发展迅速，在战斗机、运输机、无人机等方面均取得了重要进展。此外，航空环保、人工智能、网络化协同作战等技术也受到了全球航空制造商的广泛关注。

（一）美俄等国提出加强航空科技的新举措

航空技术对国家安全和经济发展具有十分重要的作用，但同时具有发展周期长、投资大、风险高等特点，完全采用市场机制难以满足当前航空科技发展的需要。为解决航空科技发展中面临的各种问题，夺取航空技术优势，2016年，美国、俄罗斯、印度等国相继提出了多项支持本国航空科技发展的新举措。

1. 美国议员提出《航空创新法案》

2016年6月，美国国会议员史蒂夫·奈特提出了《航空创新法案》。该法案认为，航空每年带动的经济活动价值1.5万亿美元，并且是美国少数几个取得贸易顺差的行业（仅2015年，美国航空就取得了825亿美元的贸易顺差）。该法案重点提出了验证机和高超声速技术的发展规划，并要求制订21世纪航空研究能力计划。如果该法案获得通过，将促进美国政府相关机构间的合作，确保国会对航空科研项目的投资，从而加快美国航空科技的发展。

2. 俄罗斯拟定新的航空工业发展战略草案

2016年3月，俄罗斯工贸部组织召开了“俄罗斯联邦航空工业长期发展战略”圆桌会议，并提出了航空行业长期发展战略草案。俄罗斯工贸部副部长安德烈·博金斯基表示，2005年实施的“2015年前俄罗斯航空工业发展战略”已达到预期目标。近10年来，俄罗斯航空制造业伴随着国内外市场的改变产生了巨大变化，国家亟待制定新的航空发展战略。俄罗斯航空工业发展战略草案的主要内容包括文件制定的前提、国有航空工业在全球范围内的定位、行业发展目标和未来面对的重要挑战，以及为实现行业目标采取的关键措施及步骤等。

3. 印度通过新的民航政策

2016年6月，印度联邦内阁批准了新的国家民航政策。新的政策放弃了5/20规则，即不再要求印度的国内航空公司必须经营5年才可以飞国际航线，也不再要求印度的航空公司至少需要20架飞机的运营规模。这一政策调整降低了航空公司的创业门槛，有助于更多的民间力量参加到航空创新创业活动中。此外，新政策还鼓励竞争和区域连通，这将为印度航空业的发展增添新动力。

4. 对中国的影响和启示

通过上述情况，可以得到以下几点启示：一是主要航空工业大国都在持续支持航空科技的发展，其目的就是要继续保持航空大国的地位，提高在国际市场中的竞争力；二是航空工业的发展需要从国家层面立法，制定发展战略、政策和规划；三是对美、俄等国新时期所支持发展的先进航空技术应予以重点关注并及时跟进。

（二）欧美航空制造商继续看好民用飞机市场

尽管美国和欧洲的政治形势给世界经济全球化带来了不利影响，且可能会波及航空运输市场，但是美、欧航空制造商依然看好未来的民用飞机市场，并发布了比较乐观的市场预测报告。

1. 波音预测未来 20 年全球需要 39 620 架新飞机

2016 年 7 月，波音发布了《当前市场展望》报告，预测未来 20 年全球将需要 39 620 架新飞机，总价值约为 5.9 万亿美元。新的预测飞机数量同比增长 4.1%。波音市场营销副总裁兰迪・廷赛斯认为，虽然日益复杂的国际问题对金融市场造成了消极影响，但航空业仍将实现长期增长。波音预计未来 20 年民用机队的规模将增加 1 倍。

2. 空客预测未来 20 年的新飞机需求量为 3.3 万架

2016 年 7 月，空客公司发布了未来 20 年（2016 ～ 2035 年）的全球飞机市场预测，认为新飞机的市场需求量为 33 070 架，其中单通道飞机 23 530 架，双通道客机 8 060 架，超大型客机 1 480 架，总价值约 5.2 万亿美元。全球航空客运量年均增长率为 4.5%，其中亚洲将以 30% 的增长率在 20 年后占据 40.6% 的市场。到 2035 年，全球客机和货机总数将由现在的 19 500 架增加 1 倍，达到 40 000 架左右。

3. 民用飞机制造商纷纷看好中国市场

2016 年 12 月，全球多家飞机制造商发布了对未来 20 年中国飞机市场的预测。空客公司认为，未来 20 年（2016 ～ 2035 年），中国大陆地区的国际航空运输量年均增长率将达到 6.7%，将成为世界最大航空市场。新交付到中国的客机和货机数量将达到 5 970 架，其中包括 4 230 架单通道飞机和 1 740 架宽体飞机，价值 9 450 亿美元，占全球同期新飞机需求总量的 18%。波音预测，未来 20 年中国将需要 6 810 架新飞机，总价值达 1.025 万亿美元，相较于空客公司的预测更为乐观。中国商用飞机有限责任公司预测，未来 20 年，中国将预计交付 6 865 架客机，价值约 9 293 亿美元。到 2035 年中国民用机队规模将达到 8 139 架，其中单通道喷气客机 5 232 架，双通道喷气客机 1 904 架，喷气支线客机 971 架。

4. 对中国的影响和启示

通过上述情况，可以得到以下几点启示：一是市场预测是做好航空产品开发的首要环节，航空技术研究、产品开发及生产能力建设均应以市场预测为基础；二是逆经济全球化的势头虽有所抬头，但世界各地区对航空运输的需求仍会持续增长，GDP

增速越高的地区，其航空需求的增速也越快；三是未来20年，中国将成为世界最大航空市场，这将给中国航空工业的发展带来新的机遇和挑战，如何抓住机遇，规避风险，继而将中国航空工业打造为世界航空制造业的重要一极，亟待我们深思研究。

（三）欧美航空制造商进行业务重组

为了适应市场环境的不断变化，优化资源配置，提高企业运行效率，2016年，欧洲和美国的一些航空制造商持续进行业务重组。

1. 通用电气公司继续收购欧洲增材制造设备供应商

2016年10月，美国通用电气公司宣布收购德国概念激光公司75%的股份。通用电气航空总裁表示，通用电气承诺提高概念激光公司的技术和产出。概念激光公司的首席执行官表示，通用电气看到了增材制造领导工业生产数字转型的潜力。概念激光公司拥有200多名员工，设计并制造多种激光增材制造机床，其客户遍及航空航天、医疗、汽车和珠宝等行业。该公司的机床覆盖了当前市场上最大的和最小的尺寸范围，能够加工多种粉末材料，包括钛、镍、钴、铬、贵金属、高级钢和铝等。

2. 俄罗斯联合飞机制造公司将进一步私有化

2016年9月，俄罗斯经济发展部提出了联合飞机制造公司（Obyedinyonnaya Aviastroitelnaya Korporatsiya，OAK）私有化路线图。俄罗斯联邦计划在2024年前将OAK的股份将减少到50%+1股。目前俄罗斯联邦掌握OAK公司90.3%的股份，对外经济银行拥有5.6%的股份，其余的4.1%股份由私人拥有。俄罗斯经济发展部计划将属于国家的部分股份进行私有化，具体的私有化期限和方法将根据市场形势由政府以及主要的投资顾问确定。目前，OAK已经拥有米格飞机制造公司100%的股权，并持有图波列夫公司、苏霍伊公司、格罗莫夫飞行试验研究所等公司的股份。根据目前掌握的消息，OAK私有化之后，俄罗斯联邦仍是公司的第一大股东，并保持绝对控股。

3. 空客集团总部与空客公司总部进行整合

2016年9月，为消除飞机业务部和母公司以及其他业务部门中存在的一些功能重复，空客集团决定对集团总部和空客公司总部进行整合，并削减一定数量的管理岗位，以提高公司的盈利能力。整合后的总部将设在法国图卢兹，裁员的数量约为8 000人。目前空客集团大约有55 000名直接雇员。空客集团希望通过重组来降低成本，并加快决策速度继而缩小与波音公司在盈利能力上的差距。

4. 对中国的影响和启示

通过上述情况，可以得到以下几点启示：一是并购重组仍然是整合资源、提高效率、增强自身实力、化解竞争矛盾、拓展业务领域的重要手段，对航空企业保持健康发展起着至关重要的作用；二是为了提高工业企业的活力，俄罗斯决定航空工业企业可以适当采用私有化的方式，但仍保持国家的绝对控股权，这对中国航空工业体制改革、吸收民间资本、推进军民融合具有参考价值；三是随着技术的发展和业务的变化，航空企业的组织方式、岗位设置、工作流程等也必须及时进行调整，以便提高企业运行的效率和企业的市场竞争力。

（四）航空环保性受到越来越多的关注

为保护环境，遏制全球气候变暖的发展趋势，国际民航组织正在制定愈加严格的航空排放标准，航空发达国家也都在积极发展绿色航空技术。2016 年，国际民航组织成员方达成了新的环保协议，同时一些节能减排的航空技术也取得了显著进展。

1. 国际民航组织第 39 届大会取得积极成果

2016 年 10 月 6 日，国际民航组织第 39 届大会通过了《国际民航组织关于环境保护的持续政策和做法的综合声明——气候变化》和《国际民航组织关于环境保护的持续政策和做法的综合声明——全球市场措施机制》两份重要文件，形成了第一个全球性航空行业减排市场机制。该市场机制旨在通过碳抵消机制控制国际航空温室气体排放增长，并计划在 2021 ～ 2035 年分三阶段实施，即试验期（2021 ～ 2023 年）、第一阶段（2024 ～ 2026 年）及第二阶段（2027 ～ 2035 年）。其中试验期和第一阶段各国自愿参与，发达国家率先参与；第二阶段为国际航空活动全球占比高于 0.5% 以上的国家或国际航空活动全球累计占比 90% 以上的国家参与。有关“根据行业平均增速分担抵消责任”，以及“2030 年后适当增加根据个体增速分担责任的比例”的规定，总体上体现了发达国家与发展中国家共同但有区别的责任。决议还强调要为各国特别是发展中国家参与该机制提供援助，并就该机制实施情况和影响每三年开展一次评审。

2. NASA 提出 5 项绿色航空概念

2016 年 8 月，NASA 在其发起的《变革航空学概念计划》（Transformative Aeronautics Concept Program，TACP）中，提出 5 项绿色技术概念作为未来 20 年的研究主题，这些新概念试图通过降低飞机燃油消耗和排放来变革航空工业，其中有 3 项与电推进飞机有关。这 5 项新概念分别是替代燃料电池、使用 3D 打印技术增加电动机的功率输出、使用锂-空气电池进行能量存储、飞行中改变机翼形状的新机制、使用轻量化材料气凝胶来设计飞机天线。上述 5 项新概念，将有助于实现 NASA 绿色航空倡议的将油耗减少 50%、污染物排放降低 75%，并显著降低飞机噪声的目标。

3. 波音和巴西航空工业公司公布 E170 环保验证机计划

2016 年 7 月，波音和巴西航空工业公司宣布将用一架 E170 支线飞机完成波音公司的环保验证机计划。波音环保验证机计划始于 2012 年，先后用波音 737-800、波音 787 和波音 757 开展了有关绿色技术的验证。此次巴西航空工业公司的 E170 是波音环保验证机计划的第四架验证机，将要演示验证的先进激光雷达系统既可以测量大气的湍流，又可以用做不依赖传统传感器的大气数据系统。此外，波音还将对边界层测量、降噪、生物燃料及特殊的防冰表面处理等技术进行验证。

4. 对中国的影响和启示

通过上述情况，可以得到以下几点启示：一是随着人们环保意识的不断提高，民用飞机的环保性正变得越来越重要。未来，环保性能将成为飞机获得市场准入的重要标准之一；二是提高环保性，最关键的要靠技术创新，通过技术创新以化解为提高环保性所带来的成本压力，继而增强航空运输的经济可承受性和市场竞争力；三是美国和欧盟针对提高飞机环保性的需要，已经设立了多个科研计划，中国也应尽快制定绿色航空的专项规划。

（五）人工智能技术发展迅速

随着大数据、遗传算法、深度学习等技术的发展，人工智能技术日趋成熟，在航空领域中的应用也不断增加。2016 年，采用人工智能技术的空战、集群作战和辅助飞行等技术取得了突破性进展。

1.“阿尔法”人工智能程序在模拟空战中击败资深飞行员

2016 年 6 月，美国辛辛那提大学2015级博士生领衔开发的“阿尔法”（ALPHA）超视距空战系统通过了专家评估，并且在空战模拟器环境下击败了有着丰富经验的退役美国空军上校吉恩·李。“阿尔法”是“仿真、集成和建模高级框架”项目的一部分，采用了基于模糊逻辑的人工智能技术。该程序仅需很少的计算资源，即可实现快速反应处理，且具有自学习能力。在模拟战斗中，“阿尔法”利用了无人“蜂群”和有人-无人编组的能力，无论在四机对双机还是在双机对双机的作战中，“阿尔法”均取得大量胜利。

2. 美军推进对蜂群式无人机的研究

随着自主性、机器人和高超声速推进的发展，“蜂群无人机”概念已成为美国国防部“第三次抵消战略”关注的重点技术之一。2016 年，美国 DARPA 和空军研究实验室（Air Force Research Laboratory，AFRL）先后启动了两个小型无人机研究项目，即“低成本可消耗攻击型空中无人系统演示”（low-cost attritable strike unmanned aerial system demonstration，LCASD）项目和“小精灵”可回收蜂群无人机项目，这两个项目都将重点放在降低无人机的成本上。其中，LCASD 无人机可在地面回收，而“小精灵”则由多种空中平台发射，并能利用洛克希德·马丁公司的 C-130 运输机实现空中回收。

目前，防空系统发现和拦截小型无人机的能力有限，从而为小型无人机从防空系统的缝隙中渗透过去并实施各种攻击提供了可能性。通过蜂群技术，小型无人机可以相互配合，从而使作战能力大幅提升。小型无人机组成的蜂群不但可以干扰、压制乃至摧毁敌方雷达，而且还可以向敌方的重要目标投弹。鉴于其良好的发展前景，蜂群式无人机已经成为航空技术领域中的一个发展热点。

3. 日本开发机载人工智能辅助飞行系统

2016 年 8 月，日本经济产业省要求在 2017 年的预算中加入下一代飞机飞行系统的验证项目概算，并将航空公司所积累的航行数据通过人工智能技术进行学习与储存，旨在开发利用人工智能的机载辅助飞行系统。该系统主要功能包括“当飞机机体突然产生故障时能够提示可供安全紧急降落的地点”“当飞机遇到恶劣天气时提供可规避的合适飞行路线的选项”“当飞机遇到需紧急急救的人员时提示出可供紧急着陆的飞机场和飞行航线”。该项目实施的主体为日本民用飞机的制造商和人工智能的关联企业。开发MRJ支线飞机的三菱重工业株式会社、三菱飞机株式会社（爱知县丰山町）将参与上述项目。如果MRJ客机搭载上述系统的话，那么在与竞争对手的竞争中就增加了重要的筹码。面对全球航空运输快速增长导致的熟练飞行员不足问题，人工智能飞行辅助系统具有广阔的市场空间。

4. 对中国的影响和启示

通过上述情况，可以得到以下几点启示：一是航空人工智能技术经过几十年的发展，正逐渐进入成熟和工程化应用的阶段；二是在航空领域采用人工智能技术，将大幅提高飞机执行任务的能力和效率，使许多原来必须通过有人机才能完成的任务可改由无人机完成；三是中国应加大对人工智能技术的研发力度，努力实现航空装备由信息化向智能化的跨越。

（六）第六代战斗机将重点发展网络化协同作战能力

目前，国外战斗机已经发展了五代。从2008年开始，美国、日本等国开始研究第六代战斗机的作战需求和概念方案，但对第六代机的关键技术特征各方还未能形成统一的认识。2016年，美国、欧洲、日本相继发布了一些关于未来空战的重要文件，为第六代战斗机的发展指明了方向。

1. 美国空军发布《2030年空中优势飞行计划》

2016年5月，美国空军发布了《2030年空中优势飞行规划》，明确提出美军要改变依靠某一种武器实现空中优势的思路，转而联合多种平台，实施协同作战，增强网络化作战能力。2016年10月，美国空军决定从2017年1月开始一项为期18个月的下一代战斗机备选方案分析（analysis of alternative，AoA）工作。通过这个研究项目，将确定对突防性制空能力（penetrating counterair，PCA）的各项关键要求，并向高层领导呈送一系列装备选项，以便进行装备采办。根据《2030年空中优势飞行规划》提出的构想，美军下一代战斗机将重点提高网络化协同作战能力，特别是与各种无人机协同作战的能力。

2. 空客公司公布FCAS概念方案

2016年6月，空客公司在慕尼黑的贸易媒体通报会上公布了FCAS的概念方案。未来，FCAS将至少包括3种平台，即有人战斗机平台、大型无人作战飞机和小型分布式无人机。空客公司研究认为，纯无人平台的技术不足以满足FCAS项目需求，因而将该系统的核心平台确定为有人平台，并通过有人机/无人机协同作战的方式以满足夺取制空权的要求。FCAS预期在2030～2040年服役。空客公司展示了两种有人战斗机图片，都是双发双座隐身战斗机，一种为无尾布局，另一种则有尾翼。从外观上来看，其修长光滑的构型、较大的翼面积显示其具有较好的超声速巡航能力和机动性。此外，双座机的两名飞行员能够更好地协作，减轻执行远程任务、复杂任务和核打击任务时的工作负担，提高作战效率。

3. 对中国的影响和启示

通过上述情况，可以得到以下几点启示：一是在未来战争中，夺取制空权依然是取得战争胜利的重要条件，但夺取制空权的方式将不再是仅仅靠战斗机，而是要依靠战斗机、无人机、预警机等航空装备组成的作战体系；二是第六代战斗机将优先考虑网络化协同作战能力，相关的技术成熟之后，还可以用于对现有战斗机的改进，这将使未来的空战方式发生显著变化；三是为了满足体系化作战的需要，需要加强对体系架构设计、动态组网、跨域协同等技术的研究。

（七）日本军用航空技术发展迅速

近年来，日本借美国实施“亚太再平衡”战略之机，多管齐下重整军备，试图全面摆脱战后体制，成为正常军事大国。在此背景下，日本航空装备突破性发展，谱系构成日益完善，更新换代有序推进，重建了隐身突防、支援保障和网络化协同作战能力。2016 年，日本在“心神”隐身战斗机技术验证机和 C-2 运输机研制方面相继取得突破性进展，同时还启动了无人战斗机的技术研究。

1. “心神”隐身战斗机技术验证机成功首飞

2016 年 4 月，日本三菱重工研制的“心神”隐身战斗机技术验证机成功首飞。该机是由三菱重工作为主承包单位、集成日本航空工业的整体实力研发的纯国产隐身战斗机。该项目于 2007 年正式启动，2012 年 3 月总装开铆，2014 年 5 月出厂。“心神”采用了单座、双发、双垂尾气动布局，机长 14.2 米，翼展 9.1 米，机高 4.5 米，空机重 9.7 吨。虽然“心神”只是一架技术验证机，并不会批量生产，但是该机对日本的隐身技术、雷达技术、复合材料、航空动力、推力矢量等技术的发展具有重要意义，并将为其研制 F-3 战斗机奠定重要的技术基础。

2. C-2 大型运输机正式列装

2016 年 6 月，日本川崎重工研制的 C-2 大型运输机正式列装航空自卫队，标志着日本航空工业科研生产能力迈上新台阶。C-2 的尺寸与 A400M 和安 -70 相近，空重 60 多吨，最大有效载重 30 吨，巡航速度达 0.8 马赫。该机可装载步兵战车和“爱国者”导弹牵引车等装备，基本满足日本作战需求，其空中加油能力可令日本实现全球部署。

3. 日本准备发展无人战斗机

2016 年 10 月，日本防卫省采办技术与后勤局采购办公室发布的报告显示，日本航空自卫队未来将需要两种为有人驾驶战斗机提供支援的无人机：一种是与常规战斗机编队飞行并接受有人机指挥的无人僚机（unmanned wingman）；另一种是利用传感器阵列跟踪导弹威胁的高空弹道导弹防御无人机。日本航空自卫队希望导弹防御无人机能在 2030 年左右投入使用，首批无人僚机将只作为在有人战斗机前面飞行的传感器载机，将在未来 15 ～ 20 年内进行研发，如果计划进展顺利，改进型的无人僚机将增加武器发射能力，并能为有人战斗机吸引火力和提供掩护。日本希望其无人机能够与计划 2027 年开始生产的 F-3 隐身战斗机进行编队协同作战。由于自主空中交战的复杂性，大多数国家的无人机发展都以空对地攻击为主，而日本提出的无人僚机则是以空战为主，具有非常高的技术挑战性。

4. 对中国的影响和启示

通过上述情况，可以得到以下几点启示：一是作为第二次世界大战战败国，日本航空工业的发展虽然受到一些限制，但其强大的工业基础和技术实力为发展航空工业奠定了坚实的基础，一旦政治环境许可，有可能快速发展成为航空大国；二是随着日美防务合作的不断深入，以及日本国防费用的增长，预计其航空技术装备还将呈现快速发展的势头；三是日本航空装备和技术的发展，不但会加剧世界航空产品市场的竞争，而且还会对中国国家安全构成威胁，对此应予以警惕。

二、军用飞机技术

根据所承担任务的不同，军用飞机可分为作战飞机和支援飞机。2016 年，在作战飞机方面，美国 F-35A 战斗机、第六代战斗机和新型轰炸机的发展最引人关注；在支援飞机方面，美国 KC-46A 加油机进入生产阶段，洛克希德·马丁公司推进 SR-72 战略侦察机研发计划，俄罗斯预警机也取得了新进展。

（一）作战飞机

作战飞机主要包括战斗机、攻击机和轰炸机。为了夺取未来战争的空中优势，美国和俄罗斯等国不断加强作战飞机的研发力度。2016 年，美、俄在第五代战斗机、第六代战斗机及新一代轰炸机的研发方面均取得了新的进展。

1. F-35A 隐身战斗机形成初始作战能力

2016 年 8 月，美国空军宣布首批 15 架 F-35A“常规起降型”第五代隐身战斗机形成初始作战能力，这是继 2015 年 7 月 F-35B“短距起飞垂直降落型”战斗机形成初始作战能力后，该项目第二种进入实用阶段的机型，预计第三种机型——美国海军的 F-35C 将在 2018 年达到初始作战能力。

为达到初始作战能力的要求，2016 年美国空军的 F-35A 开展了密集试验，6 月 6 日至 6 月 17 日，美国空军 7 架 F-35A 与 181 名人员在霍姆山基地实施了模拟部署，试验项目包括了基本的近距空中支援、空中截击以及有限的压制和打击敌方飞机。此外，F-35 项目试验队还完成了其他大量的试验，其中包括在“乔治·华盛顿”号航母上完成了 F-35C 战斗机第 3 轮（也是最后一轮）的舰载研制试飞（DT-Ⅲ），此次试验的内容包括外部对称和非对称武器装载、最大重量状态的弹射和回收、进场操纵品质等。F-35 在为期一个月的武器试验中完成了 12 项武器投射精度试验和 13 项武器分离试验，试验中使用了 30 种不同的武器，包括联合直接攻击弹药和全球定位系统制导的小直径炸弹、AIM-120 先进中距空空导弹及 AIM-9X 导弹。目前 F-35 装配的是 Block 3i 软件，若到 2018 年和 2021 年 Block 3F 和 Block 4 软件提供后，F-35 将具备更多先进的能力。

2015 年 8 月，F-35 座椅供应商马丁·贝克公司在滑橇试验中发现体重低于 61.7 千克的飞行员在较低空速时弹射存在颈部伤害风险，该公司就此问题于 2016 年 3 月提出 3 项主要解决方案，并在全年进行了 22 次全新设计座椅的弹射测试，以期在 2017 年初彻底解决问题，使飞行员的体重不再受限。同时，美国继续推进 F-35 的未来改进计划，光电传感器和飞机电子战能力升级都包含在 Block 4 升级包内。

2. 美国积极研发第六代战斗机技术

2016 年 5 月，美国空军发布《空中优势 2030 飞行规划》称，美国空军未来空中优势将不再依赖单一平台，而是凭借一个网络化的系统家族，包括战斗机以及太空、赛博和电子战有关的作战装备。这意味着未来的战斗机更像是传感器节点，而不仅是过去单一的作战平台。2016 年 10 月，美国空军开始下一代战斗机备选方案分析的筹划工作，旨在形成未来战斗机的需求和采办策略。目前，美国空军已经提出了一些与未来战斗机相关的技术研究项目，其中包括数据到决策、打击敏捷与智能目标等。此外，作为下一代战斗机预先研究的一部分，美国空军正在探索新的电子战技术。

3. 美俄开展新一代轰炸机研制工作

2016 年 3 月，美国空军选定了普惠公司、BAE 系统公司、斯皮里特（Spirit）航空系统公司、轨道 ATK、罗克韦尔·柯林斯、GKN 航宇以及贾尼基（Janicki）工业公司作为 B-21“袭击者”轰炸机的 7 家主要供应商。据悉，普惠公司将向 B-21 提供两个发动机选项，即 191 千牛推力的 F135 衍生型发动机和大推力型 PW9000 军用发动机，BAE 系统公司将为 B-21 提供电子战能力，罗克韦尔·柯林斯公司则为 B-21 提供航电系统。

2016 年 5 月，美国国防部公布了 2016 年版的 30 年军机发展规划，即《2017～2046 财年军机机队与投资规划》，预计在 2017 ～ 2026 财年每年为轰炸机项目投入近 110 亿美元，比 2015 年版规划中的 80 亿～ 90 亿美元增加约 20%。7 月，美国空军全球打击司令部为加强空军与 B-21 项目各机构间的沟通，设立了一个 B-21 项目办公室，预计 B-21 将在 2025 年左右形成初始作战能力。

2016 年 8 月，俄罗斯军方表示改进型图 -160M2 轰炸机将在 2018 年底完成首飞，随后在 2021 ～ 2023 年开始批生产和飞机采购，俄罗斯空天军计划采购至少 50 架。图 -160M2 将具备新的能力和飞行特性，且使用寿命长。同时，俄罗斯国防部表示，俄罗斯新一代轰炸机“未来远程航空系统”（PAK DA）将要延期，但该机的发展工作不会中断。按目前计划，PAK DA 将在 2021 年首飞，比原计划推迟 1 ～ 2 年。

（二）支援飞机

支援飞机主要包括运输机、加油机、预警机等。支援飞机是作战能力的倍增器，对完成预定的空中作战任务具有非常重要的作用。2016 年，美国和俄罗斯开展了多项支援飞机技术研发项目，并取得了重要进展。

1. 美国 KC-46A 加油机获批进入生产阶段

2016 年 8 月，KC-46A“飞马”加油机项目获得美国国防部的“里程碑 C”许可，标志着该机已经可以进入低速率初始生产阶段。KC-46A 加油机现已完成多项空中加油验证，包括利用伸缩套管为 F-16、C-17 和 A-10 加油，利用软管锥套系统为 AV-8、F/A-18 加油。此外，KC-46A 还完成了从 KC-10 授油的试验，证实了其加授油能力。美国空军将授予波音两个小批量试生产合同，合同涵盖了 19 架 KC-46A 及相关备件的制造，总价值达到了 28 亿美元，交付期限是 2018 年 1 月。

2. 美国洛克希德·马丁公司推进 SR-72 战略侦察机研发计划

2016 年 3 月，洛克希德·马丁公司完成了 SR-72 高超声速飞行器概念方案的更新工作。SR-72 方案源于该公司前些年提出的 HTV-3X“黑雨燕”高超声速试验平台。HTV-3X 采用可控低阻气动布局，能够完成从起飞、亚声速、跨声速、超声速到高超声速的飞行，飞行速度可达 6 马赫。

SR-72 由洛克希德·马丁公司“臭鼬”工作队设计，利用涡轮基组合循环（turbine-based combined cycle，TBCC）发动机加速至 1.5 ～ 2.0 马赫，然后动力转换为超燃冲压发动机，推进飞行器速度达到 6 马赫。“臭鼬”工作队现已确认 SR-72 第一阶段是无人驾驶。洛克希德·马丁的长期目标是“实现高超声速载人飞行，获得更便捷的进入太空的方式。”这种飞机既可用做高超声速侦察机，也可用做高超声速战斗机和轰炸机。该项目面临的挑战是发动机工作模式的转换问题。

3. 俄罗斯新型预警机 A-100 将具备电子攻击能力

2016 年 8 月，俄罗斯研制的 A-100 空中预警机（airborne warning and control system，AWACS）的无线电设备开始进行地面试验。据俄罗斯有关专家透露，A-100 与美国预警机不同，将具备电子攻击能力，以干扰敌方雷达和通信。俄罗斯专家介绍说，美国的预警机如果进行电子攻击会干扰本机雷达的工作。与其相反，A-100 的电子攻击系统与其雷达工作互不干扰，同时，使飞机不容易被敌方锁定和跟踪。A-100 可在 UHF 波段既作为接收机也作为发射机，这可以显著提高探测范围和精度，可以躲避截击机的导弹攻击和干扰敌方防空系统。A-100 的多目标探测雷达可以探测 600 千米内的水面舰艇和 400 千米内的敌方战斗机。

4. 美国空军发布 JSTARS 替换项目的工程研制招标书

2016 年 12 月，美国空军正式发布“联合监视目标攻击雷达系统”（joint surveillance target attack radar system，JSTARS）替换项目的工程研制招标书。该项目旨在研制并采购 E-8 对地监视与攻击指挥飞机的替换机（含其机载系统），整个项目的研制和采购经费估计为 69 亿美元。

E-8 是美国空军的关键作战装备，为美军联合部队及联盟部队提供空中战场管理、指挥控制和关于地面动向的情监侦信息，1991 年在海湾战争中投入实战试用。2016 年 9 月 7 日，美国国防部批准该项目进入“工程与制造发展”（engineering and manufacturing development，EMD）阶段。诺格公司、美国湾流航宇公司和 L-3 通信公司联合提出基于湾流 G550 或 G650 公务机的竞标方案，波音公司提出了基于波音 737-700 的方案，洛克希德·马丁公司则与加拿大庞巴迪公司共同提出了基于“全球 6000”公务机的技术方案。按计划，该项目将在 2018 财年授出 EMD 阶段合同，

2024 财年第四季度（2024 年 9 ～ 10 月）形成初始作战能力，2028 财年形成完全作战能力。

三、民用飞机技术

2016 年，世界民用飞机技术稳步发展。在干线飞机方面，新型宽体客机和窄体客机均取得了突出的发展；未来亚声速运输机技术研究工作也在积极推进。在支线飞机方面，中国 ARJ21 和巴西第二代 E- 喷气系列支线飞机等项目的发展比较引人关注。通用飞机方面，加拿大和巴西的新型公务机发展较为显著。

（一）干线飞机

干线客机航程远、载客量大，是民航运输的主力机型，也是民机市场竞争的焦点。2016 年，美国和欧洲的干线飞机制造商为进一步扩大市场份额，均在全力开展新型干线飞机的技术开发和产品研制。

1. 新型宽体客机技术又获新发展

A380 和波音 787 研制成功之后，空客和波音将宽体客机的工作重点放在了空客 A350 和波音 777X 等新型宽体客机上。2016 年，A350 和波音 777X 都取得了一些新的进展。

空客 A350 飞机系列包括 A350-800/-900/-1000 这三种型别，A350-1000 是三型 A350 飞机中机身最长的型号。该机采用罗尔斯·罗伊斯公司的 XWB-97 发动机作为动力装置，得益于 A350-900 的试飞经验，其研发周期仅历时 1 年。2016 年 2 月，空客开始首架 A350-1000 型试验机的总装工作。5 月，FAA 批准空客公司 A350-900 新型客机可执行超过 180 分钟的双发飞机延程飞行（extended-range twin-engine operations，ETOPS），此前，该机已经获得了欧洲航空安全局（European Aviation Safety Agency，EASA）的这一批准。11 月 24 日，A350-1000 在法国图卢兹成功首飞。按计划，首架 A350-1000 将于 2017 年下半年完成适航认证并交付运营。

波音 777X 飞机系列，包括 400 座波音 777-9X 飞机、777-8X 远程型飞机和 777X 货机，将装配产自阿拉伯联合酋长国的新型复合材料机翼。波音认为 777X 将成为世界上最大和效率最高的双发喷气客机，将比竞争机型的燃油消耗低 12%，运营成本低 10%。此外，777X 将带来客舱创新并改善乘客舒适性。2016 年 3 月，日本长崎为波音 777X 飞机提供零部件的工厂已开始投产。6 月，波音公司选择 UTC 航空航天系统公司为 777X 提供发电、机舱空调和温度控制、机翼和整流罩防冰等方面的 12 个系统。9 月，罗克韦尔·柯林斯公司宣布将为波音 777X 飞机提供触控式飞行显示系统。新型触摸屏显示器能在保持现有 777 驾驶舱通用性的前提下提高飞行员的操控效率，将是一次引领航空业的创新之举。10 月，通用电气公司宣布，正在研制的 GE9X 发动机已完成第一台整机的首轮地面测试。这台世界上最大的商用飞机涡轮风扇发动机前风扇直径达 3.4 米，推力为 45 359 千克，将为波音 777X 飞机提供动力。

目前，波音777X飞机的确认和承诺订单已达300架，首架飞机计划于2020年交付。

2. 欧、美、俄竞相发展窄体客机

与宽体客机相比，窄体客机的市场需求量更大，技术难度和经费需求较低，因此竞争机型更多，其中主要包括了空客A320neo、波音737MAX以及俄罗斯MS-21飞机。

空客A320neo系列飞机是现款A320系列飞机的改进机型（两者有95%的通用性），装有新型高效发动机并配备最新的鲨鳍小翼，可较现款A320飞机降低15%的燃油消耗。2016年1月，空客公司向德国汉莎集团公司交付了首架配装惠普公司PW1100G发动机的A320neo客机。2月，配装CFM公司LEAP-1A发动机的首架A321neo客机完成首飞。5月，配装CFM公司LEAP-1A发动机的A320neo客机获得了EASA和FAA联合颁发的型号合格证。6月，空客宣称已获得超过4 500架A320neo系列的飞机订单。10月，空客首席财务官表示，由于普惠PW1100G发动机出现技术问题，集团已将2016年预期交付的A320neo数量进行了下调，且下调比例低于15%，大约20架A320neo飞机仍然在等待发动机。12月，卡塔尔航空公司与空客公司谈判，希望将其80架空客A320 neo飞机订货更改为更大的A321 neo机型。据悉，惠普工厂在2016年初制造一个叶片要耗时100～105天，每台PW1100G发动机需要20个叶片，叶片首检合格率仅为30%。由于发动机的性能问题，卡塔尔航空公司2016年拒绝接收配装普惠发动机的4架A320 neo飞机。

2016年1月，波音737MAX 8新型换发窄体客机成功完成首飞，从而开启了该机的试飞工作。5月，该机完成了高海拔试验飞行，4架试验飞机已经累计完成100多次飞行。该型机定于2017年第三季度开始交付客户。波音认为，737MAX的每座燃油消耗量将比竞争机型低8%。737MAX有波音737-700型客机的后续机型737MAX 7（最多172个坐席）、波音737-800的后续机型737MAX 8（最多200个坐席）、波音737-900ER的后续机型737MAX 9（最多220个坐席）3个型别。737MAX飞机的航程将比现役新一代737增加740～1000千米。截止到2016年12月底，波音公司已总计获得3 605架737MAX系列飞机订货。

2016年6月，俄罗斯新型中短程客机MS-21在伊尔库茨克航空工厂首次公开亮相，俄罗斯总理梅德韦杰夫出席了仪式。MS-21客机整体上全部由俄罗斯制造，最大航程为6 000千米，可搭载211名乘客，用以取代图-154和图-204，以及进口的A320和波音737客机。该机拟定于2017年5月底首飞，俄罗斯航空公司将成为MS-21的启动用户。MS-21采用了非热压罐成型技术制造机翼主承力构件，这在民用飞机制造史上具有里程碑意义，将对世界航空制造业的发展产生深远影响。MS-21机体结构复合材料用量达到了40%，这一比例在商用飞机中仅次于空客A350XWB、波音787和庞巴迪C系列。该机运营成本目标要比空客公司和波音公司出产的同类竞争飞机低13%～15%。截止到2016年末，该机已接到180余架的订单。

3. 美国NASA推进未来超高效亚声速运输机研究

近10年来，NASA一直致力于下一代民用航空技术研究计划，目标是保持美国在下一代民用航空技术上的领先地位。

2016年9月，NASA分别授予4家公司（极光飞行科学公司、济内技术公司、洛克希德·马丁公司和波音公司）为期半年的研究合同，研究提出其各自建议的超高效亚声速运输机（ultra efficient subsonic transport，UEST）大尺寸飞行验证机的系统需求，这是NASA于2016年初启动的“新地平线”计划，即未来10年投资106亿美元研制一批X验证机的一部分。每家公司将对一种或多种大尺寸亚声速X-飞机（X-plane）概念进行技术路线定义、进度和成本研究，并制定详细的X-飞机系统需求研究。NASA要求X-飞机能持续进行2～3小时高亚声速飞行，X-飞机计划在2021年前实现首飞。

4家公司初步提出的5种X-飞机方案如下：

（1）极光飞行科学公司的D8“双泡”双通道复合材料客机，其机身可用于提供升力，机翼面积减小，发动机安装在后部尾翼上部，该设计利用了机身上部的气流来改善发动机效率、降低客舱和地面的噪声。

（2）济内技术公司的小型支线客机，该机采用翼身混合体（blended wing body，BWB）设计，这种气动构型能增加升力、降低阻力。

（3）洛克希德·马丁公司的混合翼身（hybrid wing body，HWB）飞机，其特点是机身前部为BWB构型、更为常规的T形尾部，其发动机安装在翼身融合体两侧的机翼上部，这种布局的优点是可以提高升力，降低阻力和噪声。

（4）波音公司有两种设计方案，一个是BWB方案，该方案已经利用缩比验证机X-48进行了试飞；另一种是支撑翼（truss-braced wing）方案，该方案采用了一种超长的、气动高效的机翼，两侧机翼有撑杆将机翼与机身连接，其他部分与常规飞机接近。

目前，NASA在“新地平线”计划下已经启动了两个X验证机，一个是X-57麦克斯韦电推进验证机，旨在验证电池供电的分布式电推进概念，预计于2018年首飞；另一个是安静超声速低声爆验证机（quiet supersonic technology，QueSST），旨在改善声爆性能的有人驾驶超声速飞机，目前正由洛克希德·马丁公司“臭鼬”工程队开展初步设计。

（二）支线飞机

支线飞机的技术门槛比干线飞机略低，因此许多国家纷纷开展了支线飞机研制项目以参与市场竞争。2016年，中国ARJ21和巴西E190-E2支线飞机研制项目取得了显著进展。

1. 中国ARJ21-700支线客机正式投入运营

2016年6月28日，中国第一架拥有自主知识产权的ARJ21喷气式支线客机正式投入运营。ARJ21从立项到投入运营，经历了十余年的漫长岁月。该机从2008年首飞至2016年6月，已累计安全试飞2 942架次，5 258飞行小时，超过波音787，成为世界上试飞时间最长的客机。ARJ21-700飞机是中国自行研制的中、短航程涡扇支线飞机，包括基本型、货运型和公务机型等系列型号。作为基本型的ARJ21-700

飞机客舱混合布局可载客78名，全经济舱布局载客90名，航程2 225～3 700千米，主要用于满足从中心城市向周边中小城市辐射型航线的使用要求。

2. 巴西航空工业公司E190-E2第二代E-喷气系列支线飞机首飞

2016年5月23日，巴西航空工业公司首架E190-E2成功完成首飞。截至7月上旬，该机已累计试飞59小时。同时，E190-E2试验机还在铁鸟测试台上累计完成18 000余小时的测试，以及其他各项模拟测试。7月8日，第二架E190-E2飞机首飞成功，并加入试飞计划。E190-E2预定2018年下半年正式投入运营。

巴西航空工业公司发展第二代E喷气系列支线飞机的目的是保持其在70～130座级市场的领先地位。与第一代E喷气系列飞机相比，第二代飞机采用了普惠公司的新一代发动机、新的空气动力学设计机翼、全电传操控系统等技术，能够显著改善飞机的燃油效率、维护成本、排放及噪声等指标。

（三）通用飞机

通用飞机是指除固定航班之外的所有民用飞机，包括农林、勘探、警务、救援、公务、观光等飞机。在各型通用飞机中，喷气式公务机的技术难度最大，利润也最为丰厚。2016年，加拿大、巴西和美国的喷气式公务机研制取得新进展。

1. 庞巴迪公司“环球”7000新型喷气式公务机完成首飞

2016年11月，加拿大庞巴迪公司“环球”7000喷气式公务机成功完成首飞。首飞中该机飞行高度达到6 090米，速度达到444.5千米/时，飞机系统和性能运行达到了预期目标。“环球”7 000公务机是庞巴迪研制的最新机型，该机为12座公务机，价格为7 300万美元，最大航程为13 323千米，最高飞行速度为0.925马赫，计划2018年下半年开始交付客户。

2. 巴西航空工业公司推出“莱格赛”650E大型喷气公务机

2016年10月，巴西航空工业公司推出了“莱格赛”650大型喷气公务机的全新升级版——“莱格赛”650E公务机，650E不仅继承了前者优异的运营成本、同级别机型中最宽敞的客舱等优点，该机的驾驶舱还进行了多处改进，其中包括合成视景系统，采用了霍尼韦尔公司最新的显示系统，将自动油门升级为标准配置以提高飞机的自动化水平等。巴西航空工业公司可为该机的机身、机载系统和零部件提供为期10年或10 000飞行小时的保修服务。该机可载客14名，预计在2017年投入运营。

3. 湾流公司G500新型中型公务喷气机即将投入运营

湾流公司全新的G500中型公务喷气机自2015年5月首飞以来，由5架飞机组成的试飞机队截至2016年10月底已完成超过1 750小时的试飞。G500计划2017年获得型号合格证，并于2017年第四季度投入运营。完美的速度与航程组合是G500的一大性能特点，该机能以0.85马赫的速度飞行9 260千米，或以0.9马赫的速度飞行7 038千米，G500的最大飞行速度可达0.925马赫，飞行航时最长可持续8小时24分钟。

四、无人机技术

2016年，世界无人机技术发展迅速。在无人作战飞机方面，法国“神经元”项目、英国无人作战飞机概念研究和日本无人作战飞机计划较为引人关注。在长航时无人机技术发展方面，美国TERN项目的发展最为突出。在微小型无人机技术发展方面，美国“小精灵”项目和“快速轻量自主”（Fast Lightweight Autonomy，FLA）项目以及无人机3D打印技术等成为亮点。

（一）无人作战飞机

无人作战飞机是一种全新的航空武器系统，其发展使无人机从过去主要是执行空中侦察和战场监视等任务的作战支援装备，升级成为能执行压制敌防空系统、对地攻击和夺取制空权等任务的重要航空武器装备。2016年，欧洲和亚洲的无人作战飞机研发取得了新的进展。

1. 法国开展“神经元”无人作战飞机验证机新一轮试飞

2016年5月，法国国防采办局启动“神经元”无人作战飞机技术验证机新一轮国家飞行试验项目。此次试验的目标之一是研究无人作战飞机在海军作战场景下的使用能力，试验包括在戴高乐航母上进行海上试验。2017年初，该机计划由DGA的IT优势分部开展电磁信号测量试验。

“神经元”项目于2006年启动，是法国、意大利、瑞典、西班牙、希腊和瑞士参加的欧洲联合研制项目。“神经元”无人机首轮飞行试验项目于2012年12月至2015年9月进行，共计完成123次飞行，初期试验开展了飞行包线扩展、系统测试和隐身性能评价，之后在意大利完成了光传感器性能验证、探测算法和自动目标识别以及满足意大利国防部要求的隐身试验，最后在瑞典为瑞典国防部开展了武器投放和隐身性能评估。

2. BAE系统公司提出协助战斗机作战的无人作战飞机概念

2016年3月，英法两国签署协议，将花费20亿英镑研制无人作战飞机验证机，旨在为两国今后发展无人作战飞机奠定基础。2016年6月，英国BAE系统公司公开了其无人作战飞机概念。BAE系统公司称，与现有军用无人机通常由地面的操作员操纵不同，新无人作战飞机将具有自主能力，并且将只在发动攻击时与地面人员联系。同时，BAE公司的仿真过程还显示出，这种无人机将与常规作战斗机协同作战，而不是用无人作战飞机替代F-35等第五代战斗机。

3. 日本计划21世纪30年代部署无人作战飞机

2016年9月，日本防卫省发布的技术发展路线图显示，日本将在21世纪30年代部署空战和弹道导弹防御（ballistic missile defence，BMD）的无人机。这种空战型无人机被称为作战支援无人机（combat support unmanned aircraft）或无人僚机，将在有人战斗机前面飞行，搜索目标、发射武器甚至吸引敌方导弹。该路线图表明，日本不是先研制无人攻击机，而是直接发展制空型无人机技术。

日本防卫省在一份文件中制订了相关计划。该计划将无人机分成了五类，其中第三类需要与卫星进行中继通信，接近于美国的 MQ-1 和 MQ-9 等，第四类是无人作战飞机。日本计划将资源向第三类面向弹道导弹防御和第四类面向空战的无人机倾斜，使它们有更高的优先级。

防卫省表示，日本的空战型无人机将在 2029 ～ 2033 财年开展技术验证，30 年代后期进入服役。日本的无人作战飞机提出了两种型别，一种是携带导弹型，另一种是装传感器型，同时还可以充当导弹诱饵，以掩护有人战斗机。

无人作战飞机将由战斗机飞行员操纵，但其可以设计自己的战术机动，并向飞行员汇报其飞行计划。无人作战飞机的能源与推进研究将在 2019 财年开始，日本需要开发的技术还包括高敏捷性、隐身材料、变形结构和双分雷达，该机可能设计成从空中发射。防卫省的路线图显示，携带武器的弹道导弹防御无人机可能是一种高空长航时的常规构型，采用细长机翼和两台螺旋桨发动机。

（二）长航时无人机

长航时无人机通常是指续航时间在 10 小时以上的无人机，此类无人机可以长时间在目标区域上空执行任务。2016 年，美国长航时无人机技术的发展最为突出。

1. TERN 无人机完成主要机体部件制造

TERN 是由 DARPA 和美国海军研究办公室（Office of Naval Research，ONR）共同发起的无人机技术研究项目，目的是发展能在军舰上使用的长航时无人机。在携带 227 千克载荷的情况下，TERN 的作战半径可达到 1 111 千米。该项目 2013 年启动，2015 年选定诺格公司作为总承包商，进入项目第三阶段的研究工作。2016 年 6 月，DARPA 授予诺格公司 1 780 万美元的合同，以制造和试验第二架 TERN 原型机。截止到 2016 年 11 月，已完成 TERN 主要机体部件制造，其软件综合测试站也开始启用，所需的发动机也完成了改型测试工作。按照计划，TERN 项目将于 2017 年上半年开始综合推进系统测试，2018 年初开始地面测试，2018 年底进行一系列的海平面试飞。DARPA 已经和美国海军签订协议备忘录，共同负责 TERN 验证系统的开发和测试，美国海军陆战队作战实验室（Marine Corps Warfighting Lab，MCWL）对该项目的潜力也表示出了兴趣，已开始对该项目提供支持。

2.VA001 长航时无人机完成续航时间达 25 小时的试飞

2016 年 4 月，“香草”飞机公司（Vanilla Aircraft）研制的 VA001 长航时无人机系统在新墨西哥州完成了续航时间达 25 小时的飞行试验。这种无人机总重 272.4 千克（机体空重 90.7 千克，有效载荷 13.6 千克）、翼展 36 英尺（10.97 米），由一台重油发动机驱动，实用升限 6 096 米，燃油消耗率低于 1 磅 / 小时（1 磅≈ 0.453 6 千克），可携带 50 磅重的载荷飞行 10 天时间。VA001 于 2015 年 2 月完成首飞，首飞测试中，VA001 携带了 8.2 千克的模拟载荷，在 1 800 米的高空完成了 24 小时的演示飞行。24 小时的飞行试验成功后，该公司计划对 VA001 进行 100 小时续航时间的飞行试验，如果能够成功，将创造该级别无人机的续航时间纪录。目前的纪录是由极光飞行科学公司的“猎户座”无人机于 2014 年 12 月创造的，其续航时间为 80 小时。

（三）微小型无人机

微小型无人机用于执行战术任务，具有尺寸小、价格低和装备数量大等特点。2016 年，美国和亚洲在微小型无人机方面均有新的发展。

1. DARPA“小精灵”项目第一阶段合同授予四家公司

2016 年 3 月，DARPA 授予“小精灵”项目的第一阶段合同，发展能齐射、低成本、可回收、安全和空中可找回的无人机创新技术及系统解决方案。相较于传统的单一平台，该项目研制的系统将部署在混合任务载荷中，派出大量具有协同分布能力的小型无人机可大大降低美军成本，并改善作战灵活度。

第一阶段合同已授予四个研究团队，这些团队的方案涵盖了完成这一项目挑战的一系列技术方案。这些团队分别由以下四家机构牵头，即复合材料工程公司、美国挤压研磨公司、通用原子航空系统公司和洛克希德·马丁公司。

“小精灵”项目第一阶段的目标是为可实现空中回收的集群无人机的概念验证飞行演示铺平道路。2016 年 10 月，美国空军已就扩展“小精灵”项目的范围与 DARPA 签订谅解备忘录，该项目最初的方案是利用 C-130 运输机空中回收小型无人机集群，但 DARPA 未指定无人机集群的飞行任务。“小精灵”项目预期的寿命周期约 20 年。此外，该项目计划探索多个技术领域，其中包括了无人机空中发射和回收技术、装置和集成概念、低成本可消耗机体设计（利用现有技术，只需对现有飞行器进行适度改进）、高保真度分析、精确数字飞行控制、导航和位置保持技术等。

2. 美国海军完成大规模无人机集群试验

2016 年 10 月，美国海军在加利福尼亚州中国湖海军空中系统试验基地进行了一次大规模微型无人机集群试验。在试验中，3 架 F/A-18 战斗机利用箔条布洒器在空中发射了 104 架“山鹑”（Perdix）微型无人机，成功验证了无人机协同决策、自恢复以及自适应编队飞行等高级集群能力。“山鹑”无人机是由美国麻省理工学院林肯实验室 2013 年研制的可抛弃型无人机，可从地面和海上发射升空，这种无人机不是预编程的，而是通过共享一个分布式的“大脑”来调整编队，无人机可以在集群间或控制站间相互通信。

3. DARPA FLA 无人机完成首飞

为准确了解危险建筑物内部的情况，DARPA 启动了 FLA 项目。该项目通过发展全新算法，使小型无人机在无操作人员遥控信号和全球定位系统信号介入的情况下，仅凭借自身携带的高分辨度摄像机、激光雷达、声呐或惯性测量单元，便可在房间、楼梯、走廊或其他设障环境中执行自主导航飞行等任务。FLA 无人机的尺寸将足够小以便从窗户进入建筑，而飞行速度可以达到 20 米 / 秒。DARPA 认为 FLA 项目极具挑战性，原因在于需要在有限的机载运算环境下权衡尺寸、重量、功率，以完全自主地执行复杂飞行任务。

2016 年 2 月，DARPA 使用大疆公司的“风火轮”F450 四轴平台，完成了首轮飞行试验，初步验证了这种无人机的自主能力。下一步的工作是优化算法和机载运算效率，以扩展无人机的感知范围和在高飞行速度下更好地进行急转弯等快速机动任务。此种无人机可用于危险环境中的搜索任务与辅助军事巡逻。DARPA 认为，这种技术还可能用于地面、海上或水下系统。如果 FLA 项目取得成功，将大幅降低操作人员的工作量，使操作人员可以集中精力处理高等级的作战任务。

4. 新加坡奥夸利亚无人机系统研究制造公司推出首架全 3D 打印固定翼无人机

2016 年 6 月，新加坡的奥夸利亚（O' Qualia）无人机系统研究制造公司宣布推出“捕获者”（Captor）无人机系统，并声称该无人机为首架全 3D 打印商用无人机。“捕获者”无人机系统采用完全模块化的设计，旨在适应每个用户不断变化的需求。该公司在各企业、政府机构和无人机爱好者中进行了大量的市场调查，并与负责政府相关技术的研究团队共同设计了翼展 2 米、体型更大的“捕获者”XV 无人机。

该无人机的设计有 4 个部分，各个部分都被优化隔离以保障每个 3D 打印部分强度和弹性。所有部件都可以通过终端用户自己重新打印或者从公司定购。此外，该款无人机的 4 个部分都可以快速组装或拆卸，能适应环境或应用变化。“捕获者”无人机的翼展 800 毫米，最大起飞重量 3.5 千克，有效载荷 450 克。经过精密的装配，该飞行器的机身和载荷舱的耐久度可以得到有效的保证。“捕获者”也接受了一系列压力测试，包括机身的短距离动量冲击测试和关键部件的弹性测试。该无人机首次实现了完全熔融沉积成型工艺制造技术，基于该工艺设计的无人机结构，不仅具有足够的强度，还因其轻量化来保证节能。

五、直升机技术

2016 年，世界直升机技术发展突出。在常规直升机技术方面，CH-53K 重型直升机的发展引人注目，欧洲则积极探索直升机主动旋翼技术等先进技术。在新概念直升机技术发展方面，高速直升机技术的发展继续受到重视。

（一）常规直升机技术

目前常规直升机技术已经趋于成熟，改进与改型是其主要发展方向之一。为进一步提高常规直升机执行任务的能力，2016 年，西科斯基公司、波音公司及莱昂纳多直升机公司相继开展了一系列有关常规直升机的改进、改型工作。

1. CH-53K 飞行试验为 2019 年实现初始作战能力打下基础

CH-53K 是西科斯基公司在 CH-53E 基础上研制的重型直升机，最大起飞重量 39.9 吨，最大有效载重不低于 13.6 吨。与 CH-53E 相比，CH-53K 的生存力、可靠性和运载能力都有很大提高，该机的结构设计寿命达 10 000 飞行小时，直接维护成本降低了 42%。2015 年 10 月，第一架 CH-53K 工程原型机首飞成功。2016 年，CH-53K 的各项试飞工作全面展开，完成了包括飞行包线和操纵品质在内的多项试验，为 2017 年进入批量生产阶段打下了基础。

美国海军陆战队计划购买 200 架该直升机。2017 财年购买 2 架，2018 财年再购 4 架，到 2024 年达到年产 24 架的全速生产能力。CH-53K 初始作战试验与评价将从 2019 财年第二季度开始，预计在 2019 年第四季度达到初始作战能力。

2. 波音公司与美国陆军合作推进“支奴干”重型运输直升机改进计划

2016 年 2 月，波音公司加速推进“先进支奴干旋翼桨叶”（advanced chinook rotor blade，ACRB）的研制，为 2016 年底进行的系留试验做了好准备。目前采用 ACRB 技术的 CH-47 Block Ⅱ改进型仍处于原型机研制阶段，后续将继续进行风险降低和全尺寸开发工作，生产型预计 2018 年开始总装，小批量预生产则计划于 2021 年开始。

CH-47 Block Ⅱ为美国陆军的“支奴干”重型运输直升机最新改进计划，但还未获得美国国防部的完全批准。波音公司希望借助 Block Ⅱ改进计划来使“支奴干”项目保持生机。按照计划，美国国防部将于 2017 财年上半年做出可将 Block Ⅱ升级成“里程碑 B”的决策。波音公司希望在 Block Ⅱ项目“里程碑 B”节点前，能够证明 ACRB 桨叶已具备较高的技术成熟度等级，而其他部件的技术成熟度等级已经能够满足要求，可直接进入工程和制造开发阶段。首架生产型 Block Ⅱ预计将于 2019 ～ 2020 年完成建造。

采用 ACRB 桨叶后，CH-47 Block Ⅱ的最大起飞重量可提高约 900 千克。与 CH-47F 型相比，Block Ⅱ型引入了新的旋翼桨叶、改进的传动系统，以及不同的部件和软件系统，提高了基线构型的通用性，降低了特种作战构型和陆军常规构型的研制工作量，其最大起飞重量将提高至 24.5 吨，与加拿大采购的 CH-147F 相当。2016 年 2 月，波音公司已经完成了 Block Ⅱ的全部风洞试验，验证了 ACRB 的气动性能。

3. 莱昂纳多集团计划试飞两种主动旋翼

2016 年 8 月，莱昂纳多集团直升机公司（前阿古斯塔•韦斯特兰公司）宣布将在 2016 年底前开展主动旋翼飞行试验。主动旋翼将采用主动后缘襟翼和主动阻尼器，预计最高可降低 90% 的旋翼振动，有效降低了飞机内外部噪声，并提高了 10% 的直升机临界速度。此外，莱昂纳多集团直升机公司还开展了旋翼用主动格尼襟翼的飞行测试。主动格尼襟翼是位于桨叶后缘的一个 2% 弦长高度的平板，展向位置在桨叶中部。格尼襟翼通常折叠布置在桨叶后缘，当桨叶到达后行位置时打开以增加升力，并降低维持同样飞行速度时所需的功率。

（二）新概念直升机技术

新概念直升机是指通过采用新的构型和飞行方式等，继而显著提高飞行性能的一类直升机。目前高速直升机作为一种新概念直升机，拥有着良好的发展前景。2016 年，美欧在高速直升机技术方面取得了新突破。

1. 美国陆军持续推进 FVL 项目

2016 年 2 月，美国陆军公布了“未来垂直起降飞行器”（future vertical lift，FVL）部分详细需求，其中包括轻型攻击、空中侦察以及中型通用 / 攻击等。

在中型通用 / 攻击任务方面，FVL 将用于取代现役“阿帕奇”和“黑鹰”直升机，承担城市内安全保障、攻击、海上拦截、医疗后送、灾难救援及战斗搜救任务，其主要特征包括：高温高原环境下“作战半径”424 ～ 795 千米，巡航速度 426 ～ 574 千米 / 小时；有效载荷方面，要求内载达到 1 587 ～ 1 814 千克，外载达到 2 722 ～ 3 629 千克。所有型别还应能够装备可攻击 100 ～ 3 000 米任意目标的精确制导武器，以及 360° 攻击范围的机枪炮塔。根据陆军最新公布的预算需求，至 2021 财年，陆军将投入 1.04 亿美元以启动中型 FVL 研制。

2016 年 10 月，美国陆军按计划启动为期两年的 FVL 备选方案分析工作。虽然陆军尚未公布这次备选方案分析针对的“能力集”（Capability Set，针对不同吨位 / 任务提出的能力指标），但工业界表示，该备选方案或将针对中型通用型直升机 UH-60 换代平台（Capability Set 3），并继续推进相关的 JMR 技术验证机项目。

目前参与 JMR 竞标的两个方案分别为贝尔公司的 V-280 倾转旋翼机和西科斯基 / 波音联合团队的 SB>1 复合推力旋翼机。贝尔公司演示验证的重点将放在 V-280 的悬停性能与倾转旋翼系统的低成本制造上，而西科斯基 / 波音团队则致力于 SB>1 的低速飞行时的灵活性以及高速飞行时的机动性。西科斯基 / 波音的 SB>1 联合团队已经在 2016 年初完成了关键设计评审，2016 年 4 月实现了验证机关键零部件的制造，并将于 2017 年下半年完成首飞。

2016 年 4 月，贝尔公司完成了 V-280 原型机机翼的制造、短舱的安装，并将整个机翼 / 短舱系统总装到机身上。为降低成本，该机机翼使用了大蜂窝碳基复合材料，取消了加强肋和紧固件等结构。V-280 机翼结构与 V-22 相比简化了很多，有效降低了重量和制造成本。其短舱也与 V-22 不同，倾转时发动机始终固定，仅旋翼和传动系统随之倾转。V-280 放弃了 V-22 使用的机翼前掠设计，采用平直机翼结构，使其制造更为简单。旋翼桨毂和桨叶均采用了 V-22 类似的设计，但降低了制造难度。贝尔公司称，V-22 已经拥有了很好的机动性，但 V-280 在其基础上还将进一步提升。2016 年 5 月，贝尔公司成功完成 V-280 倾转翼直升机的复合材料机翼和短舱与机身的对接，64-GE-419 发动机和变速箱按已于 2016 年底安装到短舱中。

2. 空客直升机公司完成“洁净天空 2”项目高速旋翼验证机初始设计

2016 年初，空客直升机公司完成了在“洁净天空 2”计划下开展的“低环境影响高速高效旋翼机”复合推力高速直升机技术验证机的初始设计。2016 年 6 月，该公司进行了机身缩比模型的风洞试验。试验验证了其设计方案在效率、续航性、飞行性能等方面的可行性，为 2016 年底进行的初始设计评审铺平了道路。

空客直升机公司的该型验证机使用了先前开发的 X-3 技术验证机技术，并在其基础上对复合推力旋翼机气动构型进行了改进。该方案的设计巡航速度将达到 410 千米 / 小时。该项目的最终目标是提高直升机的飞行速度和经济性，并降低碳排放和声学特征，使其能够满足未来的使用需求。

3. 极光公司“雷击”方案赢得 DARPA“垂直起降试验飞机”项目竞标

2016 年 3 月，DARPA 宣布极光飞行科学公司的无人混合动力飞行器“雷击”赢得“垂直起降试验飞机”（vertical take-off and landing X-plane，VTOL X-plane）项目竞标，授予其价值 8 940 万美元的第二、三阶段研究合同。该公司后续将开展原型机研制和试验工作，预计 2018 年完成首飞。此前，共有 4 家公司的方案参与了该项目竞标。除极光公司外，其余 3 个方案为波音公司的“幽灵雨燕”、西科斯基公司的“旋翼下洗机翼”和卡雷姆公司的 TR36XP“最优转速倾转旋翼机”。

“雷击”采用鸭翼布局的倾转机翼设计，由 1 台罗罗公司的 AE1107C 涡轴发动机驱动，并通过 3 台霍尼韦尔公司的发电机来将电力分配至全机 24 个涵道式风扇上（2 个鸭翼上各安装 3 个，2 个主机翼上则各安装 9 个风扇）。“雷击”原型机的飞控系统将在极光公司“人马座”和“猎户座”无人机项目的基础上开发。

VTOL X-Pane 项目旨在开发一种性能更强的垂直起降飞行器，其主要技术指标包括持续飞行速度能够达到 556 ～ 741 千米 / 小时，悬停效率不低于 75%，巡航状态升阻比不低于 10，有效载重不低于总重的 40%，商载不低于 12.5%，机动性能要求能够承受 -0.5 ～ 2.0 克过载，验证机最大起飞重量在 4 500 ～ 5 400 千克，技术可扩展应用在最大起飞重量 1 800 ～ 10 800 千克的平台上。

六、航空动力技术

航空动力技术对航空工业和航空装备都有着举足轻重的作用，历来是世界航空强国的发展重点。航空动力技术也是一个投入资金大、发展周期长且与众多基础技术相关联的技术领域。2016 年，以美俄为首的航空强国继续推进航空动力相关的研究计划，取得多项阶段性进展。

（一）军用航空动力技术

在军用航空动力技术领域，随着第六代战斗机研发工作的逐步推进，与其配套的动力技术也在进行之中，美国空军已将相关项目授予研究部门，为第六代战斗机发动机工程研制做准备，同时继续推进高超声速发动机技术的研究工作，启动了涡轮基组合循环发动机验证项目。

1. 美国第六代战斗机发动机技术研究进入新阶段

2016 年 6 月，美国空军研究实验室将 AETP 合同分别授予通用电气和普惠公司，价值均达到 10 亿美元。虽然美国空军、海军第六代战斗机计划目前仍处在概念研究阶段，但其自适应发动机的研制工作已突破大批关键技术。AETP 项目将研发、制造和测试自适应发动机工程验证机，为 2020 年后参与美国空军第六代战斗机发动机工程研制项目竞标做好准备。由于美国空军已经明确表示自适应发动机将是第六代战斗机的唯一动力形式，这也标志着美军第六代机发动机已从技术研究阶段正式转入研制发展阶段。2016 年 7 月，美国通用电气公司宣布启动“自适应发动机技术发展”（adaptive engine technology development，AETD）项目的高压压气机和风扇台架试验，为后续开展全尺寸自适应发动机研制和试验铺平道路。

2. 继续推进高超声速发动机技术的研究工作

2016年，多个国家在高超声速技术研究方面取得进展。美国DARPA计划验证一种马赫数超过5的涡轮基组合循环发动机，用于未来吸气式可重复使用高超声速飞行器，并启动了先进全状态发动机项目，分两阶段进行全尺寸集成技术验证系统的地面试验。涡轮基组合循环发动机综合了用于低速推进的涡轮喷气发动机和用于高速推进的亚燃/超燃双模态冲压发动机，共用进气道和尾喷管。2016年5月，澳大利亚国防科学与技术集团和美国空军研究实验室共同实施的“高超声速国际飞行研究实验项目”（hypersonic international flight research experimentation program，HIFiRE）实现了7.5马赫高超声速飞行结果。2016年8月，印度空间研究组织在萨提什达万航天中心首次成功完成了超燃冲压发动机带飞点火试验。试验期间，超燃冲压发动机被置于RH-560探空火箭顶端，第一级燃料耗尽后，发动机在第二级的推进下继续加速，并在约20千米高度达到6马赫时，超燃冲压发动机点火，并持续燃烧5秒钟。

3. 美国准备启动下一代国家级军用航空发动机技术研究计划

美国军方与工业界正在开展新一代国家级军用发动机技术发展计划的规划工作，该计划称为“支持经济可承受任务能力的先进涡轮技术”（advanced turbine technologies for affordable mission capabilities，ATTAM），由美国空军研究实验室领导，目标是研发一系列用于下一代高、中、低功率涡轴和战斗机发动机的技术。新计划将继承已经实施10年的“通用经济可承受先进涡轮发动机”（versatile affordable advanced turbine engines，VAATE）计划，VAATE计划将于2019年结束，而ATTAM计划在2017年启动，二者之间会有2年左右的重叠。

（二）民用航空动力技术

在民用航空动力技术方面，为满足民用航空对低油耗、低排放的需求，电推进技术成为一个研究热点，美国已启动了多个相关研究项目。同时继续开展陶瓷基复合材料等基础研究工作，以进一步提高发动机性能。

1. 继续开展电推进技术研究

2016年8月，NASA选择开展5项绿色航空概念研究，其中有3项与电推进飞机有关，即替代燃料电池研究、利用3D打印增加电动机输出研究以及使用锂空气电池进行能量储存研究。降低飞机油耗和排放一直是民用航空动力技术的发展重点之一，采用电推进技术是实现这一目标的途径之一。10月，NASA发布信息征询书（request for information，RFI），开展电推进飞机概念及验证平台方案招标。NASA寻求电动飞机飞行验证方案，以开发新技术，帮助航空工业在未来20年内向低碳推进转变。NASA低碳推进战略目标是在2025年前为常规发动机开发新型燃料；2025～2035年为小型飞机引入替代推进系统，2035年后为大型飞机引入替代推进系统。当前实施的第一步是X-57“麦克斯韦”分布式电推进验证机，该机基于Tecnam P2006T轻型通用飞机，计划2018年首飞。目前，NASA所关注电推进验证机的相关技术包括燃料电池电力系统、高能量密度锂氧电池和紧凑型增材制造电机。

2. 开发新材料以满足未来发动机需求

提高下一代发动机的工作效率，很大一部分需要发动机技术和材料制造技术的进步。一般来说，发动机工作温度越高，燃油效率就越高。近年来，由于金属部件采用了热障涂层，发动机工作温度不断升高，但是涂层的耐温能力有限，陶瓷基复合材料仅能承受1 500℃的高温。为此，NASA的研究人员正在研究可应用于涡轮发动机部件的新型陶瓷基复合材料。该型材料较普通材料更轻、更强，且能够承受喷气发动机核心部件的极端高温环境下的受力要求。陶瓷基复合材料未来将有望替代目前在航空发动机中应用的镍基高温合金。日本航空工业界也在开发采用陶瓷基复合材料的高压涡轮叶片，2016年10月，日本IHI株式会社与宇部兴产株式会社、标盾等公司宣布将于2017年试制陶瓷基复合材料航空发动机高压涡轮叶片，日本企业将通过参与国际合作以扩大其在航空发动机领域的作用。

七、机载系统与武器技术

随着信息技术的不断发展，现代飞机中机载系统成本占飞机总成本的比例在持续提高，机载系统在提高军用飞机作战效能，以及民用飞机安全性和空中交通管理能力方面都发挥着巨大作用，也是航空技术中更新换代相对较快的技术领域。2016年，机载系统与武器技术继续保持快速发展的势头，并呈现出全面推进的态势。

（一）机载系统技术

在机载系统技术领域，美国在继续完善其第五代机航空电子技术的同时，在控制、通信、导航、电子战、计算机等技术领域开展了广泛的研究工作。同时，瞄准未来无人机集群等新的作战方式，开展了自主控制、协同、组网等方面的相关研究工作。

1. 第五代战斗机航空电子技术不断趋于成熟

第五代战斗机航空电子技术代表了当今航空电子技术的最高应用水平，2016年，美俄两国继续完善其第五代航空电子系统，取得多项新进展。由于F-35战斗机原有的Block 3i软件存在缺陷，飞行员发现飞行中飞机的系统每3～4小时就会关机且必须重新启动，该问题主要由飞机传感器的软件和其主计算机软件的定时未校准造成。F-35联合项目办公室（Joint Program Office，JPO）和F-35试验小组一直在进行软件的修改工作，2016年5月完成了Block 3i软件的开发，改进后的3i软件性能有了显著改善，新软件较之前Block 2B软件稳定性提升1倍、比原3i软件稳定性提升3倍，美国空军将使用该软件实现该机的初始作战能力。

2015年8月，首个具有作战能力的第三代头盔显示系统（helmet-mounted display system，HMDS）正式交付使用，但在随后进行的F-35紧急救生系统火箭撬滑轨试验中发现，弹射时飞行员头戴新交付的第三代头盔所承受的过载过大，这些过载可能会折断飞行员的脖子或导致严重的伤害，因此需要对第三代头盔减重。2016年，第三代轻型头盔的研发工作一直在紧张进行中，预期将于2017年进入批量化生产阶段。

2016年，俄罗斯继续开展其第五代战斗机航电系统的相关研发工作。10月，俄罗斯第五代战斗机 T-50 的第 9 架试验样机进入试验阶段，并已完成对航空电子系统、武器系统等的试验工作，飞机的性能已经超越了目前可对该类飞机提出的所有需求。

2. 美国启动多项机载任务系统前沿技术研究

为保持在机载系统的领先地位，美国继续推进机载系统各技术领域的研究工作，并积极开发新一代机载系统新技术。

在控制技术领域，由于无人机的快速发展以及有人机与无人机协同作战模式的提出，自主技术更加受到人们的关注。2016 年 8 月，《航空周刊与空间技术》选出了下一届美国总统必须关注的九大航空航天技术领域，指出美国在这九个领域的技术必须领先于各个敌手和竞争者，自主性是其中之一。自主技术受到人工智能进步的推动，可用于多种任务领域，并被美国空军列为可改变游戏规则的重点技术。2016 年，波音公司针对无人机自主性开展了多次试验，并计划于 2017 年在海上监视行动中测试多种无人系统的自主能力。2016 年，诺格公司展示了一种全新的无人系统控制系统架构，能够让多个不同领域的无人系统协同工作完成同一个任务。这种架构通过水下、水面和空中的多种传感器搜集实时数据，并由一个高级任务管理和控制系统来引导无人系统彼此通信和协同工作。

在导航技术领域，DARPA 与霍尼韦尔公司合作开发下一代精确导航技术，并于 2016 年 10 月授予霍尼韦尔公司下一代精确惯性技术的研发合同。霍尼韦尔公司一直在开发比现有 HG1930 惯性测量装置（inertial measurement unit，IMU）高 3 个数量级的精确 IMU 技术。通过与 DARPA 合作，霍尼韦尔公司将在惯性传感器的设计和制造中融入微机械系统（micro-electro mechanical systems，MEMS）技术，进一步实现陀螺仪和加速度计的小型化，提高了 IMU 的性能，并降低了功耗，以提供一种在不依赖于全球定位系统信号环境下的具有更高精度和更低成本的精确导航解决方案。美国海军正在发展下一代“联合精确进场着舰系统”（joint precision approach and landing system，JPALS），可在航母周围管制空域利用全球定位系统技术和双路数据链为舰载机提供无人机监视、舰位导航和精确进场着舰导引，并可以全天候昼夜舰载使用。2016 年 10 月，雷神公司向罗克韦尔·柯林斯公司授予 JPALS 系统导航和通信子系统的研制和生产合同。

在电子战技术领域，美国继续推进其“自适应雷达对抗”（adaptive radar countermeasures，ARC）项目的研究工作，寻求发展全新的电子战能力，即基于空中可观测信号对抗敌方自适应雷达系统。该项目旨在通过人工智能实时学习敌方雷达的行为，并在天空中实时产生全新的干扰波形。2016 年 6 月，DARPA 将第二阶段合同授予 BAE 系统公司。ARC 项目的第三阶段将于 2018 年启动，目标是制造出具备实时分析能力的原型系统。

在通信技术方面，2016 年 5 月，DARPA 透露了一个从各军种获得需求牵引的专项计划——“极端射频频谱条件下的通信”（communications under extreme RF spectrum conditions，commEx）。这是一项针对 Link 16 战术数据链的升级计划。Link 16 战术数据交换网络易于受到敌方干扰，但DARPA认为有解决这个问题的方案——将能够针对变化的干扰技术提供保护，现在这个专项的成果已被纳入Link 16的升级周期。DARPA实施的另一项通信项目是“满足任务最优化的动态适应网络”（dynamic network adaptation for mission optimization，DyNAMO），该项目旨在在敌对环境中实现各类有人机、无人机以及所配装传感器之间的准确通信。2016年7月，DARPA将相关合同授予雷神公司，发展相关技术使现役和未来的空基网络可以互相通信，并在目前不兼容的网络之间分享信息。

在综合航空电子体系架构方面，美国空军正委托两家公司开发新型航电体系架构，2016年10月，美国空军研究实验室将“航空电子易损性评估、缓解和保护”（Avionics Vulnerability Assessment Mitigations and Protections，AVAMP）项目合同授予Ball宇航和技术公司及SiCore技术公司，希望它们从方法、工具、技术及能力四个层面研究并开发美军新一代航空电子系统。

3. 机载基础前沿技术取得多项新成果

材料、制造等前沿基础技术的发展对机载系统的发展有重要推动作用。2016年，Echodyne公司利用该公司的“超材料电扫描阵列”（metamaterials electronically scanning array，MESA）专利技术开发出一种中小型无人机机载探测和回避雷达。同时，DARPA也继续推动开发用于军用传感器的生物材料的研究工作，并授予麻省理工学院相关合同，以承担“DARPA 1000”项目的第二阶段工作。该项目旨在为美国国防部和生物工程界开发一个生物工程基础设施，其中包括了设计算法、基因集成方法以及灵活的化验系统。

美国空军正在实施“纳米电子材料优化项目”（nanoelectronics materials optimization，NEMO）。该项目旨在开发纳米尺度的材料和工艺方法，这些材料和工艺方法对未来空军系统创建先进材料和设备至关重要。针对空军未来红外探测、可调雷达和通信设备、自旋电子、量子加密与信息设备的电子、磁和光学器件应用，研究人员努力发现新的材料，并改善加工工艺。美国空军研究人员相信这项研究将为宽电磁频谱的频率敏捷操作提供新的解决方案：改善白天和夜间探测的分辨率和覆盖范围，采用低噪声和高能量密度电子材料以使传感器能在高温环境下工作，器件尺寸、重量和能量消耗最小化，开发出共形、柔性和抗震的电子材料，保证经济可承受性。2016年，美国空军研究实验室授予了UES公司研究合同，针对数字式射频、微波、红外探测器、电光、保密通信、感应、控制等领域，研究新的半导体材料、磁材料、光学和光电材料、压电材料以及异质结构。在制造技术方面，2016年美国集成光子学制造创新机构和柔性混合电子学制造创新机构相继启动了项目竞标。针对集成光子学制造领域和柔性混合电子学制造领域的设计方法、测试方法与设备、封装和测试技术、制造工艺与工具等展开多项研究。

（二）机载武器技术

在机载武器技术领域，美国重启了机载激光（airborne laser system，ABL）武器技术的发展项目，并将机载激光武器光束控制系统研发合同授予工业部门，同时继续开展高超声速武器技术的研究，启动了吸气式高超声速武器系统方案项目的第二阶段工作。俄罗斯和印度也在高超声速武器技术方面取得新进展。

1. 继续发展机载激光武器技术

2016年8月，美国导弹防御局（Missile Defense Agency，MDA）在停止机载激光项目3年后，重新发布了一项跨部门公告，以期工业界对一种用于导弹防御的低功率激光器进行验证。MDA预期在2020年前完成对低功率激光器的飞行试验，2021年进行波束稳定性试验。2016年，美国空军科学咨询委员会（U.S. Air Force Scientific Advisory Board，AFSAB）完成了定向能武器成熟度研究分析，并研究在军机上部署一种主动拒止系统，放弃采用化学激光器而选择固态激光器。AFSAB的研究还考察了光束控制和气动-机械抖动问题，这一直是机载激光项目的技术难点。2016年9月，美国空军官员透露，美国空军已在高功率微波和高能激光领域开展了4项实验活动。2016年11月，诺格公司获得美国空军授予的一份合同，为下一代战斗机开发机载激光武器光束控制系统。诺格公司将利用创新的光束控制技术来帮助美国空军定义和演示下一代战斗机的激光武器，这种技术不仅能减少大气扰动对激光束的影响，还可探测和跟踪来袭目标，并将光束聚焦于目标。该系统是美国空军研究实验室的自防护高能激光器验证（self-protected high-energy laser demonstration，SHiELD）计划下的先进技术验证项目。

2. 高超声速武器技术研究取得进展

2016年1月，美国空军研究实验室发布信息征询书，为高超声速武器热防护系统的材料和工艺征询来自工业界和学术界的信息，以使材料和工艺以及极端环境下的相关技术进一步成熟。9月，DARPA授予洛克希德•马丁公司合同，为战术助推滑翔（tactical boost-glide，TBG）项目研制战术级高超声速TBG演示验证原型弹，预计2019年前后进行飞行演示验证。10月，DARPA又向雷神公司发布了一份1.747亿美元的合同，用于高超声速吸气式武器概念（hypersonic air-breathing concept weapon，HAWC）项目第二阶段的设计和研发。HAWC项目目标是开发并验证用于有效并经济可承受的吸气式高超声速巡航导弹的关键技术，美国空军计划在2020年末开展高超声速导弹测试。

2016年6月，俄印合资的布拉莫斯航宇公司在接受塔斯社采访时透露，该公司计划2022年启动高超声速型“布拉莫斯”巡航导弹研发工作，2024年完成样品制造。据称，该导弹飞行速度将超过马赫数6。2016年9月，俄罗斯“彩虹”机械制造设计局研发出4.4倍声速的新式巡航导弹Kh-32。该弹将成为打击航母战斗群、基地及雷达站的利器。8月，印度布拉莫斯航空航天公司进行“布拉莫斯”超声速巡航导弹首次跌落试验。该弹具有超声速、多弹道的性能特点，其突防能力、抗干扰能力和抗反导拦截能力都相当可观。11 月，俄罗斯火箭设计研究所获得由俄罗斯联邦颁发的高超声速武器知识产权专利。该专利详细描述了如何配置超声速武器以精确打击陆地和表面目标。

3. 开发新一代机载导弹技术研究

美国空军正在探索“小型先进能力导弹”（small advanced capability missile，SACM）和“微型自卫弹药”（miniature self-defense munition，MSDM）概念。SACM 是美国空军研究实验室正在寻求的下一代概念性弹药之一，或将装备于 2030 年左右服役的第六代战斗机上。该导弹由雷声公司研制，具有低价格、小体积等特点。MSDM 则装备在第五代机上，并用于近距格斗。2016 年 1 月，美国国防部公开信息显示，雷神公司获得了空军研究实验室一份价值达 1 400 万美元的合同，旨在对 SACM 和 MSDM 两种小型化先进空空导弹概念进行研究。2016 年 7 月，美国空军透露，为保持空中优势，将很快启动下一代空空导弹采办项目。

世界前沿技术发展报告 2016

2016 年世界海洋技术发展报告

当前，世界海洋科技革命和海洋产业变革正在孕育兴起，一些重要海洋科学问题和关键核心海洋技术已经呈现出革命性突破的先兆，带动了关键技术交叉融合，群体跃进，变革突破的能量正在不断积累。海洋科技创新的加速推进、深度融合，必将深刻影响经济社会发展的各个方面，成为重塑未来世界海洋格局的主导力量。2016 年，海洋科技以深海、绿色和安全引领科技创新的重点方向，颠覆性的海洋技术层出不穷，催生了海洋产业的重大变革，成为社会生产力新飞跃的突破口之一。中国在《全国科技兴海规划（2016-2020 年）》《"十三五"国家战略性新兴产业发展规划》等战略规划的指导下，在深海监测、深海观测和深海开发等领域取得重大进步。

一、世界海洋技术发展重要动向

21 世纪是海洋世纪，围绕海洋权益、海洋资源开发，世界各临海国家纷纷推出了新的海洋发展战略和海洋科技发展规划。欧美等海洋科技强国（地区）相继公布新海洋发展战略和海洋科技发展规划，力图通过各种计划和合作项目，持久保持海洋前沿技术领域领导和领先地位。世界主要国家和地区通过引领海洋大科学、大计划、大项目研究，不仅加强海洋开发原始创新技术的研发，也更加注重利用创新技术对海洋开发的控制，以抢占海洋科技、海洋经济发展的先机和未来发展的优势。

（一）主要国家和地区海洋技术创新发展战略计划

1. 经合组织发布《2030 年海洋经济展望》

2016 年 4 月，经合组织发布《2030 年海洋经济展望》报告。报告指出，海洋科学和技术的进步将在解决与海洋相关的环境挑战方面发挥重要作用，并将进一步推动海洋经济活动的发展。海洋新材料、深海技术、传感器技术和卫星技术等高技术的创新，将对海洋经济的方方面面产生巨大影响。为促进新兴海洋产业长期的发展前景，扩大其对经济增长和就业的贡献，报告建议加强海洋科学和技术的国际合作，在跨行业海洋技术领域，构建关于卓越科学中心、创新孵化器和其他创新设施建设交流观点和经验的全球网络，提高处于不同发展水平的国家间的技术和创新共享。

2. 美国发布《国家第一个海洋计划》

2016 年 12 月，美国国家海洋委员会发布《国家第一个海洋计划》，这是履行奥巴马总统健康海洋生态环境和可持续性海洋经济承诺的重要历史性的一步，标志着海洋管理的一个重要里程碑。该计划通过实施高效、及时的管理，通过展示最佳管理实践指导部门间高效的协调与合作，确保机构使用这些数据对新规划、活动和环境评估进行指导。随着计划的实施以及合理的海洋管理，其将为美国更有效地推进经济和海洋保护目标铺平道路。

3. 欧盟制定优先领域应对海洋挑战

2016 年 11 月，欧盟委员会通过了首个欧盟层面的全球海洋治理联合声明文件

《国际海洋治理：我们海洋的未来议程》，将从减轻人类活动对海洋的压力和发展可持续的蓝色经济、加强海洋科学研究国际合作等优先领域，实现安全、可靠和可持续的开发利用全球海洋资源。文件提出为了可持续地开发利用海洋资源和减轻人类活动对海洋的压力，国际社会需要加大对全球海洋的认知和研究力度。为此，欧盟将进一步发展欧盟蓝色数据网、欧洲海洋观测和数据网等海洋研究网络，并将其扩展成为全球范围内的海洋数据网络。此外，欧盟还将通过卫星通信建立监管全球非法捕捞活动的试点项目，在“循环经济行动计划”框架下发起应对海洋垃圾的行动计划。

4. 对中国的影响和启示

围绕海洋权益维护、海洋资源开发、海洋环境安全，国际上展开了激烈的海洋竞争。科技主导着新一轮世界海洋竞争的话语权和主动权，不仅决定一个国家开发利用海洋的深度和广度，更决定该国在全球的地位与作用。2016 年，经合组织发布《2030 年海洋经济展望》报告，强调海洋科学和技术将在解决与海洋相关的环境挑战方面发挥重要作用。美国和欧盟也更加重视海洋科技应对海洋保护和海洋经济发展方面的作用。经合组织发布的《2030 年海洋经济展望》、美国的《国家第一个海洋计划》和欧盟的《国际海洋治理：我们海洋的未来议程》对海洋科技的整体布局，可以为制定中国海洋科技创新总体规划提供借鉴，对中国海洋科技整体布局及“走向深海大洋”的战略目标也具有重要借鉴意义。中国海洋科技发展做好顶层设计和科学规划，既要加强关键装备和绿色技术的应用推广，又要破除科技成果与产业创新对接障碍，促进产业链、创新链联动发展，形成特色产业聚集发展。

（二）深海无人设备技术集中突破

新材料、自动化与信息技术的发展与应用以及深海资源环境探测的不断深入，对无人设备的作业能力也提出了更高的要求，强大的作业能力及更广的作业范围已成为无人设备的发展趋势。此外，在大尺度上进行海洋精细化观测的需要越来越多，超远化视野是未来无人设备的一个重点发展方向。

1. 美国水下无人设备快速发展

2016 年 1 月，美国海军研究局宣布计划开展对长航时、大排量无人潜航器（LDUUV）进行 900 ～ 1 100 海里（1 海里≈1.852 千米）的无人自主航行测试。LDUUV 具有扫雷、跟踪、情报侦察、自主工作、智能化攻击的能力，能够搭载不同传感器和任务模块，灵活配置，自动控制能力更高，能够数月、远距离执行任务。2016 年 3 月，美国波音公司推出的“回声航行者”无人潜艇长约 15.5 米，可以下潜到水下 3 350 米，能在没有支持舰船的帮助下持续运行几个月。2016 年 5 月，美国斯坦福大学研制出能探索水下世界的人形机器人“海洋一号”，背面安装了计算单元、电池、推进器，使用人工智能和触觉反馈系统，工作时“手臂”上的力量传感器会向操控者发送触觉反馈，还能在潜水艇中感知干燥物体的重量，同时，该机器人的“大脑”会与触觉传感器协同工作，确保手臂不会破坏物体，内置的航海系统还可以让它在海洋中保持身体稳定。“海洋一号”还配备了各种传感器，包括压力传感器、扭力传感器、航向传感器；全视角摄像头可以用来导航、探测环境；多普勒计程仪可以用来检测航程、预测当下状态等。

2. 俄罗斯计划研发新型无人潜器

2016 年 11 月，俄罗斯国防部宣布计划研制一种由潜艇投放并回收的水下无人潜器“和声”。该无人潜器可由潜艇运至具有探测价值的远洋深海区域，布放在海底联网组站，用声呐装置探测各海域的水下、水面及低空运动的目标。

3. 德国研发无缆水下机器人

2016 年 2 月，德国佛罗恩霍夫研究所研制出一款无缆水下机器人，一次充电可以自动在水下运行 20 小时，可下潜至 6 000 米深的海水中。在技术上，该款机器人摒弃了用电线连接内部部件的方式，借鉴汽车行业的做法，在设备内部安装了控制器区域网络，以此减少了对电线数量的要求。这样不仅使得设备重量变轻，也大大减少了电线短路等事故的发生。

4. 对中国的影响和启示

海洋无人设备是一种主要以潜艇或水面舰船为支援平台、能长时间在水下自主远程航行的智能化装置，它可以携带多种传感器、专用设备，执行特定的使命和任务。美国、俄罗斯等国家在该领域长期处于领先地位，引领无人设备向实用化、高可靠性和仿生性方向发展。近年来，中国自主研发了一批深海高技术无人设备，其中部分技术设备已得到应用，但关键部件的国产化率较低，尚未形成大深度、高强度的综合作业能力，与发达国家相比仍存在较大差距。作为一个海洋大国，中国应从海洋的长远战略考虑，加大对自主知识产权的高效耐用的海洋无人设备的研发投入，为建设海洋强国提供持久动力。

（三）极地海洋前沿技术实质化推进

全球持续变暖、极地温度不断升高、海冰逐年减少，使得极地地区的开发价值得以大幅提升，各国明显加强对极地战略地位和资源价值的关注。北极的地缘政治及其与世界其他地区的经济关系正发生显著变化，各国纷纷加大投入，关注北极航道、油气资源问题，北极开发与利用进入实质化阶段。一些南极大国出台新的南极科学研究计划，增加在南大洋的科研投入，发布新的南极活动发展战略，巩固在南极的领导地位。

1. 国际北极科学委员会确定未来 10 年优先研究事项

2016 年 2 月，国际北极科学委员会发布的《北极综合研究——未来路线图》报告指出，北极的快速变化影响了整个地球系统，全球气温的升高、海冰覆盖面积的减少、冰川的退缩以及积雪和冻土条件的不断变化导致了极端天气的出现。此外，北极新兴经济和地缘政治利益已确定了其在全球背景下扮演着重要角色。该报告还确定了未来北极研究三大优先事项：一是通过跨学科研究对多学科进行整合，让更多的地方社区和利益相关者参与对话；二是以解决科学问题为导向，协同设计北极和全球可持续发展挑战的政策、规划和计划；三是北极快速变化的全面、高质量观测。

2. 欧盟制定新的北极政策

2016 年 4 月，欧盟发布《欧盟北极政策建议》，用于指导欧盟在北极地区的行动。该建议提出了欧盟在北极的三大优先领域，即应对气候变化和保护北极环境、促进北极地区的可持续发展以及开展北极事务国际合作，共包括 39 项具体行动内容。例如，在“2020 地平线计划”的基础上继续支持北极研究，在 2016 ～ 2017 年度开展北极综合观测系统、北半球气候变化对北极影响研究和气候变化对北极永冻土及社会经济影响的效应研究；聚焦欧盟北极网倡议（EU-PolarNet），吸收全欧盟先进的科学技术和基础设施，有效支撑北极地区研究；研究部署欧盟空间计划和斯瓦尔巴群岛综合北极地球观测系统；促进与北极地区主要国家的国际科学合作，推动研究设施和数据源的共享。

3. 美国发布《北极研究计划（2017 ～ 2021）》

2016 年 12 月，美国发布《北极研究计划（2017 ～ 2021）》。该计划由美国国家科学与技术理事会跨部门北极研究政策委员会负责制定，旨在持续响应北极地区所面临的经济、环境和文化挑战，确保美国在北极研究方面的引领地位。该计划明确了美国今后五年在北极研究的九个主要目标，如提高对北极大气成分和动力学变化以及由此产生的地表能量收支变化过程和系统的理解，改进对北极海冰覆盖变化的理解和预测，加深对北极海洋生态系统的结构和功能及其在气候系统中的作用的理解并提高预测能力，推进对控制永久冻土动力学的过程以及对生态系统、基础设施和气候反馈影响的认识和理解，推动对北极陆地与淡水生态系统及其未来潜在变化的综合性和景观尺度的科学认知等，并提出相应的具体研究内容和举措。

4. 英国发布《2016 ～ 2020 年战略实施计划》

2016 年 6 月，英国自然环境研究理事会发布《2016 ～ 2020 年战略实施计划》，旨在通过战略研究带动英国经济社会发展，该计划明确了英国未来五年在支持南极科学研究方面的主要工作，包括建设四个永久性多领域南极研究站、建设一个夏季南极研究站、配置研究及后勤保障专用船只和飞行交通设施。此外，还将开展“哈雷 6”南极考察站的重新选址以及升级和改善极地科学设施与条件等工作。

5. 澳大利亚发布《南极战略及 20 年行动计划》

2016 年 4 月，澳大利亚南极局发布《南极战略及 20 年行动计划》，旨在构建澳大利亚在南极的领导角色。澳大利亚将通过建造新的世界级破冰船、恢复内陆穿越能力、初步打造常年航空通道和振兴南极科学基础设施建设等措施，把澳大利亚在南极洲的存在和科研活动延续到下一代。建设通往南极的可靠通道，在南大洋打造现代化、先进和多学科的科学平台，是澳大利亚在南极开展科学研究和保持领导力的关键。陆路穿越能力以及相关的冰芯钻探基础设施和移动科考站的交付，将使澳大利亚能够在包括搜寻百万年冰芯在内的重大研究项目中担任领导角色。澳大利亚政府在改善南极航空通道方面已经取得了重大进展，C-17A 试飞为重型货运能力提供了新的选择。

6. 对中国的影响和启示

各国纷纷加强极地研究和极地资源的争夺，极地的战略地位迅速提高，南北极已成为当今国际政治、经济和军事竞争的舞台，极地海洋科技成为最重要的抓手。美国、欧盟、英国和澳大利亚纷纷制订极地重大战略规划和科研计划，以海洋科学技术及其装备水平来占据极地地区能源、资源制高点，力主建立极地开发利用的科学标准和原则，争取在两极地区的科学话语权。极地事务是关系到中国国计民生、防灾减灾、国民经济和社会可持续发展的大事，中国应制定极地研究中长期规划，加强南北极环境资源综合考察，深化极地系统和全球变化研究，揭示极地在全球气候环境变化中的地位和作用，切实提高应对气候变化的能力。

（四）海洋前沿技术跨越发展

当前，全球新一轮海洋科技革命和海洋产业变革方兴未艾，海洋科技创新正加速推进，并深度融合、广泛渗透到人类社会的各个方面，成为重塑世界海洋格局的主导力量。

1. IODP持续推进

IODP是地球科学历史上规模最大、影响最深的国际合作研究计划，实现了地球科学一次又一次重大突破。IODP新十年科学计划的四大科学目标是理解海洋和大气的演变、探索海底下面的生物圈、揭示地球表层与地球内部的连接、研究导致灾害的海底过程。目前，IODP共有26个国家参与，包括美国、日本、欧洲18国、中国、巴西、印度、韩国、澳大利亚和新西兰。IODP进行了一系列的研究，包括：2016年9月，在西太平洋印度尼西亚海域实施钻探，研究晚第四纪以来西太平洋暖池对千年尺度气候变化的作用与响应，上新世-更新世西太平洋暖池在轨道尺度上的变化以及与季风活动的关系、印度尼西亚穿越流的变化，中新世中期以来西太平洋暖池表层水、中层水温度以及水体化学的长期演化；2016年12月，在马里亚纳弧前钻探蛇纹岩泥火山，研究活动俯冲带中地球化学、生物和构造过程，同时航次计划在3个站位安装钻孔重返系统等，用于航次后安装设备进行长期观测。

2. 国际科学理事会发布关注海洋科学问题的建议

2016年5月，国际科学理事会（International Council for Science，ICSU）海洋研究科学委员会、国际大地测量和地球物理学联合会（International Union of Geodesy and Geophysics，IUGG）海洋物理学协会联合发布《海洋的未来：关于G7国家所关注的海洋研究问题的非政府科学见解》。建议主要包括：需要改进和整合全球有关海洋物理学、海洋化学和海洋生物学等领域的科学认识，以确定海洋变化趋势及其变率并认识其变化机制；需要部署卫星传感器、无人飞行器和原位观测系统，对塑料垃圾进行监测，同时相关问题的解决还需要实验室研究的配合；加强企业和科研机构之间的国际合作，同时联合不同国家的深海生态系统领域专家展开大规模的有关种群范围、生态系统功能等深海生态系统的基础研究；通过进一步的观测和实验研究才能改进对未来环境预测的可靠性，而这尤其需要对海水pH值的时空影响因素、多环境要素相互作用的复杂效应以及对不同变化速率下进化适应的潜力等开展进一步的研究；使用最新的无人控制设备对海洋参数变化进行更高时空分辨率的观测，同时定期收集对变化响应最为敏感的近海区域的数据。

3. 美国发布《2025年自主潜航器需求》报告

2016年2月，美国海军向国会武装力量委员会提交《2025年自主潜航器需求》报告，分析到2025年美国海军所需的自主潜航器以及不同种类自主潜航器预计将要执行的任务。报告提出：不同种类的自主潜航器是海军提升和扩大水下优势工作中一项重要组成部分；无人潜航器可独立作战或与载人舰船协同作战，为情报、监视与侦察、海床战和欺骗作战等海上任务提供支持；扩大水下优势也将依靠固定的水下传感器和系统；自主式水下潜器（autonomous underwater vehicle，AUV）以及水下固定系统可在载人潜艇和舰船不能或不应作战的地方进行作战；为应对作战风险和缓解军力结构的不足，自主潜航器未来需要实现更长的续航能力、更强的杀伤性以及更强的可靠性和生存能力，以增强潜艇的态势感知和目标瞄准能力，使敌方反潜战变得更加复杂；自主潜航器还需支持多传感器、具备多任务能力，并提高自主性，以降低对远程控制站和通信网络的依赖。

4. “Jason-3”卫星在海洋监测领域实现重要突破

2016年1月，美国SpaceX公司在加利福尼亚州的范登堡空军基地使用“猎鹰-9”号运载火箭成功发射了由美国和法国共同研制的“Jason-3”海洋监测卫星。该卫星能够收集海洋变化数据，密切关注全球变暖和海平面上升将如何影响近至海岸1 000米处的风速和气流，并通过监测全球海平面高度、热带气旋的变化来预测飓风强度。

“Jason-3”卫星对海波和海洋表面形貌的测量值将成为海况、洋流数值预报及其他海洋气象学和海洋学必不可少的数据。这些测量数据也会被用于海-气耦合数值预报模式中进行季节预报，且提供的全球海平面高度测量数据可精确到厘米。“Jason-3”卫星将以66°倾角1 336千米高度在非太阳同步近地轨道飞行，这将消除海面高度潮汐混淆和优化平均海平面的测量，为海洋学和气候监测这两个关键业务实现独特的精度测量。“Jason-3”卫星数据有助于对船舶航线、海洋产业、渔业和沿海地区应对环境危害、搜索和救援、军事行为进行预测。

“Jason-3”卫星针对海洋监测在未来将实现以下突破：一是增强海洋地形的测量，结合海洋气象学，启用三维海洋数值预报，开拓海洋业务的发展；二是提高每月的海洋气候预测，如热浪或持续的强降雨预报和季节预报（如海洋对大气的持续影响或将带来一个寒冷的冬季或炎热的夏天）；三是加强海平面变化监测，随着气候变化，监测全球海平面变化及测量海洋表面形貌，以了解海洋的热量、水及其后期铜的碳存储与再分配；四是改善测高仪观测，测高仪对海洋表面风速的测量是对区域数值天气预报模式一种新的、分辨率非常高（1～2千米）的验证，以改善短期预测的高影响天气。

5. 对中国的影响和启示

目前，海洋面临着全球气候变暖、海洋环境污染、海洋生物资源衰退和海洋矿产资源开发等一系列重大问题。美国、欧盟等国家和地区主导组织了一系列跨学科的国际合作项目和计划，依靠先进的自然科学和应用技术，以协作的方式解决全球性重大科学问题，推动海洋科学技术不断综合发展，使自然科学与应用技术、自然科学与社会科学以及自然科学内部的交叉融合变得更加紧密。中国应积极参与全球和区域性的海洋科学计划，增强在相关海域的调查、监测和观测，为 21 世纪海上丝绸之路建设做好各项科技支撑和服务工作。

二、海洋监测与观测技术

国际上已经形成了完整的海洋监测与观测体系，监测与观测系统从单点向多点网络发展、从专业性向区域性网络发展、从近海向远海发展。2016 年，世界海洋强国和国际组织针对与海洋可持续发展密切相关的海洋现象或特定的海洋科学问题，致力于发展现代海洋监测和观测技术装备，尤其是美国、法国、英国、澳大利亚和中国等国家在海洋监测与观测技术装备方面都取得了长足进步。

（一）海洋监测技术

1. 美国新技术助推海滩水质实时监测

2016 年 4 月，美国密歇根州立大学和美国地质调查局研究人员合作开发出一种新技术，利用在海滩附近部署的浮标，并基于嵌入浮标的传感器和统计模型对实时数据进行采集分析，实现海滩水质的实时监测，大大缩短了传统水质监测的流程，提高了监测结果的可靠性。这种新技术使浮标中的传感器可以采集从水温到水质清洁度等一系列信息，并利用浮标上的蜂窝调制解调器，将采集到的数据即时上传到一个路基服务器上，经过分析整理后基于 Web 技术及简易信息聚合（really simple syndication，RSS）反馈，及时提供给需要了解相关信息的人。

2. 法国通过新技术监测海底断层

2016 年 7 月，法国国家科学研究中心（Centre National de la Recherche Scientifique，CNRS）和布列塔尼大学的国际研究小组利用声学海底大地测量方法研究发现，逐步积累的能量将突然释放，可能会导致在伊斯坦布尔发生一场大地震。测量过程中，科学家将主动、自主的声学应答器放置在 800 米深度的海底断层两侧，转发器采取成对轮流询问方式，并测量它们之间声学信号的往返时间和距离。根据距离随时间的变化来检测海底和转发器网络的变形运动，由此推断出断层的位移。

3. 沙特阿拉伯建立首个红海海洋监测站

2016 年 3 月，沙特阿拉伯建立首个红海海洋监测站。该监测站将针对红海的物理和生物情况进行系统监测，包括详细物理变量、洋流情况以及大气和环境变化等，并通过利用沿海固定测量系统、雷达波形监控系统以及最新的水下无人驾驶监测车进行数据的收集，以建立一个大规模、高度详细的红海数据系统。此外，沙特阿拉伯还针对红海沉积物和珊瑚的组成、污染物的监测以及与石油污染有关的毒性物质排放等进行研究。

4.“白龙”浮标数据上传全球电信系统实现全球实时共享

2016 年 12 月，世界气象组织（World Meteorological Organization，WMO）将编号 53041 永久分配给位于东南印度洋既定海域由中国自主研制的“白龙”浮标站位。“白龙”浮标获取的观测数据可通过“铱”星卫星实时传输至国家海洋局第一海洋研究所数据中心，同时自动上传到全球电信系统（Global Telecommunications System，GTS），向全世界用户提供数据共享服务。共享后的观测数据将应用到世界各大业务预报中心的资料同化系统中，为改进全球天气和气候尺度的预报、预测发挥作用。这是中国首次通过全球电信系统向全球共享深海海洋气候实时观测产品。

“白龙”浮标是中国自主研发的第一套 7 000 米级深海气候观测系统，可搭载多种气象、海洋、生物和化学传感器，可观测海面气象要素，而且还利用水下感应耦合传输技术对水下 0 ～ 700 米剖面的海洋要素进行高频率采样。“白龙”浮标是中国第一个面向深海大洋开展业务化观测的综合系统，是继 NOAA 的 TAO/Atlas 浮标、日本地球-海洋科学与技术机构（Japan Agency for Marine-Earth Science and Technology，JAMSTEC）的 TRITON 浮标之后的第三个深海气候观测浮标系列，标志着中国业务化海洋观测系统真正从近海走向深海大洋。同时，它还是“印度洋海洋观测系统”国际计划中的 46 个浮标之一，是中国积极参与全球海洋观测和气候变化领域国际合作的重要代表。

（二）海洋观测技术

1.《全球 ARGO 海洋观测 15 年》

2016 年 1 月，美国、英国和澳大利亚等 18 个国家的 27 位科学家发布的《全球 ARGO 海洋观测 15 年》报告称，已建立起一个由 3 000 个卫星跟踪的自动探测浮标组成的 ARGO 海洋观测网，广泛收集了全球无冰覆盖的深海大洋上从海面到 2 000 米深层的海水温度和盐度资料，并广泛应用于季节至 10 年甚至数十年尺度相关的气候变化研究中，改进了海气耦合气候模式的初始场和海洋分析预报系统的边界条件。无条件开放的 ARGO 数据在海洋、气象、渔业、交通等众多领域的基础研究和业务化应用中取得了一大批创新性成果。随着剖面浮标技术的不断改进和完善，国际 ARGO 计划正在从全球无冰覆盖的大洋向着两极季节性冰区、深海、边缘海和西边界流海域以及生物地球化学等领域拓展，并将最终建成一个至少由 4 000 个 ARGO 剖面浮标组成的覆盖水域更深厚、涉及领域更宽广、观测时域更长远的真正意义上的全球 ARGO 海洋观测网。该计划不仅是全球气候变化研究的基石，更是国际科学合作的典范。

2. 美国大型海洋观测项目实时数据向全球开放

2016 年 6 月，美国国家科学基金会宣布，来自海洋观测计划（Ocean Observatories Initiative，OOI，由七个仪器阵列组成的集合）的大部分数据如今都已形成实时流，85% 的 OOI 数据都可实时使用。OOI 的构成包括位于东北太平洋地质构造活跃的海底的一条高科技电缆，加上两套海洋图形设备（分别位于美国东西海岸）以及其他四个高纬度站点（分别位于格陵兰岛、阿拉斯加、阿根廷和智利）。同时每个阵列都包含各种仪器的组合，从基础的盐度传感器到复杂的水下滑翔机等。

3. 澳大利亚研发海啸预警系统

2016 年 5 月，澳大利亚国立大学开发时间反转成像方法，利用从海洋传感器得到的实时数据，重建海啸发生的过程。研究人员通过研究日本海沟的板块构造创建出的新算法更加快捷、准确，为基于实时信息的下一代海啸预警系统奠定了基础。

4. JAGO 潜器探索埃尔耶罗海底火山

2016 年 2 月，由西班牙马斯大加那利大学、加那利群岛海洋中心海洋学研究所、德国亥姆霍兹基尔海洋研究中心等机构的科学家组成的研究团队，利用德国唯一的载人潜水器 JAGO 记录了埃尔耶罗海底火山喷发位点的演化和持续的热液活动，并对流体和火山及其他热液产物进行了采样。JAGO 的调查显示，高达 39℃的温水从火山口几百平方米的底部喷出，而气体则从 5 厘米高的较小的通风口集中排出；细菌轻覆于喷口周围所有表面上，乳白色羽流使得水体变得浑浊。

5. 全球海洋观测联盟为全球海洋把脉

2016 年 1 月，全球海洋观测联盟（Partnership for Observation of the Global Ocean，POGO）发布《为全球海洋把脉》，提出了 POGO 未来工作的优先事项，将进一步促进全球海洋观测系统（global ocean observing system，GOOS）的发展，提高对海洋的更深认识。POGO 战略的优先工作包括：领导对全球海洋观测系统相关观测计划的制订和创新；开发海洋观测所需的全球化能力，培养科学家、技术专家和海洋管理人员；促进国家和国际层面对全球海洋观测系统重要性的认识，提高海洋观测科技的发展，实现海洋可持续管理。

6. 中国建成首个深海 PIES 观测阵

2016 年 10 月，中国“科学”号科考船完成布放在西太平洋的压力逆式回声仪（pressure-sensor-equipped inverted echo sounders，PIES）回收，这标志着中国大洋 5 000 米以上水域建成 PIES 阵列。PIES 是一种带有压力传感器的坐底式海洋观测设备，用来观测声学信号从海底到海面垂向传输时间及海底压力的变化，可用来反演海流变化及中尺度涡旋的传播，所获取的数据对研究超强厄尔尼诺事件的发生、发展机制具有重大意义。

7. 中国海底实时观测网关键技术研发获新突破

2016 年 2 月，上海交通大学牵头研发的近岸及邻近海域海底实时长期观测网关键技术取得突破，有力地支持了国家海底观测网预警预报系统的研发。项目组研发了海底接驳技术、布放维护技术两项关键技术；研制了海底接驳盒、海底观测（监测）仪器，构建了海底观测节点；研制了用于布放维护作业的无人遥控潜水器（remote operated vehicle，ROV）系统；开展了以正在建设的东海海底观测网为示范依托的海底观测节点示范应用。

（三）海洋监测与观测装备

1. 美国开发新的海底地震监测设备

2016 年 8 月，美国普林斯顿大学在百慕大三角海域对其最新研制的利用太阳能电池板供电的地震监测仪器进行了首次现场测试。该仪器名为 Son-O-Mermaid，主要用于监测和记录地震产生的声波。同传统的固定式海底地震监测设备不同，Son-O-Mermaid 是可移动式的，可下沉到特定水深，随着洋流漂移，将监测到的声波随船进行分析并记录源于地震的声波。Son-O-Mermaid 可以利用无线技术定期将监测数据传回。Son-O-Mermaid 通过长电缆与水面上的浮标连接，每次报告地震波时，利用电动浮力泵将其升至表面，因此只需要持续供电即可，浮标处的太阳能板则能提供电源供给。此外，Son-O-Mermaid 可以随时与卫星保持联系，能够实现实时精准定位，而不只是在浮出表面时才可以联系。Son-O-Mermaid 是目前全球少数能在海洋中记录地震的仪器之一，研究人员希望未来利用 Son-O-Mermaid 来弥补地球内部构造的空白。

2. 英国研发新式海洋观测设备

2016 年 4 月，英国自然环境研究理事会宣布开发海洋自治式系统（marine autonomous systems，MAS）和传感器的发展计划。该计划将资助英国国家海洋学中心开发一种 1 500 米水深级别的长距离水下自动航行器和一种 6 000 米水深级别的自治式水下机器人，确保英国保持其在全球海洋科学和技术创新中的领先地位。该计划将对指令和控制系统技术给予支持，这将促进有效的船舶管理；将为英国自然环境研究理事会和英国工程与自然科学研究理事会联合中心的“智能和自动化观测系统”（也称为“下一代无人式系统科学”）博士培训项目提供新设备；资助开发适应多种水下环境和海面平台，包括新的海洋自治式系统平台的新型传感器。英国自然环境研究理事会这次的海洋新技术研发投资将为英国提供强大的海洋观测能力支持，为解决长期困扰的观测手段瓶颈、研究和解决一些基础的全球性环境科学问题提供支持。此次计划开发的海洋探测设备将支撑英国未来的冰下测量和深海科学考察，也将支撑一系列重要的海洋研究项目，包括变化的北冰洋计划。

3. 美国借助 3D 打印技术研发出海底机器人

2015 年 12 月，美国 Blue Robotics 公司借助 3D 打印技术研发出一系列海底机器人部件，其中最重要的是推进器 T200。因高昂的价格，海洋机器人产业的许多创新受到了扼杀，而 3D 打印能够提供快速且低成本的原型进行开发和制造。通过 3D 设计，Blue Robotics 公司制造出了一个配备有马达和螺旋桨双重工具的推进器 T200，能够完全潜进海里操作和运行。

4. 中国研制深海大洋智能浮标

2016 年 3 月，中国启动“面向全球深海大洋的智能浮标”项目，将研制更先进的面向全球深海大洋的智能浮标。此项目完成后可实现对 2 000 米以下深海的观测，助力中国加快实现“透明海洋”以及更好开发利用海洋的目标。该智能浮标将采用快速动力定位与可持续海洋能供电技术，发展自适应的区域三维高分辨率的观测技术以及基于机动平台的多学科（物理、声学、生物地球化学）传感器同步观测技术，将突破现有的海洋观测技术局限性，拓展海洋观测的时空覆盖范围及监测尺度，将海洋综合观测延拓至2 000米以下深层海洋，有利于中国形成对全球深层大洋的观测能力，实现中国深海跨越式发展，将为防灾减灾、深海生物资源开发、关键海区的水下环境安全保障提供技术支撑。

5. 中国自主研发“海翼号”水下滑翔机

2016年11月，中国科学院沈阳自动化研究所设计研制的“海翼号”水下滑翔机创造了中国水下滑翔机海上工作时间最长和航程最远的纪录，连续工作超过1个月，累计航程超过1 000千米。“海翼号”下潜深度可达5 751米，接近国际上水下滑翔机最大下潜深度。“海翼号”系统采用模块化技术，设计了独立的科学测量载荷单元。科学测量载荷单元可以根据科学家的观测任务，针对性地定制搭载各种探测传感器。通过卫星通信可以实现对水下滑翔机的远程控制和实时数据获取，并可实现多台水下滑翔机协同观测作业。针对一直以来海上天气预报不够准确的问题，水下滑翔机为长时间、稳定、持续的预报提供了高密度的数据支撑。

三、海洋资源勘探开发技术

当前，美国和英国等发达国家在深海矿产资源和油气勘探开发、海水利用、海洋可再生资源和海洋生态环境保护与修复技术等领域保持世界领先地位。2016年，这些发达国家进一步加大投资力度，扩充对海洋资源的开发利用能力，使其在深海资源勘探开发和海洋高新技术方面优势更加明显。

（一）深海矿产资源勘探技术

1. 英国测试深海矿产勘探新技术

2016年6月，英国国家海洋研究中心“詹姆斯·库克”号赴大西洋洋中脊测试用于勘探深海矿床以及评估矿物成分的创新技术。科学家将利用新技术在死火山、20米高悬崖与烟囱结构间导航水下设备，利用机器人钻机在深海海床热液喷口取样，利用配备特殊光谱仪的水下机器人HyBis研究海底的组成。

2. 荷兰首次利用激光雷达数据3D打印海底油井设备

2016年10月，荷兰辉固国际集团（Fugro）与Deep3D公司宣布完成世界首次利用海底雷达数据通过3D打印制作的精确度达1 ∶ 1的损坏井部件。Deep3D公司可使用准确的空间数据对海底部分设备进行3D打印，尽可能地降低生产和运行成本。这些数据的调查采用辉固国际集团的多功能船“REM Etive”，其上装有两个常规3 000米深度的无人遥控潜水器，配有由Deep3D公司制作和运营的SL2海底激光雷达。该激光雷达利用光纤多路复用器向船上的操作员发送实时数据，13.5小时内在海底油井收集了大约4 400万个数据点。其中，激光数据处理使用点云处理工具计算空间关系、海底结构的测量值和方向，由此产生的成果包括3D点云数据库、每个井的尺寸报告、计算机辅助设计（computer aided design，CAD）文件和 360° 动画，以及基于云数据建立的模型。

3. 中国研制深海富钴结壳采样机

2016 年 11 月，中国科学院深海科学与工程研究所成功研制出中国首台深海富钴结壳采样机。作为深海采矿系统的重要组成部分，深海采样机的研制使得搭建系统级采矿系统成为可能，并为各种开采技术方案的经济评价模型的可行性提供重要评价依据，为富钴结壳采掘过程中试验数据的采集和处理工作提供重要数据支撑。

（二）海洋油气资源勘探开发技术

1. 全球第一口全电力式深海探井问世

目前，海洋石油已经成为世界油气开发的主要增长点，而深水油气更成为海上油气的主要增长点和科技创新的前沿。2016 年 11 月，世界能源巨头道达尔集团在位于荷兰北海地区的 K5-F 油气田打造了全球第一口全电力式深海探井。

全电力式深海探井跟电动液压式深海探井相比，省去了顶层的液压基础设施、脐带管中的液压管路、海底液压分配系统、采油树和分支管上的液压管路，并且还省去了与这些设施或设备相关的切割、弯曲、焊接、装配、冲洗和测试工作等，进而大大降低了系统成本。据测算，全电力式深海探井的成本较传统的深海探井成本下降 50% ～ 65%。除了大幅节约成本外，全电力式深海探井系统还更加安全环保。区别于传统深海采油树，深海电子采油树利用电子信号对水下生产系统进行控制，不需要液压油，避免了开式液压控制系统液压油泄漏带来的海洋污染等问题。

鉴于全电力式深海探井系统的以上优势，道达尔已决定将其作为标准解决方案运用到集团其他的深海离岸项目中。预计这一技术会成为行业发展趋势并得到越来越广泛的应用，在不久的将来全电力式深海探井系统将活跃在海下 3 000 米甚至更深的区域进行生产作业。

2. 美国国家研究理事会发布《海上油气业务远程实时监控技术应用》报告

2016 年 2 月，美国国家研究理事会（National Research Council，NRC）发布的《海上油气业务远程实时监控技术应用》报告指出，在过去的 25 年间，墨西哥湾深海油气生产已经显著上升，而钻井作业的远程监控可以帮助运营商和监管机构提高这些业务的安全性。这项研究建议美国安全和环境执法局（Bureau of Safety and Environmental Enforcement，BSEE）关注远程实时监控（remote real-time monitoring，RRTM）的应用程序和使用，以提高安全性和近海油气业务的环境风险管理水平。

由 NRC 任命的来自关于近海油气钻探技术、操作和安全等行业及学术界的 10 位专家组成的研究委员会认为，RRTM 是最好的和最安全的技术，且在经济上也是可行的。BSEE 可以使用现有的监管要求，如钻探许可申请应用程序和安全与环境管理体系的计划，以推进相应 RRTM 的使用。BSEE 认为，RRTM 对风险管理是必要的。

3. 美国在北极地区发现储量达 60 亿桶的大油田

2016 年 10 月，美国凯洛斯能源阿拉斯加有限责任公司在北极水域地下发现了储量高达60亿桶的大油田，并计划建设耗资8亿美元、长125英里的管道，以将其与现有管道相连接。油田位于史密斯湾的浅水区，北极圈北部约300英里处，预计开采出18亿～24亿桶石油。

4. 中国首套3 000米级声学深拖系统试水成功

2016年1月，中国地质调查局研发的3 000米级声学深拖系统顺利通过了首次水下试验，成为中国首套针对海域天然气水合物（可燃冰）资源勘察研发的3 000米级轻型弱正浮力声学深拖系统，将有效提升中国海洋天然气水合物资源勘察水平，为海域天然气水合物调查提供技术支撑。该系统除了能够在水合物赋存区开展精细海底浅表层结构及微地貌探测外，还可搭载多种传感器获取海水的物理海洋、地球化学等方面的参数资料。

5. 中国研发出海底管道检测机器人

2016年4月，中国航天科工集团第三研究院为海底油气管道做检测的蛇形机器人研发成功，并已通过国内海上油田的实际检测，其性能达到国际先进水平。该蛇形机器人名为海底管道漏磁内检测器，可在管道内部穿梭，利用油气压力穿行，通过高精度漏磁检测技术，捕获并存储管道内外壁的腐蚀、缺陷信息，对缺陷点准确识别、精确定位。

6. 中国新型天然气水合物海洋探测系统面世

2016年5月，中国地质调查局研制的天然气水合物海洋可控源电磁探测系统完成测试，预计于2017年正式投入使用。该系统的成功研发将有效提升中国海洋天然气水合物资源勘查水平，不仅可以观测天然场产生的海洋电磁场，还可以观测人工源产生的海洋电磁场，在海底地球结构和动力学研究以及天然气水合物和海洋油气探测等领域将发挥重要作用，为海洋天然气水合物调查提供技术支撑。

（三）海水利用技术

1. 欧盟启动电渗析海水淡化试点项目

2016年7月，欧盟“地平线2020”计划启动一系列新建海水淡化示范项目。欧盟支持的海水淡化示范项目共有12个，在发展中国家的关键地区或特别敏感区域有8个苦咸水淡化项目，在德国和荷兰有两个自来水研究项目，在荷兰和西班牙有两个海水淡化试点项目。其中，REvivED团队正在实施的海水淡化项目使用的探索电渗析（electrodialysis，ED）成为全球海水淡化的首选技术。ED技术可以降低水处理过程中的能源消耗，而低能耗海水淡化解决方案对提供充足优质的饮用水以满足全球人口不断增长的淡水需求至关重要。

2. 美国海军海水制取燃油技术突破

2016年6月，美国海军研究实验室获得电解离子交换模块的专利。该模块可从海水中分离二氧化碳和氢气，随后合成可用做燃油的碳氢化合物。美国海军研究实验室正在开展更大规模、更高效率的海水制取燃油试验。第二代更大规模的电解离子交换模块的效率更高，已将海水合成燃油产量大幅提高，比第一代系统提高了40倍。

3. 美国推出新型聚合膜

2016 年 8 月，美国 Water Planet 公司推出新型聚合膜 PolyCera。PolyCera 膜具有高亲水性、渗透性和坚固性等优势，其过滤处理过的废水能够保证每升悬浮固体不超过 1 毫克，每 100 毫升含 2 个菌落单位和 0.1 个浊度单位。与聚偏氟乙烯（PVDF）膜相比，PolyCera 膜只需一半的反冲洗和清洗过程便可将膜上污染物祛除，这使其能持续保持较高的通量与渗透性。

4. 迪拜扩容 JebelAli 海水淡化项目

2016 年 8 月，迪拜水电局决定选择反渗透技术，将对 Jebel Ali 发电项目的海水淡化系统进行扩容。为了符合迪拜 2050 年清洁能源发展战略，迪拜水电局希望减少对多级闪蒸海水淡化技术的依赖，转为采用更加节能的反渗透海水淡化技术来对现有发电厂进行改造，同时将配置光伏发电系统。

5. 中国研发出高效太阳能海水淡化技术

2016 年 11 月，南京大学现代工程与应用科学学院的研究团队研发出一种高效、便携的太阳能海水淡化技术，能以高达 80% 的能源转换效率把海水转化成高质量的饮用水。研究人员设计了一个由泡沫聚苯乙烯制成的圆柱形热绝缘体，并在热绝缘体外层涂以织维素涂层构成特殊水通道，圆柱体顶部覆盖石墨烯薄膜。石墨烯薄膜可折叠且轻便，用来吸收太阳能以蒸馏海水，大大提高了便携性。同时，石墨烯吸收体与海水分隔开，可降低热导损耗。

（四）海洋生态环境保护与修复技术

1. 世界自然保护联盟完成陆海生态系统演变的比较研究

2016 年 9 月，世界自然保护联盟（International Union for Conservation of Nature，IUCN）发布《海洋变暖解析：原因、尺度、影响和后果》报告。报告指出，与 20 世纪 70 年代相比，全球海洋吸收了因气候变暖增加热量中的 93%，承担陆地“空调”的作用，海洋生态系统变化速度比陆地快 1.5 ～ 5.0 倍，且这些变化是不可逆转的。与此同时，海洋生物的生活规律发生大幅改变：由于海水变暖，从极地到热带、从海滩到深海的生态系统全方位失衡，水母、海鸥以及浮游生物的栖息地向气候更寒冷的两极偏移了至多 10 个纬度；更高的气温也可能改变一些海洋生物的性别比例，如海龟，因为温暖的环境更可能孕育出雌海龟；海洋变暖也使得珊瑚礁以前所未有的速度死亡，导致依赖珊瑚礁的鱼类减少。此外，生物部落大迁徙也会给海洋生态系统带来压力和变数，进而影响整个地球的生态。

2. 加拿大和美国加强海洋渔业科学研究

2016 年 5 月，加拿大渔业与海洋局发布新渔业科学研究计划，以提高海洋科学和水科学研究，提高加拿大渔业与海洋局的监测水平。新的研究活动将支持加拿大相关的决策和政策制定，以保护加拿大的海洋、海岸、水域和渔业，确保加拿大海洋的健康和可持续发展。新渔业科学研究计划主要集中在研究和监测以支持健康的渔业资源、加强污染物和污染状况等环境压力要素的监测、加强对可持续水产业的研究支持、加强淡水区域研究以及支持更多科学家和更多技术领域的更多合作五个方面。

2016 年 6 月，NOAA 宣布将对 50 个研究项目进行资助，支持经济发展，建立和保持具有恢复力和可持续的渔业。此次资助的研究项目反映了前沿的科学研究，将不仅帮助我们更好地理解生态系统，减少副渔获物，提升渔业养殖和渔业管理水平，还将帮助恢复渔业并支撑经济增长。

3. 联合国环境规划署发布《海洋垃圾立法》

2016 年 10 月，联合国环境规划署（United Nations Environment Programme，UNEP）发布《海洋垃圾立法：政策制定者的工具包》报告，指出海洋垃圾造成的污染已经严重危害到海洋的生态系统健康与海洋经济的可持续发展，并且对沿海生态系统造成了极大威胁。报告还提出应采取全面、系统的方法来管理海洋垃圾，制定适合的相关法律法规，并对海洋垃圾的立法执行情况进行实时跟踪与监控。

4. 全球变暖将影响海洋生物物种多样性

2016 年 10 月，英国约克大学研究发现，全球变暖影响全球海洋多样性，其中海洋甲壳类的多样性将因气温变暖而降低。海洋甲壳类生物的形成率与温度呈负相关，与之相反，淡水甲壳类物种形成率则随着全球温度的升高而提高。

5. 美国推动珊瑚礁和沿海生态系统修复项目

2016 年 10 月，NOAA 在加勒比海和密克罗尼西亚等地区开展珊瑚礁生态系统管理的保护项目和研究。该项目还与美国国家渔业和野生动物基金会及自然保护基金珊瑚保护优先项目建立了长期合作。此次项目侧重于对珊瑚礁的三个主要威胁因素的研究，包括全球气候变化、陆地来源的污染和不可持续的捕捞行为以及饱受高度威胁的珊瑚地区和流域。这个项目将资助科学家将珊瑚研究活动转移到地面上，以减少一系列的危险。此次采取的一系列建立和保护珊瑚礁健康及可恢复性的研究将直接影响海洋系统的整体健康和人类生活。

2016 年 12 月，NOAA 为 11 个沿海生态系统修复项目提供资助（NOAA 沿海修复建设综合处理办法的一部分），以提高生态系统对极端天气和长期变化的不利环境条件（如海平面升高）的弹性和修复力，并有助于栖息地的可持续渔业和保护物种的恢复。

6. 水下数字化软件改变海洋生态学研究

2016 年 9 月，XL 卡特琳海景调查计划的科学家利用计算机科学和软件加速分析全球水下珊瑚礁图像。数字化工具与优质成像以及收集标准生物数据的感应器的关联，将会开启一个半自动化数据收集和监测的新时代，使生态学家不必再花费过多时间处理数据，而是利用更多时间做研究。卡特琳团队的研究人员使用了一种神经网络算法，这是一套让计算机对看到的珊瑚礁照片进行分类的深度学习系统，能够在数月内快速浏览卡特琳团队多达百万张的巨大照片库。该算法由美国加利福尼亚大学伯克利分校计算学家奥斯卡·贝杰博姆主持开发，对珊瑚照片的分析能够在 81% 的情况下与人眼一致。在 NOAA 的资助下，贝杰博姆计划在未来几个月内对向其网站珊瑚网（CoralNet）上传照片的任何人免费开放该算法，利用计算机辅助系统进行自动化图片分析。

7. 加拿大实施《国家海洋保护计划》

2016 年 11 月，加拿大渔业与海洋局、加拿大海岸警卫队、加拿大环境与气候变化部宣布实施为期 5 年的《国家海洋保护计划》。该计划将提升海上航运的安全和可靠性，保护加拿大海洋环境，创造稳固的原住民社区和沿海社区。该计划将达到或超越国际相关标准，并得到原住民地区联合管理、环境保护和基于科学的标准的支持。

（五）海洋可再生资源开发利用技术

1. 英国计划建设全球最大浮动式海上风电场

2016 年 1 月，英国批准在苏格兰东北海岸修建浮动式海上风电场，将包括 5 台浮动式风电机组，建成后整体发电能力将达到每年 135 兆瓦时。与传统的海上风力发电装置不同，浮动式风力发电机组不需要在海底打桩后再架起来，而是将其建在浮动平台结构上，由锚泊系统固定在海床上，利用电缆连接，最终通过一条输出电缆将产生的电力输送到陆上电网。

2. 美国首座海上风电场并网运行

2016 年 12 月，美国“深水风电”站在东海岸罗德岛州布洛克岛正式并网投入运营，这是美国首座海上风电站。该电站共 5 台机组，装机容量 30 兆瓦，为 1.7 万户家庭供电。

3. 欧盟发布《欧洲海洋能源战略路线图》

2016 年 11 月，欧盟海洋能源论坛发布《欧洲海洋能源战略路线图》，明确了欧洲海洋能源商业化面临的挑战。该路线图提出，到 2030 年，通过创新使波浪能实现大规模应用，潮汐能达到世界领先水平，潮差能为应用做好技术储备，并建设第一个盐差能发电厂。

4. 世界最大潮流发电站成功试并网

2016 年 8 月，由中国自主研发生产的世界首座 3.4 兆瓦 LHD 林东模块化大型海洋潮流能首套发电机组在舟山市岱山县秀山岛海域成功发电，发电功率为 1 兆瓦。本次顺利试并网的大型海洋潮流能发电机组系统群由中国自主研发生产，拥有完全自主知识产权。该项目以总成平台系统为基础，可安放 7 个涡轮水轮机模块。总成平台长 70 米，宽 30 米，平均高 20 米，重达 2 500 吨，可抵抗 16 级台风和 4 米巨浪，深入海里的水轮机涡轮在月球引力变化下产生涨潮退潮，潮流带动转轴传动，再通过增速变速系统驱动发电机组将潮流能转化为电能。

5. 中国潮流能发电技术实现新突破

2016 年 10 月，中国科学院电工研究所和浙江海洋大学联合研发的潮流能轮缘发电机系统、功率变换与控制系统、导流罩能量捕获等关键技术实现重要突破，为潮流能发电提供了另外一种切实可行的新型技术。轮缘驱动潮流能发电技术是将导流罩、发电机及叶轮集成为一个整体，利用海洋潮流发电的技术。作为一种新型水下潮流发电技术，轮缘驱动捕获海洋能的效率非常高，基本上不需要人工参与维护，具有较好的产业化发展前景。

6. 中国首个自主知识产权的海上风电机组研制成功

2016 年 10 月，中船重工海装风电设备有限公司研发试制的 5 兆瓦海上风电机组在江苏批量生产下线，成为中国首个具有自主知识产权并批量生产的海上风电机组。在同等风速条件下，该风电机组比国际上同级别机组发电量提高 20% 以上。这标志着中国装备制造业成功掌握了大型海上风电设计制造技术，打破了国外技术垄断。

四、海洋卫星遥感与通信技术

2016 年，海洋卫星遥感与通信技术全面进入综合观测阶段，开始以全球的整体观、系统观和多时空尺度研究地球。美国继续引领全球卫星遥感技术的发展，开启全球海洋环境观测的新时代。美国加强资源整合以推进海洋通信技术发展，加强部署海底观测通信系统。

（一）卫星遥感海洋应用技术

1. 美国将开启全球海洋环境观测的新时代

2016 年 11 月，美国成功发射新一代气象卫星——GOES-R。该卫星是目前最为先进的气象卫星，其成功运行不仅将有力推动美国国家气象观测网建设、提升气象预测、监测和预警能力，而且将带来全球环境观测和气象预报的新革命。GOES-R 卫星研发项目为 NOAA 新一代静止轨道环境观测卫星计划的组成部分，投资达 10 亿美元，由 NOAA 负责管理。GOES-R 搭载有包括全球首台地球静止轨道闪电测绘仪在内的 6 台最新科学仪器，将对飓风、龙卷风、洪水、火山灰云、野火、雷暴甚至太阳耀斑等展开高分辨率跟踪监测。借助最新技术，GOES-R 的空间扫描速度将比现有在轨气象卫星快 5 倍，影像分辨率提升 4 倍，光谱通道数量多 3 倍。运行期间，GOES-R 将能够实现每隔 15 分钟生成西半球的完整图像、每 5 分钟生成美国大陆的完整图像以及每 30 秒更新一次特定风暴区信息。

2. 美国深海声重力波理论助力海啸预警

2016 年 2 月，美国麻省理工学院提出了一套非线性理论的波动方程，建立了表面重力波和声重力波的关系模型，将声重力波和声波紧密联系了起来。研究发现，在海洋表面广泛存在着声重力波，其源于海洋表面重力波。两个表面重力波相遇共振，会释放 95% 的初始能量，并形成声重力波，携带这些能量向更远、更深处传播，从而揭示了来自大气、太阳、风和海洋上方的能量可以驱动深海波动的原因。

3. 中法海洋卫星转入正样研制阶段

2016 年 7 月，中法海洋卫星初样研制工作已完成，进入正样阶段，预计于 2018 年发射升空。卫星上将安装用于测量和监测海浪的专门雷达以及中方研制的散射计（一种微波雷达，用于探测自然风速）。投入使用后，将用于观测海洋风浪，为航海者提供海洋预报和灾害监测预报。

4. 中国海洋卫星实现全天候监测

2016年8月，中国“高分3号”卫星在太原卫星发射中心成功发射，成为中国首颗1米分辨率C频段多极化合成孔径雷达成像卫星。“高分3号”卫星能够实现全天候、全天时对海洋的观测，多项指标达到或超过国际同类卫星水平。2016年11月，中国在酒泉卫星发射中心用“长征二号”丁运载火箭，成功将“云海一号”01星送入太空。“云海一号”01星主要用于大气海洋环境要素探测、空间环境探测、防灾减灾和科学试验等领域。

（二）海洋通信与预报技术

1. 美国研发精准深海定位导航系统

2016年5月，美国DARPA授予英国军工巨头BAE公司研发“深海定位导航系统”项目的合同，旨在为美国海军实现深海导航提供新方式，为水下航行器提供精确的导航信息。水下全球定位系统主要是在水中布放少数的声源，水下平台可以接收各个声源的声学信号，并获得相较于声源的绝对位置信息而实现精准导航。同时，BAE也试图开发水下航行器捕捉和处理声学信号用于导航的能力。

2. 美国继续部署海洋观测网

2016年6月，美国在大洋、近海和大湖区部署综合大洋观测系统（integrated ocean observing system，IOOS），用于美国周边海域、加勒比海和太平洋的观测。此次部署主要集中在数据的可获取和可用性方面，通过合作以及清晰的数据标准、共享数据、项目和技术的发展和维护，满足国家级综合观测系统的需求。另外，通过与区域性系统的配合，能够建立一个包括人员、技术和数据的网络，帮助理解和预测海洋及气候的变化情况，为海岸灾害做好准备和响应，平衡资源开发需求、经济发展需求和环境保护的关系。

3. 美国拟布局无人潜航器，打造海底“高速公路”

2016年11月，美国海军研究在海底大规模部署无人潜航器，设想在全球海底部署无人潜航器和配套的“前沿部署能源和通信前哨站”的水下服务站，形成“艾森豪威尔海底高速公路网”。水下服务站类似高速公路休息站，可供无人潜航器加油或充电、传输数据和储存数据等，使无人潜航器的水下巡航延续数月甚至数年，寻求用新技术占据海底战和反潜战先发优势。

4. 美国全球预报系统升级到4D模式

2016年5月，NOAA利用新的超级计算机升级美国全球预报系统（global forecast system，GFS）。GFS中4D预报模式的混合数据是在原来的3D空间网格基础上增加了3D数据随时间变化的情况，模型网格的精度从27千米提高到13千米，使模型能够输出更高精度的结果从而做出更加精确的预报和预警。GFS是所有NOAA天气和气候预报模型的基础，此次升级将为NOAA所有的预报工作提供技术保障，包括台风预报和其他高风险天气状况的预报。当前对更加强大的超级计算机、先进模拟能力和观测系统的投资正在创建出更加精确的预报结果，将提升美国解决极端天气、水文和气候问题的能力。

5. 中国启用高性能科学计算与系统仿真平台

2016年12月，中国海洋国家实验室高性能科学计算与系统仿真平台正式启用。目前，平台已完成一期基础条件建设并正式运行，计算能力达到了理论峰值每秒2 600万亿次浮点运算的计算速度，为目前国际海洋科研领域性能最强的超级计算机系统。平台将围绕国家海洋科技创新发展的重大应用需求，全面将国家“互联网+”、国家大数据、国家“人工智能2.0”等重大战略计划融合到海洋领域中，以全域海洋关键现象高效、快速、精细数值仿真模拟和预测为需求导向，针对海洋国家实验室面向全球发起的透明海洋、深海极地、蓝色生命等大科学计划中对智能超级计算机的集群式重大需求，依托国产化超级计算机大科学装置，构建国际一流的超高分辨率全球海洋模拟器。该平台将支撑透明海洋立体观测网络，向全深海基因组计划等海洋科技前沿提供技术保障。

6. 中国启用精准预报台风新系统

2016年4月，中国国家海洋环境预报中心宣布西北太平洋海-气-浪耦合数值预报系统正式进入业务化运行。西北太平洋海-气-浪耦合数值预报系统包括了大气、海浪、海洋等模块，主要用于开展西北太平洋台风等强天气过程海洋环境数值预报，预报产品包括海浪、海洋温盐流、海面风场等要素，预报时效为120小时。

（三）海底电缆通信技术

1. 跨太平洋高速海底光缆“FASTER”投入使用

2016年6月，美、中、日多国投资建设的跨太平洋高速海底光缆“FASTER”正式投入使用。“FASTER”光缆横跨太平洋，总长约9 000千米，分别连接美、日两国。光缆在美国一侧的俄勒冈州班登上岸，日方一侧的登陆点则有两个，即日本三重县志摩市的志摩海底电缆登陆站和千叶县南房总市的千仓第二海底电缆登陆站。“FASTER”光缆是首条从设计之初就支持数字相干光传输技术的跨太平洋海底光缆，使用了最新的低损耗6纤维双股电缆和数字信号处理器，设计峰值容量可达60兆兆位/秒。

2. 俄芬建设横贯北极海底光缆

2016年12月，芬兰电网运营商Cinia与俄罗斯Polarnet Project投资建设横贯北极地带的海底光缆系统（russian fibre optical trans-arctic cable system，RFOTACS），其中包括连接英国-日本东京的跨北极海底光缆系统。跨北极海底光缆系统计划在俄罗斯摩尔曼斯克和符拉迪沃斯托克（海参崴）登陆，然后连接至日本东京。

3. 印度尼西亚筹建连接新加坡的海底光缆系统

2016年9月，印度尼西亚将新建连接苏门答腊岛、巴淡岛、爪哇岛、巴厘岛、加里曼丹岛至新加坡的海底光缆系统。海底光缆系统全长大约5 300千米，采用4对光纤，100吉比特/秒技术，不仅能够改善印度尼西亚主要岛屿的国际互联网连接质量，还将接入连接欧洲和美国的国际海缆系统，以进一步提高印度尼西亚国际互联网容量。

4. 中国突破超高压海缆系统关键技术

2016 年 12 月，中国成功研制全球首创的交流 500 千伏交联聚乙烯绝缘光纤复合海缆和国内首创的三芯大长度 220 千伏海底光纤复合海缆。单芯 500 千伏和三芯 220 千伏海缆突破了大长度、大重量、高强度、除气时间长、防水、防腐、光电一体化等整体系统等关键技术难题，形成了自主创新的大截面导体的高性能阻水工艺技术、大长度交联聚乙烯绝缘挤出、除气和成品生产工艺技术、工厂软接头等技术，产品综合技术性能达到了国际先进水平。

五、海洋调查与极地考察技术

全球海洋科学发展正形成从近岸向全球大洋、从浅水向深海拓展的新趋势。2016 年，以美国为代表的发达国家开展了众多深海大洋调查和极地考察计划，大大提高了深海远洋和极地的研究水平。

（一）海洋调查技术及研究

1. 全球海洋生物多样性检测网络

2016 年 12 月，联合国教育、科学及文化组织政府间海洋学委员会（Intergovernmental Oceanographic Commission，IOC）通过其下的海洋生物地理信息系统（ocean biogeographic information system，OBIS）和全球海洋观测系统的生物及生物系统小组（GOOS Bio-Eco）与全球生物多样性观测网络下的海洋生物多样性观测网络小组签署了合作协议。该协议制定的目的是在三者之间建立一个统一的、全球的持续观测系统，加强三者主动性，最大限度利用可用资源、共享经验，在提高现有观测范围和性能、确定重要海洋因素、标准化数据收集工作和加强此活动持续进行的全球保障能力等方面开展工作。监测海洋生物多样性和生物资源是保护海洋生态系统的基础，有利于海洋可持续发展。IOC 通过领导全球海洋观测系统和海洋生物地理信息系统，致力于协调和支持提高全球管理及健康海洋工作的知识库建设。

2. 美国研发海底生物采样“柔性机械手”

2016 年 1 月，美国哈佛大学设计出首个用于深海生物采样的“柔性机械手”，并在红海地区 200 米深度处的珊瑚礁区域进行了成功试验。该装置解决了目前所使用的机械臂容易破坏海洋生物样本的问题。该“柔性机械手”可通过液压系统操控举起约 20 千克重的物体，可进行 180° 旋转，能够在水下 800 米工作。这种“柔性机械手”能够模仿人类手掌轻柔而灵活地碰触样本，可提升未开发区域样本采集的能力，包括对海底生物的精确采集和现场观测。在海底进行这项工作，可以较少地受压力、温度、光的变化对海底生物样本的影响，减少对珊瑚礁系统产生的干扰。

3. 澳大利亚首次发现地球上最大的海底出露断层

2016 年 11 月，澳大利亚国立大学首次发现并记录了印度尼西亚东部约 7 000 米以下的班达断层，绘制出了该地质结构的分布图，这有助于评估未来海啸和地震风险。通过高分辨率的地图，研究人员发现班达海域洋底的岩石被切割形成几百块平行分布的区域，出露范围约 6 万平方千米。此外，对断层面的分析显示，断层面的延伸仍在继续，研究人员甚至推测，海洋地壳正在逐渐变薄，部分甚至已经消失。在一个存在如此巨大断层的地区，断层一旦发生滑动，极易引发超强地震和极端海啸。

（二）极地科学考察技术及研究

1. 美国启动南大洋航空观测

2016 年 1 月，美国国家大气研究中心启动南大洋航空观测计划“ORCAS”，旨在通过观测南大洋大气中氧气、二氧化碳的分布、海洋生物活性气体和海洋表面性质，推进对南大洋吸收二氧化碳能力的研究。“ORCAS”观测过程将利用飞机搭载便携式远程成像光谱仪，并结合高精度的原位观测和遥感观测仪器；观测范围为南美洲南端和南极半岛附近地区；观测内容包括氧气、氮气、二氧化碳和生物活性气体以及南大洋海洋表面的高光谱遥感观测。该项目所获取的数据集将公开发布，用于改进地球系统模型，这将显著推动有关大气-海洋交互作用以及深海过程的研究。

2. 韩国首艘破冰船完成南极考察

2016 年 4 月，韩国首艘破冰船“ARAON 号”完成南极勘探任务，返回位于全罗南道的光阳港，全程历时 173 天。该船船长 110 米、载重达 7 487 吨，可以破除 1 米厚海冰。“ARAON 号”在全球变暖进程加速的阿蒙森海和罗斯海一带航行，与其他国家南极研究机关共同研究气候变化。

3. 英国利用新技术对南大洋深入研究

2016 年 8 月，英国自然环境研究理事会启动“南大洋在地球系统中的作用”战略研究项目，将确定南大洋碳系统对 21 世纪全球气候变化的作用，为制定国际气候政策提供科学依据。该项目利用英国先进的自动机器人平台和生物地球化学微传感器，增进对南大洋关键过程的理解，增强模式预测能力，提供海洋生物泵在 21 世纪变化的可靠评估，为制定政策提供科学支撑。目前，全球所建立的气候和地球系统模型同所有与南大洋热量和碳吸收、深水机制及深水形成率以及过去自然变化成因等相关的重要问题均不相符，同时也同南大洋未来气候变化响应机制不符，因而亟须对南大洋展开深入研究。该项目重点研究领域包括：控制南大洋碳吸收强度的关键机制以及南大洋对气候变化的响应；过去及未来南大洋碳吸收与释放的变化及其所产生的气候与生态效应；控制南大洋“生物碳泵”的制约因素，以及这些因素的气候变化调控机制。

4. 中国首次完成冰穹 A 区域业务化降落测试飞行

2017 年 1 月，中国首架极地固定翼飞机“雪鹰 601”成功降落南极冰盖最高区域昆仑站，完成首次冰穹 A 区域业务化降落测试飞行，这标志着中国南极考察迈入陆海空立体考察的新纪元。此次“雪鹰 601”成功降落昆仑站实现了三大突破：一是成功实现该类飞机首次降落冰盖最高区域冰穹 A，这在国际南极航空史上具有里程碑意义；二是成功降落昆仑站，彻底告别中国南极内陆野外考察没有空中力量支撑的历史；三是“雪鹰 601”作为高效科研和保障平台的作用进一步加强，为中国在南极开展空中考察积累了经验，建立了一套完整的标准体系。

（三）海洋船舶制造与海洋工程技术

1. 美国无人驾驶战舰可自行巡航两三个月

2016 年 4 月，美国 DARPA 开发无人驾驶军舰“海上猎手号”（Sea Hunter），将于 5 年内在西太平洋海域和海湾地区部署无人驾驶军舰舰队。该艘军舰长达 40 米，可用以追踪敌军潜艇。根据设计要求，无须任何人进行远程遥控，这艘军舰即可连续两三个月自行在海上巡航。该军舰由两个柴油发动机驱动，其航速可达 27 节。

2. 英国开发远程操控无人船

2016 年 6 月，英国罗尔斯•罗伊斯公司测试无人驾驶船舶的技术，并希望在 2020 年投入使用。由无人驾驶船舶组成的船队只需要一个人通过全息显示进行远程控制，无人驾驶船舶上的摄像头能将 360° 的视野情况传回操作中心。罗尔斯•罗伊斯公司已经在挪威进行一个虚拟现实系统的测试，用于船舶的远程导航。

3. 美国海军公布 2017 财年造舰计划

2016 年 4 月，美国海军研究署向国会提交了 2017 财年美国海军长期造舰计划。计划中包括兵力结构评估、相关作战力量需求、长期造舰计划、“俄亥俄”级替代潜艇项目的作战力量影响、巡洋舰现代化项目、规划和资源管理面临的挑战、所需经费预估以及项目主要风险等内容。根据该计划，2021 年美国海军的舰艇数量将达到 308 艘，其中航空母舰 11 艘，大型水面舰 97 艘，小型水面舰 34 艘，攻击核潜艇 51 艘，巡航导弹潜艇 4 艘，战略核潜艇 14 艘，两栖舰艇 33 艘，作战运输舰 30 艘，支援舰 34 艘。

4. 美国无人遥控潜水器完成升级改造

2016 年 4 月，美国“Jason-2 号”海洋无人遥控潜水器完成升级改造。此次改造由美国伍兹霍尔海洋研究所负责完成，主要提升了其载荷能力、活动范围和操作性能。此次升级的新的缆绳断裂强度增加到 7 万磅，改进了主动升降补偿绞车以适应新的电缆强度，升级了新的施放和回收系统以适应新的载荷上限，升级了新的深潜器框架以支撑增加的载荷，增加了悬浮设备以适应新框架增加的重量，更新了新的科学仪器的滑轨以扩大科学仪器的空间和载荷。

5. 美国利用无人潜艇开展海洋科学研究

2016 年 6 月，NOAA 和私人研究者首次联合利用无人潜艇收集了阿拉斯加海洋中哺乳动物、鱼类和海洋环境状况的数据。这种自主无人潜艇操作方便，可实现高危环境下的海洋研究工作，降低了人类直接接触未知海域的危险。这种新型的潜艇可以提供一种更加高效、更加节约成本的方法来通过声学的方法确定露脊鲸存在的区域，从而在后续通过设计对其活动进行追踪调查。这种自动式潜艇载重约达 180 千克，可携带考察工具。目前已经有两艘潜艇被成功部署在阿留申群岛，其载荷的声学装置将被用于接受在北太平洋中那些濒危的露脊鲸的声音。

（四）极地船舶制造与海洋工程技术

1. 中国新建极地科学考察船

2016 年 11 月，中国宣布将新建极地科学考察破冰船。这是中国首次自主建造极地科学考察破冰船，由芬兰阿克北极技术有限公司负责基本设计，中国船舶工业集团公司第 708 研究所负责详细设计。该船设计载员 90 人，设计排水量为 13 000 吨级，总长 122.5 米，型宽 22.3 米，结构吃水 8.3 米，最大航速 16.8 节，续航力为 2 万海里，装载能力约为 4 500 吨。船上可生产淡水，在额定人员编制情况下，携带的食物可供使用 60 天。该船的结构强度满足 PC3 要求，能在覆盖有 0.2 米厚积雪的 1.5 米厚冰层上以 2 ～ 3 节的破冰速度作业。新建极地科学考察破冰船配备全回转电力推进系统和 DP-2 动力定位系统，具有较强的前后双向破冰和动力定位能力，并可同时搭载两架直升机。新建极地科学考察破冰船将配备国际先进的极地海洋综合科学考察装备，2019 年投入使用后，将与“雪龙号”组成极地考察船队，极大提升中国在极地海洋区域的综合考察能力。

2. 英国开建新一代极地科学考察船

2016 年 10 月，英国南极考察处宣布建造新一代极地科学考察船，计划在 2019 年开始服役。该船长 128 米，可运载 30 名船员及 60 名科学家，配备先进科研仪器和无人深潜器，并拥有甲板供直升机起降。

3. 俄罗斯拟建新型核动力破冰船

2016 年 12 月，俄罗斯拟建造名为“领袖号”（Leader）的新型核动力破冰船，其机动性将是全球同类船只中最强的，能有效打通俄罗斯北冰洋水域沿岸的北海航道，让运载 30 万吨液化天然气的俄罗斯油轮全年行驶，帮助增强俄罗斯在北极资源争夺战中的实力。俄罗斯“领袖号”建造计划由克雷洛夫国家研究中心负责，设计图现已公开。“领袖号”运行功率达 110 兆瓦，能破开深 4.5 米的厚冰，即使以每小时 29 千米的速度航行，也能破开 2 米厚的冰层。

4. 中国即将建造深海探索新利器

2016 年 11 月，中国大洋矿产资源研究开发协会宣布即将建造大洋综合资源调查船和载人潜水器支持母船船舶。两艘新船性能将达到世界先进水平，技术先进，制造难度大，预计 2019 年 3 月交付使用。新船建成后，将显著提升中国全面开展大洋国际海域资源环境的综合调查能力，同时也将大大提升中国海洋探索的探测能力与研究水平，为实现中国海洋科技中长期规划目标提供有力支撑，对推进海洋强国和 21 世纪海上丝绸之路建设具有重要意义。

新建大洋综合资源调查船是一艘 4 000 吨级新型远洋综合资源调查船，由中国船舶重工集团公司第 701 研究所设计，中国船舶工业集团黄埔文冲船舶有限公司负责建造。该船全长 98 米、宽 17 米，全球无限航区航行，直流母排全电力推进系统，所采用的直叶桨推进器具有减摇功能和较低的水下辐射噪声。该船配备各类先进的调查仪器装备超过 70 种，实验室面积超过 400 平方米，作业甲板宽阔，有多个可移动集装箱式实验室位，具备海底、水体和部分大气调查，深海极端环境探测，遥感信息现场验证，深海技术试验以及船舶信息化系统等七大国际尖端船载科学技术，具备进行高精度、长周期的海洋地质、海洋动力、海洋生态和海气环境等综合海洋观测、探测以及保真取样和现场分析的能力。

新建载人潜水器支持母船是一艘准 4 000 吨级为“蛟龙号”载人潜水器深潜作业提供支持及维护的专用母船，由中国船舶工业集团公司第 708 研究所设计、中国船舶重工集团武昌船舶重工集团有限公司负责建造。该船全长 90.2 米、宽 16.8 米，全球无限航区航行，全电力吊舱式推进系统，设有相关的地质、水文、生物化学、“蛟龙号”专用机库、潜器操控中心、数据处理中心等多种类型实验室，实验室面积大于 300 平方米，配有专用无人缆控潜水器作业系统。船载调查系统不仅可完成“蛟龙号”下潜所需的各项探察任务，同时具备数据、样品的处理及现场分析能力。

致　谢

本书在撰写过程中，汲取了大量的外部资料，包括各国政府、相关机构的报告与文件，以及期刊、杂志、网站的信息资料等，在此未及一一列出。在本书付梓之际，我们对相关资源的提供单位和著作权方表示衷心的感谢！